石膏制硫酸与水泥技术

(第2版)

吕天宝 刘 飞 编著

东南大学出版社
·南京·

内 容 提 要

本书主要介绍以石膏为原料生产硫酸与水泥的技术原理和特点；石膏的来源和要求，处理方法；原料的配比参数；工艺流程；工艺设备参数；典型装置的操作规程和调试规程；"三废"治理和综合利用；物料和热量衡算；技术发展方向。书中附有图表和工艺流程图。

本书可作为石膏制硫酸与水泥技术的培训教材，供化工、建材、环保技术人员使用和参考。

图书在版编目(CIP)数据

石膏制硫酸与水泥技术/吕天宝，刘飞编著. —2版. —南京：东南大学出版社，2014.10

ISBN 978-7-5641-4992-5

Ⅰ. ①石… Ⅱ. ①吕… ②刘… Ⅲ. ①石膏—应用—硫酸生产 ②石膏—应用—水泥—生产工艺 Ⅳ. ①TQ111.16 ②TQ172.6

中国版本图书馆 CIP 数据核字(2014)第 245662 号

东南大学出版社出版发行

(南京四牌楼 2 号　邮编 210096)

出版人：江建中

全国各地新华书店经销　　江苏兴化印刷有限公司印刷

开本：700 mm×1000 mm　1/16　印张：23.75　字数：450 千字

2014 年 10 月第 1 版　2014 年 10 月第 1 次印刷

ISBN 978-7-5641-4992-5

定价：48.00 元

本社图书若有印装质量问题，请直接与读者服务部联系。电话(传真)：025-83791830

再版说明

《石膏制硫酸与水泥技术》自出版以来，受到广大读者好评，纷纷来电咨询，有的找作者进行技术交流。特别是工信部 2011 年 2 月 21 日《关于工业副产石膏综合利用的指导意见》文件下发和工信部 2011 年 3 月 28 日《磷铵生产准入条件》的出台，都对工业副产石膏的利用提出具体要求。在政策和环保压力下工业副产石膏的利用迫在眉睫。其消化大量石膏最可靠、最先进的技术是制造硫酸和水泥，其经济效益、环境效益、社会效益显著。

鉴于原出版的仓促性和局限性，为了配合目前的需要，采纳了不少读者的意见，需要进行修订补充。本版补充了工业石膏的来源、数量、特点等内容，特别是应用到该技术注意的事项及应对措施，从石膏有害成分的控制和处理到设计、工艺操作等遵循的规律；补充了目前世界规模最大的生产装置运转参数、工艺指标、设备选型；补充了工业副产石膏综合利用的迫切性及有关政策一章，介绍了目前为何处理工业副产石膏，国家有关政策及要求；补充了各种石膏及水泥的有关标准；补充了石膏分解生产硫酸与石灰的工艺计算及试验情况；附录中介绍了目前世界最大的运行装置设备一览表。

为了和原版不冲突，对第三章、第四章、第五章进行了较多补充；增补了第十四章、第十五章、第十六章；补充参考文献有关内容。

作者

2013 年

前 言

《石膏制硫酸与水泥技术》一书涉及化工、建材、环保及综合利用等各个领域。硫酸和水泥是社会生活与发展中不可缺少的物质，我国也是全球最大的硫酸、水泥生产国和消费国。在传统的生产方法上，生产硫酸的原料主要是硫铁矿或硫黄，生产水泥的原料主要是石灰石矿。这种生产方法既消耗了大量的资源和能源，还产生大量的废气、废渣。而用石膏为原材料生产硫酸和水泥则是非常经济环保的方式。我国是人口最多的发展中国家，资源利用和环境保护是我们面临的两大难题，发展循环经济、低碳经济、节能减排和综合利用是必由之路。尤其是工业副产石膏（磷石膏、脱硫石膏、钛石膏等）生产硫酸和水泥，实现了经济效益、环境效益、社会效益的有机统一。该技术在目前社会经济发展中有很强的生命力。

本书介绍了国内外石膏制硫酸与水泥技术的应用及发展情况；各种工艺流程；使用原料、燃料的质量要求等。本书分别从生料配比、制备，熟料烧成、硫酸和水泥制造等方面进行较详细的分析与阐述，提供了各种工艺参数、设备选型、原材料和燃料及动力消耗、“三废”治理措施，并进行了物料、热量衡算。书中还提供了典型装置的操作规程和调试规程。本书以工业副产石膏生产硫酸与水泥做重点介绍，并指出了该技术在我国的应用和发展有很大的现实意义，而对涉及传统的硫酸、水泥生产技术则不做阐述。

石膏制硫酸与水泥技术虽然已经工业化多年，但因技术复杂、操作难度大一直未能在全国推广。出版的该技术方面的书籍也很少，也影响了该技术的发展。本书作者在总结多年试验研发、生产管理经验的基础上，进行整理、完善，终于完成了该书。本书出版发行的目的，是想帮助该领域的科研、生产技术人员在使用该技术时，正确地进行工艺和设备选型；确定合理的工艺指标；指导实际调试和操作，实现装置正常运行，提高产品质量，创造最佳经济效益。

相信本书的出版发行对于石膏制硫酸与水泥技术的推广和发展有很大的推动作用，带动本领域的科技进步与发展。

编者

2009 年 10 月

目录

第一章

石膏制硫酸与水泥技术概况

一、绪论

硫酸是重要的基础化工原料，是化学工业中最重要的产品，其用量列三大强酸之首，广泛用于化肥、冶炼、轻工、火药、冶金、石化、农药、医药、军工业等。到2008年，我国硫酸的年产量已达5 400万t，连续5年居世界首位。生产硫酸的主要方法为接触法制硫酸，原料为硫黄（天然硫黄或石油化工副产硫黄）和硫铁矿，占硫酸总产量的70%，其余的为用有色金属冶炼中含SO_2的尾气生产硫酸。用硫铁矿生产时还副产大量的废渣。我国是硫资源贫乏的国家，每年都要靠进口硫黄（硫酸）来满足国内需求，2008年进口硫黄1 500万t，同时我国也是硫酸需求量最大的国家。

水泥是社会建设必需的建筑材料，广泛用于土木建筑、水利、国防等工程。2008年世界的水泥产量为22亿t，中国为12亿t。我国是世界上最大的水泥生产和消费国家。随着现代化的进程，其用量呈上升的趋势。生产水泥的主要原料为石灰石，生产中还消耗大量的燃料和电力，并排放大量的CO_2和粉尘。

石膏制硫酸与水泥技术是以石膏为原料，将其分解为SO_2和CaO，CaO和配制好的辅助材料在分解后直接煅烧成水泥熟料，然后和混合材一起磨制成水泥产品，含SO_2的气体制取硫酸，无固废排放。

石膏的来源一是天然石膏；二是工业副产石膏。磷肥生产副产大量的石膏（称磷石膏）世界每年排放量达28亿t，我国每年排放量3 000万t。燃煤电厂烟气脱硫也排放大量的石膏（称脱硫石膏），目前我国年排放量已达1 300万t。工业副产石膏因含有害杂质，不但堆存占地，还造成环境污染，其综合利用迫在眉睫。

综上所述，利用石膏制硫酸与水泥不但解决了硫酸、水泥生产的矿山开采、环境污染、占地堆存等难题，而且开辟了一条新的原料路线，其经济效益、环境效益、社会效益显著。

二、石膏制硫酸与水泥在国际上的应用状况

石膏制硫酸的研究，从资料上可以追溯到1847年。在第一次世界大战中，德国迫于天然硫黄和硫铁矿资源的贫乏，为了使本国硫酸生产不依赖进口，积极地开展了石膏制硫酸的研究。1915年，Müller研究了以碳作还原剂，掺入Al_2O_3、Fe_2O_3、SiO_2在高温下分解的方法。掺入氧化物的目的一是降低分解温度；二是分解的CaO与掺入的氧化物反应形成水泥熟料，分解出的SO_2气体用于生产硫酸。后来，Kühne在此基础上进一步研究并用于工业生产上。这就是德国Bayer燃料公司1916年建成，1918年投产，在1931年才转入正常的LeverKusen石膏制硫酸与水泥厂。此方法被称为Müller-Kühne法(M-K)或Bayer法。该厂后来因远离矿山、运费昂贵、成本高而停产。1926年英国帝国化工公司建成了伯明翰厂。1931年至1961年相继在英国、法国、波兰、奥地利等国建成投产了26套以硬石膏和二水天然石膏为原料生产硫酸与水泥厂，平均日产能力为硫酸和水泥各160 t。进入上世纪60年代中期，随着湿法磷酸工业的发展，副产的磷石膏利用引起人们的重视。由于生产1 t P_2O_5磷酸，需排出5～6 t磷石膏，不但堆存占地，而且造成环境污染。1968年奥地利林茨化学公司(Chemie linz AG)第一次使用磷石膏代替天然石膏在日产200 t的硫酸装置上运行成功，并且与1972年在回转窑尾部增加了立筒预热器，降低热耗15%～20%，称之为OSW-KRUPP(O-K)法。它是M-K法的衍生物。1970年，奥地利、东德合作用O-K法为南非费德米司公司的发拉巴瓦(Phala Boraw)厂设计和建造了年产10万t磷石膏制硫酸与水泥生产线，于1972年12月交付生产。当时规模最大的是德国的考斯维希(Coswig)装有四台$\phi3.2$ m×80 m回转窑，年产能力24.5万t。当时世界最高的石膏法硫酸生产总量每年达150万t。在60年代初英国石膏制酸量占总量的38%，到60年代末还占到33%。同时缺少硫资源的波兰、印度、巴基斯坦等国也积极发展和建成了石膏制硫酸工厂。

进入上世纪70年代中期，由于西方国家硫铁矿及硫黄资源的开发以及炼油厂副产硫黄的供应。以石膏为原料生产硫酸与水泥装置因技术复杂、能耗高而停产。而此领域的研究创新始终未停止，美国、俄罗斯、德国、印度都发明了不同的新成果，但均未工业化。

三、我国石膏制硫酸与水泥技术研究及开发状况

我国在此领域的研究始于1954年。原重工部化工局派专家去波兰进行技术

考察，带回第一手资料。1958 年上海化工研究院与水泥院在此基础上完成了实验室的研究，1959 年完成了扩大实验研究，在 ϕ0.5 m×11 m 回转窑上进行了煅烧实验，使用湖北应城的黑石膏。1960 年山西化工研究院与太原水泥厂在 ϕ2.29 m×42 m 回转窑上完成了利用太原天然石膏制 SO_2 与水泥的中间试验。1964 年由北京建材研究院、北京水泥院、南化研究院、南化设计院、太原工学院、太原化工研究所、太原磷肥厂和苏州光华磷肥厂八大单位参加，先后在光华水泥厂和北京琉璃河水泥厂试验，在 ϕ1 m×20 m 回转窑进行了天然石膏和开阳、昆阳磷矿副产磷石膏较系统的中间试验，基本解决了原料、石膏脱水、生料制备、熟料煅烧、窑气净化及操作等技术难题，于 1966 年 9 月通过了建材部和化工部的鉴定，并安排了云南磷肥厂、太原磷肥厂年产 10 万 t 硫酸与水泥厂的设计与筹建。1972 年济南工农磷肥厂又补做了配上制酸系统的全流性试验，采用 ϕ1.6 m×30 m 回转窑，肯定了技术的可行性。试验发现，接上硫酸系统后，回转窑操作不稳定，气氛难控制，勉强通过了省级鉴定而停产。同时太原西山石膏矿和湖北应城磷肥厂还在立窑上进行煅烧石膏制硫酸与水泥全流程小试验，虽得到硫酸与合格的水泥熟料，但技术指标不理想。1974 年汉沽日化助剂厂建设了 2 500 t/a 回转窑中试装置，因地震而停止。1972 年南化研究院在 ϕ350 m/ϕ450 m×1 700 mm 单层扩大沸腾炉进行热态试验。1973 年应城磷肥厂也进行了 1 000 t/a 的沸腾炉试验，至 1975 年最后一次实验，运转 30 d，日产硫酸 3 t，产石灰 1.5 t。1975 年宁夏在贺兰建成 2 000 t/a 的天然石膏制硫酸试验车间未获成功。为了攻克该技术，国家于 1954～1966 年先后多次派考察团赴东德、波兰和奥地利等国进行考察学习，始终未实现工业化生产。

1977 年，鉴于硫酸市场极缺，山东省在无棣、阳信、泰安、聊城等地安排了试验点。1982 年无棣县硫酸厂取得了 7 500 t/a 盐石膏制硫酸试验成功。在 1984 年和 1985 年分别完成了用当地盐石膏、云南磷石膏和枣庄天然石膏制硫酸与水泥的试验，通过了国家的鉴定，并于 1988 年开工，1990 年建成了年产 4 万 t 磷石膏制硫酸 6 万 t 水泥装置，于 1991 年通过了化工部组织的 45 d 考核考评。该装置于 1994 年和 1995 年度回转窑运转天数为 348 d 和 382 d，年生产能力硫酸达到了 6 万 t，水泥 7 万 t。在此期间云南磷肥厂于 1988 年投产了 235 t/d 的大型装置。1991 年山东峄城和新疆阿克苏也建成了 2 万 t/a 的天然石膏制硫酸与水泥生产线。1995 年和 1996 年全国建设了 5 套 4 万 t/a 石膏制硫酸 6 万 t/a 水泥装置(称“四六”工程)，1996 年在鲁北开工建设年产 20 万 t 石膏制硫酸联产 30 万 t 水泥工程，并于 1999 年建成投产。该装置采用了旋风预热器新技术，硫酸采用二转二吸工艺，运转正常。2008 年重庆建成了年产 10 万 t 天然石膏制硫酸厂。

表 1-1 为国内外石膏制硫酸与水泥工厂一览表。

表 1-1　国内外石膏制硫酸与水泥工厂一览表

厂　家	起止时间	窑型(m)	台数	石膏	辅助原料	产量(万 t)	备注
德国 Leverkusen	1916—1931	ϕ2.5×50	1	无水、二水	C、粘土	1.2	停
英国 Billingham	1931—1970	ϕ2.7～3.0×70 ϕ3.4～3.8×120	2 1	天然无水、二水	砂、C、粘土	10/8	停
法国 Miramas	1938—1946	ϕ3.1×60	1	天然二水	C、粘土	2.5	停
德国 Wolfen	1939—1945	ϕ3.2×70	4	天然无水	C、粘土	17.6	停
波兰 Wizow	1952—	ϕ3.3×85.4	2	无水＋磷	粉煤灰、C	10	
德国	1954—	ϕ3.3×70	2	无水		10～22	停
英国 Whithaven	1955—	ϕ3.4×70	2	无水	页岩、C	20	
奥地利 Linz	1954—	ϕ3.5×70	1	无水＋磷	粉煤灰、C	10	
德国 Coswig	1960—	ϕ3.2×80	4	无水	C、粘土	24.7	
印度 Sidri	1951—					4.5	
巴基斯坦 MariIndus	1954—					10	
南非 PhalaBoraw	1972—	ϕ4.4×107	1	磷	粉煤灰、C	16.5	
英国 Widnes	1955—1972	ϕ4～4.3×120	2	无水	页岩、C	16	停
中国　无棣	1982—1990	ϕ1.6×30	1	二水磷	C、粘土	0.75	停
中国　无棣	1990.10—	ϕ3×88	1	脱硫	C、粘土	6	
中国　枣庄	1991.7—	ϕ2.5×55	1	无水、二水	C、粘土	2	停
中国　什邡	1994.10—	ϕ3×88	1	磷石膏	C、粘土	4	停
中国　银山	1995—	ϕ3×88	1	磷石膏	C、粘土	4	停
中国　鲁北	1996—	ϕ4×75	2	磷石膏	C、粘土	20	
中国　莱西	1996—	ϕ3×88	1	磷石膏	C、粘土	4	停
中国　鲁西	1996—	ϕ3×88	1	磷石膏	C、粘土	4	
中国　重庆	2008—	ϕ4×75	1	天然二水	C、粘土	10	
中国　云南	1988—	ϕ3.5×120	1	磷石膏	C、粘土	8	停

四、石膏制硫酸与水泥技术的发展

无论 M-K 法还是 O-K 法生产工艺，无论是采用无水石膏、烧僵石膏还是半水石膏，石膏制硫酸与水泥存在着以下一些缺点：①制硫酸窑气 SO_2 浓度低，投资高；②回转窑热利用率低，容积产量低，热耗高；③因副反应多，操作范围窄，难度大。在 20 世纪 50 年代，美国 IowA 大学 Wheelock 等人便探讨石膏的还原分解新途径。50 多年来，美国、苏联、德国等许多国家的研究者在研究石膏在流态化分解炉内分解新技术。

1968 年美国 IowA 大学开发了双层流化床分解石膏工艺，其上层床控制还原气氛，在较低温度下将 $CaSO_4$ 分解为 CaS 和 SO_2。分解的 CaS 进入下层流化床，下层床控制氧化气氛将 CaS 氧化成 CaO 和 SO_2。分解的 CaO 可煅烧成水泥，也可做熟石灰使用。SO_2 气体浓度较高，用于制造硫酸。上世纪 70～80 年代苏联推出了在同一流化床控制还原、氧化两种气氛的工艺，其原理与 IowA 大学相似，在一定高度的流化床内下部加入石膏并控制还原气氛在较低温度下将 $CaSO_4$ 分解为 CaS 和 SO_2。在流化床上部控制氧化气氛将 CaS 氧化成 CaO 和 SO_2。以上两种方法是在流态化进行的，分解 SO_2 浓度高、热耗低、投资少，使用前景好，但未工业化生产。

1985 年德国 Lurgi 公司推出了循环流化床工艺，完成了日处理 10 t 石膏的中间试验，取得了丰富的试验数据。在此基础上美国科学探险公司于上世纪 90 年代开发了闪速流化床工艺，其主要参数流化速度高，设备规格小。1991 年美国联合矿物公司公布了采用流化床分解磷石膏建设年产 250 万 t 硫酸的大型工厂，但至今未见生产报道。近几年，印度、摩洛哥、突尼斯等国的技术人员在此领域也有新的研究成果，但无很大突破。

我国在上世纪 90 年代山东鲁北化工厂、原南京化工学院、山东水泥设计研究院联合承担了“循环流化床分解磷石膏制硫酸联产水泥”国家“八五”重大科技攻关任务。1990 年完成了理论研究，1991 年建成了冷态模型试验装置并进行了试验，为热模试验装置设计提供了依据。1992 年建成了处理能力为 24 t/d 的循环流化床分解磷石膏试验装置。进行一年多的试烧，$CaSO_4$ 分解率达到 95%以上，但不稳定；气体 SO_2 浓度达到 8%～10%。数据显示比原来方法先进。1993 年初在热模试验的基础上建成了 150 t/d 硫酸的工业试验装置。试烧一年多，消耗了大量的人力和财力，取得了一定的数据，证明了石膏生料在旋风预热器使用的可行性。但因运转周期很不理想，未出合格产品而停止。1999 年山东建成的磷石膏制 20 万 t/a 硫酸 30 万 t/a 水泥装置采用了四级预热器。2008 年重庆建成的天然硬石膏制 10 万 t/a 硫酸、15 万 t/a 水泥装置也采用了四级预热器。采用四级预热器可节约烧成热耗 20%～30%，SO_2 浓度提高到 8%～10.5%，使硫酸装置实现了两转两吸。近几年贵州大学、云南民族大学、南京工业大学及江西南昌、湖南湘潭、湖北宜昌等厂矿企业都进行石膏分解利用的研究，也申请了多项发明专利及成果，相信不久会有新的突破。

第二章

石膏制硫酸与水泥的流程

一、水泥与硫酸生产工艺说明

以我国采用石膏法年产30万t水泥20万t硫酸装置为例介绍生产工艺。

(一)水泥生产工艺流程说明

1. 原料均化

把石膏与符合工艺要求的焦炭、粘土、铝矾土等原料,按照批量要求在联合储库内进行均化,以确保原料组分的稳定性。

2. 烘干脱水

石膏由皮带机喂入烘干机内,与来自热风炉的热烟气接触,使水分蒸发。石膏得到干燥、脱水,成为含水4%~6%的石膏。出烘干机的石膏经链钩输送机、提升机送入石膏库储存。

烘干机排出的废气经旋风除尘器、电收尘器进行除尘,由排风机排放。用磷石膏则经湍球塔水洗净化后,达标排放。

经旋风除尘器和电收尘器收下的石膏粉尘,由链钩输送机随烘干后的石膏进入石膏储库。

焦炭、粘土等辅助材料分别经皮带机进入辅料烘干机,与来自热风炉的热烟道气接触、换热烘干后,由链钩输送机、提升机进入各自的储库。烘干尾气经旋风除尘器和电收尘器收尘后,达标排放。

3. 生料制备、均化

烘干后的石膏经储库库底喂料机计量后,由螺旋输送机、提升机、斜槽入旋风式选粉机。石膏经选粉后,粗粉与来自辅料储库经计量后的焦炭、粘土等辅助材料一起入球磨机进行粉磨。

出磨生料经提升机、斜槽入旋风式选粉机,细粉作为成品经同一链钩输送机、提升机、斜槽送至生料均化库,粗粉返回磨内再粉磨。

磨尾废气经旋风收尘器和电收尘器净化后,由风机排入大气,收下的粉尘经上述链钩输送机等送入生料均化库。

4. 分解、煅烧

均化后的石膏生料经仓底喂料机计量后，由提升机、螺旋输送机送入回转窑窑尾旋风预热器系统的第二级旋风预热器的排气管内，经撒料板分散后被热气流携带到第一级预热器内进行气固分离，气体由出风管经引风机排出、经电收尘器除尘后进入硫酸系统，固体则进入第三级预热器的排气管内，经撒料板分散后被热气流携带到第二级预热器内……这样，物料依次经过各级旋风预热器，最后经第四级预热器预热到 600～700℃后，进入回转窑内分解、煅烧。

生成的 CaO 与物料中的 SiO_2、Al_2O_3、Fe_2O_3 等进入烧成带，发生矿化反应，形成的水泥熟料经冷却机冷却后送水泥熟料库。

生成的含 SO_2(9～11)%的窑气自窑尾(800～900℃)进入第四级旋风预热器，依次经第三、二、一级旋风预热器与加入的生料逆流接触，进行热交换后，自第一级旋风预热排出(320～400℃)，由热引风机送入电收尘器。

5. 水泥磨制

水泥熟料、石膏、混合材在储库库底按比例经喂料机计量后，由皮带机送入水泥磨粉磨。粉磨后的水泥由提升机送入选粉机选粉，选出的粗料由空气输送斜槽返回磨内再粉磨，细料则作为成品，经螺旋输送机、斗提机和空气输送斜槽送至水泥储库储存、包装或散装出厂。

水泥磨、空气斜槽、斗提机废气全部引入选粉机作为二次风，不再单独设除尘设备。选粉机废气经袋收尘器净化后，由排风机排入大气，袋收尘器收下的细粉送至水泥储库。

(二) 硫酸生产工艺流程说明

1. 窑气净化工段

由预热器窑尾电收尘器来的 320℃、含尘 0.15 g/Nm^3 的窑气进入冷却塔进行冷却洗涤。冷却塔为空塔，塔内喷淋约 8%～10%的稀硫酸，窑气在冷却塔中经绝热蒸发，冷却至 63～68℃，进入洗涤塔。洗涤塔为填料塔，用约 1.5%的稀硫酸喷淋洗涤，以进一步除去窑气中的尘、氟等杂质。洗涤塔出口气体(38～40℃)经电除雾器除去酸雾后进入干燥塔。稀酸采用板式换热器冷却。

冷却塔循环酸从冷、洗塔酸循环泵出口引出部分稀酸经沉降器沉降，以除去其中的尘。清液部分流回到冷却塔底部的稀酸贮槽，多余的 8%～10%浓度的稀酸经脱吸塔脱除其中的 SO_2后，与沉降器底部流出的污酸一道用稀酸泵送至贮槽。

2. 干吸工段

由净化工段来的含 SO_2气体，经补充一定量的空气后进入干燥塔。干燥塔为填料塔，顶部喷淋 94.5%浓度的硫酸，以吸收窑气中的水分。气体出干燥塔含水量小于 0.1 g/Nm^3，然后进入转化工段的 SO_2 鼓风机。干燥塔循环酸吸收水分后流入干燥塔酸循环槽。为了维持干燥塔循环酸的浓度，从中间吸收塔串来部分硫酸，使干燥塔酸循环槽中酸浓度维持在 94.5%。再经干燥塔酸循环泵、干燥塔酸冷却器后入干燥塔循环使用。循环系统中多余的 94.5%硫酸经 SO_2 吹出塔脱除其中的 SO_2 后，经吹出塔酸循环槽、吹出塔酸循环泵串至中吸塔酸循环槽。

由转化工段来的含 SO_3 的第一次转化气进入中间吸收塔，用 98%浓度的硫酸循环喷淋吸收，制得硫酸。吸收后的气体回转化工段进行第二次转化。中间吸收塔酸流入中吸塔酸循环槽中，多余的硫酸分别串至干燥塔酸循环槽和终吸塔酸循环槽。循环槽中的酸浓度由干燥塔酸循环槽串来的 94.5%硫酸和加水维持在 98%。循环酸经中吸塔酸循环泵、中吸塔酸冷却器进入中间吸收塔顶部循环喷淋。

由转化工段来的含 SO_3 的第二次转化气体进入最终吸收塔，塔顶部用 98%浓度的硫酸循环喷淋吸收，吸收后尾气达标排放。吸收 SO_3 后的循环酸流入终吸塔酸循环槽，酸浓度由中间吸收塔串来的酸和加水来维持在 98%，循环酸经终吸塔酸循环泵、终吸塔酸冷却器后进入塔顶部循环喷淋。系统中多余的硫酸从终吸塔酸冷却器出口引出，经成品酸冷却器冷却后，送至酸罐。

3. 转化工段

由干吸工段干燥塔来的 SO_2 窑气，经 SO_2 鼓风机加压后，经第Ⅲa、Ⅲb 换热器、第Ⅰ换热器加热到约 410～420℃后，进入转化器一段进行反应，生成 SO_3。一段反应出口气体经第Ⅰ换热器降温到 450℃后进入转化器二段继续反应。二段出口气体经第Ⅱ换热器降温到 415℃后，进入转化器第三段继续反应。三段反应转化率可达 93%。转化器三段出口气体经第Ⅲb、Ⅲa 换热器降温至 180℃后，进入干吸工段的中间吸收塔进行吸收。

由干吸工段中间吸收塔来的气体，经Ⅳa、Ⅳb 换热器升温至 410℃，进入转化器四段进行第二次转化。转化器四段出口气体经Ⅳb、Ⅳa 换热器降温至 180℃后，至干吸工段的最终吸收塔进行第二次吸收。经二次转化后总转化率达 99.5%，二次吸收后总吸收率达 99.95%。

二、石膏制硫酸与水泥的流程

(一) 以石膏中结晶水含量划分流程

1. 半水流程

采用半水石膏配料。将工业副产或天然二水石膏烘干至半水后，配制生料，进行生产。特点是：①流程简单，烘干热耗低；②利用煅烧尾气余热将剩下的半水烘干，节约热能;③半水石膏生料较为稳定,流动性好。目前,国内生产装置基本采用该工艺。

2. 烧僵流程

二水石膏在800℃煅烧成烧僵石膏,采用烧僵石膏配料生产。国外前期的装置采用此法较多。特点是:①石膏生料稳定;②烧成热耗低;③烘干热耗高;④工艺复杂,总热耗高。目前已不采用。

3. 无水流程

采用硬石膏为原料。特点是:①不需烘干结晶水;②煅烧热耗低。采用此流程受原料的限制。

4. 二水流程

采用二水石膏。特点是:①二水石膏最稳定。②含有的结晶水在烧成余热中除去,节约热能。③适合工业副产石膏。

(二) 以烧成回转窑形式划分流程

1. 中空长窑法(即M-K法)

见图2-1,石膏生料在中空长窑中完成预热、分解、煅烧、冷却,尾气去制硫酸,生成的熟料生产水泥。到目前除中国鲁北与奥地利林茨两个工厂外,其余均采用本生产方法。

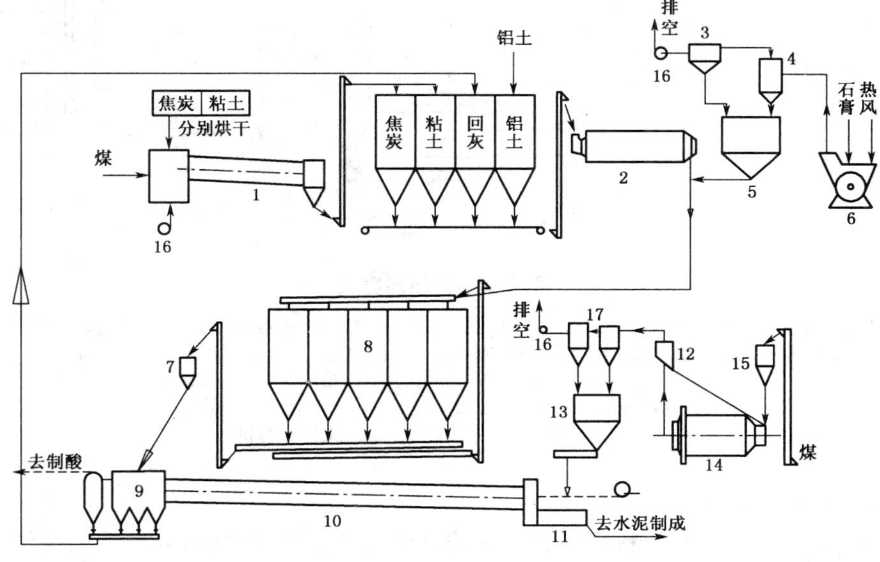

图2-1　中空长窑法

1. 烘干机　2. 生料磨　3. 电收尘　4. 分离器　5. 石膏仓　6. 石膏烘干机　7. 窑尾喂料仓　8. 石膏均化及贮存　9. 沉降室　10. 回转窑　11. 冷却机　12. 分离器　13. 煤粉斗　14. 磨煤机　15. 煤贮仓　16. 风机　17. 收尘器

2. 预热器窑法(即 O-K 法)

见图 2-2,将中窑长窑的预热段去掉部分,窑尾增设预热器。石膏生料先加入到预热器中,生料预热后进入回转窑内,进一步预热后进入分解、煅烧阶段。窑气经预热器与生料热交换降温后进入硫酸工序。本法的特点是减小了回转窑的长度,而且预热器保温效果好,换热效率高,使热损失降低 40%,同时尾气的温度得到利用。本方法比中空长窑法节约热耗 15%~30%,减少了烧成燃料用量,尾气的 SO_2浓度提高到 8%~10%。中国鲁北 20 万 t/a 硫酸、30 万 t/a 水泥装置和奥地利林茨化工厂采用此方法。

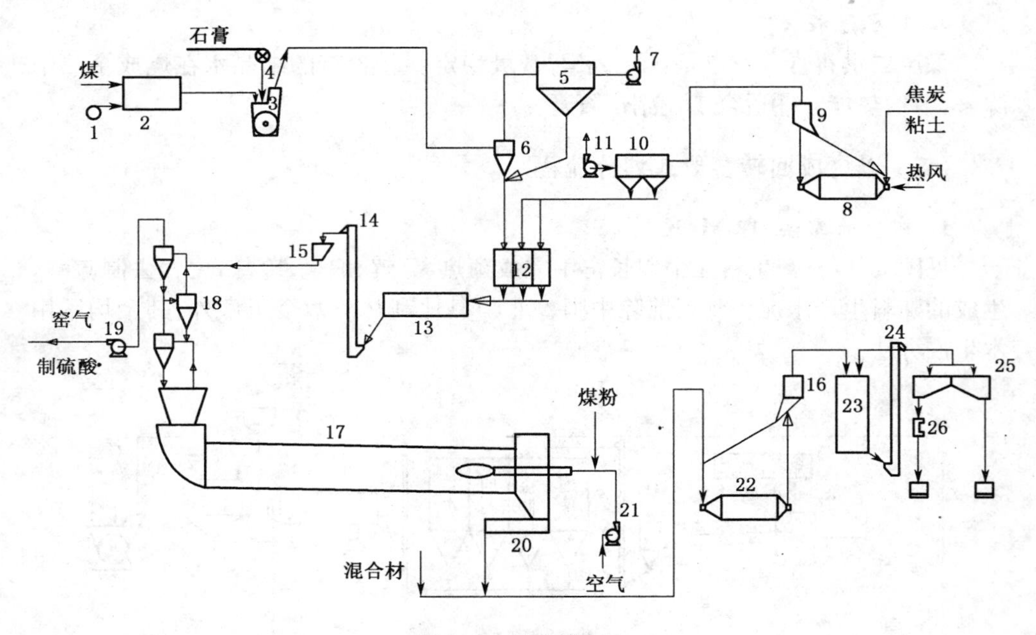

图 2-2 预热器窑法

1. 鼓风机 2. 热风炉 3. 烘干机 4. 绞龙 5. 收尘器 6. 分离器 7. 排风机 8. 风扫磨 9. 粗粉分离器 10. 布袋收尘器 11. 排风 12. 配料仓 13. 滚筒混合机 14. 斗提机 15. 料仓 16. 粗粉分离器 17. 回转窑 18. 预热器 19. 高温鼓风机 20. 熟料冷却器 21. 一次风风机 22. 水泥磨 23. 水泥库 24. 斗提机 25. 水泥贮斗 26. 水泥包装机

3. 窑外分解法

见图 2-3,即石膏生料在回转窑外的其他设备中预热分解,分解后的高浓度尾气含 SO_2(14%)制硫酸,减少硫酸装置的投资。分解后的物料进入回转窑中煅烧水泥熟料。此法的关键是分解装置的开发,到目前还没有用此方法建成的工业化生产装置。

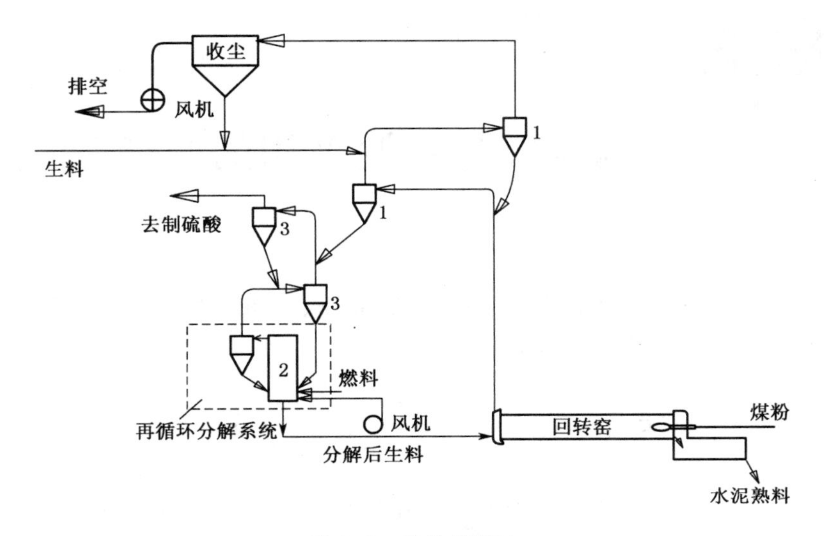

图 2-3　窑外分解法

1. 烧成预热器　2. 再循环分解系统　3. 分解预热器

第三章

石膏制硫酸与水泥采用的原燃料

石膏制硫酸与水泥的原料为石膏、焦炭、粘土、铝矾土等。生产水泥时还用混合材及缓凝剂，燃料为烟煤或重油。

一、石膏的种类

石膏分为天然石膏和工业副产石膏(化学石膏)。天然石膏因含结晶水不同又分为生石膏(软石膏、二水石膏)和硬石膏(无水石膏)。化学石膏主要有：磷酸萃取排出的石膏称为磷石膏；火力发电厂及工业锅炉尾气脱硫形成的石膏叫烟气脱硫石膏(简称脱硫石膏)；海水制晒过程中结晶出的石膏称为盐石膏。工业副产石膏大多数为二水石膏，也有的是半水或无水石膏。它们因生产过程原料的不同，含不同的杂质，如磷石膏中含有 P_2O_5、F 等，盐石膏中含有 NaCl 等盐分。另外还有氟石膏、柠檬石膏、硼石膏、钛石膏、铬石膏、污水处理石膏等。

(一) 石膏的特性

石膏有以下五种相：

1. 二水硫酸钙 $CaSO_4 \cdot 2H_2O$

2. 半水硫酸钙 $CaSO_4 \cdot 1/2H_2O$，分为两种：$\alpha CaSO_4 \cdot 1/2H_2O$($\alpha$ 半水硫酸钙)和 $\beta CaSO_4 \cdot 1/2H_2O$($\beta$ 半水硫酸钙)

3. Ⅲ型无水硫酸钙 $CaSO_4$ Ⅲ

4. Ⅱ型无水硫酸钙 $CaSO_4$ Ⅱ

5. Ⅰ型无水硫酸钙 $CaSO_4$ Ⅰ

在以上五种相中，二水硫酸钙和Ⅱ型无水硫酸钙可以是天然石膏，也可以通过人工合成获得。其余均为人工合成获得。这五种相中，除 $CaSO_4$ Ⅰ(Ⅰ型无水硫酸钙)只能在温度高于 1 180℃时存在外，其余在室温下均能稳定存在。下面分述各自的性质。

(1) 二水硫酸钙

$CaSO_4 \cdot 2H_2O$ 又称二水石膏，在自然界中可稳定存在。有天然二水石膏矿石(称生石膏),也有合成二水硫酸钙(如各种工业副产石膏),另外半水硫酸钙、无水硫酸钙经水化后也会生成二水硫酸钙。二水硫酸钙晶体属于单斜晶系。

(2) 半水硫酸钙

$CaSO_4 \cdot \frac{1}{2}H_2O$ 又称半水石膏,有α型、β型两种,属于假六方晶系。二水石膏在高压下或在液相中,以液体形式脱水,通过溶解再结晶方式得到的半水石膏为α型半水石膏。二水石膏在常压下以气态形式脱水得到的半水石膏为β型半水石膏。

在显微镜下可以明显观察到这两种半水石膏的区别。α型半水石膏为形状规则的晶体,一般为短柱形,β型半水石膏的微观晶体呈松散聚集的微孔隙固体。α型半水石膏的晶体缺陷少,而β型半水石膏的晶体缺陷多,因而α型半水石膏的内比表面积比β型半水石膏的内比表面积小。

通过差热曲线也可以看出两者的区别。α型半水石膏和β型半水石膏脱水转变为Ⅲ型无水石膏的温度相同,而α型半水石膏转变为Ⅲ型无水石膏后进一步转变为Ⅱ型无水石膏的放热峰在220℃,但β型半水石膏的进一步转变温度则为350℃。

(3) 无水硫酸钙

$CaSO_4$ 又称无水石膏,是由二水石膏或半水石膏脱水而得。有Ⅲ型、Ⅱ型、Ⅰ型三种,其中Ⅱ型也可在自然界中找到(称为天然硬石膏)。

Ⅲ型无水石膏由二水石膏或半水石膏在约110～200℃下脱水而得,又称可溶性无水石膏。它属于六方晶系,具有很强的吸水性。

Ⅱ型无水石膏属六方晶系,有天然的和人工加工的两种。天然Ⅱ型无水石膏是一种很致密的岩石,在一定条件下可缓慢水化。人工Ⅱ型无水石膏是由二水石膏或半水石膏在约300～900℃下脱水而得,可细分为三种:小于500℃脱水而得的为AⅡ-S,是慢溶性无水石膏;在500～700℃之间脱水而得的为AⅡ-U;大于700℃脱水而得的为AⅡ-E,是不溶性无水烧石膏。

Ⅰ型无水石膏又称高温无水石膏,是二水石膏或半水石膏在温度高于1 180℃时产生的,但当温度低于1 180℃时它又重新转变为Ⅱ型无水石膏,所以无工业意义。表3-1综合列出了这五种石膏相的各种性质。

表3-1　石膏各种相及其理化性能

名称 性质	二水石膏	半水石膏		无水石膏		
		α型	β型	Ⅲ型	Ⅱ型	Ⅰ型
分子式	$CaSO_4 \cdot 2H_2O$	$CaSO_4 \cdot 1/2H_2O$	$CaSO_4 \cdot 1/2H_2O$	$CaSO_4$	$CaSO_4$	$CaSO_4$

续 表

性质＼名称	二水石膏	半水石膏		无水石膏		
		α型	β型	Ⅲ型	Ⅱ型	Ⅰ型
名称	二水硫酸钙 生石膏	α半水石膏 α半水硫酸钙 高强石膏 熟石膏	β半水石膏 β半水硫酸钙 熟石膏	Ⅲ型无水石膏 Ⅲ型无水硫酸钙 可溶性无水石膏	Ⅱ型无水石膏 Ⅱ型无水硫酸钙 慢溶无水石膏 不溶无水石膏 硬石膏	Ⅰ型无水石膏 Ⅰ型无水硫酸钙 高温无水石膏
分子量	172.17	145.15	145.15	136.14	136.14	136.14
结晶水含量(%)	20.93	6.21	6.21	0.00	0.00	0.00
稳定存在的温度范围(℃)	＜40	亚稳	亚稳	亚稳	40～1 180	＞1 180
密度(g/cm³)	2.31	2.76	2.62～2.64	2.58	2.93～2.97	
莫氏硬度	1.5	—	—	—	3～4	—
晶系	单斜晶系	菱形晶系	菱形晶系	六方晶系	菱形晶系	
折射率	N1521 N1523 N1530	1 559 1 559 1 559	1 559 1 559 1 584	1 501 1 501 1 546	1 570 1 576 1 614	
比热[J/(g·K)]	0.530 2+0.001 8T	0.488 1+0.001 1T	0.330 6+0.001 8T	0.432 9+0.001 0T	0.432 9+0.001 0T	
水化热(25℃)[kJ/(g·mol)]		−17.138	−19.228			
3℃时水中的溶解度(g/mL溶液)		0.825	1.006			
结晶形态		密实	海绵状			
内比表面积		低	高			
标准稠度水膏比		低	高			

(二) 天然石膏

天然石膏的储量较大，世界上最大的石膏生产国是美国，有69座矿山. 其次是加拿大，接下来依次为中国、法国、德国、英国、西班牙等。中国石膏资源丰富，全国23个省区有石膏矿产出，现有储量为576亿t，以山东最多，占全国的65%。天然石膏按含结晶水分为天然二水石膏和天然无水石膏。图3-1为我国天然石膏分布图。

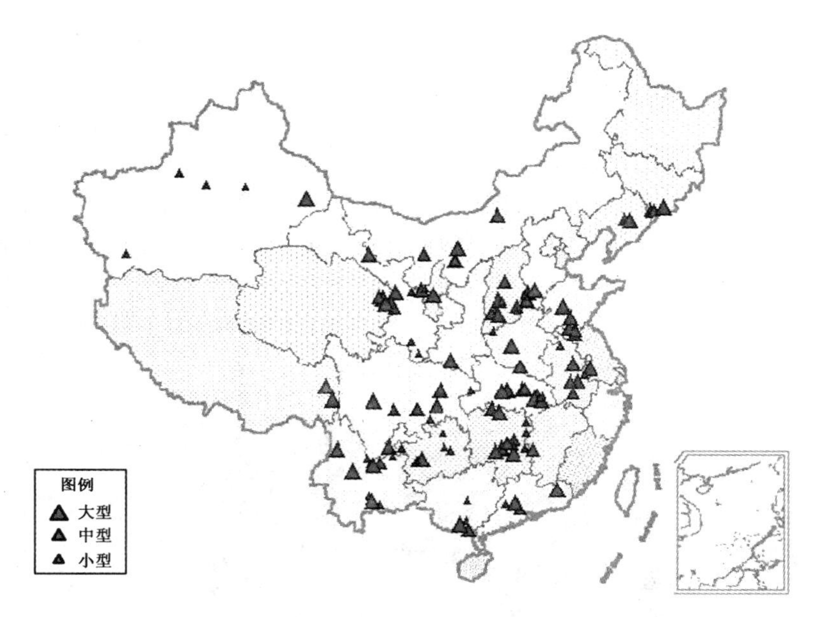

图 3-1　中华人民共和国石膏矿产资源分布示意图

天然二水石膏(称软石膏、石膏、生石膏)为最常见的一种天然石膏。我国的山西太原、江苏、山东、湖北、宁夏等地有大量的储量。纯的二水石膏为白色或无色透明,但矿中生产的二水石膏因含杂质而呈灰、褐、赤色或灰黄色及浅红色等。石膏常呈板状、片状、针状和纤维状,少量呈柱状,有时呈燕尾连生双晶状。天然二水石膏又分为:

透明石膏:透明无色,呈玻璃光泽,含量较高,见图 3-2(a)。

纤维石膏:有纤维集合体,呈层状、脉状、网状结构,乳白色,有时呈黄色或淡红色,见图 3-2(b)。

(a) 透明石膏

(b) 纤维石膏

(c) 雪花石膏

图 3-2　生石膏

雪花石膏：称细精石膏，细粒晶体状集合快，星状、团状及壳状，雪白色，见图3-2(c)。

土石膏：称泥石膏，土状光泽，呈块状、团状、脉状，分灰色、蓝色、灰黑色，含量较低。

天然无水石膏(称硬石膏)见图3-3，一般为白色，也有透明无色、蓝色、灰色和浅红色。纯的无水石膏为白色或透明色，分解温度为1 200℃。呈斜方晶体、斜方双锥晶类。它不含结晶水，但在潮湿条件下吸水变为半水石膏一直到二水石膏。德国、奥地利、英国有较多的天然硬石膏。我国硬石膏资源也相当丰富，占石膏资源的40%，分布在长江流域、川、湘、皖、苏等地。

图3-3　硬石膏

1. 天然石膏矿的成因

天然石膏是自然界中蕴藏的石膏石[含石膏($CaSO_4 \cdot 2H_2O$)和硬石膏($CaSO_4$ Ⅱ)]，是一种重要的、具有广泛用途的非金属矿物。

石膏矿床的成因有沉积型、交代型和风化型三种，其中主要为沉积型。我国石膏矿床中沉积型矿床占99%。

1) 沉积型石膏矿床

沉积型石膏矿床成因于富含硫酸钙盐类的海水或湖水的蒸发而导致的硫酸钙盐类的沉积。硫酸钙是溶于水的矿物，在地壳发展过程中封闭或半封闭的海洋或湖泊蒸发时，其中各类盐依溶解度大小的不同而依次沉积。溶解度最小的矿物最先沉积，沉积的顺序为：

(1) 氯化钾加其他一些钾盐和镁盐

(2) 岩盐

(3) 石膏

(4) 白云灰石

(5) 泥灰盐

对于封闭的海洋或湖泊而言，由于海水中盐的浓度较低，所以蒸发1 000 m深的海水，仅能得到 15 m 厚的沉积物。如单以硫酸钙而言，蒸发 1 000 m 深的海水只能得到 0.55 m 厚的硫酸钙。但是现在发现的有工业开发价值的很多石膏矿的厚度都超过此厚度，有的硫酸钙矿层的厚度甚至达 500 m。有专家认为形成高厚度硫酸钙矿床的原因是封闭的海洋和湖泊在蒸发的同时不断有咸水补充，有的还伴有底部坍塌。沉积型石膏矿床最先生成的是二水石膏，在漫长的地质年代，底部的二水石膏由于温度和压力的升高又脱水转变为硬石膏。由于地质构造运动，底部的硬石膏又可能抬高到上部。上部的硬石膏由于地表水和地下水的淋滤又可吸水转变为二水石膏，所以石膏和硬石膏伴生产出又互相转化。

我国沉积型石膏矿床的时空范围非常广泛。从成矿时代看，震旦纪到第四纪几乎各个时代都有。其中三叠纪石膏矿床是我国最有远景的石膏矿床，广泛分布于江苏、安徽、湖北、四川、贵州、云南、西藏等地。

2）交代型石膏矿床

地壳中的硫酸或硫酸盐与含钙矿物反应可形成石膏。例如岩浆岩中的硫化物（如黄铁矿）和含硫酸盐的岩石分解后遇水形成含硫酸的溶液，或者火山活动直接产生的硫酸气，与含钙矿物或岩石交代反应生成硫酸钙矿物。

我国此类矿产产于长江中下游，在湖北、安徽两省发现较多。此类矿床一般为硬石膏矿与铁铜矿共生。

3）风化型石膏矿床

原生石膏矿经机械剥蚀，由风力搬运至流速变慢或被阻止堆积形成冲积石膏砂矿床，或由地表水或地下水溶解石膏形成硫酸钙溶液经水流搬运再沉积形成石膏矿。这往往成为透明石膏或纤维石膏。

2. 天然石膏的质量

二水石膏矿石常见的外观结晶形态有如下几种：

（1）纤维状：是纤维状集合体，绢丝光泽，通常比较纯净。

（2）雪花状：是粒状集合体，半透明，结晶通常比较紧密。

（3）块状：是致密块状集合体，玻璃光泽，常不纯净。

（4）鳞片状：为小片状集合体，小片呈玻璃光泽且透明。

（5）碎粒状：碎粒半透明，有光泽（在碎粒中不时可见燕尾形双晶）。

纯净的二水石膏是白色的。天然石膏矿由于含有杂质而呈各种颜色。石膏矿中含有氧化铁则呈红色到黄色，如含黏土则呈灰黑色。

二水石膏的理论化学组成为：

氧化钙（CaO）：　32.56%

三氧化硫（SO_3）：　46.51%

结晶水（H_2O^+）：　20.93%

它为软质矿物，莫氏硬度为2(用手指即能划出刻痕)，密度不大，介于2.2～2.4 g/cm^3。导热性很差，触之有热的感觉，导热率在16～46℃时为1.083 kJ/(m·℃·h)。

二水石膏难溶于水，在100份重的水中，随温度的变化，能溶解的分量(按质量计)见表3-2。

表3-2　二水石膏的溶解度

0℃	18℃	24℃	32℃	41℃	53℃	72℃	86℃	90℃	
0.241	0.259	0.265	0.269	0.269	0.266	0.255	0.239	0.222	

硬石膏(无水硫酸钙)的理论化学组成为：

氧化钙(CaO)：　　41.2%

三氧化硫(SO_3)：　　58.8%

它的密度达2.93～3.10 g/cm^3，比二水石膏更难溶于水，硬度也比二水石膏大。

纯净的硬石膏透明、无色或白色，含杂质而成暗灰色，有时微带红色和蓝色。其杂质主要包含了方解石、白云石等碳酸盐类矿物，少量二水石膏、蒙脱石、水云母及天青石等。

雪花二水石膏与粒状集合体硬石膏很相似，可用加热方法区分它们。二水石膏用蜡烛灼烧时，会失去水分而变成白色不透明体，而硬石膏则不发生变化。

硬石膏的溶解度比二水石膏的大，但溶解速度慢，一般44 d才能达到溶解平衡，溶解度随温度的升高而下降；在有激活剂的作用下磨细的硬石膏能够缓慢水化硬化为二水石膏。

我国国家标准GB/T 5483—2008《天然石膏》将石膏和硬石膏矿产品按矿物组分分为以下三类：

(1) 石膏(代号G)：在形成上主要以二水硫酸钙($CaSO_4 \cdot 2H_2O$)存在的叫做石膏。

(2) 硬石膏(代号A)：在形式上主要以无水硫酸钙($CaSO_4$)存在的，且无水硫酸钙($CaSO_4$)的质量分数与二水硫酸钙($CaSO_4 \cdot 2H_2O$)和无水硫酸钙($CaSO_4$)的质量分数之和的比不小于80%叫做硬石膏。

(3) 混合石膏(代号M)：在形式上主要以二水硫酸钙($CaSO_4 \cdot 2H_2O$)和无水硫酸钙($CaSO_4$)存在的，且无水硫酸钙($CaSO_4$)的质量分数与二水硫酸钙($CaSO_4 \cdot 2H_2O$)和无水硫酸钙($CaSO_4$)的质量分数之和的比小于80%叫做混合石膏。

各类天然石膏按品位分为特级、一级、二级、三级、四级五个级别，并规定各类应符合表3-3的质量要求。

表 3-3　各等级石膏质量要求

级别	品位(质量分数)(%)		
	石膏(G)	硬石膏(A)	混合石膏(M)
特级	≥95	—	≥95
一级	≥85		
二级	≥75		
三级	≥65		
四级	≥55		

各类产品的品位按如下方法计算：

G 类产品的品位按式(3-1)计算，A 类和 M 类产品的品位按式(3-2)计算，$CaSO_4$的质量分数见式(3-3)：

$$G_1 = 4.7785W \tag{3-1}$$

$$G_2 = 1.7005S + W \tag{3-2}$$

$$X_1 = 1.7005S - 4.7785W \tag{3-3}$$

式中：G_1——G 类产品的品位，%；

G_2——A 类和 M 类产品的品位，%；

X_1——$CaSO_4$质量分数，%；

W——结晶水质量分数，%；

S——三氧化硫质量分数，%。

标准规定，天然石膏产品的块度不大于 400 mm，如有特殊要求，由供需双方商定。附着水含量(质量分数)不大于 4%。表 3-4 为各类用途石膏的质量要求。

表 3-4　各类用途石膏的质量要求　　　　%

等级	矿物成分		结晶水含量	主要用途
	A 型	B 型	H_2O^+	
	$CaSO_4 \cdot 2H_2O$	$CaSO_4 + CaSO_4 \cdot 2H_2O$		
1	≥95		≥19.88	医用、食用、艺术品、模型
2	≥85		≥17.79	建筑制品、模型
3	≥75		≥15.70	建筑制品、模型
		≥75	≥13.35	水泥缓凝组分 农用含硫肥料
4	≥65	≥65	≥13.60 ≥11.96	
5	≥55	≥55	≥11.51 ≥10.56	

表 3-5 为湖北应城石膏矿对 18 个石膏矿提供的 53 个矿样化验结果。

表 3-5　若干石膏矿样化验结果　　　　%

化学成分 矿名	矿样	化验主要成分		品位 $CaSO_4 \cdot 2H_2O$、$CaSO_4$		备注
		H_2O^+	SO_3	以水质计	以硫质计	
宁夏中卫县 甘塘石膏矿	雪花石膏	20.27	46.16	96.85	99.24	条带状雪花石膏
	雪花青膏	16.76	37	80.18	79.55	
	条带膏	20.53	45.94	98.1	98.77	
甘肃天祝县 胜利石膏矿	中层膏	19.78	44.61	94.54	98.91	雪花石膏 雪花石膏 硬石膏
	顶层膏	19.88	44.98	95	96.71	
	底层膏	1.72	51.66		87.8	
山东平邑县 石膏矿	纤维石膏	18.32	45.81	89.93	98.49	雪花石膏
	雪花石膏	20.04	45.23	95.76	97.24	
	雪花青膏	13.33	46.47	63.7	99.91	
	黄褐色膏	18.38	44.31	87.83	95.27	
	褐绿色膏	17.33	43.36	85.44	94.3	雪花石膏 部分泥质石膏
	混合膏	9.78	24.36	47.79	52.37	
湖南衡山石膏矿	纤维石膏	20.7	46.53	98.91	100.04	普通石膏 普通石膏
	1# 泥膏	15.5	36.98	74.04	79.51	
	2# 泥膏	16.94	39.91	80.95	85.81	
	砂页岩	4.43	0.33			
四川大为石膏矿	雪花灰白膏	20.24	45.53	96.72	97.89	
	雪花灰色膏	1.58	46.67		79.24	
广东梅县 兴宁石膏矿	纤维膏	20.17	46.18	96.38	99.29	雪花硬膏 硬石膏
	青灰膏	14.81	16.19	70.77	99.31	
	青石膏	9.19	49.98	43.92	107.46	
四川达县 龙门峡石膏矿	纤维膏	20.52	46.26	98.05	99.46	雪花石膏
	雪花青膏	20.24	46.23	96.72	99.39	
	灰色膏	19.59	44.11	94.61	94.84	
	硬石膏	1.48	50.69		86.17	
山东泰安大 汶口石膏矿	纤维膏	19.42	44.84	92.8	96.41	普通石膏
	泥质石膏	15.48	34.75	73.37	74.71	

续 表

矿名 \ 化学成分	矿样	化验主要成分		品位 $CaSO_4\cdot 2H_2O$、$CaSO_4$		备注
		H_2O^+	SO_3	以水质计	以硫质计	
山西灵石石膏矿	1#雪花青膏	20.08	44.58	95.95	95.85	
	2#雪花青膏	19.24	43.66	91.94	99.39	
	3#雪花青膏	18.15	41.03	86.73	88.21	
	1#泥质石膏	16.76	38.3	80.09	82.35	普通石膏
	2#泥质石膏	14.07		67.23		普通石膏
	硬石膏	5.03	52.67		89.54	
山西太原西山石膏矿	雪花青膏	14.98	38.48	71.58	82.73	
甘肃武威华藏寺石膏矿	雪花白膏	20.39	46.5	97.43	99.88	
	雪花青膏	19.33	45.75	92.56	98.36	
甘肃景泰县石膏矿	黄崖雪花膏	18.69	46.99	89.31	101.03	
	寺滩雪花膏	19.91		95.14		
	小红山雪花膏	20.55	46.33	98.14	99.61	
湖南邵东石膏矿	硬石膏	2	39.4		66.98	
云南牟定县石膏矿	1#雪花青膏	18.23	42.84	87.11	92.11	
	2#雪花青膏	14.6	39.83	69.76	85.63	
	3#雪花青膏	13.8	40.06	65.94	86.13	
广东四会县石膏矿	纤维膏	20.43	46.47	97.62	99.91	
	1#雪花膏	20.52	46.33	98.05	99.61	
湖北应城石膏矿	纤维膏	20.43	46.47	97.62	99.91	
	1#泥质膏	16.31	36.59	77.94	78.17	普通石膏
	2#泥质膏	13.42	29.28	64.13	62.95	普通石膏
湖北荆州石膏矿	纤维膏	20.57	46.64	98.29	100.28	
	泥质膏	17.22	37.99	82.29	81.68	普通石膏
江苏南京石膏矿	1#硬石膏	0.66	52.36		89.01	
	2#硬石膏	0.81	47.91		81.45	

由表 3-5 可知：

(1) 各地纤维石膏的品位都很高，以结晶水计，品位均在 90%～99%之间，以达县龙门峡、衡山、荆州、应城四矿最高，均达 97.6%以上。

(2) 多数矿区的雪花膏矿样以结晶水计品位均在90%以上，最高是景泰(小红山)和华藏寺的雪花石膏，其品位达97%以上。

(3) 普通石膏品味比以上诸品种品位都低，以结晶水计，一般品位在64%～80%之间。

(4) 硬石膏品位最高的是南京，为81%～89%，最低是邵东，为66.98%。

3. 我国的天然石膏资源

我国是天然石膏资源极其丰富的国家，已探明储量居世界第1位，达600亿t。地理位置分布也极其广泛，除浙江、福建及黑龙江等少数几个省份尚未发现具有工业价值的石膏矿床外，其余省份均有分布。

我国石膏资源的特点是：

(1) 储量大，分布广。

(2) 普通石膏和硬石膏多。

硬石膏类矿床的矿石储量占60%，二水石膏类矿床矿石占40%(其中纤维石膏占2%，普通石膏占20%，其余为泥质石膏、硬石膏及碳酸盐质石膏占8%)。但在已利用和可供近期利用的矿产中，则以二水石膏类矿床为主，占其保有储量的80%，硬石膏类矿床矿石只占其保有储量的20%。

(3) 优质石膏资源非常少，只约占储量的10%。因此有专家说我国是石膏资源的富国，却是石膏质量的穷国。

(4) 西部矿床埋藏浅，为露天开采(如甘肃、宁夏、青海、内蒙古、新疆、陕西等)；中部、东部和东北部埋藏较深，为地下开采(如山东、广东、湖南、湖北、江苏、安徽、河北、辽宁等)；云南、四川和山西既有露天开采也有地下开采。全国有70%的石膏矿山为地下开采。

4. 石膏工业概况

1) 世界石膏工业概况

石膏是一种用途广泛且应用历史悠久的矿物。早在4 800多年前建造的古埃及大金字塔就是用石膏作为胶粘剂的，这是目前发现的最早使用石膏作胶粘剂材料的建筑物。法国巴黎附近盛产石膏，从公元7世纪到中世纪末，熟石膏曾广泛应用于建筑物的砌筑和墙体抹面，因此，在欧洲石膏粉又称作巴黎石膏。

现代石膏的重要用途是石膏胶凝材料、水泥添加剂、石膏建筑材料，另外还可用于工艺美术、雕刻、农业、化工、食品、医药等。就全球而言，石膏的各种用途的比例大致如下：

石膏胶凝材料及建筑材料：	45%
水泥添加剂：	45%
农业：	4%

工业：　　　　　　　　　　　4%

其他用途：　　　　　　　　　2%

随着工业副产品石膏的大量排放，石膏的用量和用途将得到扩展，石膏在农业、化工及其他用途方面的应用比例将有较大提高。

石膏用作胶凝材料的历史最悠久(埃及金字塔距今已 4 800 多年)。石膏用作水泥缓凝剂的历史可以追溯到 19 世纪中叶。1824 年阿斯普丁发明波特兰水泥，1890 年康德洛最先解释了在水泥中加入生石膏的作用机理。在石膏建筑材料中占有重要位置的纸面石膏板是 1980 年由美国奥格斯汀·萨凯特和费雷德勒·卡纳发明，1902 年正式生产。最早的工业副产石膏应该是盐石膏，其余工业副产石膏(如磷石膏、柠檬酸石膏、氟石膏等)则是随着相应工业的发展而发展的。脱硫石膏的产生是随着石灰石/石灰-石膏湿法烟气脱硫技术的产生而产生的，此技术最早由英国皇家化学工业公司提出，20 世纪 70 年代该技术开始工业性应用。磷石膏、脱硫石膏等工业副产石膏的产生历史虽然不长，但其发展迅猛，在我国其年排出量已达到甚至超过天然石膏的年生产量。

目前世界上共有 90 个国家和地区生产石膏，主要生产国家有美国、伊朗、中国、巴西、加拿大、墨西哥、西班牙、泰国等。美国、巴西、中国、加拿大等国家的石膏资源丰富，储量居世界前列。

表 3-6 是 USGS 统计的世界石膏主要生产国的石膏产量。

表 3-6　世界石膏主要生产国的石膏产量　　　　万 t

年份 / 国别	1998 年	1999 年	2000 年	2001 年	2002 年	2003 年	2004 年	2005 年	2006 年	2007 年
中国[1]	1 800	1 800	1 800	2 600	2 900	690	700	730	750	770
美国	1 900	2 240	1 950	1 630	1 570	1 670	1 720	2 110	2 110	2 200
伊朗	1 184	1 083	1 100	1 100	1 150	1 300	1 300	1 300	1 300	1 300
加拿大	897	934	923	782	885	900	934	940	950	950
西班牙	800	750	750	750	750	750	1 150	1 150	1 320	1 320
墨西哥	705	695	565	623	650	680	700	720	700	740
泰国	433	500	583	653	633 650	680	700	720	700	740
日本	533	555	592	587	590	570	580	589	595	595
澳大利亚	190	250	380	380	400	400	400	400	400	400
法国	450	450	450	450	350	350	350	350	480	480
印度	219	220	221	225	230	230	235	240	245	250
埃及	134	200	200	200	200	200	200	200	200	200

续 表

国别\年份	1998年	1999年	2000年	2001年	2002年	2003年	2004年	2005年	2006年	2007年
巴西	163	153	150	151	151	165	150	148	160	160
英国	200	180	150	150	150	150	150	150	290	290
意大利	130	130	130	130	130	120	120	121	120	120
乌拉圭	112	105	108	113	113	113	113	113	113	113
波兰	170	202	128	110	110	110	130	130	125	130
其他地区	1 043	1 483	1 440	1 386	1 250	1 250	8 250	1 090	1 180	1 180
总计	10 400	10 900	10 600	10 200	10 100	10 400	10 900	11 800	12 500	12 700

[1] 中国的生产统计数字是USGS根据中国国内有关部门的材料推算的，实际产量大于此数。

在石膏墙板方面，据不完全统计，2002年世界共约250个工厂，生产约56亿m^2石膏墙板，其中一半墙板生产能力在美国，另有五分之一墙板生产能力在亚洲，还有五分之一墙板生产能力在西欧。

虽然石膏产品已经是成熟的市场，但是由于人口的增长和新的应用领域的开拓，石膏用量仍然以每年3%的速度增长。

2）我国石膏工业概况

我国天然石膏的应用与生产同样历史悠久。在公元前200年秦汉时期，就在万里长城的砌筑中使用石灰和石膏胶结材料，迄今约2 000前的马王堆汉墓也是用石膏作胶结材料砌筑的。古代中国石膏在中药、食品中也有很长的应用历史，明代李时珍在《本草纲目》中记载："石膏可主治中风寒热，心下逆气惊喘，口干舌燥，不能息。"石膏点豆腐技术应用也很普遍。据《新唐书·地理志》记载，湖北房县、山西汾阳、甘肃敦煌均在唐代就开始开采石膏。明代开始，石膏的应用有所发展，但一直仅限于食品、医药、农业和水泥行业。据《中国矿业纪要》等资料，新中国成立前我国石膏产量最高的年份是1939年，为10.41万t(其中湖北应城9.3万t，湖南湘潭0.8万t，山西平陆0.3万t)，全部为纤维石膏，约占当时世界产量的8%，居世界第九位。

新中国成立后我国石膏工业得到了较好的发展，20世纪80年代初，我国非金属矿技术情报网进行的石膏矿产资源调查表明：当时我国共有石膏生产矿山160多个(包括国营矿山28个和社队矿山130多个)，全国石膏年产量达360万t(其中纤维石膏约20万t)。

表3-7是1979年我国各大区国营石膏矿山的产量和使用情况。

表 3-7　1979 年我国各大区国营石膏矿山的产量和使用情况

地区	产量(万 t)	使用量(万 t)	供需平衡情况(万 t)
华北		37	−37
华东	9	46	−37
中南	48	58	−10
西南	13	17	−4
华北	42	31	+11
西北	102	13	+89

注:“+”号为产量大于使用量,“−”号为产量小于使用量

1979 年我国石膏产量已达 1949 年的 200 多倍,有了长足的发展。但是,石膏建材工业尚未形成,石膏消费结构仍然是以水泥为主。

与此同时,由于其他工业的发展,也产生了一些工业副产石膏,当时工业副产石膏的排出量见表 3-8。

表 3-8　1979 年我国工业副产石膏排放及应用情况

石膏种类	年排放量(万 t)	石膏品位(%)	产地	利用情况
芒硝石膏	150		全国各地	作水泥缓凝剂应用成功
盐石膏	40	>85	沿海诸省各盐场	少量做水泥缓凝剂
磷石膏	25.7	85~95	黑龙江双城、哈尔滨,南京磷肥厂,上海磷肥厂、洗涤剂厂,武汉无机盐厂	少量作农肥、石膏板
氟石膏	22	>75	湘乡氟化厂、甘肃白银、辽宁抚顺	水泥缓凝剂、石膏制品
黄石膏	0.7	>85	天津染化厂、碱厂	
小计	238.4			

改革开放后我国石膏工业发生了翻天覆地的变化,主要有三个特点:一是产量大幅度提高,已跃居世界第一;二是石膏产品品种多,已形成石膏建材工业,石膏消费结构中水泥比例有所下降;三是工业副产石膏来势凶猛,其排放量也居世界第一。下面分别叙述。

(1) 产量高

1982—1991 年的十年间,我国石膏产量以年平均 10.90%的速度增长,远远超过世界石膏产量年平均增长率(2%~3%)。到 1995 年我国石膏产量猛增到2 659 万 t,第一次超过了美国,成为世界石膏第一生产大国。2007 年我国石膏产量达到 4 865 万 t。

我国现有石膏开采矿山 500 多个,分布在全国 23 个省市自治区,年产量在

10 万 t 以上的大型矿山有 70 多个，其产量占全国总产量的 40%。按全国各省（区）石膏年产量排列，前 9 名为山东、山西、湖南、江苏、湖北、四川、广东、甘肃、河北。

（2）品种多

经过改革开放三十年的发展，我国石膏产品品种也得到了极大的发展。现在我国石膏产品从技术要求很高的牙模石膏、铸造石膏、各种模型石膏乃至石膏品须，到使用量巨大的纸面石膏板等各类石膏建材几乎各种产品都有生产。尤其是以纸面石膏板为代表的石膏建材产量也十分大。2007 年我国 4 865 万 t 石膏消费中，用于水泥工业的为 2 400 万 t，只占总消费量的 50%，与改革开放初期的 90% 相比，在绝对值大大增加的同时，比例大大下降，这主要是因为石膏建材工业的发展。2007 年我国纸面石膏板产量达 10 亿 m^2。与此同时，石膏砌块及各种石膏板材和粉刷石膏等各种石膏粉产量都有大量生产。

（三）工业副产石膏来势凶猛，排放量也居世界第一

目前我国的磷肥产量已居世界第一，另外氢氟酸产量、柠檬酸产量、盐产量、陶瓷产量等也已达世界第一，与此同时，与之相应的磷石膏、氟石膏、盐石膏、陶瓷废模石膏等工业副产石膏的排放量也居世界第一。我国是世界上燃煤使用量最大的国家，1990 年重庆珞璜电厂引进第一个烟气脱硫示范工程，近十年来我国脱硫技术得到了极大的提高，现在我国已能自行设计自行安装烟气脱硫工程。已有很多电厂安装了脱硫装置，并规定新建电厂必须同步安装脱硫设备。随着我国环保力度的进一步加大，我国也必然成为烟气脱硫石膏排放量最大的国家。

由于工业副产石膏产生的历史短、排放量巨大，因此其消化应用技术的开发就显得迫在眉睫了。

（四）工业副产石膏（化学石膏）

工业副产石膏为工业生产中形成的石膏，数量较大，大多数作为废弃物堆存着，很少再利用。不但付出了很大的堆存费用，而且造成了很大的危害。见图 3-4。

1. 磷石膏

磷石膏是化肥企业萃取磷酸的副产物，每吨 P_2O_5 的产品，要排出 5～6 t 的磷石膏，按生产方法不同，90%以上的是二水石膏，少部分为半水或无水石膏，但排出后吸湿变为二水石膏。主要反应为：

$$Ca_5F(PO_4)_3 + 5H_2SO_4 + 10H_2O \longrightarrow 3H_3PO_4 + 5CaSO_4 \cdot 2H_2O \downarrow + HF \uparrow$$

(a) 磷石膏

(b) 脱硫石膏

(c) 钛石膏

(d) 盐石膏

图 3-4　化学石膏

磷石膏中 90%左右为石膏,其余为不溶性杂质如石英、未分解的磷灰石、不溶性的 P_2O_5,氟化物及铝、铁、镁的磷酸盐、硫酸盐。可溶性杂质为水溶性的 P_2O_5、溶解度低的氟化物和硫酸盐等。其结晶为斜方板条状,棱角分明,颜色以灰色、白色为主。颗粒为 20～110 μm,比表面积为 160 m^2/kg,见图 3-4。世界每年磷石膏的排放量为 28 亿 t,我国 2008 年为 3 000 万 t 左右。磷石膏因含磷酸和氢氟酸，在堆存时一定做好防渗处理，并防止雨蚀、风蚀而造成大气、水源和土壤的污染。磷石膏中还含微量的重金属和放射元素。磷石膏不但堆存占地，而且污染环境。

1）磷肥的生产和磷石膏的形成

我国是世界上人口最多的国家，农业生产对于国家的生存和发展都有至关重要的作用。我国耕地普遍缺磷、少钾，因而磷肥对于农业生产具有极为重要的意义。

磷肥就是含有磷素的肥料，磷素的浓度和纯度一般是以五氧化二磷的含量来计算的。表 3-9 是我国目前所用主要磷肥的五氧化二磷含量。

表 3-9　我国目前所用主要磷肥的五氧化二磷含量

化肥名称	过磷酸钙	钙镁磷肥	磷酸铵	重过磷酸钙
P_2O_5含量（%）	12～18	16～18	46～55	40～50

磷素是植物原生质中的重要成分，也是构成蛋白磷脂和植物素等不可缺少的物质。在植物生命调节物，如酶和激素的组成中也含有磷素。实践证明合理施用磷肥对很多植物都有明显的增产作用，增产率从 20%～50%不等，有的甚至达到 70%。

磷肥品种繁多，大体可分为酸法和热法两大类（目前我国热法磷酸年产量仅 260 万 t）。其中酸法磷肥因其所制产品多属水溶性速效磷肥，所以在生产上所占比例较大。酸法磷肥即用硫酸、磷酸、硝酸或盐酸分解磷矿而制成的磷肥。当使用硝酸或盐酸分解磷矿时，由于生成的硝酸钙或氯化钙在磷酸溶液中的溶解度很大，很难以简单的方法把它们分离出来，而且所得磷酸浓度较淡，须经过有机溶剂萃取才能将其提取出来。但以硫酸处理磷矿时，所生成的硫酸钙在磷酸溶液中的溶解度很小，而且采用一般的过滤方法很容易将其分离，并能用水洗涤，且所得磷酸浓度也比较高。因此用硫酸法制取磷酸在技术和经济上都较好。酸法工艺中绝大多数为硫酸法。

硫酸法制磷酸又称湿法磷酸。湿法磷酸的基本原理是用硫酸酸解磷矿得到磷酸溶液，并沉淀出硫酸钙（高浓度磷肥、复合肥料，还涉及磷酸再加工成磷酸铵、重过磷酸钙和复合肥料的过程）。磷矿的主要成分是氟磷酸钙[$3Ca_3(PO_4)_2 \cdot CaF_2$]，其被硫酸酸解的反应式为：

$$3Ca_3(PO_4)_2 \cdot CaF_2 + 10H_2SO_4 + 20H_2O \Longrightarrow 6H_3PO_4 + 10CaSO_4 \cdot 2H_2O + 2HF$$

当磷矿含有少量方解石和白云石时，它们也与硫酸反应生成二水硫酸钙：

$$CaCO_3 + H_2SO_4 + H_2O \Longrightarrow CaSO_4 \cdot 2H_2O + CO_2$$

$$CaCO_3 \cdot MgCO_3 + 2H_2SO_4 \Longrightarrow CaSO_4 \cdot 2H_2O + MgSO_4 + 2CO_2$$

由反应式可知，用硫酸酸解磷矿制取磷酸时，所得硫酸钙的分子数多于磷酸的分子数。用多数商品磷矿（P_2O_5 30%～40%，CaO 48%～52%）制取磷酸时，得到每吨 P_2O_5 的磷酸，消耗 2.6～2.8 t 硫酸，产生 4.8～5 t 主要成分为二水硫酸钙的石膏。

湿法磷酸工艺又分为二水法、半水法、再结晶二水-半水法、再结晶半水-二水法四种。这四种工艺所得的磷酸浓度、石膏质量、磷矿转化率都有不同。

二水法工艺是在 70～80℃及磷酸浓度为 32%左右中结晶出二水硫酸钙。在此温度和浓度下二水硫酸钙稳定，即不容易转变为半水硫酸钙和无水硫酸钙。此工艺有如下特点：

（1）是一步法，工艺简单，易操作

（2）可适应于低品位的磷矿原矿，磷矿转化率较高

（3）所生产磷酸浓度低，P_2O_5 含量为 32%左右，但是可通过浓缩使 P_2O_5 含量达到 48%～50%（其成本与半水法得到高浓度磷酸相当）

（4）温度和浓度都较低，对设备腐蚀小

（5）所得二水硫酸钙结晶粗大，易分离

由于有以上特点，二水法工艺应用广泛。

半水法工艺可直接生产出高浓度磷酸（P_2O_5 含量 40%以上），由于其结晶温度较高（95～100℃），所以结晶出的为半水硫酸钙。此工艺的特点如下：

（1）是一步法，工艺简单，易操作

（2）必须用高品位磷矿，磷矿转化率比二水法低 2%～4%

（3）可直接生产高浓度的磷酸，P_2O_5 含量 40%以上

（4）温度和浓度都较高，对设备腐蚀大

（5）结晶出的半水石膏晶体细小

由以上分析可知，半水法经济技术性能不如二水法。为了克服以上两种方法的不足，开发了再结晶法，即再结晶二水-半水法、再结晶半水-二水法。

再结晶二水-半水法是将磷矿在特定的条件下（如磷酸浓度大于 35% P_2O_5，反应温度小于 65℃，反应时间约为 2 小时），得到二水硫酸钙，然后在沉降分离器中分离出大部分浓度为 35% P_2O_5 左右的磷酸溶液，并取出成品磷酸。再将稠厚的二水结晶浆料与补充的硫酸同时加入半水反应槽，这样由于硫酸浓度和温度都比较高，促使未分解的磷矿和二水硫酸钙晶格中的磷酸二钙同时溶解出来，并使二水结晶转化为粗大的半水硫酸钙结晶。这样既可以得到磷酸浓度大于 35% P_2O_5，又使磷矿的最终转化率超过 99.5%，而半水硫酸钙的纯度高，所含游离水低，便于利用。

再结晶半水-二水法是将半水法中所得的半水硫酸钙进入二水系统，进行溶解再结晶为二水硫酸钙。这样既可使初期结晶出的半水硫酸钙中未分解的磷矿粒和

磷酸二钙在二水系统中游离酸较高的条件下分离出来，而获得较纯的二水硫酸钙结晶且使磷矿转化率大于 99.5%，又可获得游离硫酸很少的、浓度大于 40% P_2O_5 的浓磷酸。该法的缺点是半水法的酸度和温度都较高，对设备的腐蚀较大，且得到的二水硫酸钙游离水较多。表 3-10 综合了四种方法的特点。

表 3-10　四种方法的特点

	二水法	半水法	半水-二水法	二水-半水法
成品浓度(P_2O_5%)	<32	>40	>40	>35
磷矿转化率(%)	98	>94	>99.5	>99.5
滤饼洗涤率(%)	>98	>98	>99	>99
反应过程	一步	一步	二步	二步
过滤次数	一次	一次	二次	沉降、过滤(各一次)
反应温度(℃)	70	100	100/60	60/80
所得磷石膏质量	为粗大的二水石膏晶体	为细小的半水石膏晶体	二水石膏晶体纯度高于一步法，游离水较高	粗大的半水石膏晶体纯度高于一步法，游离水低，易于利用

目前世界上所有湿法磷酸工艺中二水法的比例最高，占 84%；其次是半水-二水法，占 15%；最后是二水-半水法，仅为 1%。

2）磷石膏的质量

(1) 磷石膏的化学成分

磷石膏是一种自由水含量约 10%～20%的潮湿粉末或浆体，pH 值约 1.9～5.3，颜色以灰色为主。

磷石膏的化学成分以 $CaSO_4 \cdot 2H_2O$ 为主。其所含杂质主要是磷矿酸解时未分解的磷矿、氟化合物、酸不溶物(铁、铝、镁、硅等)、碳化了的有机物、水洗硫酸钙滤饼时未洗净的磷酸。另外，多数磷矿还含有少量的放射性元素，其中的铀化合物多数溶解在酸中，但是其中的镭以硫酸镭的形式沉淀出来。磷石膏的化学成分与磷矿的质量、磷酸的生产工艺及工艺控制有关。

摩洛哥磷矿品位较高(33%～34% P_2O_5)，用其生产磷肥时副产的磷石膏质量较好。我国磷矿的品位不高，但是有一个很大的优点是多数磷矿放射性物质含量很低(世界主要磷矿资源中，中东地区、北非和美国佛罗里达州的磷矿均含有较高的放射性元素)。这对我国的磷石膏利用极为有利，但是由于质量的不均匀性，在应用新矿点、新产地的磷石膏时应注意其放射性问题。

除少数靠近磷矿的磷肥厂一般只使用单一矿山的磷矿外，多数磷肥厂均同时采用多个矿山的磷矿为原料，不同矿点的磷矿生产磷肥所副产的磷石膏质量均有差异。所以不同厂家、同一厂家不同批次的磷石膏质量均有差异，这也是影响磷石膏使用的一个重要原因。

（2）磷石膏中的主要杂质影响

磷石膏中的杂质可分为可溶性杂质和难溶性或不溶性杂质。根据对性能的影响，可溶性杂质又分为以下三种：

a. 水洗磷石膏时未洗净的游离磷酸、无机氟化物等，其中磷酸是使磷石膏呈酸性的主要物质。磷石膏中的氟化物一般以不溶性杂质形式存在，但是有时会以Na_2SiF_6的形式存在，它也会使磷石膏呈酸性。在利用磷石膏时，这些杂质会腐蚀加工设备，影响磷石膏产品的性质。在堆存磷石膏时，这些杂质通过雨淋渗透而影响地下水质量，污染环境。

2006 年 2 月国家环保总局抽查了部分磷石膏渣场，发现部分渣场磷石膏根据国家危险废物目录中控制的 pH 值和无机氟化物浸出质量浓度（不包括氟化钙）两项指标，即 pH 值不大于 2.0、无机氟化物浸出质量浓度（不包括氟化钙）不大于 50 mg/L这两项指标将这些渣场的磷石膏定性为危险废物。

b. 磷酸一钙、磷酸二钙等，将磷石膏用于生产建筑石膏时，这些杂质主要影响建筑石膏的凝结时间。

c. 钾、钠盐等，将磷石膏用于石膏制品时，这些杂质会在石膏制品干燥时随水分迁移到制品表面，使制品“泛霜”。

不溶性杂质主要有以下两种：

a. 在磷矿酸解时不发生反应的硅砂、未分解矿物和有机质。

b. 在硫酸钙结晶时与其共同结晶的磷酸二钙和其他不溶性磷酸盐、氟化物等。

多数不溶性杂质属惰性杂质，对磷石膏影响不大。但是过多的共结晶磷酸二钙会影响磷石膏做水泥缓凝剂的性能，在煅烧磷石膏后不溶氟化物会分解而成酸性，从而影响磷石膏的水化性能。有机杂质会影响煅烧磷石膏的凝结时间，也会影响磷石膏的颜色。

（3）磷石膏的颗粒情况

彭家惠等人研究了磷石膏的颗粒级配与结构。用筛分与沉降分析测定的磷石膏（PG）与天然石膏（NG）的颗粒级配见表 3-11 及图 3-5。

表 3-11　磷石膏（PG）与天然石膏（NG）的颗粒级配

粒径（μm） 级配（%）	400～630	300～400	200～300	160～200	80～160	60～80	40～60	20～40	10～20
PG	1.8	4.1	7.2	12.1	47.8	13.1	7.5	3.7	2.1
NG	0.6	1.8	3.1	5.6	10.1	22.2	28.5	15.6	10.2

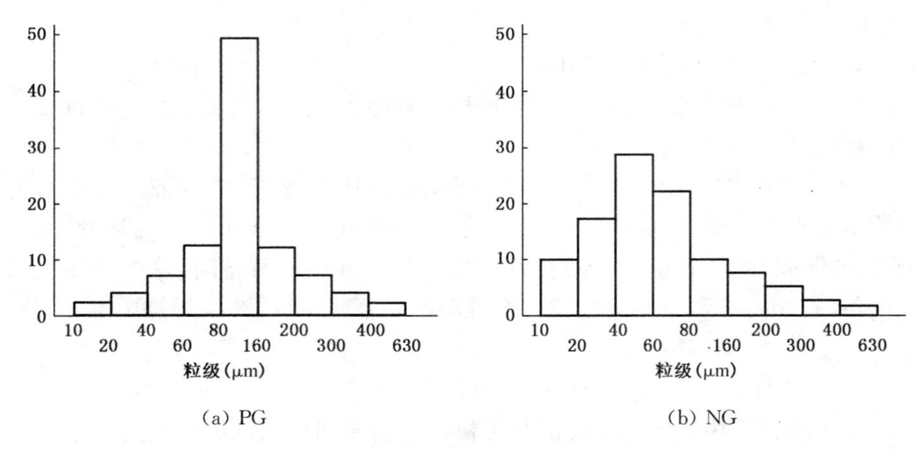

(a) PG　　(b) NG

图 3-5　磷石膏与天然石膏颗粒分布直方图

由图 3-5 与表 3-11 可知，天然石膏颗粒尺度主要分布于 20～80 μm 范围，磷石膏颗粒呈正态分布，颗粒分布高度集中，80～200 μm 的颗粒高达 60%。

采用 SEM 观察天然石膏及球磨前后的磷石膏晶体形貌可知，天然二水石膏晶体形貌呈柱状、板状与菱状多样化。磷石膏中二水石膏晶体粗大、均匀，其生长较天然二水石膏晶体规整，多呈板状，长宽比约为 2.3∶1。磷石膏的这种颗粒特征使其胶结材流动性很差，水膏比大幅增加，致使硬化体物理学性能变坏。即使采用高效减水剂，其流动性改善也很有限。磷石膏经球磨处理后，晶体规则的外形和均匀尺度遭到破坏，颗粒形貌呈柱状、板状、糖粒状等多样化。因此，从胶结材工作性能和水化硬化角度看，球磨是改善磷石膏颗粒形貌与级配的有效途径。

磷石膏中可溶磷(w-P_2O_5)、共晶磷(c-P_2O_5)、总磷(t-P_2O_5)、F^-、有机物等杂质并不是均匀分布在磷石膏中的，不同粒度磷石膏中杂质含量存在显著差异。具体分布情况见表 3-12。

表 3-12　不同粒度磷石膏中杂质质量分数　　%

粒径(μm) / 质量分数(%)	>300	300～200	200～160	160～80	小于 80
w-P_2O_5	1.54	0.92	0.83	0.56	0.10
c-P_2O_5	0.12	0.20	0.25	0.32	0.46
t-P_2O_5	3.20	2.41	2.12	1.67	0.93
F^-	0.86	0.69	0.61	0.39	0.12
有机物	0.34	0.26	0.13	0.09	0.05

由表 3-12 可知，随着磷石膏颗粒度增加，可溶磷、总磷、氟和有机物杂质含量迅速增加。例如小于 80 μm 磷石膏中，可溶磷质量分数仅 0.1%，80～160 μm 中可溶磷质量分数为 0.56%，而大于 300 μm 的可溶性磷高达 1.54%。而共晶磷含量则随磷石膏颗粒度减小而增加（这可能是二水石膏小晶体在磷酸浓度较高、过饱和度较大的区域成核长大，P_2O_5 在这种液相条件进入二水石膏晶格的概率更大）。根据磷石膏杂质的这种分布特点，采用筛分去除 300 μm 以上磷石膏，去除大部分可溶磷、总磷、氟和有机物杂质，改善磷石膏性能，在工艺上是完全可行的。

（4）磷石膏标准

2004 年湖北省农业厅提出了标准 DB 42/281—2004《土壤调理剂——磷石膏》。该标准适用于以生产高浓度磷肥的工业副产物为原料加工生产的用于改良土壤的磷石膏，规定了土壤调理剂——磷石膏的要求、试验方法、检验规则、标志、包装、运输和储存。该标准规定用于碱性土壤改良的磷石膏应符合以下质量要求：

① 外观：灰色、灰黑色粉末状，无机械杂质。

② 理化指标应符合表 3-13 的要求。

表 3-13　用作土壤调理剂的磷石膏质量要求

项　目	指　标
钙含量（以 CaO 计）（%）　≥	30.0
硫含量（以 SO_3 计）（%）　≥	40.0
水分（%）　≤	10.0
酸碱度（pH 值）	3～6
细度（通过 ϕ=1 mm 标准筛）（%）　≥	80

③ 有害物质限量指标应符合表 3-14 要求。

表 3-14　有害物质限量

项　目	指　标
铅及化合物（以 Pb 计）含量　≤	0.01
镉及化合物（以 Cd 计）含量　≤	0.000 3
砷及化合物（以 As 计）含量　≤	0.003
铬及化合物（以 Cr 计）含量　≤	0.03
汞及化合物（以 Hg 计）含量　≤	0.000 5
氟（F^-）含量≤	0.3

2006 年农业部颁布了行业标准 NY/T 1060—2006《水泥生产用磷石膏》。该

标准适用于制作水泥缓凝剂的磷石膏，规定了用于水泥中的磷石膏的定义、技术要求、试验方法、检验规则及储存与运输。该标准规定的磷石膏的定义为："磷石膏是用磷矿石制取磷酸后的残渣，用石灰中和过量硫酸后所得副产品。"并规定用于水泥生产的磷石膏应符合以下技术要求：

① 外观为灰白色粉末，均匀，不得混有外来杂质。

② 附着水应不超过 8.0%。

③ 五氧化二磷应不超过 1.5%。

④ 放射性应符合 GB 6566 的规定。

⑤ $CaSO_4 \cdot 2H_2O$ 含量应符合表 3-15 的要求。

表 3-15　用于水泥中的磷石膏 $CaSO_4 \cdot 2H_2O$ 含量要求

级别＼含量	$CaSO_4 \cdot 2H_2O$
1 级	≥85%
2 级	≥75%

2010 年实施的新国家标准 GB/T 23456—2009《磷石膏》(附后)适用于以磷矿石为原料，湿法制取磷酸时所得的主要成分为 $CaSO_4 \cdot 2H_2O$ 的磷石膏。规定了磷石膏的分类和标记、要求、试验方法、检验规则及包装、标志、运输和储存。该标准规定：磷石膏按二水硫酸钙含量分为一级、二级、三级三个级别。

磷石膏应符合表 3-16 的基本要求。

表 3-16　磷石膏基本要求

序号	项目	指标		
		一级	二级	三级
1	附着水(H_2O)质量分数(%)	≤25	≤25	≤25
2	二水硫酸钙($CaSO_4 \cdot 2H_2O$)质量分数(%)	≥85	≥75	≥65
3	水溶性五氧化二磷(P_2O_5)质量分数(%)	≤0.80	≤0.80	≤0.80
4	水溶性氟(F^-)质量分数(%)	≤0.50	≤0.50	≤0.50
5	放射性核素限量应符合 GB 6566 的要求			

注：其中 3、4 项为用作建材时应测试项目

即将颁布的建材行业标准《磷石膏中磷、氟的测定方法》规定了磷石膏中附着水、五氧化二磷、氟离子含量的测定方法。

3）磷石膏的排放量和应用

表 3-17 是美国资料反映的美国及其他国家磷石膏的排放量。

表 3-17 美国及其他国家磷石膏的排放量

区域	时期	预测年排放量（亿 t/年）	总排放量（亿 t）	其中直接排放进江河湖海的量（亿 t）
美国	1946—1981 年		7.50	5.00
	1982—2006 年		11.25	0
截至 2006 年美国磷石膏总量			18.75	5.00
截至 2006 年其他国家磷石膏总量	1934—2006 年		37.50	12.50～25.00
截至 2006 年全世界磷石膏总量			56.25	17.50～30.00
预计美国 2007—2040 年磷石膏量	2007—2040 年	0.4	13.20	0
预计其他国家 2007—2040 年磷石膏总量	2007—2040 年	1.20	39.60	0～13.20
预计 2040 年全世界总计			109.05	

我国磷矿资源比较丰富，已探明的资源储量仅次于摩洛哥和美国，居世界第三位。截至 1999 年底，我国共查明磷矿产地 395 处，探明资源储量 132.4 亿 t，分布在全国 27 个省、市和自治区。但因资源条件不同和矿业开发程度不一，主要开采省份是云南、贵州和湖北三省，四川和湖南次之，上述五省磷矿石产量约占全国产量的 97%，是我国为磷肥和磷化工生产提供原料的主要省份。.

我国磷肥生产历史不长，磷肥工业是在新中国成立后才开始建立的，但是近年来发展迅猛。据第六届国产高浓度磷复肥产销会信息，我国磷肥行业确定的“十五”末年产量达到 875 万 t、高浓度磷肥占总量 45%的发展目标早已实现。到 2007 年我国磷肥产量已居世界第一，达到 1 330 万 t。表 3-18 是 1978—2008 年我国各年份磷肥产量。

表 3-18 1978—2008 年我国各年份磷肥产量 万 t

年份	估计产量	年份	估计产量	年份	估计产量
1978	178	1989	367	2000	758
1979	190	1990	392	2001	810
1980	203	1991	419	2002	865
1981	216	1992	447	2003	924
1982	231	1993	478	2004	1 000
1983	247	1994	510	2005	1 055
1984	264	1995	545	2006	1 183

续　表

年份	估计产量	年份	估计产量	年份	估计产量
1985	282	1996	582	2007	1 330
1986	301	1997	622	2008	1 380
1987	322	1998	664		
1988	343	1999	710		

1978—2008 年磷肥产量累计达到 17 818 万 t，磷石膏 89 090 万 t，即磷石膏累计排放量达 9 亿 t。2006 年我国磷肥产量 1 183 万 t，其中，湿法磷酸 923 万 t，按每吨磷酸产磷石膏 5 t 计，我国 2006 年磷石膏排放量为 4 615 万 t。

磷石膏的应用是一个世界性的难题。除日本外，全世界磷石膏利用率不到 10%。日本因缺乏天然石膏资源，磷石膏得到了很好的利用，利用率基本达到 100%。其中 60%用于石膏粉和石膏建材，30%用作水泥缓凝剂。

国外未被利用的磷石膏或直接排入海洋，或回填到旧的矿坑或建设渣场堆存，为了解决磷石膏资源化利用问题，2005 年，美国、英国等国联合启动了 6 年研究计划，就 53 个课题进行调查。主要内容有：

（1）世界潜在的磷石膏市场研究

（2）磷石膏上游技术调查

（3）磷石膏下游管理状况调查

（4）实验室、温室和大田试验经验

（5）确认在放射性和环境监测方面最好的工作方法，建立资料收集、分析和管理网络

2005 年的前期调查结果希望磷石膏在农业、建材、水泥缓凝剂、土地填充四个方面得到应用。

表 3-19 是美国资料反映的一些国家磷石膏的堆存和利用现状。

表 3-19　一些国家磷石膏的堆存和利用现状

国家/州	堆存	往海洋或河流排放	利用比例	趋势
比利时	100%	0%	石膏板 建议用于道路上	在允许的地方使用
巴西	100%	0%	50%： 40%农业 10%建筑	磷石膏在利用中，将来如何处理在讨论中
加利福尼亚	100%	0%	100%：农业/含钠土壤	用完了，从 1989 年 USEPA 法规后停产了
加拿大	100%	现在停止了		在积极回顾中，有建议

续　表

国家/州	堆存	往海洋或河流排放	利用比例	趋势
中国	100%	0%(过去是25%)	过去80%用于建筑,现在在回顾中	一直大量用于建筑,现在在回顾中
芬兰	100%		正在用于道路建设中的测试(EU基金)	在回顾中
佛罗里达	100%	有些事故排放	0.03%用于农业	永久的堆放
荷兰	0%	100% (Pernis 2001年停止)		生产停止 排放处理需要的成本太高
摩洛哥	0%	100%	0%	讨论改变法律
印度	100%	0%	20%:某些生产 80%:农业和建筑	讨论
意大利			测试用于回填	
西班牙(Huelva)	100%	0%(过去为20%)	改革;用作肥料和含钠土壤改良	给磷石膏发证用作肥料
英国	0%	100%	0%	停产,排放处理成本太高

我国是磷石膏排放大国,也是磷石膏应用研究、应用较多的国家。现已有用磷石膏用作水泥缓凝剂、生产纸面石膏板、生产建筑石膏粉、化工原料、道路路基、矿山填充、生产陶瓷、生产石膏纤维、改良土壤等几乎所有工业副产石膏的应用领域的研究。但是总的说是研究多而相对应用较少。据中国磷肥协会估计,全国磷石膏总利用率小于10%。

2. 脱硫石膏

脱硫石膏是火电厂或其他装置含硫烟气脱硫的副产物。由于石灰石比较广泛,所以绝大部分(90%)烟气脱硫都选用钙法(也称石灰石—石膏法)脱硫,2008年中国脱硫石膏排放量达到1 300万t。脱硫石膏为二水石膏,灰白色,颗粒状,颗粒集中,大部分在30～60 μm之间,比表面积为45m²/kg,纯度也比较高。杂质主要是碳酸钙、氧化铝和氧化硅,另有方解石或石英、氧化镁和长石、方镁石等,脱硫石膏的杂质与使用的脱硫剂的成分有很大关系。

1）烟气脱硫的意义

据世界卫生组织和联合国环境规划署统计,目前每年由人类制造的,主要是含硫燃料燃烧排到大气中的二氧化硫(SO_2)高达2亿t左右。

SO_2不仅污染空气,危害人类健康,而且是形成酸雨的主要物质。大气中的SO_2和NO_2,在空气中氧化剂的作用下溶解于雨水中,当雨水、冻雨、雪和冰雹等大气降水的pH值小于5.65时,即是酸雨。据美国有关部门测定,酸雨中由硫酸引起的占60%,硝酸引起的占33%,盐酸引起的占6%,其余是碳酸和少量有机酸。

酸雨给地球生态环境和人类的社会经济带来严重的影响和破坏。

酸雨通过对植物表面(叶、茎)的淋洗直接伤害或通过土壤的间接伤害,促使森林衰亡,还诱使病虫害爆发,造成森林大面积死亡。欧洲每年排出 2 200 万 t 硫,毁灭了大片森林。我国四川、广西等省区已有 10 多万公顷森林濒临消亡。

酸雨使河流、湖泊的水体酸化,抑制水生生物的生长和繁殖,甚至导致鱼苗窒息死亡;酸雨还杀死水中的浮游生物,减少鱼类食物来源,使河流湖泊生态系统紊乱;酸雨污染河流湖泊地下水,直接或间接危害人体健康。

酸雨对某些建筑材料的腐蚀比海水还强,大理石、汉白玉、砂岩、板岩都能被腐蚀,因此会损害一些建筑物和文物。如古埃及方尖碑在埃及的亚历山大三千多年能保存完好,但移至伦敦只有八十年就面目全非。全世界已有许多古建筑和石雕艺术品遭酸雨腐蚀破坏,如加拿大的议会大厦、我国的乐山大佛等。酸雨还直接危害电线、铁轨、桥梁和房屋。

目前,世界上已形成了三大酸雨区。一是以德国、法国、英国等国家为中心,涉及大半个欧洲的北欧酸雨区。二是 20 世纪 50 年代后期形成的包括美国和加拿大在内的北美酸雨区。这两个酸雨区的总面积已达 1 000 多万 km^2,降水的 pH 值小于 5.0,有的甚至小于 4.0。我国在 20 世纪 70 年代中期开始形成的覆盖四川、贵州、广东、广西、湖南、湖北、江西、浙江、江苏和青岛等省市自治区部分地区,面积为 200 万 km^2 的酸雨区是世界第三大酸雨区。

据国家环保总局发布的《"两控区"酸雨和二氧化硫防治"十五"计划》估算,中国目前每年因酸雨和二氧化硫污染对生态环境损害和人体健康影响造成的经济损失约 1 100 亿元人民币。

中国基本消除酸雨污染所允许的最大二氧化硫排放量为 1 200～1 400 万 t。按照中国目前经济发展模式,到 2020 年能源消费总量将达到 30 万～40 万 t 标煤,原煤消费量约需 25 亿～33 亿 t,二氧化硫产生量将达 4 200 万～5 300 万 t,比 2003 年增加 2 000 万～3 000 万 t。按照目前的污染控制方式和力度,预计 2020 年全国二氧化硫排放量将达到 2 800 万 t 左右,超过大气环境容量约 1 600 万 t,将对生态环境和人体健康造成严重影响。

据估计,大气中的 SO_2 有 70%来源于工业燃煤,12%来源于工业燃油,其余则来源于生活燃煤等。煤炭是当今世界电力生产的主要燃料,电厂燃煤是造成二氧化硫和酸雨问题的罪魁祸首。我国火电厂燃煤约占全国煤炭产量的三分之一,且火电厂的二氧化硫排放比较集中。因此,火电厂的燃煤烟气脱硫是减少二氧化硫排放,减少酸雨污染的有效的和刻不容缓的措施。

2) 烟气脱硫的方法

世界各国都已认识到燃煤脱硫的必要性和重要性。根据脱硫工艺在煤炭燃烧过程中的位置，可将脱硫技术分为燃烧前、燃烧中和燃烧后三种。燃烧前脱硫主要是选煤、煤气化、液化和水煤浆技术；燃烧中脱硫指的是低污染燃烧、型煤和流化床燃烧技术；燃烧后脱硫即为烟气脱硫技术。现在还有脱硫、脱硝、脱碳的清洁煤技术，各种脱硫技术加起来有200种之多。下面介绍较经济的、已有大规模商业化应用的五种烟气脱硫技术和两种燃烧过程中的脱硫技术，即石灰石/石灰-石膏湿法脱硫、氨法脱硫、电子束法脱硫(EBA)、海水脱硫、喷雾干燥法脱硫(LSD法)、循环流化床锅炉脱硫工艺(锅炉CFB)、炉内喷钙加后部增湿活化脱硫(LIFAC法)。下面分别介绍。

(1) 石灰石/石灰-石膏湿法脱硫

该工艺的原理是用含碳酸钙或氧化钙的浆液吸收烟气中的二氧化硫生成亚硫酸钙，再氧化亚硫酸钙使其生成硫酸钙。该工艺对燃煤含硫适应性较强，脱硫率可达95%以上，其副产品是脱硫石膏。

(2) 氨法脱硫

该工艺的原理是用氨吸收烟气中的二氧化硫，生成亚硫酸铵。然后既可以氧化亚硫酸铵得到硫酸铵，也可以用硫酸、磷酸、硝酸等酸解亚硫酸铵得到相应的铵盐和气体二氧化硫。该工艺适用于高硫煤脱硫，脱硫效率可达95%以上。其副产品依工艺不同，可以是硫酸铵，也可以是铵盐加气体二氧化硫。

(3) 电子束法脱硫(EBA)

该工艺是一种物理方法与化学方法相结合的高新技术。基本原理是含硫烟尘经除尘、高压喷淋水雾降温(降温至60～70℃)后进入反应器，汽化的氨与压缩空气也进入反应器，在反应器内烟气、空气、水被电子加速产生的高能电子束辐照，发生脱硫脱硝反应(仅需约1 s)。反应所生成的硫酸铵、硝酸铵粉体微粒被副产品集尘器所分离与捕集，经过净化的烟气升压后经烟囱排放。

此法的优点是副产品为化肥，且不产生废水，可适用于高硫煤脱硫，脱硫效率可达约80%。

氨法脱硫及电子束法脱硫的吸收剂均为液氨/氨水。由于这两种物质均为化工、化肥行业的中间产品，其来源与当地化工、化肥厂的位置关系密切，其供应受到化工、化肥厂的生产影响较大。当这些厂的最终产品销路好时，其中间产品没有富余，不能满足脱硫吸收剂的需要。另一方面，由于氨水浓度一般较低(约为10%)，相对来说脱硫所需的氨水量较大，因此这两个工艺适用于离氨水供应较近的地区。

(4) 海水脱硫

该工艺是利用海水的碱度用海水吸收烟气中的二氧化硫。此工艺无副产品无二次污染，脱硫率可达90%以上。海水脱硫的效果受海水盐度影响很大，在淡水入海口的海水盐度难以满足要求，且海水的盐度还受季节的影响。一般来说，海水对SO_2的吸收能力是十分有限的，烟气中含硫较高时脱硫需要的海水水量过大，使得海水脱硫系统投资大大增加，因此，海水脱硫工艺仅适用于低硫煤烟气脱硫。

(5) 喷雾干燥法脱硫(LSD 法)

该工艺的原理是以石灰为脱硫吸收剂，石灰经消化并加水制成消石灰乳，消石灰乳由泵打入位于吸收塔内的雾化装置，在吸收塔内，被雾化成细小液滴。烟气中的二氧化硫在吸收塔内与石灰乳反应生成 $CaSO_3$，随烟气出吸收塔，进入除尘器被收集下来。烟气经脱硫、除尘后排出。

该工艺适用于中、低硫煤的燃烧烟气脱硫，脱硫率可达 75%左右。其副产品以亚硫酸钙为主，还有少量硫酸钙和烟灰。

以上五种工艺均为在煤燃烧后对烟气进行脱硫，下面两种工艺为煤燃烧过程中脱硫。

(6) 循环流化床锅炉脱硫工艺(锅炉 CFB)

流化床燃烧(CFB)锅炉系指小颗粒的煤粉与助燃空气在炉膛内处于沸腾状态下燃烧的锅炉，循环流化床锅炉脱硫工艺以石灰石为脱硫吸收剂，经粉磨的煤粉和石灰石粉自锅炉燃烧室下部送入，一次风从布风板下部送入，二次风从燃烧室中部送入。石灰石粉受热分解为氧化钙和二氧化碳。气流使煤粉、石灰石粉在燃烧室内强烈扰动形成流化床，燃煤烟气中的 SO_2 与氧化钙反应生成 $CaSO_3$。且为了提高脱硫吸收剂的利用率，将未反应的氧化钙、脱硫产物及飞灰送回燃烧室参与循环利用。

该工艺适用于中、低硫煤的燃煤烟气脱硫，脱硫率可达 90%以上。其副产品以亚硫酸钙为主，还有少量硫酸钙，副产品与飞灰一起排出。

(7) 炉内喷钙加后部增湿活化脱硫(LIFAC 法)

该工艺以石灰石粉为吸收剂，石灰石粉由气力喷入炉膛 850～1150℃温度区，受热分解为氧化钙和二氧化碳，氧化钙与烟气中的 SO_2 反应生成 $CaSO_3$。由于反应在气固两相之间进行，反应速度较慢，吸收剂利用率较低。为提高脱硫效率，在尾部将增湿水以雾状喷入，与未反应的氧化钙接触生成 $Ca(OH)_2$，进一步与烟气中的二氧化硫反应，进而再次脱除二氧化硫。

因其需向锅炉炉膛喷射大量的石灰石粉(Ca/S 约 2.5)，烟气 SO_2 含量过高时，需喷入的石灰石粉量太大，一方面影响锅炉效率，另一方面使电厂除灰系统过于庞大，因此该工艺仅适用于低硫煤脱硫。当 Ca/S 为 2.5 及以上时，系统脱硫率可达到 65%～80%。其副产品以亚硫酸钙为主，还有少量的硫酸钙，副产品与飞灰一起排出。

以上各种烟气脱硫方法均有应用。目前全世界电厂烟气脱硫设施中约有 85%为湿法烟气脱硫，其中石灰石/石灰-石膏湿法脱硫约占 36.7%，其余湿法约占 48.3%。我国烟气脱硫设施中有 85%为石灰石/石灰-石膏湿法脱硫。下面重点介绍此方法。

3) 石灰石/石灰-石膏湿法烟气脱硫

此工艺的基本原理是用含有 $CaCO_3$ 的浆液喷淋烟气，与烟气中的 SO_2 反应生成

$CaSO_3$，然后强制通风使 $CaSO_3$ 氧化成 $CaSO_4 \cdot 2H_2O$。其工艺流程如图 3-6 所示：

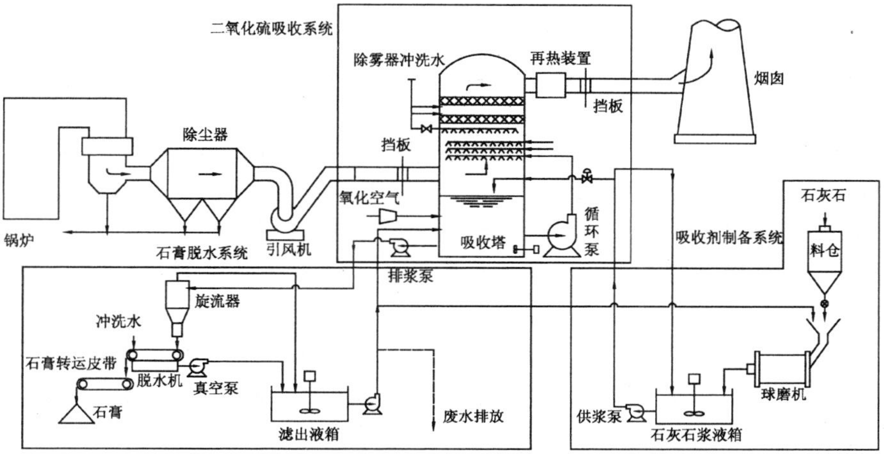

图 3-6　典型石灰石/石灰-石膏法脱硫工艺流程图

火力发电机组锅炉排放的高温烟气经除尘后由增压风机送入气-气换热器，在此将热量传给已脱硫的烟气实现降温后进入吸收塔，与含有 $CaCO_3$ 的循环浆液逆流接触充分反应。烟气中绝大多数 SO_2 溶解于循环浆液中并被吸收，同时烟气中的灰尘也被洗涤，进入循环系统中，脱硫后的烟气经吸收塔上部的气液分离器后出吸收塔，经气-气换热器加热后从烟囱排出。循环液中的水溶解吸收 SO_2 后产生 H^+、HSO_3^- 和 SO_3^{2-}，pH 值下降，促使其中的 $CaCO_3$ 离解，生成 Ca^{2+} 和 CO_3^{2-}。在酸解条件下，CO_3^{2-} 将转化为 HCO_3^-，随着 H^+ 的增加，HCO_3^- 进一步转化为 H_2CO_3，H_2CO_3 不稳定，分解产生 CO_2 气体逸出。Ca^{2+} 与 HCO_3^- 及 SO_3^{2-} 生成不稳定的亚硫酸氢钙与亚硫酸钙。由于烟气中含有氧气，部分亚硫酸氢钙被氧化为硫酸钙，但氧化率很小，而且容易在设备喷嘴及管道内表面结垢，因此必须通过氧化风机将其强制氧化，使其成为硫酸钙。从吸收塔出来的石膏悬浮液通过浆液循环泵打入浆液旋流器，经过第一次液固分离后再经真空皮带脱水机脱水后排出，其含水率在 5%～15%之间。

其反应可以简单地归纳为：在脱硫吸收塔内烟气中的 SO_2 首先被浆液中的水吸收，与浆液中的 $CaCO_3$ 反应生成 $CaSO_3$，$CaSO_3$ 被鼓入氧化空气中的 O_2 氧化最终生成石膏晶体 $CaSO_4 \cdot 2H_2O$。其主要化学反应式为：

吸收过程：$SO_2 + H_2O \longrightarrow H_2SO_3 \longrightarrow HSO_3^- + H^+$

$CaCO_3 + 2H^+ \longrightarrow Ca^{2+} + CO_2\uparrow + H_2O$

氧化过程：$HSO_3^- + \frac{1}{2}O_2 \longrightarrow SO_4^{2-} + H^+$

$$Ca^{2+} + SO_4^{2-} + 2H_2O \longrightarrow CaSO_4 \cdot 2H_2O$$

合并为：

$$CaCO_3 + SO_2 + \frac{1}{2}O_2 + 2H_2O \longrightarrow CaSO_4 \cdot 2H_2O + CO_2 \uparrow$$

石灰石/石灰-石膏湿法烟气脱硫最早由英国皇家化学公司提出，从20世纪70年代该技术开始工业性应用以来的三十多年里，针对石灰石/石灰-石膏法脱硫洗涤系统，尤其是脱硫塔容易结垢、堵塞、腐蚀及机械故障等一系列弊病，日本、美国、德国对湿法烟气脱硫工艺进行了不断改进。在解决结垢、堵塞、腐蚀及提高脱硫效率、运行可靠性和降低成本方面有了很大改进，运行可靠性达到99%。

我国重庆珞璜电厂1990年首次从日本三菱公司引进石灰石/石灰-石膏湿法烟气脱硫装置，以后又陆续引进建设了一些样板工程。现在我国已经完成了引进设备的消化吸收工作，能够自行设计、制造、安装石灰石/石灰-石膏湿法烟气脱硫系统。到2010年全国约有480套石灰石/石灰-石膏湿法烟气脱硫装置。我国已制定了中华人民共和国环境保护行业标准，名称为《火电厂烟气脱硫工程技术规范　石灰石/石灰-石膏法》，标准号为HJ/T 179—2005。该技术规范规定："烟气脱硫装置的脱硫效率一般应不小于95%，主体设备设计使用寿命不低于30年，装置的可用率应保证在95%以上。"

与其他脱硫工艺相比，石灰石/石灰-石膏湿法烟气脱硫工艺具有以下优点：

(1) 脱硫效率高，可达95%以上

(2) 运行状况最稳定，运行可靠性可达99%

(3) 对煤种变化的适应性强，既可适用于含硫量低于1%的低硫煤，也可适用于含硫量高于3%的高硫煤

(4) 吸收剂资源丰富，价格便宜

(5) 与干法脱硫工艺相比，所得脱硫石膏品位高，便于处理

因此，我国标准DL/T 5196—2004《火力发电厂烟气脱硫设计规程》规定200 MW及以上的电厂锅炉建设脱硫装置时，宜优采用石灰石/石灰-石膏湿法烟气脱硫工艺。

但同时也应该看到它也有以下不足：

(1) 投资较大

(2) 与干法工艺相比有废水产生

(3) 与其他工艺相比副产品产量较大，每吸收1 t二氧化硫会产生脱硫石膏2.7 t。这些脱硫石膏与天然石膏的性质有很多差异，在已经适应了天然石膏的石膏市场中难以推广。尤其在我国天然石膏开采工业已经规模巨大，而脱硫石膏的

产生历史很短(20 世纪 90 年代初才开始有脱硫石膏)。大规模产生脱硫石膏才是近几年的事,要在如此短的时间内开发从技术和经济上都可行的市场其难度非常大,而如果不能及时推广应用脱硫石膏,这些脱硫石膏就会成为新的污染。

(4) 此工艺虽然减少了 SO_2 的排放但增加了 CO_2 的排放,每减少 1 t SO_2 的排放会增加 0.7 t CO_2。而 CO_2 同样是大气的污染物,是造成温室效应的罪魁祸首。我国 CO_2 年排放量已经占世界总排放量的 13.2%。早在 1997 年,我国就参加签订了《京都议定书》,承诺到 2010 年我国 CO_2 等六种导致温室效应气体的数量不但不能增加,而且要比 1990 年减少 5.2%。因此在减少 SO_2 排放的同时要注意 CO_2 排放的增加。

4) 脱硫石膏的质量

(1) 脱硫石膏的化学成分

从脱硫石膏的产生过程可知,脱硫石膏的主要成分为二水硫酸钙,主要杂质来源一为吸收剂带来的杂质和未反应完全的吸收剂、亚硫酸钙,二为煤燃烧没有除净的灰尘。

其外观为含水率 10%～20%的潮湿松散的细小颗粒,脱硫正常时脱硫石膏颜色为近乎白色(微黄),脱硫不正常时会带进煤灰导致发黑。欧洲的脱硫石膏白度都超过 80%,pH 值为 5～9。

除普通石灰石/石灰-石膏湿法烟气脱硫系统外,还有一种简易石灰石/石灰-石膏湿法烟气脱硫系统(或称湿式快速脱硫)。后者缩小了反应塔,简化了辅助设施,降低了对电厂除尘效率及脱硫剂石灰石纯度和细度的要求,从而降低了造价和运行费用,当然也降低了脱硫效率和副产品脱硫石膏的质量。我国太原第一热电厂采用的即为简易法。表 3-20 为欧洲脱硫石膏标准。

表 3-20　欧洲脱硫石膏标准

指标	数值	指标	数值
自由水含量	<10%	$CaSO_3 \cdot 1/2H_2O$	<0.50%
纯度	≥95%	可燃有机成分	<0.10%
pH 值	5～8	Al_2O_3	<0.30%
白度	>80%	Fe_2O_3	<0.15%
气味	同天然石膏	SiO_2	<2.5%
平均颗粒尺寸(32 μm 以上)	>60%	$CaCO_3+MgCO_3$	<1.5%
MgO	<0.10%	K_2O	<0.06%
Na_2O	<0.06%	NH_3+NO_3	0
Cl^-	<100 ppm	放射性元素	必须符合国家标准

经过二十年的烟气脱硫实践,我国现正在制定烟气脱硫石膏建材行业标准。该标准由北京建筑材料科学研究总院有限公司起草。表 3-21 为该标准对烟气脱

硫石膏的技术要求。

表 3-21　烟气脱硫石膏的技术要求

序号	项目		指标	
			一级(A)	二级(B)
1	附着水含量(%)(湿基)		≤10	≤10
2	二水硫酸钙($CaSO_4 \cdot 2H_2O$)(%)(湿基)		≥95	≥90
3	半水亚硫酸钙($CaSO_3 \cdot 1/2H_2O$)		<0.5	<0.5
4	水溶性镁盐 MgO(%)		<0.10	<0.10
5	水溶性钠盐 Na_2O(%)		<0.06	<0.06
6	pH 值		5～9	5～9
7	氯离子(Cl^-)(%)		<0.01	<0.05
8	气味		无异味	无异味
9	放射性	内照(I_{Ra})	<1.0	<1.0
		外照(I_r)	<1.0	<1.0
10	贵金属	Cr(mg/kg)	<90	<90
		Cd(mg/kg)	<75	<75
		Pb(mg/kg)	<60	<60
		Hg(mg/kg)	<60	<60

为了制定我国烟气脱硫石膏标准，北京建筑材料科学研究总院有限公司等单位从北京、山西、内蒙古、安徽、江苏、浙江和广东等地采集脱硫石膏样品 20 个，测试了其化学成分。表 3-22 为脱硫石膏样品各项指标的波动范围和平均值。

表 3-22　脱硫石膏样品各项指标的波动范围和平均值

指标	波动范围	平均值	测试方法
含水率(%)	8.28～20.90	11.95	GB 5484—2000《石膏化学分析方法》，测试温度 45℃
结晶水(%)	18.21～20.03	19.46	结晶水测试温度 230℃
纯度(%)	87.01～95.71	92.99	以结晶水推算
$CaSO_3 \cdot 1/2H_2O$ 含量(%)	<0.01～0.055	0.021	VGB 方法
水溶性镁盐 MgO(%)	0～0.27	0.07	VGB 方法
水溶性钠盐 Na_2O(%)	<0.01～0.26	0.08	VGB 方法
氯离子含量(Cl^-)(ppm)	82.0～2 954.3	666.5	ASTM C471M-01《石膏及石膏制品化学分析测验方法》

续　表

指标		波动范围	平均值	测试方法
白度(%)		14.31～62.43	33.31	
pH 值		5.51～7.67	6.83	
脱硫石膏放射性	内照(I_{Ra})	0.003～0.09	0.04	按 GB 6566—2001 测定
	外照(I_r)	0.01～0.08	0.05	
脱硫石膏贵金属含量(mg/kg)	Cr	<0.01～2.518	0.596	按 GB 6566—2001 测定
	Cd	<0.05～0.105	0.059	
	Hg	0.113～3.421	1.052	
	Pb	<0.2～19.70	1.767	

对照上表可知，我国脱硫石膏的放射性和贵金属含量都远低于标准限量要求。表 3-23 为脱硫石膏的常规化学成分。

表 3-23　脱硫石膏的常规化学成分　　%

样品号＼成分	SiO_2	Al_2O_3	Fe_2O_3	CaO	K_2O(可溶)	K_2O(总量)	SO_3
1	1.60	0.34	0.06	32.21	<0.01	0.03	44.46
2	2.52	0.36	0.28	32.52	<0.01	0.02	42.36
3	1.28	0.32	0.24	31.86	<0.01	0.04	44.86
4	0.90	0.30	0.12	32.52	<0.01	0.03	44.82
5	0.94	0.30	0.16	32.28	<0.01	0.03	45.06
6	2.64	0.50	0.22	31.54	<0.01	0.03	43.70
7	3.59	0.51	0.16	31.54	<0.01	0.03	43.58
8	1.71	0.29	0.20	31.65	<0.01	0.02	45.31
9	2.43	0.83	0.28	31.32	<0.01	0.03	41.74
10	2.84	0.93	0.25	32.32	<0.01	0.04	41.18
11	2.02	0.62	0.22	30.48	<0.01	0.03	44.44
12	2.76	1.09	0.31	31.08	<0.01	0.03	41.12
13	0.63	0.32	0.10	32.22	<0.01	0.02	43.40
14	3.20	1.87	0.37	30.92	<0.01	0.02	42.14
15	2.40	1.31	0.16	31.14	<0.01	0.02	44.06

续 表

样品号 \ 成分	SiO_2	Al_2O_3	Fe_2O_3	CaO	K_2O（可溶）	K_2O（总量）	SO_3
重庆电厂脱硫石膏	1.82	0.39	0.2	31.24		0.13	44.23
太原电厂脱硫石膏	3.26	1.90	0.97	31.93		0.15	40.09
宝钢电厂脱硫石膏	4.37	1.73	0.87	32.7			43.1

（2）脱硫石膏的颗粒特征

天然石膏是块状，脱硫石膏是潮湿的粉状。其颗粒性质与天然石膏经粉碎后的颗粒性质有很多不同，主要叙述如下：

a. 颗粒形状不一样，天然石膏经粉碎后为不规则颗粒，而脱硫石膏由于是结晶体，其颗粒为规则的柱状、纤维状、薄片状或六角板状等。

b. 颗粒级配不同，图 3-7 为脱硫石膏和天然石膏的颗粒分布曲线。表 3-24 为某厂脱硫石膏颗粒分布情况。

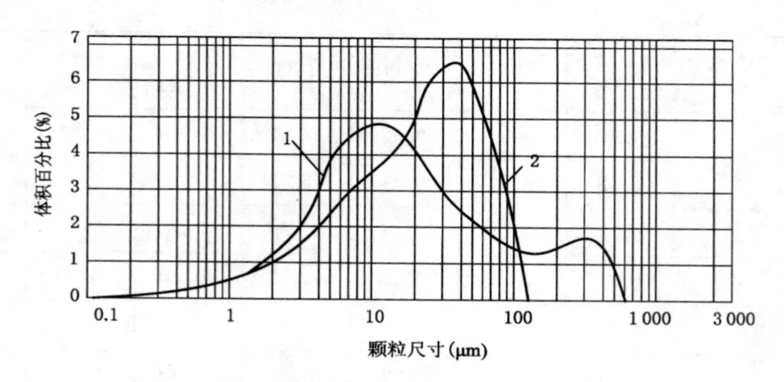

图 3-7　脱硫石膏和天然石膏的颗粒分布曲线

图 3-7 中 1 号线为天然石膏，2 号线为脱硫石膏。

表 3-24　脱硫石膏颗粒分布表

粒级(mm)	分布率(%)	累积分布率(%)
0.000 9	0.2	0.2
0.001 4	1.7	1.9
0.001 9	3.9	5.8
0.002 8	9.7	15.5
0.003 9	12.3	27.8
0.005 5	19.3	47.1

续　表

粒级(mm)	分布率(%)	累积分布率(%)
0.007 8	2.7	49.8
0.011 0	12.1	61.9
0.016 0	14.6	76.5
0.022 0	5.2	81.7
0.031 0	6.8	88.5
0.044 0	1.1	89.6
0.062 0	7.5	97.1
0.080 0	2.2	99.3
大于 0.160 0	0.7	100.0

表 3-25 为中国矿业大学分析的取自 15 个厂的脱硫石膏颗粒级配特点。

表 3-25　脱硫石膏颗粒分布表

编号	d0.1(μm)	d0.5(μm)	d0.9(μm)	比表面积(m^2/kg)
1	6.749	22.777	60.961	513
2	13.613	37.791	69.385	303
3	10.227	26.085	53.942	382
4	17.896	35.246	62.280	249
5	16.403	34.237	62.147	260
6	12.197	28.647	52.121	338
7	19.165	48.345	87.636	236
8	23.825	46.493	80.524	198
9	12.992	34.896	68.887	291
10	15.444	35.484	63.457	282
11	15.174	32.829	69.475	273
12	19.626	43.935	82.305	223
13	22.462	43.231	74.885	178
14	11.534	31.735	63.909	370
15	9.836	45.937	110.260	316

天然石膏经过粉碎后，颗粒级配较好，粗、细颗粒均有。而未粉碎的脱硫石膏颗粒级配不好，颗粒分布比较集中，没有细粉，比表面积小，其勃氏比表面积只有天然石膏粉磨后的 40%～60%，在煅烧后，其颗粒分布特征没有改变，导致石膏粉加

水后的流变性差，颗粒离析，分层现象严重，容重大。因此用于生产建筑施工的脱硫石膏应该进行改性粉磨，增加细颗粒比例，提高比表面积。

c. 因为杂质与石膏之间的易磨性差别，天然石膏粉磨后粗颗粒多为杂质，而脱硫石膏正好相反，粗颗粒多为石膏，细颗粒多为杂质。

(3) 脱硫石膏的主要杂质影响

a. 焦炭和烟灰

焦炭和烟灰为可燃有机物，按欧洲脱硫石膏工业标准，脱硫石膏中可燃有机物含量不能超过 0.1%，由于其电导率较高，在电除尘器除尘效果不好时很容易混入石膏中。其形状多为多孔、圆形，有时为长形，呈黑色。用肉眼和放大镜很容易从石膏中分辨出。煅烧脱硫石膏时其中的焦炭和烟灰不会发生变化。石膏和水混合时，由于其密度比较轻，很容易浮在上面。

因此，在用脱硫石膏制作纸面石膏板时，由于其集中在石膏与纸的界面处，而影响石膏与纸面的粘结，且焦炭和烟灰会破坏泡沫，因而影响加在纸面石膏板中发泡剂的作用，增加石膏板容重。

在用脱硫石膏生产粉刷石膏时，焦炭和烟灰会使粉刷石膏产生黑色斑点，影响美观，且焦炭和烟灰浮在表面，因憎水性难以湿润墙面，而影响施工质量。在电厂燃煤中加入约 0.1%的碳酸钙能有效消除脱硫石膏中的焦炭和烟灰。

b. 氧化铝和氧化硅

如果氧化铝和氧化硅以较粗颗粒存在时，由于其硬度大于石膏，所以会影响脱硫石膏的易磨性，降低粉磨效率，增加设备磨损。在脱硫石膏用于陶瓷磨具时，由于氧化铝和氧化硅的耐磨性和耐腐蚀性与石膏不同而影响其使用寿命，在脱硫石膏用于纸、粘结剂或塑料的填料时，坚硬的粗粒会降低加工效率，损耗加工设备，影响产品的表面光泽。

c. 铁化合物

脱硫石膏中的铁化合物来自吸收剂，分为粗颗粒磁性铁和细粉状非磁性铁。粗颗粒磁性铁会影响脱硫石膏的耐磨性，可用除铁器将其除去。细粉状非磁性铁不能被除铁器除去，会影响脱硫石膏的颜色。欧洲标准规定，脱硫石膏中铁化合物的含量不能超过 0.15%。

d. 碳酸钙和碳酸镁

与天然石膏不同，在煅烧脱硫石膏时，其中部分碳酸钙和碳酸镁会转化为氧化钙和氧化镁。用这种熟石膏生产纸面石膏板时，氧化钙和氧化镁会提高石灰浆的 pH 值，如果 pH 值大于 8.5 会影响纸面与石膏的粘结。因此，用于纸面石膏板的脱硫石膏中的碳酸钙和碳酸镁含量应控制在 1.5%以下。

e. 其他杂质

氯离子对脱硫石膏的粘结性影响非常大，钾、钠离子对脱硫石膏更为有害。但是，脱硫石膏中这些杂质的含量很小，在正常情况下可以不考虑。

f. 微量元素和放射性元素

国内外的检测和使用情况证明，脱硫石膏中的微量元素和放射性元素含量远低于公认的极限值。与天然石膏一样，脱硫石膏可以用作理想的建筑材料。

5）脱硫过程影响脱硫石膏质量的因素及工艺控制

脱硫过程中各项操作及工艺控制既会影响脱硫效率，也会影响脱硫石膏的质量，下面对各影响因素进行分析，并简单介绍控制方法。

（1）石灰石质量

石灰石质量包括碳酸钙含量、白云石含量、活性、细度等。关于石灰石的质量，我国环保行业标准 HJ/T 179—2005《火电厂烟气脱硫工程技术规范　石灰石/石灰-石膏法》中规定：“用于脱硫的石灰石中 $CaCO_3$ 的含量宜高于 90%。石灰石粉的细度应根据石灰石特性和脱硫系统与石灰石粉磨系统综合优化确定。对于燃烧中低含硫量煤质的锅炉，石灰石粉的细度应保证 250 目 90%过筛率；当燃烧中高含硫量煤质的锅炉，石灰石粉的细度应保证 325 目 90%过筛率。当厂址附近有可靠优质的石灰粉供应来源时，可以采用生石灰粉作为吸收剂。生石灰的纯度应高于 85%。”

若碳酸钙含量低，则脱硫效率低，脱硫石膏品味也低，因此行业标准规定其含量应高于 90%。因白云石不溶解会降低石灰石的活性，所以白云石含量不应高于 2%。

石灰石粒径越小，比表面积越大，越能吸收二氧化硫。因此行业标准规定对于低硫煤，要求石灰石至少 90%通过 250 目筛；对于含硫较高的煤，要求石灰石至少 90%通过 325 目筛。

（2）燃煤含硫量

如果燃烧含硫量超过设计值，则由于吸收塔能力不够而严重影响脱硫效率，且由于过多的含硫量会加大石灰石给料量而导致石膏中的碳酸盐超标；如果超过氧化风机设计给风量，会由于氧气量不足而导致亚硫酸盐超标。这有可能会影响石膏脱水，造成脱硫装置无法持续运行。

（3）石膏浆液的密度

石膏浆液的密度要适中，当石膏浆液中石膏的浓度低于饱和浓度时，不会有石膏结晶；大于饱和浓度在一定范围内时会产生适量晶种并逐渐长大，形成较好的石膏晶体（粒度适中的短柱状晶体较易脱水）；而浓度过大，会产生大量晶种，使晶体颗粒反而变小，且在这种情况下，晶体的增大主要集中在尖端，使结晶变成针状或层状结构，从而不易脱水。实践证明石膏浆液浓度应控制在 1 080～1 150 kg/m^3。

(4) 石膏浆液的 pH 值

石膏浆液的 pH 值通过影响亚硫酸盐的氧化速率而影响石膏浆液的相对过饱和度，从而影响石膏的结晶。要保持石膏浆液的相对过饱和度的稳定就要保持石膏浆液 pH 值的稳定。生产中石膏浆液的 pH 值一般控制在 4.6～5.9。石膏浆液的 pH 值由石灰石的添加量决定，石灰石添加量越大，pH 值越大。

(5) 氧化风量

如果风量不够，就不能使所有亚硫酸盐转化为硫酸盐。氧化风量过大，则会增大对石膏浆液的搅拌强度，影响石膏的颗粒度，同时也会增加成本。通常根据浆液中亚硫酸盐的浓度计算理论空气量，再乘以一个系数，系数取值在 1.8～2.5 之间。

(6) 水源

进入吸收塔的水源有工艺水、各种回收水等，这些水可能含有可溶性盐、重金属、氯离子等对石膏质量有影响的污染物，要特别关注。

(7) 锅炉运行情况

锅炉不完全燃烧产物不但会影响电除尘效率，造成粉尘量增大，且粉尘会直接包裹在石灰石和亚硫酸盐晶体表面，阻止反应进行，降低石膏品质。

6) 脱硫石膏的排放量和应用情况

据估计，目前世界上工业副产石膏年排放量大约 1 亿 6 千万 t，其中大约3 500 万 t 为脱硫石膏，1 亿 1 千万 t 为磷石膏，1 500 万 t 为钛石膏及其他工业副产石膏。脱硫石膏约占工业副产石膏总量的 22%。

脱硫石膏的历史比较短，至今只有三十多年的历史，但是发展迅猛。随着各国对环保工作的重视，脱硫石膏的排放量还将进一步扩大。脱硫石膏用于水泥工业和纸面石膏板已经是很成熟的技术，另外还有其他一些用途。下面分别介绍国内外脱硫石膏的排放和应用情况。

(1) 国外脱硫石膏排放量和应用情况

表 3-26 为 1996 年部分国家和地区脱硫石膏排放量统计。

表 3-26　1996 年部分国家和地区脱硫石膏排放量

地域	脱硫石膏的产量(万 t)
德国	49
丹麦	34
芬兰	19
英国	12
意大利	4
荷兰	36

续　表

地域	脱硫石膏的产量(万 t)
奥地利	10
波兰	77
俄罗斯	6
捷克	4
乌克兰	8.5
欧洲总计	822.5
美国和加拿大	300

(2) 我国脱硫石膏的排放量和应用情况

我国采用烟气脱硫措施历史较短,1990 年重庆珞璜电厂首次从日本三菱公司引进石灰石/石灰-石膏湿法烟气脱硫装置。1991—2000 年底开展了火电厂烟气脱硫工业性实验研究和工程示范工作。到 2002 年前后,我国基本完成了火电厂脱硫技术的引进消化示范工作。

下面介绍脱硫石膏排放量的计算方法。

石灰石/石灰-石膏湿法烟气脱硫反应式为:

$$CaCO_3+SO_2+\frac{1}{2}O_2+2H_2O \longrightarrow CaSO_4\cdot 2H_2O+CO_2\uparrow$$

由反应式可知,每吸收 1 t 硫可产生 5.375 t $CaSO_4\cdot H_2O$。

因此,在不同的条件下脱硫石膏年排放量的计算方法如下:

a. 已知年脱硫量(Q)时,脱硫石膏年排放量(G)的计算见下式:

$$G = Q\times 5.375 \quad (3-4)$$

式中:G——脱硫石膏年排放量(t/a);

Q——年脱硫量(t/a);

5.375——$CaSO_4\cdot H_2O$ 的摩尔质量(172 g/mol)除以 S 的摩尔质量(32 g/mol)所得的系数。

b. 已知年燃煤量(M)时,脱硫石膏年排放量(G)的计算见下式:

$$G = M\times S\times F\times \eta\times 5.375 \quad (3-5)$$

式中:M——年燃煤量(t/a);

S——煤中的含硫分,%(按 2006 年国家发改委公布的“火电厂烟气脱硫产

业发展情况——2005年底前投运的10万kW及以上机组脱硫装置能力情况”,我国火电厂燃煤平均所含硫分为1.23%);

F——煤中硫转化为二氧化硫的转化率,发电厂锅炉可取0.9;

η——脱硫效率,就全国而言此数字可取95%。

c. 已知发电量(D)时,脱硫石膏年排放量(G)的计算见下式:

$$G = D \times B \times S \times F \times \eta \times 5.375 \tag{3-6}$$

式中:D——年发电量(kW・h/a);

B——年均标准煤耗[t/(kW・h)],我国平均数字可取0.000 35 t/(kW・h)。

d. 已知装机容量(Z)时,脱硫石膏年排放量(G)的计算见下式:

$$G = Z \times T \times B \times S \times F \times \eta \times 5.375 \tag{3-7}$$

式中:Z——装机容量(kW);

T——年运行小时数,h,我国平均数字可取5 000 h。

具体到每条脱硫生产线的脱硫量可按(3-7)计算。把以上所有经验数据代入,宏观上已知装机容量Z(kW)时,脱硫石膏排放量可简单按下式推算:

$$G = 0.098\,8 \times Z \tag{3-8}$$

即每1 MW机组容量排放98.8 t脱硫石膏。

截至2005年底我国的10万kW以上脱硫项目79个,总装机容量44 052 MW。2006年我国又新增10万kW以上脱硫项目181个,装机容量104 316 MW。

金晶等人根据相关资料,按公式(3-8)计算出各厂脱硫石膏的年排放量,然后计算出2006年各省或自治区脱硫石膏的排放量,见表3-27。

2007年国家发展和改革委员会与国家环保总局共同制定的《现有燃煤电厂二氧化硫治理“十一五”规划》规定:“十一五”期间我国将有221个重点项目(2009年全部完工),约1.37亿kW现有燃煤机组实施烟气脱硫。重点项目中,基本涵盖所有超标排放的单机10万kW以上的电厂。按其中有90%采用湿式石灰石/石灰-石膏脱硫推算,由此而增加的脱硫石膏年排放量为1 216万t。

另外,2007年6月国务院《节能减排综合性工作方案》指出:“十一五”期间我国新建电厂同步投运脱硫机组1.88亿kW。以其中有90%采用石灰石/石灰-石膏法脱硫工艺计算,则由新电厂产生的脱硫石膏排放量为1 674万t。

除电厂锅炉外,钢铁行业的烧结机也是SO_2排放大户。其脱硫技术中也有部分产生脱硫石膏或干法钙基脱硫产物。

脱硫石膏是最好的工业副产石膏,几乎可以用于所有的石膏应用领域。

表 3-27　各省脱硫石膏排放量

省份（自治区）	脱硫机组容量(MW)	脱硫石膏年排放量(万 t)	省份（自治区）	脱硫机组容量(MW)	脱硫石膏年排放量(万 t)
安徽	3 115	30.09	上海	1 200	9.89
北京	1 420	12.21	四川	5 240	63.00
重庆	3 860	82.97	天津	2 514	21.70
福建	2 400	22.29	浙江	11 315	110.96
广东	13 540	122.80	黑龙江	300	2.97
广西	1 040	18.15	吉林	660	6.53
贵州	4 650	66.38	江西	600	5.94
河北	8 720	82.36	湖北	1 200	11.87
河南	7 590	70.87	海南	330	3.26
湖南	3 570	35.97	云南	2 000	19.78
江苏	21 000	177.62	陕西	1 800	17.81
内蒙古	10 560	98.96	甘肃	600	5.94
山东	10 065	101.53	青海	300	2.97
山西	7 010	76.85	总计	126 599	1 281.67

国内脱硫石膏目前主要用于水泥缓凝剂和纸面石膏板原料，其中对于脱硫石膏在纸面石膏板中的应用研究较多。在水泥生产中除用脱硫石膏做水泥缓凝剂之外，还有用脱硫石膏取代石灰石低温制备水泥熟料的研究。

在石膏粉产品中有用脱硫石膏生产石膏砌块（如华能武汉阳逻电厂等）、粉刷石膏、石膏腻子、钢结构防火涂料等的报道，有用脱硫石膏生产高强 α 石膏、自流平石膏的研究，在以下方面也有研究：

a. 在石膏制品方面，有用脱硫石膏生产石膏砌块、石膏模盒的生产线（如武汉汉龙之源脱硫石膏开发利用有限公司等），也有用脱硫石膏生产刨花板的工艺研究，用脱硫石膏熟粉生产高晶艺术墙板的研究。

b. 在石膏复合胶凝材料方面，有用脱硫石膏与粉煤灰结合生产复合型石膏胶凝材料制品的研究与报道。还有直接使用二水脱硫石膏与粉煤灰等制作小型石膏砌块的研究报道（如太原金龙凤建材科贸有限公司）。

c. 在农业方面有脱硫石膏改良碱化土壤，改良强苏打盐渍土，改良草甸碱土的研究。有脱硫石膏对紫花苜蓿、高粱等农作物增产的研究。

d. 在化工方面，有烟气脱硫石膏催化还原为硫化钙的研究。

据中国环保和资源综合利用协会估计，我国目前脱硫石膏的利用率约为 30%。

3. 柠檬石膏

1）柠檬酸的生产和柠檬石膏的形成

柠檬石膏是用钙盐沉淀法生产柠檬酸时产生的二水硫酸钙为主的工业废渣。

柠檬酸又名枸橼酸（分子式：$C_6H_8O_7$），化学名为 2-羟基丙烷-1，2，3-三羧酸。主要用作香料或作为饮料的酸化剂，在食品和医学上用作多价螯合剂，也是化学中间体。柠檬酸的生产工艺可简略地概括为：

（1）利用糖质原料如地瓜粉渣、玉蜀黍、甘蔗等，在一定条件下在多种霉菌和黑曲菌的作用下，发酵制得柠檬酸，反应式如下：

$$C_{12}H_{22}O_{11}(\text{蔗糖}) + H_2O + 3O_2 \longrightarrow 2C_6H_8O_7(\text{柠檬酸}) + 4H_2O$$

（2）以上水溶液中除柠檬酸外还有其他可溶性杂质，为将柠檬酸从其他可溶性杂质中分开，加入碳酸钙与柠檬酸中和生成柠檬酸钙沉淀。反应式如下：

$$2C_6H_8O_7 \cdot H_2O + 3CaCO_3 \longrightarrow Ca_3(C_6H_5O_7)_2 \cdot 4H_2O\downarrow(\text{柠檬酸钙}) + 3CO_2\uparrow + H_2O$$

（3）再用硫酸酸解柠檬酸钙得到纯净的柠檬酸和硫酸钙残渣。反应式如下：

$$Ca_3(C_6H_5O_7)_2 \cdot 4H_2O + 3H_2SO_4 + 2H_2O \longrightarrow \underset{\substack{384 \\ 1\ t}}{2C_6H_8O_7} + \underset{\substack{516 \\ 1.34\ t}}{3CaSO_4 \cdot 2H_2O}\downarrow$$

由上式可知，理论上每生产 1 t 柠檬可得 1.34 t 柠檬石膏，但是由于杂质和水分，实际经验数据为每吨柠檬酸产生 1.5 t 柠檬石膏。

2）柠檬石膏的排放量

2008 年全球柠檬酸产量约 110 万 t，副产柠檬酸石膏 165 万 t。

我国的柠檬酸工业始于 1965 年，1972 年我国柠檬酸第一次出口。到 21 世纪初，我国柠檬酸产量已达世界第一，出口量也居世界第一，成为我国化工单项产品创汇第一位，从此奠定了我国柠檬酸出口大国的地位。同时柠檬石膏排放量也成为世界第一。

2008 年，全国柠檬酸年产量达 70 多万 t，占世界的 65%左右；柠檬石膏排放量已达 100 万 t 以上，占世界的 65%左右。

以前我国柠檬酸生产企业众多，厂家遍布全国各地，据介绍，2001 年之前，柠檬酸企业的数量达到了最高峰，达 120 多家，其中不乏产能低下、污染严重的小型企业。从 2003 年开始，经过数年市场调整，产能不断向大企业集中。到 2008 年，全国只有 20 多家企业生产，规模较大的企业为：安徽丰原生化有限公司、山东柠檬生化有限公司、宜兴协联生化有限公司、日照泰山洁晶生化有限公司、帝斯曼柠檬酸(无锡)有限公司、安徽华原生化有限公司、潍坊汇源实业有限公司、山西汾河生化有限公司、黄石兴华生化有限公司。

这些企业的合计产量占全国的80%以上。由此可知柠檬石膏的主要排放省份为华东的山东、安徽、江苏、湖北等省,即华东区柠檬石膏的年排放量为84万t。

3)柠檬石膏的质量及其应用

湿柠檬石膏的吸附水约为40%,呈灰白色膏状体,偏酸性(pH值2~6.5),其化学成分、细度分布和颗粒分析见表3-28、表3-29和表3-30。从偏光显微镜下可以看到柠檬石膏的颗粒主要为长条形不规则片状。

表3-28 柠檬石膏化学成分 %

编号	结晶水	SiO_2	Al_2O_3	Fe_2O_3	CaO	MgO	SO_3
1	18.64	1.03	0.16	0.04	32.87	0.22	46.52
2	20.72	0.32	—	—	32.49	0.09	46.11
3	19.25	0.49	0.11	0.02	32.38	—	46.76

表3-29 柠檬石膏细度分布 %

颗粒尺寸(μm)	>80	70~80	60~70	50~60	40~50	<40	D50(μm)
1	0	0	0	2.0	2.5	95.5	7.395
2	0.80	0.10	0.04	0.01	99.0		

表3-30 丰原生化集团有限公司柠檬石膏激光颗粒分析

粒径(μm)	1.0	2.0	3.0	4.0	5.0	6.0	7.0	8.0	9.0	10.0	15.0
含量(%)	8.53	22.67	35.42	48.12	57.15	64.50	69.56	72.75	76.50	78.95	88.35
粒径(μm)	20.0	25.0	30.0	35.0	40.0	45.0	50.0	55.0	60.0	70.0	80.0
含量(%)	92.75	94.60	95.00	95.45	98.10	98.80	99.35	99.70	99.90	99.98	100

柠檬石膏的主要杂质为柠檬酸,众所周知,在半水石膏中添加一定量的柠檬酸能够起缓凝作用,并降低半水石膏的强度。那么用柠檬酸会对半水石膏质量产生不良影响吗?需要在炒制前清洗柠檬酸吗?

甘肃省建材科研设计院、西北民族大学土木工程学院联合进行了用柠檬石膏生产建筑石膏并配制粉刷石膏的研究。重点研究了水洗对柠檬石膏质量的影响。

其采用的柠檬石膏是甘肃雪晶生化有限公司排放时间为 1 年左右的柠檬石膏，pH 值为 6.1～6.9。

表 3-31 列出了水洗及煅烧温度对柠檬石膏质量的影响。

表 3-31　水洗及煅烧温度对柠檬石膏质量的影响

煅烧温度(℃)	试验条件		水膏比	凝结时间(min)		抗折强度(MPa)	抗压强度(MPa)
	水洗	封闭		初凝	终凝		
120	是	是	0.71	—	>230	—	1.04
160	是	是	0.71	21	33	0.25	1 092
200	是	是	0.73	37	53	0.95	6 013
240	是	是	0.69	37	47	1.30	6 059
120	否	是	0.71	10	12	1.50	8 046
160	否	是	0.75	15	18	0.65	4.75
200	否	是	0.72	12	15	1.00	9.54
240	否	是	0.71	6	7	1.85	7.84
120	是	否	0.71	47	53	0.45	4.17
160	是	否	0.72	63	70	0.40	3.09
200	是	否	0.63	28	32	0.80	6.79
240	是	否	0.72	35	55	2.15	5.89
120	否	否	0.72	—	17	0.65	7.20
160	否	否	0.72	24	37	0.30	4.13
200	否	否	0.47	9	13	3.20	12.13
240	否	否	0.71	4	8	3.30	10.29

从表 3-31 可以看出：

(1) 经过水洗处理的石膏强度均低于未经水洗处理的石膏强度，并且凝结时间均出现延长。这说明水洗处理会降低柠檬石膏的活性，柠檬酸并未能对石膏性能产生影响，所以石膏先进行水洗处理意义不大。

(2) 密封试验表明，封闭条件并不能强化柠檬酸残留对石膏性能影响。原因在于柠檬酸在石膏适宜的脱水条件下会分解破坏，所以不需要考虑柠檬酸对柠檬石膏的影响，可以直接进行炒制，不需增加其他预处理程序。

4. 氟石膏

1）氟化氢的生产和氟石膏的形成

氟石膏是用硫酸酸解萤石制取氟化氢所得的以无水硫酸钙为主的废渣（几乎所有的工业副产石膏都是二水石膏，只有新鲜的氟石膏是无水石膏）。

氟化氢是制取氟元素、无机氟化物（氟化铝、氟化钠、合成冰晶石、二氟化钠、氟硼酸盐等）、有机氟化物（氟利昂、聚四氟乙烯等多种含氟塑料）的主要原料。

冰晶石（Na_3AlF_6）是电解炼铝的重要辅助原料。炼铝是将 Al_2O_3 熔融电解而得，但是 Al_2O_3 的熔点高达 2 000℃，若将 Al_2O_3 熔融于冰晶石中，借助其作电解质，可使电解铝的温度降到 900～1000℃，生产每吨铝需消耗冰晶石 25～50 kg。同时，冰晶石还可用作农作物的杀虫剂、搪瓷乳白剂、玻璃和搪瓷生产用的遮光剂和助溶剂、树脂橡胶的耐磨剂等。

氟利昂又名氟氯烷，是含有氟和氯的有机化合物，主要用于制冷剂和分散剂。其种类很多，常用的有：氟利昂－12，即二氟二氯甲烷，分子式为 CF_2Cl_2；氟利昂－11，即一氟三氯甲烷，分子式为 $CFCl_3$；氟利昂－22，即二氟一氯甲烷，分子式为 CHF_2Cl；以氟利昂－12 应用最早和最广。

氟塑料又称为“氟树脂”，是含有氟离子的树脂及塑料的总称。例如聚四氟乙烯、聚三氟氯乙烯、氟化乙烯-丙烯共聚物、聚偏二氟乙烯、聚氟乙烯、偏二氟乙烯-六氟丙烯共聚物等。

氟橡胶是一类含氟元素的合成橡胶，主要有：三氟氯乙烯和偏二氟乙烯共聚的凯尔－F 橡胶、全氟丙烯和偏二氟乙烯共聚物的维通 A 橡胶、含氟丙烯酸酯橡胶、含氟聚酯橡胶、氟硅橡胶及不含氢的氟橡胶，如含氟三嗪橡胶、亚硝基氟橡胶和羧基亚硝基氟橡胶等。

上述产品的制作均需要大量的氟化氢，目前世界上生产氟化氢的方法主要是用硫酸酸解萤石（又称氟石，分子式为 CaF_2），其反应式如下：

$$\begin{array}{llll} CaF_2 + & H_2SO_4 \longrightarrow & CaSO_4 + & 2HF \\ 78 & 98 & 136 & 40 \\ & & 3.4\ t & 1\ t \end{array}$$

由反应式计算可得：理论上生产 1 t 氟化氢可副产 3.4 t 无水硫酸钙（即氟石膏）。

2）氟石膏的排放量

氟石膏的排放量与氟化氢的产量密切相关。我国是世界上萤石储量大国，探明储量占世界总储量的三分之一。近年来，我国萤石产量快速增加，约占全球总产量的 50％以上。在此丰富的资源基础上，我国的氟化氢生产近年来迅猛发展。到 2005 年我国氟化氢年产量达 56 万 t，另外，冶金行业自产用于冶金的氟化氢约为 6 万 t，即氟化氢总年产量为 62 万 t。按每吨氟化氢排出氟石膏 3.4 t 计，我国年排出氟石膏达 211 万 t。

目前，我国氟化氢生产企业约有50余家，其中生产规模较大的生产企业近30家。表3-32为我国氟化氢主要生产企业及产能。

表3-32 我国氟化氢主要生产企业及产能

序号	生产企业	生产能力(万t/年)
1	鹰鹏化工有限公司	10.0
2	浙江武义三美化工公司	6.0
3	山东东岳化工有限公司	5.0
4	常熟三爱富中昊化工新材料	3.5
5	福建邵武永飞化工公司	3.0
6	福建海新化工有限公司	3.0
7	江苏梅兰化工集团	3.1
8	浙江汉盛氟化学有限公司	2.1
9	浙江东阳荧光化工公司	2.0
10	常熟ATO	2.0
11	福建顺昌福宝腾达化工有限公司	2.0
12	四川晨光化工院	2.0
13	浙江凯圣氟化学有限公司	1.5
14	漳平凯达氟制品有限公司	2.0
15	常熟三爱富公司	1.5
16	浙江巨化氟化学厂	1.5
17	浙江中莹实业有限公司	2.0
18	浙江金华市华莹选矿有限公司	1.0
19	浙江凯恩集团公司	2.0
20	山东济南三爱富公司	1.0
21	福建核威化工有限公司	1.0
22	河南新乡黄河精细化工	1.0
23	江苏射阳氟都化学公司	1.0
24	福建省建阳金石氟业有限公司	1.0
25	江西兴国县氟盐基地	1.0

由于氟化氢生产需要依赖萤石资源，另外下游主要用于氟化工产业，因此氟化氢生产主要集中在具有萤石资源的省份和下游产品集中的省份。氟石膏排放量按省份排列见表3-33。

表 3-33　主要省份氟石膏排放量

省份	氟化氢产量(万 t/年)	氟石膏排放量(万 t/年)
浙江省	23.7	81
福建省	10.6	36
江苏省	9.4	32
山东省	6.8	23
其他省	5.5	19
合计	56	191

注:本表未考虑炼铝的 6 万 t 氟化氢产量,即 20.4 万 t 氟石膏产量。

由于我国萤石资源丰富,且控制出口,国外将从中国进口萤石改为进口氟化氢,再加上我国氟化工的发展,可以预测我国的氟化氢工业仍将继续发展,氟石膏年排放量也将继续增加。

3）氟石膏的质量

从氟化氢的生产中排出的无水硫酸钙温度为 180～230℃。新排出的氟石膏是一种微晶,疏松,部分呈块状,易于用手捏碎,晶体小,一般为几微米至几十微米。

X 射线衍射分析和差热分析的结果表明氟石膏物相主相是Ⅱ型无水石膏,以下是淄博某化工厂排出的经石灰中和处理后的氟石膏的 X 射线衍射分析结果:

$CaSO_4$:92%　$Ca(OH)_2$:7.5%　CaF_2:0.5%

氟石膏的后处理方法一般有干法和湿法两种。湿法处理又有石膏控制一定含水量适当增湿或用水彻底加湿成泥浆形式两种。

干法排出的干粉状无水氟石膏,湿法排出的是含水量 10%左右的无水氟石膏或无水氟石膏浆。在有充分水的情况下,无水氟石膏堆放三个月左右可基本转化为二水硫酸钙。

刚排出的氟石膏常伴有未反应的 CaF_2 和 H_2SO_4,有时 H_2SO_4 含量较高,使排出的石膏呈强酸性,不能直接弃置。对此,我国一般有两种处理方法,由此所得氟石膏也可以分为两种:一种是石灰-氟石膏,即将刚出炉的石膏用石灰中和至 pH 值为 7 左右,石灰与硫酸反应进一步生成硫酸钙。加入石灰时只引入 MgO,此种石膏纯度较高,可达 80%～90%。另一种是铝土-氟石膏,是先用铝土矿中和剩余的硫酸得硫酸铝。再用石灰中和残余在石膏中的硫酸铝,使 pH 值达到 7 左右,然后排出堆放。因铝土矿中含有 40%左右的 SiO_2,所以,此种石膏的品位仅为

70%～80%。表 3-34 为两种氟石膏的化学成分。

表 3-34　两种氟石膏的化学成分　　%

品种	编号	CaO	SO_3	SiO_2	Al_2O_3	Fe_2O_3	MgO	F^-	结晶水	核定品味
石灰-氟石膏	1	33.10	43.90	0.57	—	0.35	—	1.5	19.70	85
	2	33.08	43.68	1.02	0.50	0.21	0.54	—	19.50	85
	波动范围	33.00～35.00	40.00～45.00	1.10～1.20	0.20～0.60	0.10～0.30	0.10～0.50	1.00～4.00	16.00～20.00	80～90
铝土-氟石膏	1	27.44	37.52	7.79	0.39	0.14	0.24	3.06	18.22	70
	2	28.20	36.39	8.93	3.02	0.15	0.16	1.80	17.53	70
	波动范围	27.00～35.00	35.00～41.00	1.40～9.00	1.00～4.00	0.10～0.40	0.10～0.50	1.00～4.00	15.00～19.00	70～80

注:表中为湖南湘乡的氟石膏,品位已扣除杂质的影响。

根据当前国内氟化氢生产的工艺条件分析,氟石膏形成时,物料温度在180～230℃,而氟化氢在常温下极易挥发,此温度条件下几乎不可能在氟石膏内残存,氟石膏中的氟元素则是以难溶于水的 CaF_2 形式存在,其含量一般低于 2%。因此,氟石膏中有毒氟化物含量极低,不会危害人体。中国建筑材料研究总院、山东建工学院等的测试表明:“氟石膏的放射性符合国家放射性核素限量标准”。

4）氟石膏的质量改进

杨柳松根据长期的跟踪检验发现,工厂排出的氟石膏中氟含量并不稳定,变化范围从几千毫克每千克到几万毫克每千克。更关键的是,氟石膏中细颗粒氟含量高,粗颗粒氟含量低。表 3-35 是某工厂所排出的不同颗粒氟石膏的氟含量变化。

表 3-35　颗粒氟石膏的氟含量变化

原始氟含量(mg/kg) 不同筛上氟含量(mg/kg)	26 792	19 381	18 411	12 019	8 047
1 mm 筛上氟含量	17 100	12 100	11 300	8 076	5 271
2 mm 筛上氟含量	10 900	7 800	6 840	5 423	3 821
3 mm 筛上氟含量	7 300	4 500	3 400	3 400	2 976
4 mm 筛上氟含量	4 900	2 903	2 031	2 139	2 134
5 mm 筛上氟含量	2 962	2 140	1 893	1 906	1 872

由表 3-36 可以看出,筛分氟石膏时,随着筛网的变大,筛上物的氟含量呈下降趋势,下降到 2 000 mg/kg 以后,随着筛孔尺寸的进一步增大,氟含量没有明显

变化。

利用这一原理，可以用筛分法将氟石膏分级得到低含氟量的高纯度无水氟石膏。对于筛下物可进一步中和或加入天然石膏降低氟含量，或用于氟含量要求较低的领域。

5）氟石膏的应用情况

氟石膏的应用研究起始于20世纪70年代末。当时湖南省建筑材料研究设计院韩基安等人，对氟石膏的成分、物相、特征及应用做了大量的分析试验工作，他们利用氟石膏生产出合格的建筑石膏粉之后，又用加压水溶液法研制性能良好的α型高强石膏粉，其抗压强度一般均在30 MPa以上。同时，他们还用氟石膏在纸面石膏板的应用上进行了中试，试验研究表明：氟石膏完全可以制得性能良好的纸面石膏板，而且能大幅度地降低产品成本。

湘乡铝厂新近建成年产600万m^2的纸面石膏板生产线，试制的氟石膏纸面石膏板经杭州新型建材研究院检测，各项指标合格，这为氟石膏的应用开辟了重要途径。1985年武汉工业大学研制开发了利用无水氟石膏生产实心砖，其产品各项性能指标达到或超过国家有关标准要求。

由于氟石膏化学成分稳定，有害杂质少，SO_3含量高，从而可生产高质量水泥。氟石膏作为矿化剂，除了能降低烧成温度外，还可以减少物料的挥发度，避免造成生产故障和环境污染。因此氟石膏可用作各种水泥的缓凝剂和矿化剂等，这方面技术已经比较成熟。如焦作市各水泥厂目前正在使用焦作多氟多公司的氟石膏，湖南衡阳市白水泥厂用氟石膏生产出合格的白水泥，湖南新化水泥厂、浙江衢化周边地区水泥厂、山东铝厂水泥分厂等全国很多厂家都在应用氟石膏，并且都收到了良好的经济效益和社会效益。

用氟石膏加煤粉灰及少量添加剂经粉磨即可生产混凝土膨胀剂，国内已有多项此技术的专利。与传统膨胀剂相比，它无需煅烧，工艺简单，具有很大优越性。

1990年山东省建筑科学研究院用氟石膏研制成功了F-型粉刷石膏，1995年通过部级鉴定。经测定，该产品各项技术指标性能良好。2006年，湖南湘乡铝厂新建一条年产5万t β石膏粉生产线（用氟石膏做原料），用于建筑石膏和陶瓷模具石膏。

氟石膏还可用作自流平石膏的生产。

用氟石膏生产石膏砌块的工作在我国起步较早，1959年抚顺铝厂就用氟石膏制作中型建筑砌块，建造厂房，经过数十年使用仍然完好。付毅等用氟石膏作粉煤灰的激发剂，解决了长期以来粉煤灰胶结料固化速度慢的问题。江苏射阳县在某些地段公路地基处理中大量使用氟石膏，取得了良好的效果。农业上，国内有用氟石膏和泥炭对高碱地的赤泥进行改良的专利。

5. 芒硝石膏

芒硝石膏是由芒硝和石膏共生矿萃取硫酸钠或由钙芒硝生产芒硝的副产物。在自然界中制取硫酸钠的原料有钙芒硝、芒硝和白钠镁矾($Na_2SO_4 \cdot MgSO_4$),其中只有由芒硝和石膏共生矿萃取硫酸钠或由钙芒硝生产芒硝时会副产芒硝石膏。

用钙芒硝生产元明粉(无水芒硝)的工艺为:钙芒硝→破碎→湿式球磨→搅拌→浸取→滤出芒硝石膏等杂质→浓缩→(元明粉)结晶→分离→干燥→包装。浸取反应式为:

$$Na_2Ca(SO_4)_2 + 2H_2O \longrightarrow \underset{\substack{142 \\ 1\,t}}{Na_2SO_4} + \underset{\substack{172 \\ 1.21\,t}}{CaSO_4 \cdot 2H_2O}$$

由反应式知理论上每生产 1 t 无水芒硝就副产 1.21 t 芒硝石膏。

全国芒硝类矿产结构为:芒硝矿约占 62%,无水芒硝矿占 4%,钙芒硝矿占 34%。由于与石膏共生的芒硝矿及钙芒硝的开采有水采和旱采两种方法,水采法所副产的芒硝石膏被留在矿中。钙芒硝矿主要分布于青海、四川、湖南、云南四省,再加湖北、江苏,这六省保有储量占全国钙芒硝总量的 98.98%,因此芒硝石膏的产地也只有这几个省。

芒硝石膏呈黄褐色或淡棕色,细度为 200 目筛余 20%,成膏糊状,含水量随过滤机不同而异,一般在 18%~28%之间。其化学成分见表 3-36。

表 3-36 芒硝石膏化学成分 %

编号	烧失量	CaO	SO_3	SiO_2	MgO	Fe_2O_3	Al_2O_3	结晶水
1	18.52	24.38	31.37	16.05	3.28	1.42	4.02	13.52
2	16.88	26.38	31.94	17.64	1.08	1.97	4.47	11.27
3	19.75	27.77	32.73	15.30	2.23	1.67	3.80	12.81

由 X 射线衍射分析知,芒硝石膏主要含二水石膏(约 60%),其次为 α 石英、硬石膏(约 5%)、白云石及少量伊利石、绿泥石和芒硝。

6. 铬石膏

铬盐生产中会产生大量含铬芒硝,王天贵、李佐虎等人研究了一种芒硝制纯碱的新方法。以红矾钠为催化剂,使芒硝和碳酸钙反应,最终制得纯碱并副产硫酸钙。其反应式如下:

$$Na_2SO_4+CaO+Na_2Cr_2O_7+xH_2O \longrightarrow 2Na_2CrO_4+CaSO_4 \cdot xH_2O$$

$$2Na_2CrO_4+CO_2+H_2O \longrightarrow Na_2Cr_2O_7+2NaHCO_3$$

所副产的硫酸钙不可避免地含有少量铬，因此被称为铬石膏(由于此工艺为新研究工艺，所以铬石膏排放量很小)。

他们用此含铬石膏配制成了红、蓝、绿等多种颜色的彩色石膏粉。所用铬石膏Cr^{6+}含量为0.01%～1.0%，$CaSO_4$含量大于或等于60%。

需要注意的是，铬盐本身具有毒性，因此，在选用其他原料时，要尽可能选择着色能力强、热稳定、水不溶、毒性小的物料。

7. 硼石膏

硼石膏是使用硫酸酸解硼钙石(硬硼钙石$2CaO \cdot 3B_2O_3 \cdot 5H_2O$或硅硼钙石$2CaO \cdot B_2O_3 \cdot 2SiO_2 \cdot H_2O$)制硼酸所得的以二水硫酸钙为主的废渣。生产过程中先将硼钙石磨细，用硫酸酸解，然后将石膏等其他不溶解物过滤，从热的硼酸溶液中分离，再将溶液冷却、结晶，接着洗涤、过滤之后得到硼酸晶体。反应式如下：

$$Ca_2[B_3O_4(OH_3)_2]_2 \cdot 2H_2O+2H_2SO_4+6H_2O \longrightarrow 6H_3BO_3+2CaSO_4 \cdot 2H_2O$$

6H₃BO₃	2CaSO₄·2H₂O
370.98	344.34
1 t	0.93 t

理论上，每生产1 t硼酸，副产0.93 t硼石膏。

硼酸的生产工艺有多种，其中的酸解工艺为：用硫酸、盐酸、硝酸酸解硼砂、硼镁矿、硬硼钙石、硅硼钙石等。在这些工艺中，只有用硫酸酸解硬硼钙石或硅硼钙石才会产生硼石膏，而绝大多数硼矿为硼砂、硼镁矿等，只有美国、土耳其有较大规模的硬硼钙石矿。我国的硼矿主要为硼镁矿(主要在辽宁和西藏)。近年来又发展了从天然硼砂矿制硼砂和含硼盐湖水中提取硼砂的技术。

全世界硼化物总产量为300万t/年左右。其中美国为138万t，居世界第一，土耳其年产量为118万t，居第二。我国的硼酸年产量约为8万t，是硼酸进口国。无论国内或国外，与其他工业副产石膏相比硼石膏排放量是很小的。据报道，土耳其Etibank集团的几家硼酸厂每年大约产生9万t硼石膏。我国目前硼泥排放量为80万t左右(硼泥的主要成分为硫酸镁)。我国的硼石膏年排放量小于7万t。

硼石膏为灰白色固体，湿度较大，其化学成分见表3-37。

表 3-37 硼石膏废渣化学成分 %

CaO	Fe_2O_3	Al_2O_3	B_2O_3	SiO_2	MgO	SO_3	Na_2O	K_2O	Cl^-	水分	烧失量	备注
25.24	0.74	1.34	7.00	7.74	0.88	35.62	0.10	0.79	0.004		20.91	
9.50	0.37	0.68	1.0	6.90	1.50	38.05	0.15			27.30		未经干燥
28.80	0.65	1.50	11.26	8.98	1.70	44.16				2.95		经干燥

硼石膏的特有杂质是 B_2O_3。

土耳其 Etibank 集团硼酸厂在实验室进行了硼石膏做水泥缓凝剂的研究，并重点研究了硼石膏中 B_2O_3 含量对水泥各项性能的影响。其方法是先将硼石膏在不同温度下用蒸馏水加热冲洗得到各种纯度的硼石膏，再将此硼石膏干燥后作水泥缓凝剂，分别加入到波特兰水泥熟料和波特兰水泥及火山灰中共同粉磨，制成八个试样。按土耳其标准 TS24 进行测试，试样配比和测试结果。

可知：

(1) 与天然石膏相比，硼石膏有显著的缓凝作用，且凝结时间不随硼石膏中B_2O_3的含量而变化，即硼石膏中的 B_2O_3 杂质不影响硼石膏对水泥的缓凝作用。

(2) 用硼石膏配制的水泥抗折强度和抗压强度都高于对照水泥试样，且这些强度值都随着硼石膏中 B_2O_3 的减少而提高，即硼石膏中的 B_2O_3 杂质对水泥的强度有影响。

(3) 硼石膏对水泥体积膨胀无任何影响。

(4) 结论：对硼石膏先进行提纯处理再用于水泥生产是可行的。

我国山东肥城米山水泥有限公司也做了硼石膏作水泥缓凝剂的实验研究并应用于大生产。

8. 钛石膏

钛石膏是采用硫酸酸解钛铁矿($FeTiO_3$)生产钛白粉时，加入石灰(或电石渣)以中和大量的酸性废水所产生的以二水石膏为主要成分的废渣。钛白粉(TiO_2)是一种重要的白色颜料。其生产方法有氯化法和硫酸法两种(在国外基本各占一半)。

硫酸法钛白生产废水主要来自酸解用酸、地坪冲洗、设备冲洗及煅烧尾气冲洗水，其废水排放量及水质与钛铁矿中的硫含量、工艺过程中洗水次数、操作管理水平有一定的关系。一般 1 t 产品钛白粉，废水排放量为 80～250 t，pH 值为 1～5，且含有微量硫酸亚铁($FeSO_4 \cdot 7H_2O$)，水量及水质变化幅度较大。国内典型钛白粉厂废水排放量统计见表 3-38。

表 3-38　国内典型钛白粉厂废水排放量统计

生产规模(t/a)		各工段废水排放量统计(m^3/h)					
		酸解、沉降	过滤、结晶	浓缩、水解	水洗、漂洗	煅烧	废酸浓缩
甲	4×10^4	102.95	6.7	23	64.8	150	20.78
乙	1.5×10^4	51	5	17	40.1	105	10.3
丙	1.5×10^4	37	69.5	12	67	24	18

对酸性废水的处理方法是:加入石灰石,中和硫酸生成二水硫酸钙沉淀,使废水的 pH 值达到 7,然后加入絮凝剂在增稠器中沉降。清液合理溢流排放,下层浓浆通过压滤机压滤,压滤后的滤渣即为钛石膏。

废水分为白区和黑区(含废酸浓缩的废水)两部分,白区的废水经石灰乳中和处理和压滤后,得到白石膏;黑区和废酸浓缩的废水,经石灰中和、压滤之后,得到红石膏。红石膏的主要成分有 $CaSO_4$、$FeSO_4\cdot7H_2O$、$MgSO_4$ 等。两部分处理后的 pH 值 6~9 的废清水可回收利用或达标排放。

根据经验数据,每生产 1 t 钛白粉副产 10 t 钛石膏。全世界每年约产 355 万 t 钛白粉(约 50%为硫酸法)。根据中国涂料协会报道,我国每年约产 73 万 t 钛白粉,仅盘锦钛业为氯化法(约 1.5 万 t/年),其余全为硫酸法。由此推算全世界每年钛石膏排放量为 1 775 万 t,我国每年钛石膏排放量约为 715 万 t。由于硫酸法钛白粉生产技术能耗大,污染严重,所以我国正在改进钛白粉生产技术,压缩硫酸法钛白粉产量,因此钛石膏的年排放量有望下降。

钛石膏的主要成分是二水硫酸钙,含有一定废酸和硫酸铁,含水量高(30%~50%),粘度大,呈弱酸性。从废渣处理车间出来时,先是灰褐色,置于空气中的二价铁离子逐渐被氧化成三价铁离子而变成红色(偏黄)(所以钛石膏又被称为红泥、红石膏、黄石膏)。TiO_2 含量小于 1%,重金属铅、汞、铬等有害物质成分含量极低,有时会含有少量放射性物质,但我国尚未见有放射性超标的报道。表 3-39 为若干钛石膏样品化学成分。

表 3-39　若干钛石膏样品化学成分　　%

序号	烧失量	SiO_2	Al_2O_3	Fe_2O_3	CaO	MgO	SO_3	Na_2O	K_2O
1	6.91	2.08	3.15	9.26	26.60	10.70	40.80	—	—
2	21.47	7.64	2.52	7.60	27.76	1.81	30.34	0.46	0.27
3	6.91	2.08	3.15	9.26	26.60	10.70	40.80	—	—
4	18.65	—	1.84	7.87	29.11	1.87	37.86	—	—

钛石膏的主要杂质为硫酸亚铁,刘长春等人在实验室用小磨研究了钛石膏作

水泥缓凝剂时硫酸亚铁的影响。表 3-40 为含有硫酸亚铁的钛石膏和经过处理不含硫酸亚铁的钛石膏的质量对比，以及在天然石膏中人为加入硫酸亚铁后对水泥质量的影响。

表 3-40　硫酸亚铁对水泥质量的影响

种类	添加量(%)	凝结时间(h:min)		安定性	抗压强度(MPa)	
		初凝	终凝		3 d	28 d
天然石膏	6	2:12	3:12	合格	28.6	51.0
处理后钛石膏	6	2:05	3:15	合格	28.7	51.4
含硫酸亚铁钛石膏	6	2:28	3:46	合格	25.1	44.3
天然石膏＋硫酸亚铁	3＋3	2:52	4:10	不合格	25.8	42.3
天然石膏＋硫酸亚铁	4＋2	2:30	3:40	合格	27.1	45.6
天然石膏＋硫酸亚铁	5＋1	2:31	3:25	合格	27.8	48.7
天然石膏＋硫酸亚铁	5.5＋0.5	2:28	3:20	合格	28.4	50.8

从实验得知，经过处理的钛石膏可以生产出合格的水泥，含有硫酸亚铁的钛石膏的缓凝作用不变，但是会降低水泥的 3 d 强度和 28 d 强度。在水泥中加入天然石膏的同时，人为加入硫酸亚铁的试验表明硫酸亚铁的增加对水泥的安定性和强度有较大的影响，但是硫酸亚铁含量小于 8%时对水泥质量基本无影响。所以要大量使用钛石膏必须对其进行系列处理，具体为：

(1) 调整 pH 值(中性最好)；

(2) 硫酸亚铁氧化处理；

(3) 干燥。

除用作水泥缓凝剂外，国内还有用钛石膏改性铺路的应用实例(用于铺筑道路路基的粉煤灰、石灰、碎石俗称为“三渣”)，如上海已有 14 条道路将钛石膏改性废料用作道路基层。共计用料 2.85 万 t。

山东鲁北集团开发了二步法中和处理钛白废酸技术，第一步是控制较低的 pH 值，生成含 Fe_2O_3 小于 1%的二水钛石膏，全部用于制硫酸与水泥。第二步是将剩余的废酸中和完全，生成含 Fe_2O_3 在 11%～25%的钛石膏，用于铺筑道路，达到全部利用。

9. 盐石膏

在制盐过程中产生的二水硫酸钙为主的废渣即为盐石膏(也称硝皮子)。

食盐(NaCl)是人体必需的物质之一，原盐是重要的化工原料(原盐是指未经加工精制的海盐、矿盐、湖盐)。

原盐的加工工艺可以简单地概括为将海水或富含氯化钠的盐湖水，或从井盐矿中提取的卤水通过日晒或人工加热蒸发液体，使其中的氯化钠结晶沉淀而得到原盐。在液体浓缩的不同阶段会有不同的可溶盐沉淀析出。

在海盐晒盐过程中，海水在浓缩至14波美度时其中的盐石膏开始析出，从16.75～20.60波美度时盐石膏析出量最大，直至30.2波美度时盐石膏全部析出。在海水晒盐过程中得到的盐石膏称为海盐石膏(俗称盐皮子)，每生产1 t海盐约产生0.05 t盐石膏。

井盐的生产是人工加热卤水，达到一定波美度时析出盐石膏，然后过滤将盐石膏从卤水中分离出来。每生产1 t井盐产生约0.016 t井盐石膏。

我国原盐的生产情况是：东北部海盐，中部及西南部井矿盐，西北部湖盐。海盐以北方海盐区(含辽宁、河北、天津、山东和江苏)为主。井矿盐矿床广泛分布在河南、四川、湖北、湖南、江西、重庆、云南、江苏、山东、安徽及陕西等18个省区。湖盐主要分布在内蒙古、青海、新疆及西藏等西北部地区，以青海盐湖最为丰富。

2007年，我国原盐生产和消费量5 920万t，居世界第一位，盐石膏的产量也居世界第一。从历年统计数据看，海盐产能最大(占60%)，井盐次之(占30%)，湖盐最低(占10%)。

表3-41是由北京龙信百年数据管理有限公司提供的我国2006年原盐产量及推算出的我国盐石膏排放量。

表3-41　我国2006年原盐产量及盐石膏排放量

省市自治区	原盐产量(万t)	盐石膏排放量(万t)	备注
全国	5 515	214.5	
山东省	1 726	86.3	海盐
江苏省	527	26.4	海盐
河北省	413	20.1	海盐
辽宁省	251	12.6	海盐
天津市	236	11.8	海盐
内蒙古	213	10.7	湖盐
四川省	619	9.9	井盐
青海省	143	7.2	湖盐
湖北省	437	7.0	井盐
新　疆	94	4.7	湖盐

续 表

省市自治区	原盐产量(万 t)	盐石膏排放量(万 t)	备注
河南省	173	2.8	井盐
湖南省	134	2.1	井盐
江西省	110	1.8	井盐
福建省	31	1.6	湖盐
陕西省	29	1.5	湖盐
云南省	79	1.3	井盐
重庆市	70	1.1	井盐
安徽省	68	1.1	井盐
海南省	18	0.9	海盐
广东省	18	0.9	海盐
广　西	11	0.6	海盐
甘肃省	3	0.2	湖盐
浙江省	2	0.1	海盐

我国除山西、上海、西藏、宁夏、北京、吉林、黑龙江、贵州等省市自治区外。其余省市自治区均有盐石膏排出。全国盐石膏年排放量达 215 万 t。盐石膏排放量最大的省份为山东省(年排放量 86.3 万 t),其余年排放量超过 10 万 t 的六省市依次为:江苏省、河北省、辽宁省、天津市、四川省和内蒙古自治区。

在盐石膏中,海盐石膏年排放量为 161.3 万 t,占盐石膏比例的 75%。海盐石膏主要成分是 $CaSO_4 \cdot 2H_2O$,多为柱状晶体,并含有 Mg^{2+}、Al^{3+}、Fe^{3+} 等无机盐类和大量泥沙。

矿盐所排出的盐石膏颗粒细小,呈白色的不等粒状菱形晶体,少部分为矩形及粒状晶体。各种晶体的石膏不太均匀地混合在一起,含水量大,呈泥浆状,所含水中存在大量盐分。表 3-42 列出了盐石膏的成分组成。

表 3-42　盐石膏的成分组成　%

序号	组分	泥沙	结晶水	CaO	SO_3	MgO	Fe_2O_3	Al_2O_3	SiO_2	酸不溶物	Cl^-
1	海盐	30	13.62	21.17	28.37	0.98	0.32	0.48		5.05	
2	湖盐		20.04	37.30	24.99	1.15	0.98	1.62	8.91		
3	井盐		20.8	32.91	44.14	0.50	0.66	0.35		0.64	1.15

井盐石膏颗粒分布见表 3-43。

表 3-43　井盐石膏颗粒分布

石膏晶体	石膏晶体粒径(mm)	石膏粒度含量(%)
菱形	0.020×0.50～0.50×0.120 0.50×0.120～0.150×0.250	<45 >15
板状	0.020×0.080～0. 50×0.210	>25
粒状	0.010～0.050	<15
		石膏粒度总含量>35%
		泥质含量<5%

目前开发的盐石膏的用途有：用作水泥缓凝剂、生产阿利特硫铝酸钙水泥、加工成半水石膏生产建材(纤维石膏板、空心条板、石膏灰砖)、加工成陶瓷模具用半水石膏粉。还有用盐石膏制硫酸、制硫脲、制硫酸钾、制石膏晶须的研究。

10. 陶瓷废模石膏

很多陶瓷成型方法需要使用石膏模具。这些模具使用一段时间后就会因出现模具表面麻面、破损等缺陷而报废。造成这些缺陷的原因如下：

(1) 在成型过程中因为反复承受压力而造成疲劳损坏；

(2) 模具吸水后，接点的二水石膏溶解而造成模具强度损坏；

(3) 模具反复干燥，使二水石膏脱水，干燥温度过高时损坏尤其严重；

(4) 成型时模具表面的 Ca^{2+} 和 SO_4^{2-} 与坯泥中解凝剂里的 Na^+ 进行交换，生成可溶性硫酸钠，一方面造成模具表面麻面，另一方面这些硫酸钠积聚于模具体内结晶时吸取结晶水，产生压力使模具龟裂，干燥时硫酸钠析至模具表面，使模具表面粉化。

由于以上原因，陶瓷模具的使用寿命从 60 次到 200 次不等，一般机压成型模具使用寿命长，注浆成型模具寿命短，卫生瓷模具使用寿命更短。

我国是陶瓷大国，自 1993 年起我国建筑陶瓷和卫生陶瓷产量连续十几年居世界首位。2007 年我国陶瓷总产量占世界总产量的 50%左右，年产建筑瓷砖近 50 亿 m^2、日用陶瓷约 150 亿件、卫生洁具约 1.2 亿件。

我国著名的产瓷区有广东潮州、山东淄博、河北唐山、江西景德镇、福建德化、湖南醴陵等。陶瓷废模主要成分为二水石膏，自由水含量 5%左右，模具内部会有一些硫酸钠，表面可能粘有一些陶瓷泥坯。

绝大多数陶瓷废模都被用作水泥缓凝剂。与其他工业副产石膏相比，陶瓷废模石膏与天然石膏一样是块状，易于在水泥厂使用，且纯度较高，是较好的水泥缓凝剂。

过去在不产石膏的产瓷区也有一些瓷厂用土制砂锅将陶瓷废模石膏炒制成对

强度要求不高的注浆用β石膏粉。随着陶瓷模具石膏粉的专业化生产，现在已经没有陶瓷厂这样做了。陶瓷废模石膏的再生技术上主要有以下三个难点：

(1) 陶瓷废模的含水率比天然石膏高，其破碎和粗粉碎对石膏厂是一个困难；

(2) 与天然石膏相比，陶瓷废模石膏结构疏散，内部孔洞多，孔隙率大，因而炒制后标准稠度水膏比较高，强度较低。

(3) 与天然石膏相比，陶瓷废模石膏中含有一定量的硫酸钠杂质和无水石膏，因而再生后强度较低。

在陶瓷废模再生石膏中加入一定量的减水剂和增强剂能在一定程度上提高其质量。原景德镇陶瓷石膏模具厂在干法α石膏生产中掺入一定量陶瓷废模石膏，既提高了石膏粉的吸水性能，又降低了成本。华雄石膏制品有限公司在产瓷区潮州建立了一条陶瓷废模具再生生产线，用陶瓷废模模具生产注浆石膏粉。具体做法如下：

(1) 洗刷废模表层泥灰及其他杂物。

(2) 用锤式破碎机破碎废模(锤式破碎机筛板孔径为 10 mm)。

(3) 进入间歇卧式炒锅脱水，煅烧时间 90～120 min，出料温度 150～160℃。

(4) 进入料仓存放 24 小时后加α石膏粉 10%～20%，再添加适量减水剂混合后，用钢磨粉磨后装袋入库。

再生石膏粉的质量可达如下指标：

(1) 细度 120～140 目。

(2) 用纤维石膏废模为原料，白度一般在 80%以上。

(3) 混水率 80%(水膏比 0.8∶1)。

(4) 膏水混合浸泡 1 分钟，搅拌 1 分钟，初凝 5～7 min，终凝 15～18 min。

(5) 湿抗折强度 2.5～3 MPa。

以上指标能适合陶瓷注浆用，生产线产销正常。

11. 废纸面石膏板

在生产、储存、运输、安装、使用过程损坏的纸面石膏板也是一种数量很大的石膏废料。

据美国 USGS 资料报道，2007 年美国石膏板销售量为 33 亿 m^2，产生约 400 万 t 废旧石膏板。即每万平方米纸面石膏板产生 12 t 废板。据 2007 年 1 月 25 日中国建材报报道，2006 年全国纸面石膏板累计产量 9.2 亿 m^2。按美国的经验数据，我国每年的废旧纸面石膏板应达 110 万 t。

我国最具影响力的大型纸面石膏板企业有五家：北新集团建材股份有限公司、泰山石膏股份有限公司、可耐福石膏板有限公司、上海拉法基石膏建材有限公司、

BPB杰科(上海)有限公司。

表3-44和表3-45分别是主要纸面石膏板生产省区和地市的产量。

表3-44　2006年纸面石膏板主要省区市产量　万m^2

山东省	河北省	河南省	江苏省	北京市	上海市
36 302	17 849	6 294	5 972	5 568	4 487

表3-45　2006年纸面石膏板主要产地产量　万m^2

山东临沂	河北石家庄	山东泰安	河南濮阳	江苏徐州
16 316	16 098	15 596	6 175	5 935

其中,北京、上海既是纸面石膏板的主要生产地,也是纸面石膏板的主要使用城市,因此也是废纸面石膏板的主要排放城市。美国的废旧纸面石膏板主要用于农业或用于纸面石膏板原料。废旧石膏板也可用于水泥添加剂、油脂吸收、泥浆干燥、废水处理等。

在我国,一般在纸面石膏板生产厂,这些废旧纸面石膏板都作为原料重新用来生产纸面石膏板,但是在非生产厂,这些废旧纸面石膏板未有有效处置方法。

如果采用简单的遗弃方法,则纸面石膏板与其他所有垃圾一样会产生甲烷。而甲烷和二氧化碳一样,都是产生温室效应的重要原因,1 t甲烷相当于20 t二氧化碳的作用。专家认为,地球的温室效应,甲烷应负10%的责任。因此有效回收利用废旧石膏板不仅有经济意义,更有环保意义。

废旧纸面石膏板由于有一层纸面,所以破碎较为困难,针对此问题,国际石膏回收公司(GYPSUM RECYCLING INTERNAL)开发了一种专用设备,用此设备可以很有效地将纸面与石膏剥离,将废旧纸面石膏板加工成有机杂质含量小于1%的石膏粉。该设备可以移动,既可在纸面石膏板厂使用,也可在石膏板安装工地使用。目前该公司已在欧洲、北美、日本开展了工作。

(五) 煅烧石膏

用煅烧的方法将二水石膏的结晶水去掉部分或全去掉的石膏,我们称为煅烧石膏,主要有半水石膏和烧僵石膏。

1. 半水石膏(熟石膏)

二水石膏加热至120～160℃时,二水石膏脱去大部分结晶水,成为半水石膏(称熟石膏)。半水石膏较为稳定,流动性较好。用二水石膏生产硫酸与水泥大部分采用半水石膏配料生产,特点是工艺简单,热耗低。半水石膏形状比二水石膏略有变化,晶体棱角少,晶体颗粒变小。见图3-8(a)。

2. 烧僵石膏

二水或半水石膏煅烧至 800℃ 而形成无水石膏，称为烧僵石膏或煅烧石膏。其特点是稳定性好，再不吸收结晶水，流动性好。国外石膏制硫酸与水泥大部分采用此方法。缺点是热耗太高，工艺复杂。石膏烧僵后颜色有变化，颗粒更小，比表面积减小。见图 3-8(b)。

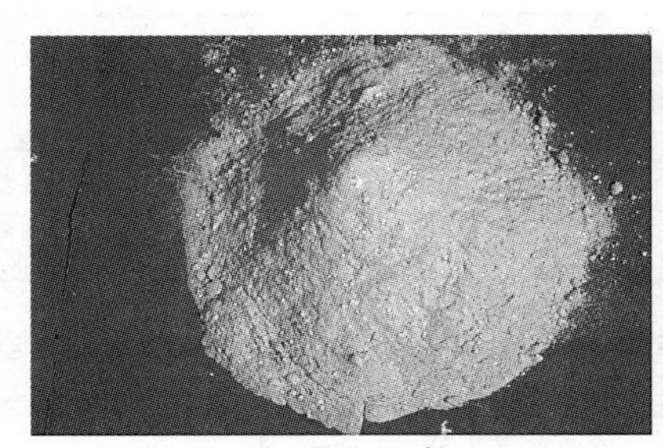

(a) 半水石膏

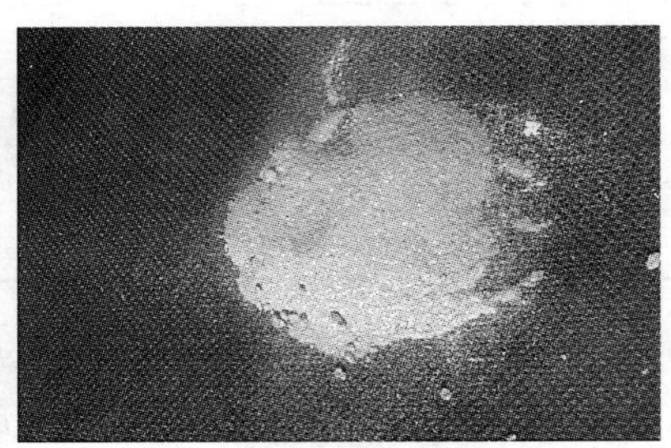

(b) 烧僵石膏

图 3-8　煅烧石膏

二、石膏特性比较

下面根据应用情况对常用的石膏做对比，由于石膏特别是工业石膏生产工艺不同，特性也不同，其含量带有微量杂质也不同，在应用到制取硫酸水泥时要注意，否则影响使用。

(一) 磷石膏与天然石膏的比较

1. 相同点

(1) 水化动力学、凝结特征、产出过程与天然石膏相同，速度快。

(2) 转化后的五种形态、七种变体物化性能一致。

2. 不同点

(1) 原始状态不同:天然石膏粘在一起，磷石膏以单独的结晶颗粒存在。天然石膏粉磨后粗颗粒为杂质，而磷石膏的粗颗粒为石膏，细颗粒为杂质，从显微镜照片可看出，大的结晶体为石膏，小的球状瘤体为杂质。磷石膏的颗粒大小很平均，而且分布窄，主要为 40～110 μm 之间，远远差于天然石膏磨细后的石膏粉，磷石膏的比表面积大。

(2) 磷石膏含有 P_2O_5、F、重金属和放射性物质，污染环境，危害健康，天然石膏则没有。

(3) 因固态杂质成分不同，脱水、易磨及煅烧分解力学性能不同；磷石膏因比表面积大，分解反应速度快，同规格的设备状况表现产量高。

(二) 脱硫石膏与天然石膏比较

1. 相同点

(1) 脱硫石膏和磷石膏一样，水化动力学、凝结特征、产生过程等方面与天然石膏相同，速度较快。

(2) 转化后的五种形态、七种变体物化性质一致，可以替代天然石膏作建材。

(3) 无放射性，不污染环境及危害健康。

2. 不同点

(1) 脱硫石膏为单独的结晶颗粒存在，而天然石膏为粘合在一起，天然石膏粉磨后的粗颗粒为杂质，而脱硫石膏粗颗粒多数为石膏，细颗粒为杂质，颗粒大小和级配与磷石膏相似。脱硫石膏的颗粒大小分布更窄，主要集中在 30～60 μm 之间。

(2) 由于杂质成分的不同，使其脱水特征及煅烧分解的力学性能不同。

(三) 脱硫石膏与磷石膏的不同点

(1) 脱硫石膏不含 P_2O_5、F、重金属和放射性物质。

(2) 脱硫石膏颗粒比磷石膏颗粒小，而且集中，比表面积小，是磷石膏的 1/3。

(3) 杂质成分不同。脱硫石膏比磷石膏纯度高。

但是它们都是以单独的结晶颗粒存在，在制硫酸与水泥中都不经过粉磨而配料直接进入烧成系统，节约投资及系统。图 3-9、图 3-10 分别为磷石膏、脱硫石膏的显微镜下照片。

图 3-9 磷石膏显微照片

图 3-10 脱硫石膏显微照片

(四) 工业副产石膏与天然石膏的不同点

(1) 质量均匀性不好。因为工业副产石膏不是工厂的正式产品，工厂为了其主产品的质量经常会忽视对工业副产石膏的质量控制。因此每批工业副产石膏的质量会因为其产品的原料和工艺参数的变化而变化。不像天然石膏，同一矿点的天然石膏质量波动不大。不同单位排放的工业副产石膏质量更有差异。因此在仓储时尤其要注意均化。

(2) 除废石膏模和废石膏板外，其余工业副产石膏都是含较高自由水的潮湿粉体，仓储时容易结块，排料困难。因此在用料仓仓储时要使用专门的排料装置。

(3) 工业副产石膏杂质可能比天然石膏的少，但是绝大多数天然石膏的杂质是惰性杂质，而工业副产石膏的杂质则是活性较高的有害杂质，因此要注意杂质的清除。

(4) 除废石膏模和废石膏板外，其余工业副产石膏都是含较高自由水的潮湿粉体，运输和使用均不方便。因此在用作水泥缓凝剂时一般均应造粒或压块，以便运输和使用。

(5) 除废石膏模和废石膏板外，其余工业副产石膏自由水含量都较高。因此在使用一般煅烧设备煅烧时应有预干燥设施。

(五) 石膏法制硫酸与水泥对石膏成分的要求

用石膏配制生料生产硫酸与水泥，要满足石膏分解的需求，分解后的气体满足制硫酸的要求，分解后的物料满足于生产出合格熟料的要求。因为要求三方都必须兼顾，所以对石膏成分也有一定要求。

1. 对 SO_3 的要求

通过多年的实践证明，为了保证尾气 SO_2 浓度及满足基建投资的要求，石膏中的 $w(SO_3)$ 大于等于 40%(二水基)。

2. 对 SiO_2、MgO、Al_2O_3、Fe_2O_3 的要求

生产出合格的高标号熟料，按照硅酸盐的形成需要，满足烧成的要求：$w(SiO_2) \leqslant 8\%$、$w(MgO) \leqslant 2\%$、$w(Al_2O_3) \leqslant 1\%$、$w(Fe_2O_3) \leqslant 0.5\%$(以上均为二水基)。

3. 对 P_2O_5、F^- 的要求

P_2O_5 和 F^- 是有害成分，一般要求 $w(P_2O_5) \leqslant 0.85\%$、$w(F^-) \leqslant 0.35\%$(二水基)，$F^-$ 在烘干中还能除去一部分，但 P_2O_5 全部进入到生料中。

4. 对放射性元素的要求

在煅烧中会使其放射性减弱，但仍必须严格控制。从实际来说，我国的石膏中矿石含量较低，通过多年生产检测发现，完全达到国家标准。

5. R_2O 含量

由于水泥产品要严格控制碱含量，否则易造成水泥安定性差，因此必须控制R_2O含量。磷石膏、脱硫石膏等化工石膏是从酸性料浆中过滤出来的，R_2O含量很低，可生产低碱水泥，这也是化工石膏生产水泥的优点。使用盐石膏时需进行水洗，降低 R_2O 含量。

三、焦炭

石膏制酸与水泥中使用焦炭作为还原剂，虽然用量不大，其作用很重要，是保证石膏完全分解的关键。其生料的碳含量与SO_3值要求合理而稳定。要求固定碳$C \geqslant 60\%$，挥发分$\leqslant 5\%$。灰熔点大于石膏的分解温度，焦炭的其他杂质为SiO_2、Al_2O_3等。焦炭中的挥发分，在煅烧中不易完全燃烧而进入硫酸工序，造成硫酸转化气水分增大，腐蚀设备并使硫酸触媒粉化，增加阻力，烟囱冒白烟。灰熔点低会造成分解时液相过早出现，影响分解与煅烧。一般情况下使用炼焦厂价格便宜的焦炭沫即可满足要求，也可用无烟煤。

四、粘土、铝矾土、铁粉

这三种原料主要是根据配料要求与石膏、焦炭的成分补充SiO_2、Al_2O_3、Fe_2O_3等，用量都很小，铁粉基本上不用。

1. 对粘土的要求（无水基）

$w(SiO_2) \geqslant 60\%$，$w(R_2O_2) \leqslant 3\%$，$w(Cl^-) < 0.3\%$，$w(MgO) \leqslant 3\%$。

2. 对铝矾土的要求

$w(Al_2O_3) \geqslant 40\%$。

3. 对铁粉的要求

$w(Fe_2O_3) > 55\%$。

五、混合材

混合材是用水泥熟料磨制水泥产品时加入的，按照水泥品种的不同加入的数量也不同，混合材一般为燃煤锅炉排出的灰渣、钢铁厂的钢渣等。

六、燃料

石膏制硫酸与水泥使用的燃料分为烧成用燃料和烘干用燃料。烧成用燃料主要是石膏生料烧成用，要求质量较高，灰分低，对烧成有利，尾气中的 SO_2 浓度高，水泥熟料强度高。同时S含量高的更好一些，可使用高硫煤。烘干脱水用燃料质量要求可低一些，如用沸腾炉时可使用劣质煤。

1. 烧成用燃料

（1）重油：目前因为价格高而很少使用。

（2）烟煤：$Q_{dw} \geqslant 24\,000$ kJ/kg　$V_{ad} \geqslant 20\% \sim 25\%$

$A_{ab} \leqslant 18\% \sim 20\%$（灰分中 $w(Fe_2O_3) \leqslant 20\%$）

2. 烘干用燃料

烘干用煤取决于热风炉的型式，烘干水分含量高的石膏如磷石膏、脱硫石膏采用沸腾炉为宜，采用劣质煤或煤矸石。也可用煤粉炉，但对煤质要求高，并增加粉磨设备，工艺复杂。烘干水分低的原料如天然石膏、粘土、焦炭，可以用炉排式热风炉。因此，烘干用煤无严格的参数要求，满足热风炉使用且经济即可。

第四章

生料制备

石膏与辅助原料按工艺要求配制后用于烧成的物料称为生料。生料制备是石膏法制硫酸与水泥的关键。国内外有几个工厂因生料制备出现问题而造成开车不正常甚至停产，教训深刻。生料制备包括：原料的烘干、配料、粉磨、混化均化及储存等。绝大多数石膏都需要烘干，而天然硬石膏因水分含量小，烘干比较简单（也可不烘干），热耗也较少。对于水分含量比较大的磷石膏和脱硫石膏来说，因含水分高，烘干热耗比较高。如果采用烧僵工艺，热耗更高，工艺更复杂，所以目前不采用烧僵工艺。对于烘干的磷石膏和脱硫石膏一般不需粉磨。天然石膏、粘土、焦炭、铝矾土、铁粉必须粉磨。焦炭、铝矾土、铁粉如水分低可以不烘干。

使用二水天然石膏为原料的生料制备，把各种原料分别烘干后单独存放各自的库内，由皮带秤按设定的比例配合后进入粉磨机，粉磨后均化储存。使用硬石膏为原料时，只把粘土、焦炭烘干后和硬石膏一起粉磨、均化、储存。使用磷石膏和脱硫石膏为原料的生料制备，各种原料单独烘干后进入储存库，辅助材料按要求比例配合后进入粉磨机，粉磨后的物料和石膏配合后进入混化机混化后进入生料储库。

一、原料的烘干

（一）原料的烘干特性

1. 石膏的烘干特性

二水石膏的结晶水很稳定，在加热到65～70℃时有少量的二水石膏转化为半水石膏，大于70℃时才有大量脱水，随着温度的升高发生下列变化：

$$\underset{\text{二水石膏}}{CaSO_4\cdot 2H_2O} \underset{\text{吸湿}}{\overset{120\sim160℃}{\rightleftharpoons}} \underset{\text{半水石膏}}{\beta\text{-}CaSO_4\cdot 1/2H_2O} \underset{\text{吸湿}}{\overset{180\sim190℃}{\rightleftharpoons}}$$

$$\underset{\text{脱水石膏}}{\beta\text{-}CaSO_4} \overset{320\sim360℃}{\rightleftharpoons} \underset{\text{可溶石膏}}{\beta\text{-}CaSO_4} \overset{400\sim750℃}{\longrightarrow} \underset{\text{不溶硬石膏}}{CaSO_4} \overset{800\sim1\,180℃}{\rightleftharpoons} \underset{\text{煅烧石膏（烧僵石膏）}}{CaSO_4}$$

脱水温度对脱水速度影响较大，温度越高速度越快，几乎呈直线关系。由于石膏中杂质不同，脱水速度和特性也不同，但基本上遵循以上的温度关系。一般石膏在1 100℃ 出现熔融，1 200℃开始分解。因此加入还原剂后分解温度降低到 900℃左右。

2. 石膏的脱水

二水石膏在一定温度下加热能够转变为半水石膏，进一步加热则进一步脱水转变为无水石膏，再进一步加热则分解为氧化钙和三氧化硫。其转变温度因加热方式、加热速度和颗粒级配而不同。下面是 A. N. KnauF 在实验室理想条件下测得的数据：

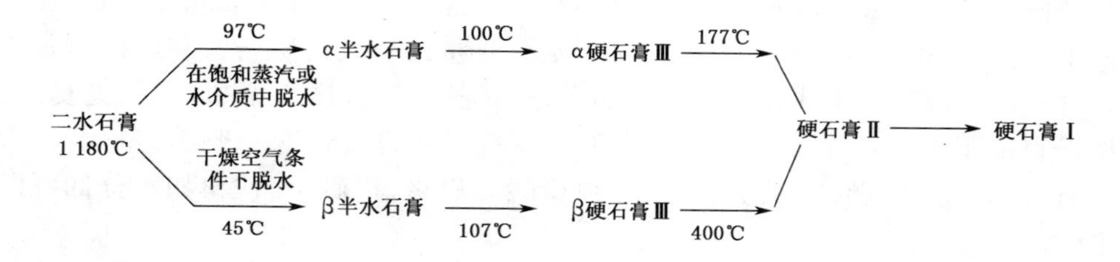

H. Lehmann 提出的转变温度如下：

$$CaSO_4 \cdot 2H_2O \xrightarrow[115℃(O型)]{107℃(B型)} CaSO_4 \cdot 1/2H_2O \xrightarrow[110℃]{200℃} CaSO_4\ Ⅲ$$

$$\xrightarrow{250℃} CaSO_4\ Ⅱ \xrightarrow{1\ 193℃} CaSO_4\ Ⅰ$$

以上相变点都是在实验室条件下测得的，时间较长，温度较低，而在工业生产中为了实现快速脱水，温度一般都高于实验室中的温度，下面是工业生产中的脱水温度：

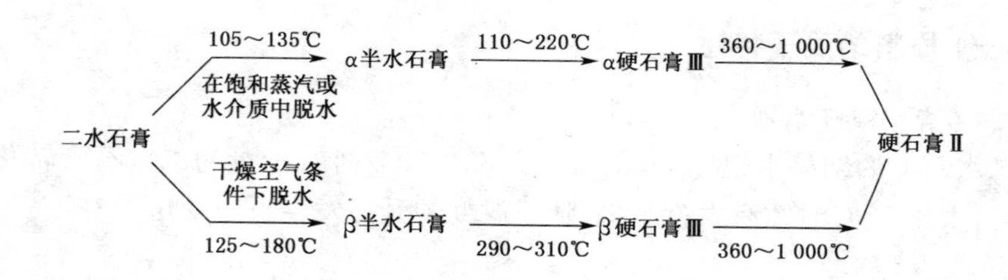

石膏的脱水是吸热反应，其反应方程式及由 Kelly 等研究的各反应的具有工业意义的脱水热见表 4-1。

表 4-1　石膏的脱水热

反应式 \ 脱水热	环境温度 25℃时测得的每摩或每吨二水石膏的脱水热	
	J/mol	kJ/t
$CaSO_4 \cdot 2H_2O \longrightarrow \beta CaSO_4 \cdot 1/2H_2O + 3/2H_2O$	86 700	597 200
$CaSO_4 \cdot 2H_2O \longrightarrow \alpha CaSO_4 \cdot 1/2H_2O + 3/2H_2O$	84 600	582 700
$CaSO_4 \cdot 2H_2O \longrightarrow \beta CaSO_4$ Ⅲ $+ 2H_2O$	121 800	895 700
$CaSO_4 \cdot 2H_2O \longrightarrow \alpha CaSO_4$ Ⅲ $+ 2H_2O$	117 400	863 100
$CaSO_4 \cdot 2H_2O \longrightarrow CaSO_4$ Ⅱ $+ 2H_2O$	108 600	798 000

二水石膏在常压下脱水，水分以水蒸气的形式脱出得到的是β半水石膏($\beta CaSO_4 \cdot 1/2H_2O$)，而当其在一定压力下，水分以液态形式脱出得到的则是α半水石膏($\alpha CaSO_4 \cdot 1/2H_2O$)。

图 4-1 是石膏及水的压力-温度平衡曲线图。

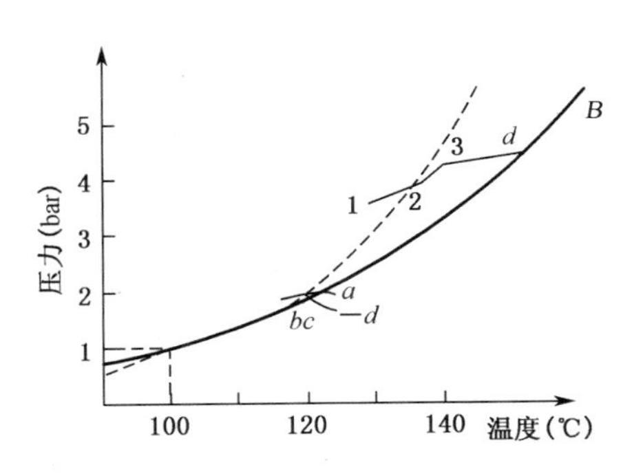

图 4-1　石膏及水的压力-温度平衡曲线

由图 4-1 可知，二水石膏-半水石膏的平衡曲线(实线)与水的气-液平衡线(虚线)非常接近，并在 100℃交叉。二水石膏如果在高于 1 bar 的压力锅内脱水即得到α半水石膏，如果在常压下脱水则得到β半水石膏。

工业生产中生产β半水石膏的常用脱水设备有立式炒锅(连续式的或间歇式的)、水平式回转窑(直接加热或间接加热的)、碾磨和煅烧一体化的(如彼得磨)及流态式煅烧沸腾炉等。各种煅烧设备各有特点，具体选择时应根据原料种类、产品种类、产量大小、燃料供应情况等而定。

α半水石膏的脱水设备有干法蒸压法(其蒸压釜有立式、卧式之分)，液相法(有高压和常压之分)，还有微波加热法等。具体选择时也应根据原料种类、产品种类、产量大小、热能供应情况等而定。

3. 石膏的水化凝结与硬化

半水石膏和Ⅲ型无水石膏在常温下能够吸水转变为二水石膏(磨细的Ⅱ型无水石膏在有激活剂的情况下也可吸水直接转变为二水石膏)。

1) 半水石膏和Ⅲ型无水石膏的水化凝结与硬化

半水石膏和Ⅲ型无水石膏在常温下与水充分混合后，起初会形成具有一定流动度的浆体，然后流动能力会逐步消失但仍有一定可塑性，最后硬化成二水石膏，这一过程叫做石膏的水化凝结与硬化。对于石膏的水化凝结与硬化机理，目前主要有两种解释。

第一种理论是 1990 年由 Le Chatelier 建立的结晶理论，该理论目前被广泛接受。

该理论认为，半水石膏与水混合后，形成半水石膏的饱和溶液，而半水石膏的溶解度大于二水石膏。半水石膏的饱和溶液对于二水石膏而言是过饱和溶液，因此，二水石膏就会沉淀，二水石膏的沉淀破坏了原已平衡的半水石膏溶液，这样新的半水石膏颗粒又继续溶解，直至达到饱和，然后又析出二水石膏晶体，直至所有的半水石膏都溶解转变为二水石膏为止。

图 4-2 为半水石膏和二水石膏的溶解度曲线。从图 4-2 中可以看出：

（1）半水石膏的溶解度比二水石膏的大（例如：20℃时，半水石膏的溶解度为8 g/L，而此时二水石膏的溶解度为 2 g/L）。

（2）半水石膏的溶解度随着温度的提高而减少，相应的过饱和度也随之减少，当温度达到 107℃时根本不能建立起液相的过饱和度。

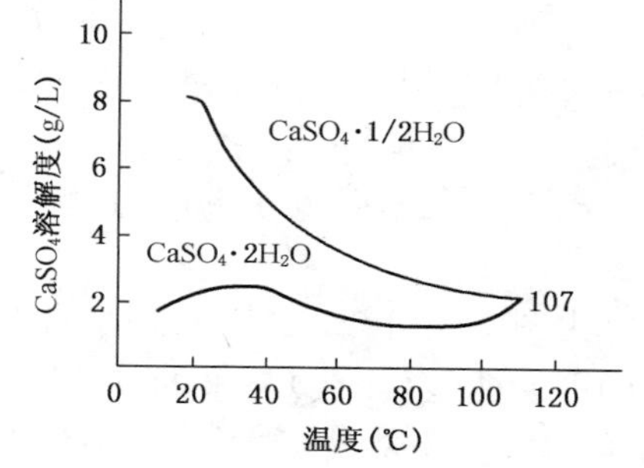

图 4-2　半水石膏和二水石膏的溶解度曲线

第二种理论是由 Cavazzi 和 Baykoff 提出的胶体理论，他们认为石膏的凝结过程是一种胶凝过程。这两种理论并不互相排斥。

半水石膏水化的反应式如下：

$$CaSO_4 \cdot 1/2H_2O + 3/2H_2O \longrightarrow CaSO_4 \cdot 2H_2O$$

145 g　　27 g　　172 g

Ⅲ型无水石膏吸水后先转化为半水石膏，然后再转化为二水石膏。

图 4-3 是分别由结晶水含量、X 射线衍射强度和温度测定的 β 半水石膏的水化率与水化时间的关系。

由图 4-3 可知，半水石膏水化时温度会升高，这是因为半水石膏的水化反应是放热反应。一般来说，石膏水化时温度升得越高，水化反应越完全。因此，有专家认为凝结时的热效应要比压力试验能更好地反映石膏的质量。

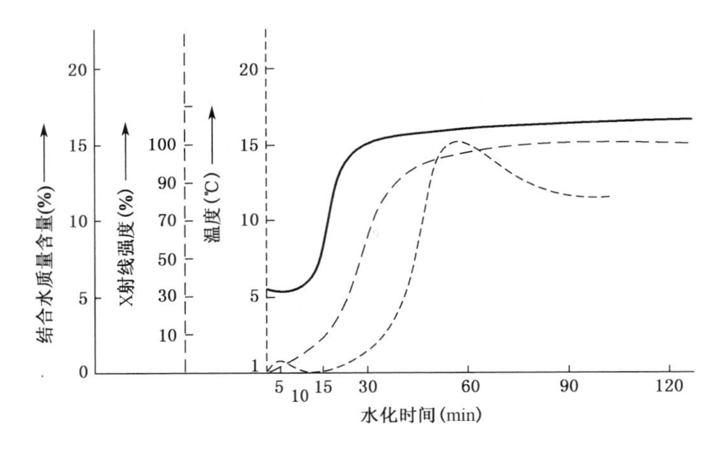

图 4-3　β 半水石膏的水化率与水化时间的关系

从反应式可知,理论上半水石膏水化的需水量为 18.62%,但是,实际上在制作石膏制品时其需水量都大大高于此数。加入超过理论需水量水分的目的是使石膏浆体具有一定的流动性。使石膏浆体具有一定流动性能的需水量称为标准稠度需水量。各行业的标准对于标准稠度需水量的测定方法不完全一样,高于理论需水量的水分在石膏水化后通过干燥排除。多余水分的排除在石膏制品中留下了空隙,空隙越多石膏的强度越低。

影响石膏产品的标准稠度需水量的主要因素是石膏粉的内比表面积。石膏粉的内比表面积越大,其标准稠度需水量就越大。石膏粉的颗粒结构是影响其内比表面积的重要因素。石膏粉越细,其内比表面积越大,因而其标准稠度需水量越大。石膏粉的形状也影响其内比表面积,短柱状的颗粒比纤维状的颗粒的内比表面积要小。

石膏粉的晶体形状是影响其内比表面积的最重要的因素。α 半水石膏的内比表面积比 β 半水石膏的要小,因此 α 半水石膏的标准稠度需水量就比 β 半水石膏的小。液相法生产的 α 半水石膏的内比表面积比干法生产的 α 半水石膏的内比表面积小,因此,液相法生产的 α 半水石膏的标准稠度需水量比干法生产的 α 半水石膏的小。

石膏粉的煅烧方法也是影响其标准稠度需水量的因素之一。用回转窑生产的 β 半水石膏比用炒锅生产的标准稠度需水量大,而用炒锅生产的 β 半水石膏又比多相石膏的标准稠度需水量大。

石膏粉的陈化时间也会影响石膏粉的内比表面积,刚生产的石膏粉的内比表面积较大,陈化一段时间后,其内比表面积就会缩小。因此陈化一段时间后石膏粉的标准稠度需水量就会变小。

还可以通过外加剂的方法改变石膏粉的标准稠度需水量，例如，可以通过塑化剂和减水剂来减少石膏粉的标准稠度需水量。可起此作用的化学物为烷基芳基磺酸盐、木质素磺化盐和三聚氰胺甲醛树脂等。也可通过添加絮凝剂来增加标准稠度需水量，如聚乙烯氧化物。

用添加剂可以调整石膏的凝结时间。很多无机酸和盐可用于促凝，尤其是硫酸及其盐。典型的是二水硫酸钙，磨细的二水硫酸钙是强促凝剂。其促凝机理是因为增加了硫酸钙的溶解度、溶解速率及硫酸钙的晶核数量。有机酸及其盐和生物高分子聚合物（如蛋白质）分解而得的有机胶体还有盐酸、硼酸等可做缓凝剂。其缓凝机理是因为高分子胶体延长了石膏水化硬化的诱导期。能降低半水石膏溶解度和溶解速率的物质或能降低二水石膏晶体生长速率的物质都能起缓凝作用。

石膏硬化体的强度主要受其密度及气孔率和气孔尺寸的影响，因此可以说标准稠度需水量是影响石膏硬化体的主要因素。在密度相同的情况下，石膏硬化体的强度受其湿度的影响，湿度超过5%时其强度随干燥程度而提高，湿度为5%时的强度达到干燥强度的一半。湿度在1%～5%时，强度随干燥程度的提高而显著提高。

2）Ⅱ型无水石膏的水化凝结与硬化

Ⅱ型无水石膏在水化过程中直接吸水转化为二水石膏，无需经过Ⅲ型无水石膏和半水石膏阶段。

Ⅱ型无水石膏分为天然Ⅱ型无水石膏和煅烧Ⅱ型无水石膏。煅烧Ⅱ型无水石膏又因煅烧温度不同而分为低温煅烧Ⅱ型无水石膏和高温死烧Ⅱ型无水石膏。这三种Ⅱ型无水石膏的水化速率均不同。

在350℃以下煅烧所得的低温煅烧Ⅱ型无水石膏由于是刚刚从Ⅲ型无水石膏的六角形晶系转化为正交晶系，晶体缺陷较多，所以其水化能力较强，水化速度较快。而高温下煅烧（700～800℃）的过烧石膏已经没有了晶体缺陷，密度增加，其惰性已与天然无水石膏接近，水化能力很弱。只有把天然无水石膏磨细至几十微米的粒度，才能比较显著地改善它的水化速度。细度越细，水化速度越快。虽然天然无水石膏的溶解度比二水石膏的大，但是其溶解速度慢，一般要44d才能达到溶解平衡。其溶解度随温度的升高而下降。使用活化剂可以改善Ⅱ型无水石膏的水化能力，最常用的活化剂是硫酸钾。另外，凡能提高Ⅱ型无水石膏的溶解度和溶解速度或能增加二水石膏晶核数量的添加剂都能提高其水化、硬化能力。

4. 辅助材料的烘干特性

对于焦炭、粘土的烘干特性，焦炭呈块状或小颗粒（称焦炭沫），在配料前须将游离水除去。粘土因地理位置不同，其成分也不同，颗粒大小及粘结性也不同，一般在配料前将游离水除去，以保证配料的精度。由于以上两种物料加入量很少，故一般采用简易的烘干设备。使用天然石膏时，这三种原料配料后进入烘干磨，烘干粉磨一块完成。

铝矾土和铁粉因加入量极少或不加，一般不须烘干而直接使用。

（二）石膏烘干种类及流程介绍

石膏干燥脱水设备种类很多。

按加热方式分，有直接加热法、间接加热法、混烧法三种。

按出料方式分，有间歇式、连续式两种。

按脱水速度分，有慢速煅烧（煅烧时间几十分钟至几个小时）和快速煅烧（煅烧时间几秒钟至几分钟）两种。

按干燥方式分，有干燥煅烧一体化和干燥煅烧分开进行两种。

按粉碎方式分，有粉碎煅烧一体化和粉碎煅烧分开进行两种。

按商品名称分，有砂锅（间歇式炒锅、连续式炒锅、埋入式炒锅、锥形炒锅），回转窑（间接加热式回转窑、直接加热式回转窑、混烧式回转窑），沸腾炉，FC 煅烧炉，流化床式煅烧炉，斯德炉，彼得磨，delta 磨等。

1. 炒锅

炒锅是应用最早的石膏煅烧设备，分为间歇式炒锅、连续式炒锅、埋入式炒锅、锥形炒锅四种。

图 4-4 为带有埋入式燃烧器的连续式炒锅示意图。间歇式炒锅、连续式炒锅、埋入式炒锅三种炒锅的结构和原理大同小异。间歇式炒锅无熟石膏粉出料管，而代之以炒锅底部的出料口。埋入式加热设备是在普通炒锅里面埋入燃气装置，使燃气直接喷入炒锅中，对石膏粉进行直接加热。普通炒锅无埋入式加热装置。

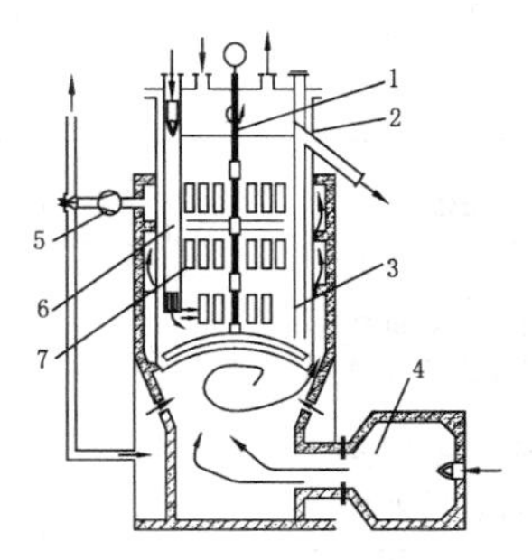

图 4-4 带有埋入式燃烧装置的连续式炒锅示意图

1. 搅拌器 2. 炒锅外壳
3. 熟石膏粉出料管 4. 燃烧室
5. 横火管 6. 埋入式加热装置
7. 排气风机

还有一种锥形气体加热炒锅，其锅体上部为圆柱形，下部为锥形，无搅拌装置，从炒锅中心埋入气体燃烧装置，从此燃烧装置中喷出热气体对石膏粉进行直接加热。而不通过锅底、锅壁和横火罐外加热。

炒锅的工作原理是二水石膏粉料从炒锅上部的加料口加入。一般粉料的粒度在 0～2 mm 之间，一般用于煅烧天然石膏,入锅石膏的自由水含量很小。如果用于煅烧工业副产石膏,则需要加一套预干燥装置,将工业副产石膏的自由水含量干燥至小于4%。

从燃烧室产生的热风对炒锅锅底、锅壁并通过横火管对石膏粉间接式传导加热。埋入式砂锅还通过埋入的燃烧装置喷出热气对石膏粉直接加热。

间歇式炒锅分批次加料,当物料温度达到140～190℃后通过出料口出料。

连续式炒锅则连续加料,物料通过熟石膏粉出料管溢流出料。加料速度由锅内物料温度控制。

炒锅各点温度均严格控制。如果温度控制不当,不但影响产品产量、质量,而且会造成锅体或锅底变形、开裂。

间歇式炒锅与连续式炒锅各有优缺点。一般来说,间歇式炒锅的优点是:能够进行均匀加热和逐渐脱水,可以根据每锅原料的不同性质和对产品质量的不同要求,调节煅烧时间和煅烧温度;设备费用便宜。缺点是热效率低、产量低、生产成本高,且每一次出料均会造成一次炒锅的激冷、激热,导致炒锅筒体和锅底的损害。

连续式炒锅的优点是:加入的生石膏不与炽热炒锅表面接触,而与处在恒温状态下的石膏粉接触。二水石膏在饱和蒸汽的气氛中,在适宜的条件下脱水,能保证所制得的半水石膏具有良好的晶体结构,且生产能力、热效率均高,炒锅使用寿命长。缺点是:不易根据批次原料的性质调整脱水制度,设备成本高。

埋入式炒锅由于埋入气体加热装置,除通过锅壁间接传热外,还可以通过埋入式加热装置喷出的热气对石膏粉直接加热,因此大大提高了热效率。表4-2是各种连续式炒锅的性能指标(进料粒度为0～2 mm)。

表4-2　各种连续式炒锅的性能指标

炒锅名称	结晶水(%)	吨产品热耗(10^4 kJ/t)	吨产品电耗(kW·h/t)	最大生产能力(t/d)	备注
无埋入式加热装置的炒锅(国外炒锅)	5.7	108	23	220～300	天然石膏
带埋入式加热装置的炒锅(国外炒锅)	5.5	104	21	440～500	天然石膏
锥形气体加热炒锅(国外炒锅)	5.4	100	20	500	天然石膏
国内燃煤连续性炒锅		112～125			天然石膏
国内燃煤连续性炒锅		150～154			含10%自由水工业副产石膏

20 世纪 80 年代，北京新型建材总厂从德国引进了一座连续式炒锅，景德镇陶瓷石膏磨具厂也从德国引进了一座间歇式燃油炒锅用于陶瓷模具石膏粉的煅烧。现在我国已有很多单位能够设计制造炒锅。

2. 回转烘干机（回转窑）

回转窑有直接加热式和间接加热式两种。直接加热式即燃气在回转窑内直接与石膏粉接触加热，又分为顺流式和逆流式两种。顺流式回转窑指在窑中石膏粉的流向与燃气的流向一致，逆流式回转窑的石膏粉流向与燃气方向相反。

图 4-5 为顺流式回转窑示意图。

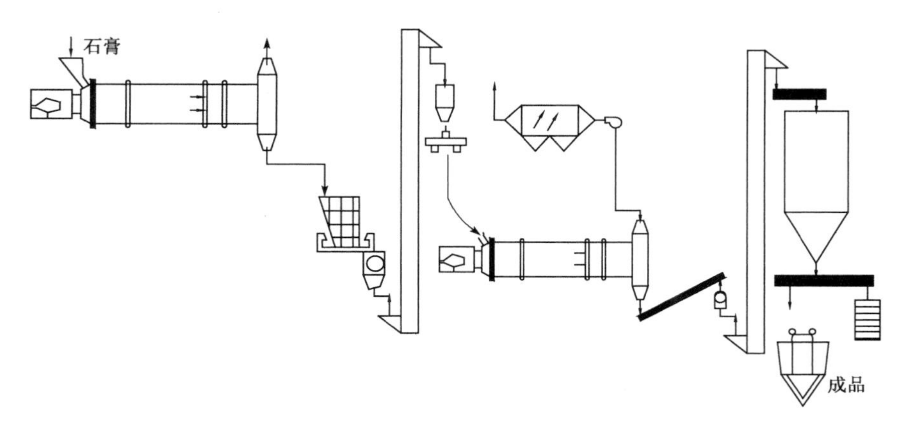

图 4-5　顺流式回转窑示意图

顺流式回转窑筒体用厚钢板卷成。在筒体前部装有导流板；后部装有花格式扬料板，既可以将石膏粉扬起增大受热面积，又可以使石膏粉从筒体前部向后部运动。一般要求入口处燃气温度为 700℃左右，出料口的料温和气温均为 150℃左右，物料在回转窑中停留时间大约 1 h。二水石膏入窑粒度为 0～25 mm。其热效率较高，但是其所得产品的结晶水比炒锅的低，其膏水比和强度也偏低。

直接加热式回转窑可以用于天然石膏的煅烧，也可以用于工业副产石膏的煅烧。只是要适当加长回转窑，使其有干燥段。

简单的间接式回转窑只对回转窑筒体加热，筒体内部无加热管路。图 4-6 为燃煤间接式回转窑。

此窑有间接出料式也有连续出料式，热效率较低，但是结构较简单。

内加热管式回转窑筒体内部设有加热管路，石膏粉的受热面积较大。热源可为燃气，也可为导热油或蒸汽。图 4-7 是带有气流干燥机和冷却器的内加热管式回转窑。

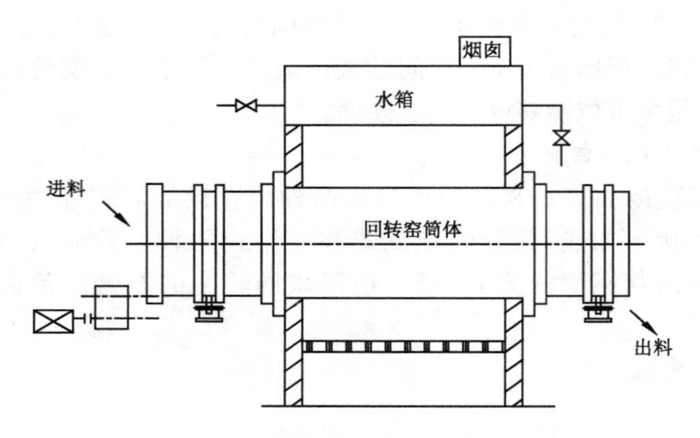

图 4-6　燃煤间接加热式回转窑

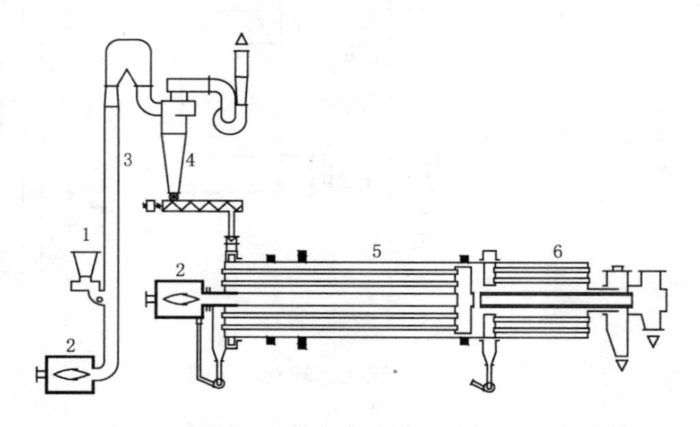

图 4-7　带有气流干燥机和冷却器的内加热管式回转窑

1. 专用贮仓　2. 燃烧室　3. 气流烘干机　4. 气旋分离器　5. 煅烧窑　6. 冷却器

此窑煅烧时间较长，属低温煅烧，产品质量均匀稳定，但是耗能大。

德国顺流式回转窑吨产产品耗热 100 万 kJ。据日本资料介绍，以蒸汽为热源的内加热管式回转窑煅烧每吨二水石膏耗 0.94 t 蒸汽，即吨产品耗热 234 万 kJ。山东泰和 2006 年从德国引进了一条用蒸汽作热源的内加热管式回转窑，此设备对于有蒸汽热源的单位很适用。

我国某厂生产的以燃煤沸腾炉产生的热风为热源的顺流式回转窑，以天然石膏为原料时，吨产品耗标煤 28.6 kg，即吨产品耗热 83.6 万 kJ；以自由水含量 11%～14%的工业副产石膏为原料时，吨产品耗标煤 47 kg 左右，即吨产品耗热 140 万 kJ。

3. 斯德炉

斯德炉是我国自行研发的适合于工业副产石膏的干燥煅烧炉，属于高温热风直接加热快速干燥煅烧设备。图 4-8 为斯德炉工作原理示意图。

斯德炉主要由圆形筒体与其同轴的排料器和底部的转盘组成。

工作时,由热风炉产生的热风由下部的进风口进入,从顶部的排风管排出。潮湿的二水石膏粉料由筒体中侧的进料口进入,其中的细粉由热风加热并吹入排料器,在排料器中沉降由排料口排出,更细的颗粒则随风由排风管排出后经系统的旋转分离器与气体分离进入料仓。较粗的二水石膏粉降落到底部的转盘上,经转盘打散并经热风干燥后随热风进入排料器。

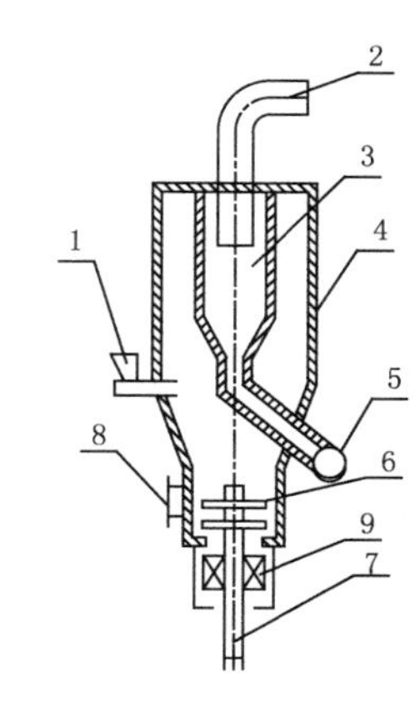

图 4-8　斯德炉工作原理示意图

1. 进料口　2. 排气管　3. 收料器　4. 煅烧室壳体　5. 排料口　6. 旋转叶片　7. 转轴　8. 进气口　9. 轴承座

斯德炉煅烧前脱硫石膏含水量 10%～15%,粒度分布 10～100 μm,硫酸钙含量 90%～95%的脱硫石膏煅烧后性能见表 4-3。

表 4-3　斯德炉煅烧脱硫石膏性能

取样	加水量(%)	初凝时间(min)	终凝时间(min)	抗折强度(MPa)
A	60	6	13	6.78
B	64	5	14	5.75
C	64	5	14	5.6
D	62	6	15	4.7
E	70	6	15	3.55

煅烧含水量 10%～12%的脱硫石膏的电耗为 18～20 kW·h/吨产品,热耗为55～58 kg 标煤/吨产品。年产 5 万～10 万 t 的斯德炉设备及操作空间占地多达 200 m^2。

斯德炉煅烧天然石膏时应粉碎到 100～325 目,煅烧时间仅需几秒钟。当煅烧热风温度大于 300℃时,所得石膏活性最高、能耗量低,在生产活性石膏时,吨产品热耗为 84 万～125 万 kJ。主要技术参数见表 4-4。

表 4-4　斯德炉的主要技术参数

型号	SDL—120	SDL—160	SDL—2000	SDL—2800
炉体尺寸(长×宽)(m)	15×10	15×10	20×10	20×12
占用空间高度(m)	12	12	15	15
生产能力(t/h)	5～6	8～10	12～15	25～30
能耗(万 kJ)	400～500	670～800	1 000～1 250	2 000～2 500
系统装机功率(kW)	55～60	70～95	110～150	165～215

下面是采用斯德炉的两步法煅烧工艺。

(1) 采用斯德炉进行干燥,干燥后再采用其他煅烧设备煅烧。如阳逻华能电厂的脱硫石膏处理工艺即是采用斯德炉干燥然后采用沸腾炉煅烧。其工艺如图 4-9 所示。

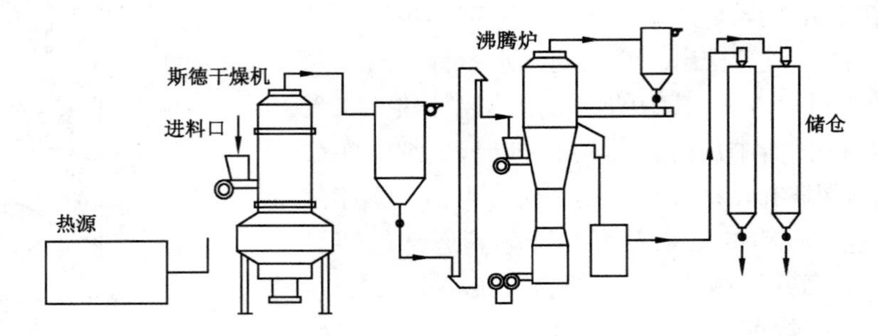

图 4-9　斯德炉用于干燥工艺

(2) 先用一个斯德炉干燥再用另一个斯德炉煅烧。其工艺如图 4-10 所示。

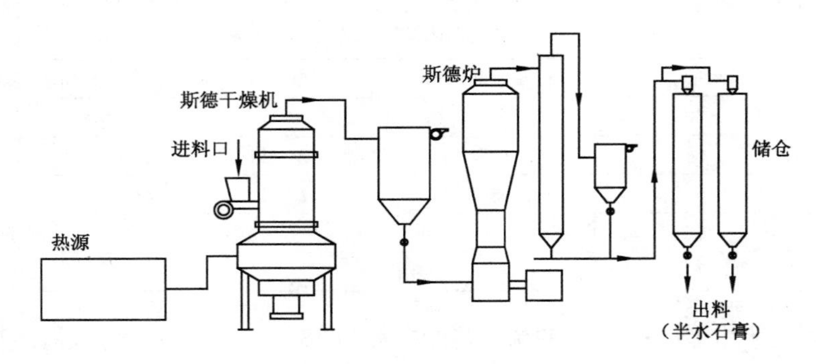

图 4-10　两个斯德炉串联工艺

4. 沸腾炉

沸腾炉是我国自行研发的间接加热流态化连续式煅烧设备。其原理如图 4-11 所示。

筒体中布置有很多热管,热管中可以通入饱和蒸汽或导热油。筒体底部有一个气体分布板。工作时石膏粉从进料口进入筒体,在筒体中从气体分布板通入有一定压力的气流,并由热管中的热源对石膏粉进行间接式加热,使石膏粉处于沸腾状态,缓慢脱水。石膏粉脱水到一定程度后,从第一室底部流入第二室,然后从第二室的溢流口流出。

沸腾炉属于低温煅烧,不宜过烧。成品大部分为半水石膏。在我国国内,尤其是山东省,很多纸面石膏板厂采用此煅烧设备。

由于炉内没有搅拌装置，间接加热不易使潮湿结团的石膏粉产生流态化，只能煅烧自由水含量在5%以下的石膏，所以沸腾炉不宜直接用于煅烧工业副产石膏。

沸腾炉的热效率高、能耗低。沸腾炉本身的热效率大于95%，使用饱和蒸汽时热效率为57%～67%，导热油为67%～76%。煅烧天然石膏时吨产品耗热约为92万kJ。燃烧工业副产石膏时需另加一套气流烘干装置，这样煅烧含自由水10%左右的脱硫石膏时，吨产品干燥煅烧总耗热为117万～121万kJ。

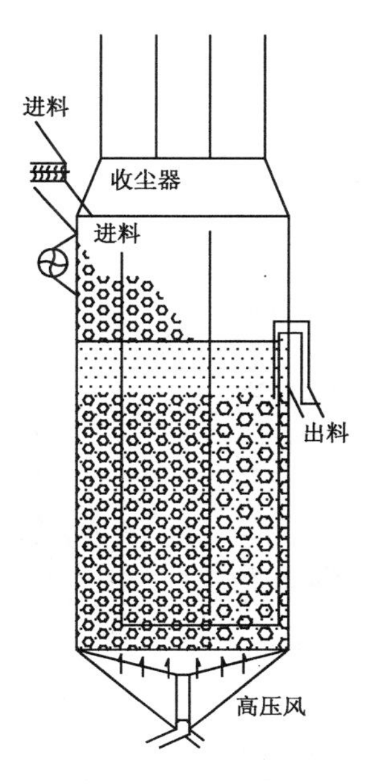

图4-11　沸腾炉

5. FC-分室石膏煅烧炉及FC-分室石膏煅烧系统

FC-分室石膏煅烧炉是我国技术人员自主研发的石膏粉煅烧设备，属于混烧式流态化煅烧。FC煅烧炉示意图如图4-12所示。

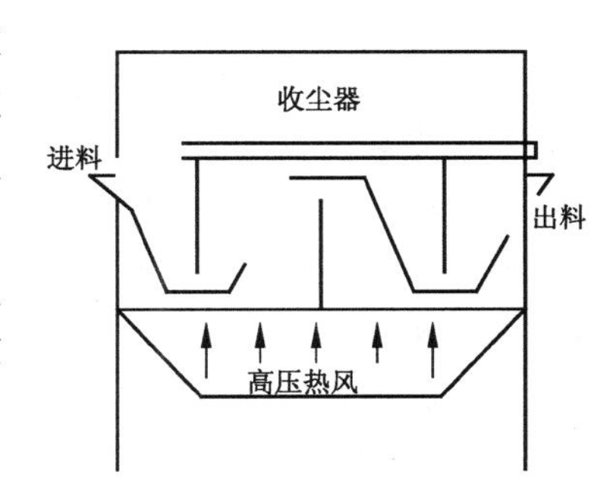

图4-12　FC-煅烧炉

煅烧炉分为四个室，与沸腾炉类似，炉内有热管，底部有很多高压风口。与沸腾炉的一个很大的不同点在于其高压风不是常温而是热风，因此不仅有热管中的热源对石膏粉的间接加热，而且还有高压热风的直接式加热。

二水石膏粉从第一室进入，在煅烧室中从气体分布板通入有一定压力的气流直接加热及搅动，并由热管中的热源对石膏粉进行间接式加热，使得石膏粉处于沸腾状态并脱水。石膏粉脱水到一定程度后从第一室流入第二室，然后从第二室的溢流口流出，进而经过三室，最后从四室中溢流而出。

与沸腾炉的第二个不同之处在于，FC-分室石膏煅烧系统专门配备有沸腾式燃煤热风炉，FC-分室石膏煅烧炉热管中的热源不是导热油或饱和蒸汽，而是由其专门配备的沸腾式燃煤热风炉产生的热风。其底部的高压热风也由此沸腾式燃煤热风炉提供。这样，与一般沸腾炉相比它不需要另配导热油锅炉或蒸汽锅炉。

图4-13为用FC-分室煅烧炉加工工业副产石膏的工艺流程图。

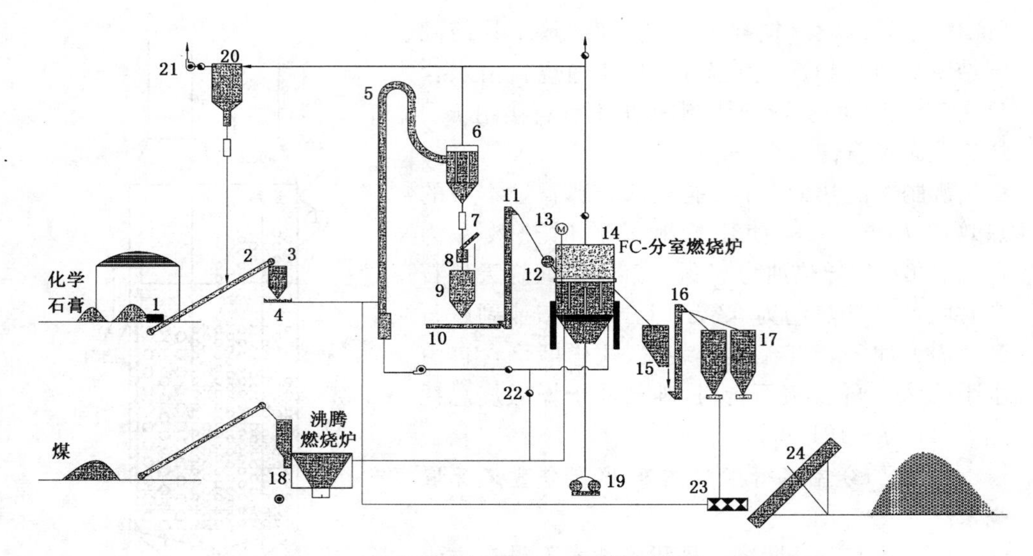

图 4-13　FC-分室煅烧炉加工工业副产石膏的工艺流程图

1. 锤片粉碎机　2. 皮带输送机　3. 混料仓　4. 皮带喂料机　5. 气流干燥机　6. 降粉器　7. 筛分机　8. 锤式粉碎机　9. 预热仓　10. 皮带喂料机　11. 斗式提升机　12. 锁风器　13. 分散机　14. FC-分室煅烧炉　15. 均热仓　16. 斗式提升机　17. 成品仓　18. 热风炉　19. 罗茨鼓风机　20. 收尘器　21. 引风机　22. 调风阀　23. 混合机　24. 成球盘

配备了气流干燥机的 FC-分室煅烧系统可用于加工各种工业副产石膏，允许最高含水率不高于 25%，原料粒度不大于 6 mm。用FC-分室煅烧炉煅烧天然石膏的吨产品热耗约为6 万 kJ，电耗为 14.2 kW·h。

6. 彼得磨

彼得磨是由德国 CLAUDIS PETERS 公司研制的一种集研磨和煅烧为一体的研磨煅烧设备。其煅烧采用的是气流直接加热快速煅烧，研磨原理类似于雷蒙磨。彼得磨示意图如图 4-14 所示。

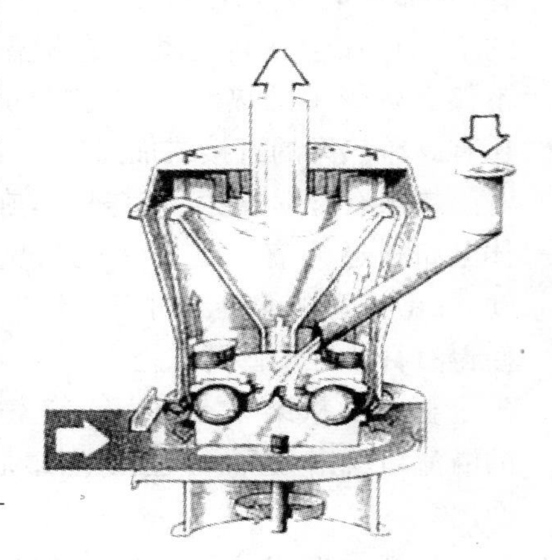

图 4-14　彼得磨

彼得磨底部有一个旋转研磨盘，盘上有多个直径 600～800 mm 的空心圆球，圆球上方是不旋转的上研磨盘。粗颗粒二水石膏粉(粒度不大于 60 mm)从上侧部进料口进入，由斜管送到中心撒到下研磨盘上，由下研磨盘的旋转产生的离心力的作用，使粗颗粒二水石膏粉向圆周方向运动，在球体下部和下研磨盘之间被压碾，同时被从下侧方进入的温度约 500～600℃的热风直接加热脱水。磨细脱水后的细粉随热风向上进入磨机上部的筛分器中，由于离心力的作用粗颗粒被甩至圆锥体壁上，重新滑至磨机内重新研磨，细粉随风从上部出口排出磨机，在与磨机配套的选粉机中与气体分离。

彼得磨可用于天然石膏的粉磨煅烧，近期也发展了天然石膏与工业副产石膏混合的研磨煅烧技术，已有 16～52 t/h 的系列产品，全世界已有近 90 台在运转。研磨煅烧天然石膏时的能耗为 100 万～112 万 kJ 之间。

7. 其他煅烧设备

除以上煅烧设备外还有沙士基打磨、锤式磨等。

沙士基打磨已在欧洲、北美、亚洲等建立了不同规模的生产线。有 2～30 t/h 的不同能力的生产线，可用气体、液体燃料。当煅烧品位为 95%的天然石膏时，吨产品热耗为 100 万 kJ，电耗 30 kW・h。

北京国华杰地公司从德国沙士基打公司引进了一套 6 t/h 的煅烧脱硫石膏的设备。该套设备由带两个高速旋转转子的煅烧炉、旋风分离器和强制式陈化设备组成。

锤式磨主要由破碎室和锥形分离器室组成。粉料从料仓进入破碎室，高速旋转的转子将粉料击细，热烟气在将经粉碎的粉料带入锥形分离器的同时对其进行加热，在锥形分离器中细粉随热风从中心排出锤式磨，粗粉沿着锥形壁下滑回到破碎室。

此设备可用于加工天然石膏，也可用于加工工业副产石膏或两者的混合物。

8. 气流干燥机

以上煅烧设备均能煅烧天然石膏。从粉碎和煅烧的角度看，工业副产石膏与天然石膏的一个很大的区别在于工业副产石膏是自由水含量很高的潮湿的粉体。多数煅烧设备只能煅烧自由水含量较低的石膏。如果煅烧工业副产石膏则易产生粘结等问题。因此，对于多数煅烧设备，要煅烧工业副产石膏就必须加一个预干燥设备。气流干燥机是一个很好的选择。图 4-15 是气流干燥机原理示意图。

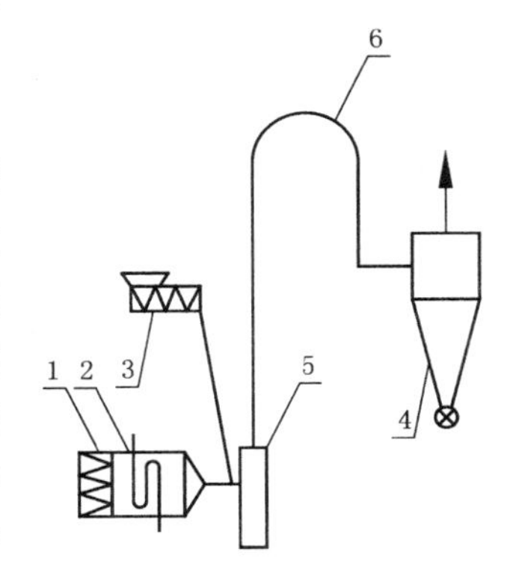

图 4-15　气流干燥机原理示意图

1. 空气过滤器　2. 空气加热器
3. 进料量可无级调速的加料器
4. 旋风分离器　5. 排风机
6. 干燥管道、连接件所组成

气流干燥机适合干燥经离心机或皮带真空脱水机脱水后的潮湿的工业副产石膏。工业副产石膏由进料口连续进入气流干燥机，经加热的热风由排风机打入气流干燥机，高速飞旋的风机叶轮及高速气流能把潮湿的甚至结块的物料解碎，直至分散。分散后的粉料与热气流平行地向上运动，并经热风加热。其表面水迅速汽化，达到干燥的目的。经干燥的粉体由热气流经干燥管道送至旋风分离器，并在旋风分离器中实现气固分离而被收集。

气体干燥机的加料设备可以是滑板式、转盘式、螺旋式加料器或是星形、锥形加料器。气体干燥机的关键是连续均匀地给料并被分散。要使物料在入口处得到有效分散，重要的一点是管内的气流应大大超过单个颗粒的沉降速度，气流的速度应在 10～20 m/s 以上。

在整个干燥管道的高度范围内并不是每一处的加热效率都一样。只有在加料口以上 1 m 左右，物料被加速，气固相对速度最大，给热系数和干燥速率也最大，是整个干燥管道中最有效的部分。在干燥管道上部，物料已接近或低于临界含水量，即使管道再高也不足以提高物料升温阶段缓慢干燥所需要的时间。因此不可能通过加高气流干燥机的办法无限提高其干燥能力。表 4-5 是某厂气流干燥机技术参数。

表 4-5　某厂气流干燥机的技术参数

型号	蒸发水分(kg/h)	装机功率(kW)	占地面积(m^2)	高度(m)
QG50	50	7	20	9
QG100	100	13	32	11
QG200	200	21	40	15
QG250	250	24	64	16
QG500	500	43	96	18
QG1000	1 000	100	120	18
QG1500	1 500	150	200	20
型号	**蒸发水分(kg/h)**	**功率配备(kW)**	**占地面积(m^2)**	**热效率(%)**
FG0. 25	113	11	3. 5×2. 5	>70
FG0. 5	225	18. 5	7×5	>70
FG0. 9	450	30	7×6. 5	>70
FG1. 5	675	50	8×7	>70
FG2. 0	900	75	11×7	>70
FG2. 5	1 125	90	12×8	>70
FG3. 0	1 150	110	14×10	>70
FG3. 5	1 491	110	14×10	>70

表 4-6 是各种干燥、煅烧设备性能对比表(未在备注中注明原料种类的原料为天然石膏)。

表 4-6 各种煅烧设备性能对比表

干燥煅烧设备名称	结晶水(%)	吨产品热耗(1×10^4 kJ/t)	吨产品电耗(kW·h/t)	最大生产能力(t/d)	备注
无埋入式加热装置的炒锅	5.7	108	23	220～300	德国资料
带埋入式加热装置的炒锅	5.5	104	21	440～500	德国资料
锥形气体加热炒锅	5.4	100	20	500	德国资料
国内燃煤连续性炒锅		112～125			
国内燃煤连续性炒锅		150～154			
顺流式回转窑		100			德国资料
内加热管式回转窑蒸汽热源		234			日本资料
国内顺流式回转窑燃煤沸腾炉热风为热源		83.6			
国内顺流式回转窑燃煤沸腾炉热风为热源		138			以含水率 11%～14%的工业副产石膏为原料
斯德炉		83.6～138			
沸腾炉		92			
沸腾炉		117～121			以含水率 10%的工业副产石膏为原料
FC-分室燃烧炉		63			
彼得磨		100～113			研磨煅烧能耗
沙士基打磨		100	30		

(三) 目前石膏制硫酸常用的烘干流程

1. 回转式烘干流程

此流程为较早广泛使用的流程,各种原材料单独烘干后储存在各自的储库内,以备配料使用。采用的烘干机为回转式烘干机,由热风炉提供热源,热风温度为800～1 000℃。回转式烘干机内设有扬料板,在转动时将物料扬起,在机内形成料幕,与进来的热风进行热交换,将物料温度升高烘去水分。此工艺又分顺流烘干和逆流烘干两种。顺流烘干为热风和物料方向一致,否则为逆流烘干。一般来讲大部分使用顺流烘干,即把物料从回转式烘干机头部加入,热风炉和烘干机头部相连,物料在高温区加入,强化传热效率,物料温度升高,气体温度降低。逆流烘干正好相反,物料从烘干机头部加入,热风在烘干机尾部进入。此工艺的主要缺点是,物料在低温度区加入,易在尾部扬料板上结疤,扬料不均匀或扬料不畅,影响换热效果；另外尾部热风进入与已脱水的物料结合，设备温度高，热损失大。采用烧僵工艺时必须选择逆流烘干机，而且烘干机长度大。图 4-16 为顺流烘干流程图。

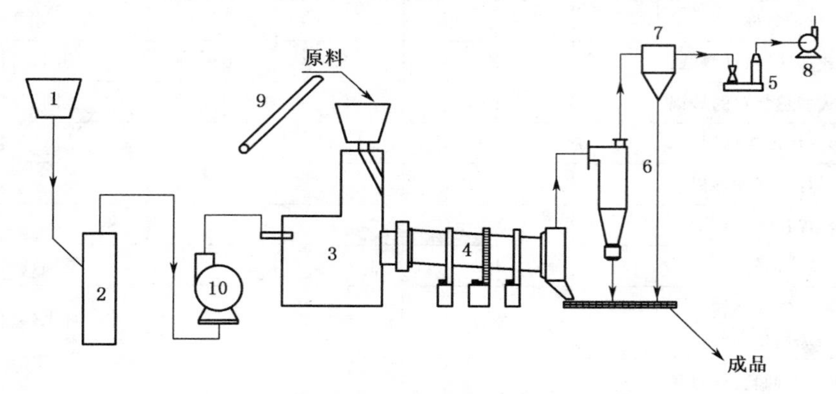

图 4-16　顺流烘干流程图

1. 煤斗　2. 竖井式磨煤机　3. 热风炉　4. 回转式烘干机　5. 除氟塔　6. 分离器　7. 收尘器　8. 风机　9. 皮带机　10. 吹煤风机

此流程适合各种原料。对于大规模生产装置，辅助原料设单独的回转式烘干机，石膏用规格较大的烘干机，只有烘干磷石膏时，才设有氟吸收塔，烘干其他物料则不用。

2. 闪速烘干流程

此流程是针对磷石膏和脱硫石膏而开发的新型烘干设备。由于二水磷石膏和脱硫石膏的水分含量高，一般游离水为 15%～25%，结晶水为 14%～19%，在选择回转式烘干机时不但规格尺寸大、台数多、投资高，而且热耗大、成本高。闪速烘干机不但造价低、占地少、产量高，而且热耗比回转式降低 20%左右，优势明显，但此烘干机只对粉状物料适用，辅助原料不能使用，烧僵流程也不能使用。

该机的特点是热风和物料同时进入带旋转转子进行打撒的机内，物料打撒与热风充分结合，使物料温度迅速提高，脱去水分，并在悬浮的状态下继续进行热交换，换热效率提高。由于外壳面积小并采取保温措施，散热比回转式少很多，同时该机重量轻，投资少，控制简易。图 4-17 为闪速烘干流程。

3. 烘干磨流程

既烘干又粉磨物料的设备，很早就用于化工、建材及电力行业，常见的是风扫磨。这是将块状物料在加入时同时通入热风，达到粉磨、烘干同时进行，既简化流程又降低能耗，一举两得。烘干磨分为立式烘干磨和卧式烘干磨（风扫磨）两种。该工艺适合用于水分含量低的物料。如天然石膏、焦炭、粘土、煤等辅助材料和燃料，其中立式烘干磨比卧式更有先进性，主要特点是效率高，热耗、电耗更低，广泛用于电力、建材行业。图 4-18 为立式烘干磨流程，图 4-19 为卧式烘干磨流程。

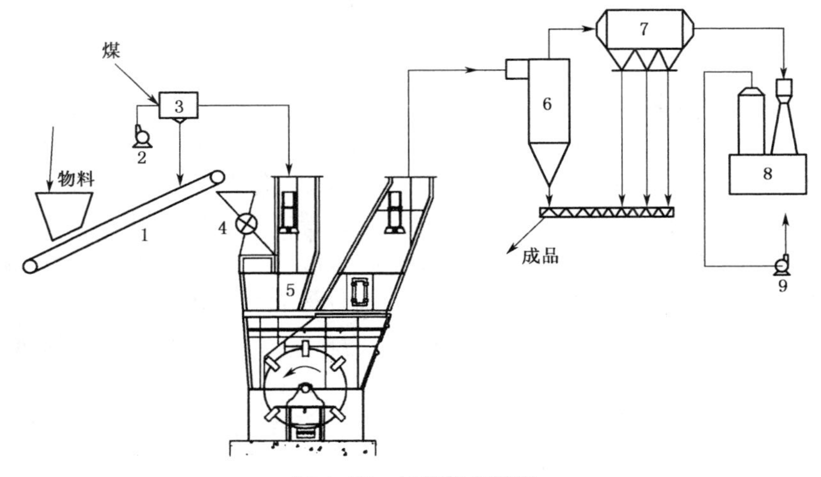

图 4-17　闪速烘干流程

1. 皮带输送机　2. 鼓风机　3. 热风炉　4. 绞笼　5. 闪速烘干机
6. 分离器　7. 收尘器　8. 氟吸收塔　9. 尾气风机

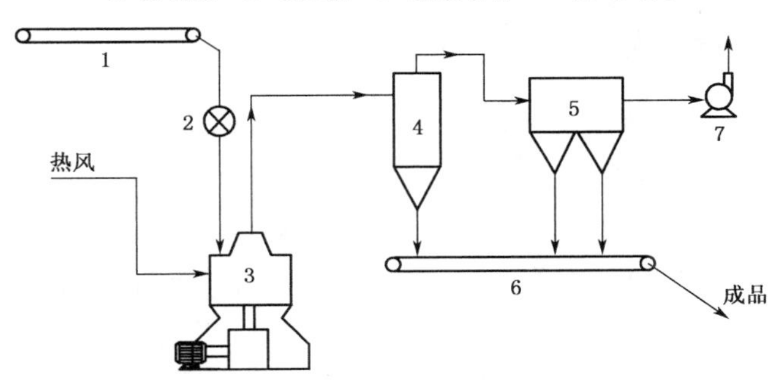

图 4-18　立式烘干磨流程

1. 原料输送机　2. 加料器　3. 立磨　4. 分离器　5. 收尘器　6. 输送机　7. 排风机

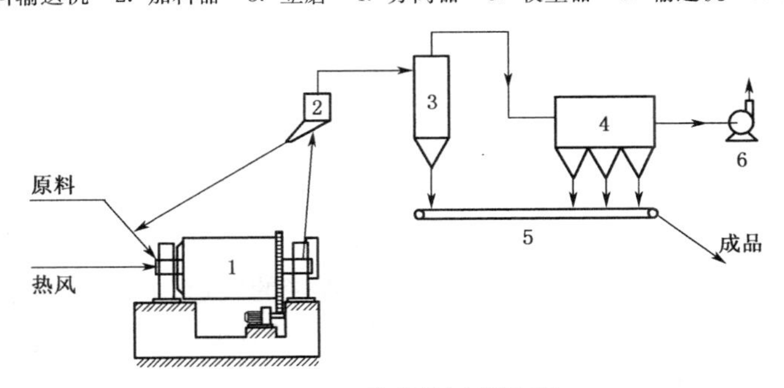

图 4-19　卧式烘干磨流程

1. 风扫磨　2. 粗粉分离器　3. 细粉分离器　4. 收尘器　5. 成品输送机　6. 排风机

(四) 闪速烘干机介绍

1. 闪速烘干机的结构特点及参数

图 4-20 为闪速烘干机的示意图,该设备最早用于水泥湿法生产线上。其结构由外壳、转子(带锤头)、调节板、传动部分、衬里组成,外壳高温部分用耐热钢制成,热风进口衬耐火材料,内部设衬板,起防磨作用。转子为盘式结构,外部设 6 道悬锤,材质为锰钢,转子轴为空芯,水冷却,轴承座也为水冷式。转子转速为 300~500 r/min。加料口和热进口在一端,另一端为气体和物料出口。物料在设备中停留时间很短,一般为 2~5 s。在转子作用下,物料进入后立即打散,和热风在悬浮状态下进行热交换,使物料迅速升温,烘干水分。该设备容积产量高,热损失少,电耗低,比回转式烘干机节能 20%~30%。该机热效率为 55%~70%,进口热风为 850~1 000℃,最大转子线速度 25~38 m/s。

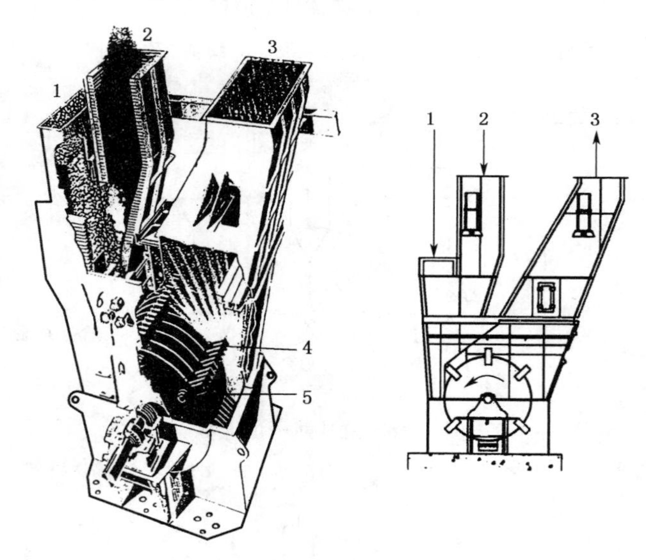

图 4-20　闪速烘干机示意图

1. 物料进口　2. 热风进口　3. 出口　4. 旋锤　5. 转子　6. 调节板

2. 闪速烘干机的能耗

图 4-21、图 4-22、图 4-23 分别为不同规格的闪速烘干机对不同水分物料在不同的条件的产量与热耗、电耗的关系。从数据看出该设备特别适合于含水分高的粉状物料,特别是磷石膏和脱硫石膏,其数据是用游离水在 22%~24%的二水磷石膏实验生产取得。

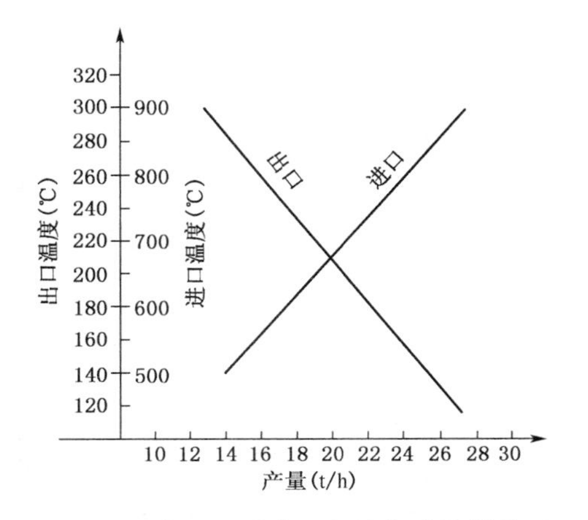

图 4-21　烘干机进出口温度与产量的关系

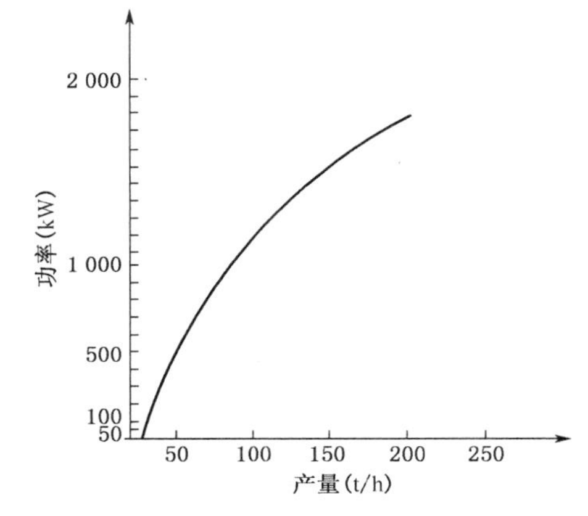

图 4-22　烘干机产量与功率的关系

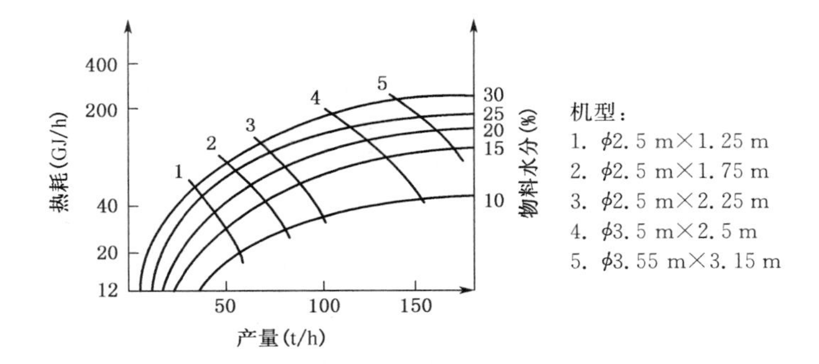

图 4-23　不同机型产量与热耗、物料水分的关系

3. 闪速烘干机与回转式烘干机比较

表 4-7 为两种烘干机的参数比较，原料为游离水 22%～24%的二水磷石膏，热风为燃煤热风炉提供。

表 4-7　闪速烘干机与回转式烘干机参数比较表

型　号	闪速烘干机(mm)		回转烘干机(m)			备　注
	ϕ500×400	ϕ2 000×1 250	ϕ1.2×11	ϕ3×25	ϕ4×32	
产量(t/h)	11	15	2	13～16	32	
质量(t)	2.1	26	105	96	270	
占地(m²)	4.2	13	26	110	180	
热耗(kJ/kg)	2 260	2 100	2 700	2 630	2 500	烘干系统
容积产量[kg/(m³·h)]	2 500	2 900	86	70	92	
电耗(kW·h/t)	4.1	2.6	4.5	3.2	3.6	主机
热效率(%)	65	70	54	56.7	59	

(五) 烘干石膏的比电阻

烘干尾气收尘大部分采用电收尘器，半水磷石膏的比电阻值如表 4-8 所示。

表 4-8 半水磷石膏的比电阻

温度(℃)	电流(μA)	电压(kV)	比电阻(Ω·cm)
80	293	0.62	2.10×10^{7}
120	155	0.80	5.0×10^{7}
160	5.5	1.11	2.0×10^{9}

从以上数值看，采用电收尘器是可行的，但在磷石膏的烘干中，由于 F^- 的存在，对设备有腐蚀现象，所以必须采取耐 F^- 的材质，否则影响设备的寿命。

(六) 烘干热耗及尾气

含 25%游离水的二水磷石膏烘至半水，用回转式半水石膏热耗为 2 250 kJ/kg 左右，烧僵石膏为 3 400 kJ/kg；用闪速式半水石膏热耗为 2 000 kJ/kg 左右。半水石膏烘干尾气量为 2.7 kg/kg 左右，密度 ν 为 1.35 kg/Nm^3 左右。烘天然石膏和辅助材料热耗低一些。烘干机出口烟气：含尘 60～100 g/Nm^3，经电收尘排空。烘磷石膏时，尾气含 F^- 90 mg/Nm^3，尾气经电收尘后进入氟吸收塔排空。吸收后的尾气含：尘 50 mg/Nm^3，F^- 5 mg/Nm^3，SO_2 12 mg/Nm^3，NO_x 4 mg/Nm^3。氟吸收塔每吨产品排出污水 0.7 t，其成分为：F^- 0.05 g/L，SO_3 0.02 g/L，$\overline{SS}$1 g/L。污水去污水处理车间。只有烘磷石膏才出污水，烘其他原料时则不出污水。

(七) 烘干系统物料、热量平衡

对热风炉与烘干机系统进行热量及物料衡算。

(1) 原料：磷石膏成分如下[w(%)]：

	物理水	结晶水	SiO_2	Fe_2O_3	Al_2O_3	CaO	MgO	SO_3	P_2O_5	F^-	Σ
应用基	21	14.90	4.52	0.20	0.37	23.59	0.44	33.81	0.68	0.18	99.6
二水基		18.87	5.72	0.25	0.47	29.87	0.56	42.80	0.86	0.23	99.63

(2) 燃料：原煤的成分如下[w(%)]：

分析基成分	W^f	V^f	A^f	C^f	$\theta_{WD}{}^f$
w(%)	2.06	25.47	21.15	51.32	25 259.79 kJ/kg

(3) 磷石膏：温度 30℃，气温 30℃，废气温度 150℃，物料温度 102℃。

1. 物料衡算(以 1 kg 半水石膏计)

(1) 收入量

a. 入烘干机磷石膏量

$$G_C^C = G_{理}^C + G^y$$

理论料耗：

$$G_{理}^C = \frac{100 - W_2}{100 - W_1} = \frac{100 - 6}{100 - 35.9} = 1.466 \text{ kg/kg}$$

飞灰相当二水磷石膏量：

$$G^y = \frac{G_{飞} \cdot (100 - W_{飞灰})}{100 - W_{10}} = \frac{0.015 \times (100 - 6)}{100 - 35.9} = 0.022 \text{ kg/kg}$$

$G_{飞}$即飞灰量，按 1.5%的成品计，$W_{飞灰}$为飞灰中水分。

∴　$G_C^C = 1.466 + 0.022 = 1.488$ kg/kg 干

b. 煤耗

$$G^m = x \text{ kg/kg 干}$$

c. 入烘干机空气量 V_O^B

煤燃烧用空气量：

$$V_O' = [0.253 \times (\theta_\alpha/1\,000) + 0.278]x$$

$$= 6.67x \text{ Nm}^3/\text{kg} = 8.633x \text{ kg/kg}$$

$$G_O = 25.04x \text{ kg/kg 干}$$

过剩空气量为 2.9

∴　$V_O = 19.34x$ Nm^3/kg　$G_O = 25.04x$ kg/kg 干

(2) 支出量

① 半水石膏　$G = 1$ kg/kg

② 飞灰　$G_{飞} = 0.015$ kg/kg

③ 废气量　$G_{废} = G_{料} + G_{煤} + G_{过}$

a. $G_{料} = G_{物} + G_{化} - G_{成+飞}$

物理水　$G_{物} = G_C \times 21\% = 1.488 \times 21\% = 0.31$ kg/kg

化合水　$G_{化} = G_C \times 14.9\% = 1.488 \times 14.9\% = 0.22$ kg/kg

产品及飞灰水

$G_{成+飞} = 1 \times 0.06 + 0.015 \times 0.06 = 0.06$ kg/kg

$\therefore \quad G_{料} = 0.31 + 0.22 - 0.06 = 0.47$ kg/kg

$V_{料} = 0.58\ \mathrm{Nm^3}$/kg 干

b. 煤燃烧生成废气量

按烘干煤质计算其完全燃烧生成的烟气量为：

$G_{煤} = 7.96x$ kg/kg 干　$V_{煤} = 5.88x\ \mathrm{Nm^3}$/kg 干

c. 过剩空气量

$G_{过} = V'_O(\alpha - 1)\gamma_B \cdot x = 8.633x \cdot (\alpha - 1)$
$= 16.40x$ kg/kg 干

$V_{过} = 12.67x\ \mathrm{Nm^3}$/kg 干

$\therefore \quad G_{废} = 0.47 + (7.96 + 16.4)x = 0.47 + 24.36x$ kg/kg

$V_{过} = 0.58 + 18.55x$

d. 炉渣：$G = x \cdot A^+ \times 90\% = 0.19x$

2. 热量衡算

(1) 收入热量

a. 煤燃烧热

$\theta_1 = x \cdot 25\,259.79$ kg/kg

b. 煤显热

$\theta_2 = G^m \cdot C_n \cdot t_m = x \cdot 0.273 \times 4.18 \times 25 = 28.52x$ kJ/kg 干

c. 干磷石膏显热(二水石膏显热)

$\theta_3 = (G_C - G_{物})C_C \cdot t_C = (1.488 - 0.31) \times 0.189 \times 4.18 \times 25$
$= 23.26$ kJ/kg

d. 物理水显热

$\theta_4 = G_{物} \cdot C \cdot t = 0.31 \times 1 \times 4.18 \times 25 = 32.39$ kJ/kg

e. 空气显热

$\theta_4 = V \cdot C_5 \cdot t = 19.34x + 0.31 \times 4.18 \times 25 = 626.52x$ kJ/kg

$55.65 + 25\,914.81x = 2\,154$ kJ/kg

(2) 支出热量

a. 磷石膏脱水

$$\theta_1' = G_C^C \cdot SO_3^c \cdot (145/80) \times 140.6 \times 4.18$$
$$= 1.488 \times 0.3381 \times (145/80) \times 140.6 \times 4.18$$
$$= 535.90\ \text{kJ/kg}$$

b. 物理水蒸发

$$\theta_2' = G_{物}(595 + 0.449t) = 0.31 \times (595 + 0.449 \times 150) \times 4.18$$
$$= 858.27\ \text{kJ/kg 干}$$

c. 废气带走

$$\theta_3' = V_{废} \cdot C_{废} \cdot t = (0.58 + 18.55x) \times 0.3267 \times 150 \times 4.18$$
$$= (118.80 + 3799.87x)\ \text{kJ/kg}$$

d. 飞灰带走

$$\theta_4' = G_{飞} \cdot C_{飞} \cdot t = 0.015 \times 0.19 \times 150 \times 4.18$$
$$= 1.79\ \text{kJ/kg 干}$$

e. 化学不完全燃烧(尾气 CO 含量为 0.2%)

$$\theta_5' = V_{废} \cdot CO\% \cdot q_{CO} = (0.58 + 18.55x) \times 0.002 \times 3020$$
$$= (3.50 + 112.04x)\ \text{kJ/kg}$$

f. 机械不完全燃烧
设燃烧渣中存 C 1%。

$$\theta_6' = x \cdot A^+ \cdot 90\% \cdot [1/(1 - C_{灰})] \cdot q_{灰}$$
$$= x \times 0.19 \times 0.01 \times 8100 \cdot [1/(1 - 0.01)]$$
$$= 15.4x\ \text{kJ}$$

g. 散热损失
7 500 t/a 试验时散热为 138 kJ/kg,较低。
ϕ3 m×25 m 烘干机为 130 kJ/kg 干,其中回转窑为 57 kJ/kg 干,也较低,正常比这个高。
设定:取 $\theta_7' = 230$ kJ/kg 干
h. 石膏带走

$$\theta_8' = G[C + W_2/(1 - W_2)]\ t_5$$

$= 1 \times [0.2 + 0.06/(1 - 0.06)] \times 102 \times 4.18$

$= 112.48$ kJ/kg 干

i. 炉渣带走

$\theta'_9 = G \times 0.27 \times 300 \times 4.18 = 0.19x \times 0.27 \times 300 \times 4.18$

$= 64.3x$ kJ/kg 干

$1\,797.84 + 3\,977.66x = 2\,154$ kJ/kg

解之：$x = 0.089\,0$

热耗为：2 046 kJ/kg 干

热散占总热量的：230/2 150 = 10.7%

这数字只有新型闪速烘干机才能达到。

回转烘干热散损失一般占 18% 左右，即 $\theta'_7 = 420$ kJ/kg，则求得 $x = 0.088$ kg/kg，热耗为：2 260.86 kJ/kg 干，散热占 18%，符合要求。

表 4-9 物料平衡表

收 入(kg/kg 干)			支 出(kg/kg 干)		
1. 磷石膏量	1.488	40.11(42.27)	1. 成品石膏	1	27.02(28.41)
2. 煤	0.088(0.081)	2.37(2.18)	2. 飞灰	0.015	0.41(0.42)
3. 空气	2.13(1.96)	57.41(55.68)	3. 废气	2.68(2.44)	72.16(69.32)
			4. 渣子	0.016(0.015)	0.41(0.42)
合计	3.706(3.52)		合计	3.701(3.52)	100

注：括号内是散热为 10%时的数据，无括号的是散热为 18%的数据。

成分：N_2 55.1%，O_2 9.4%，CO_2 4.5%，H_2O 31.1%，γ=1.35 kg/Nm^3。

表 4-10 热量平衡表

收入热量					支出热量				
	回转式		闪速式			回转式		闪速式	
	kJ/kg	%	kJ/kg	%		kJ/kg	%	kJ/kg	%
1. 煤燃热	2 260.86	95.18	2 046.04	94.99	1. 石膏脱水	535.90	22.58	535.90	24.86
2. 煤显热	2.51	0.11	2.31	0.11	2. 物理水蒸发	858.27	36.17	858.27	39.81
3. 石膏显热	22.47	0.96	22.47	1.04	3. 废气带走	453.18	19.09	426.58	19.78
4. 物理水显热	32.39	1.38	32.39	1.50	4. 飞灰带走	1.79	0.07	1.79	0.08

续　表

收入热量					支出热量				
	回转式		闪速式			回转式		闪速式	
	kJ/kg	%	kJ/kg	%		kJ/kg	%	kJ/kg	%
5. 空气显热	55.13	2.37	50.75	2.36	5. 化学不完全燃烧	13.35	0.56	12.57	0.58
					6. 机械不完全燃烧	0.14	—	0.12	—
					7. 散热	420	17.70	230	10.65
					8. 石膏带走	85.28	3.59	85.28	3.96
					9. 炉渣带走	5.66	0.24	5.21	0.26
合计	2 375.56		2 153.96	%	合计	2 373.57	100	2 155.72	100
热效率						65.46%		72.25%	
烘 1 kg 水需热量						4 808 kJ/kg H_2O		4 353 kJ/kg H_2O	

二、生料配制、粉磨与均化

生料配比是该技术的重要环节，合理的配料比例和生料组成是保证水泥煅烧窑长周期运行、生产高标号熟料、硫酸正常运行的关键。有许多工厂因生料不稳定而造成熟料不合格，甚至出废料，损失惨重。

(一) 对生料成分的要求

按水泥工艺生、熟料的率值：饱和比 KH、硅酸率 n、铝氧率 p；石膏生料因含还原剂碳，生料中还增加碳硫比 C/SO_3（物质的量之比）。

$$KH=(CaO-1.18P_2O_5-0.35Fe_2O_3-1.65Al_2O_3-f\text{-}CaO-0.7SO_3-0.778CaS)/2.8SiO_2$$

$$n=SM=SiO_2/(Fe_2O_3+Al_2O_3)$$

$$p=IM=Al_2O_3/Fe_2O_3$$

1) 石灰饱和系数的推导如下：

CaO 与 SiO_2、Al_2O_3、Fe_2O_3、SO_3 化合时的重量比。

(1) CaO 与 Al_2O_3，以 C_3A 量多、质量好，一个 Al_2O_3 分子与 3 个 CaO 分子结合，重量比：$\frac{W_{CaO}}{W_{Al_2O_3}}=\frac{3\times 56.08}{101.96}=1.65$。

(2) CaO 与 Fe_2O_3，以 C_2F 计：$\frac{W_{CaO}}{W_{Fe_2O_3}}=\frac{2\times 56.08}{159.07}=0.70$。

(3) CaO 与 SO_3，以 $CaSO_4$ 计：$\frac{W_{CaO}}{W_{SO_3}}=0.70$。

(4) CaO 与 SiO_2，以 C_3S 计：$\frac{W_{CaO}}{W_{SiO_2}}=\frac{3\times 56.08}{60.09}=2.80$。

由于当熟料生成时不以 C_2F 而且是以 C_4AF 生成，即 $C_3A+CF\longrightarrow C_4AF$。

所以只有生成 CF 就可以，即与 Fe_2O_3 饱和重量比为 0.35。

所以得出：$CaO=CH(2.8SiO_2+1.65Al_2O_3+0.7Fe_2O_3+0.7SO_3)$

当全部饱和时，$CH=1$。

由于熟料中 Al_2O_3、Fe_2O_3、SO_3 是理想状态下生成 C_3A、C_2F、$CaSO_4$，而 SiO_2 不能全部饱和成 C_3S，所以 CaO 实际为：

$CaO=KH(2.8SiO_2+1.65Al_2O_3+0.7Fe_2O_3+0.7SO_3)$

对于普通的熟料，有 f-CaO、C_4AF 形成及 f-SiO_2、CaS、P_2O_5。

所以 $KH=[(CaO-f\text{-}CaO)-(1.65Al_2O_3+0.35Fe_2O_3+0.7SO_3+1.75S+1.17P_2O_5)+2.8SiO_2]$

$C_3S=3.8SiO_2(3KH-2)$　$C_2S=8.6SiO_2(1-KH)$　$CaSO_4=1.70SO_3$

当 $p>0.64$ 时，$C_3A=2.65(Al_2O_3-0.64Fe_2O_3)$

$C_4AF=3.04Fe_2O_3$

当 $p\leqslant 0.64$ 时（熟料中无 C_3A，存在 C_2F、C_4AF），

$$C_3A=0\quad C_4AF=4.77Al_2O_3$$
$$C_2F=1.70(Fe_2O_3-1.57Al_2O_3)$$

以石膏为原料配制的生料既满足水泥生产的要求，又使煅烧的尾气达到硫酸生产的技术和经济指标。按目前工艺，生料中的 SO_3 含量必须大于 36%～38%，否则硫酸生产热难平衡、建设投资大、成本高。由于石膏生料与石灰石生料分解机理不同，热工制度也不同，生、熟料的成分也有区别。为了满足烧成的要求，生料中铁、铝含量低，而硅含量高，磷石膏还含磷、氟等，都对烧成有很大的影响。尽管石膏法硫酸与水泥工业化生产时间较长，但仍存在一些问题。由于熟料中存在 CaS、SO_3、P_2O_5、F^- 等物质，生产的熟料标号低，一般为 325#～425#，回转窑有结圈现象，尾气中 SO_2 浓度低，热耗高，有许多厂家因经济不过关而关闭。我国在攻克该

技术后，通过十几年的探索，总结出了石膏制硫酸与水泥的经验，使回转窑长周期运行而不结圈，尾气 SO_2 浓度较国外提高 30％以上，热耗降低 25％左右。生产的熟料为 425# ～525# 以上。回转窑连续运转天数达 300 多天，预热器回转窑出口 SO_2 浓度为 11％以上，熟料热耗 6 000 kJ/kg，达到国际领先水平。国外熟料热耗为 7 520～8 360 kJ/kg，林茨厂采用预热器技术热耗仍为 6 680 kJ/kg。造成以上情况的原因是生料率值不合适，操作不当，工艺有问题等。

用石膏为原料生料的率值为：

$$KH = 0.85 \sim 1.0\text{（磷石膏为 }0.95 \sim 1.15\text{）}$$

$$SM = 3.2 \pm 0.2$$

$$IM = 2.5 \pm 0.2$$

$$C/SO_3 = 0.75 \pm 0.05$$

从以上数值看，饱和比和硅酸率数值都比石灰石法高，这是石膏法制水泥的特点。

2）石膏法水泥生料的特点对熟料成分的影响

硅酸盐水泥熟料的主要成分为 C_3S、C_2S、C_3A 和 C_4AF。一般高标号石灰石水泥熟料中 C_4AF 含量为 10％～20％（质量分数，下同），C_3A 含量为 6％～11％，C_3S 含量为 50％左右，C_2S 含量为 15％～30％。由于石膏与石灰石的反应机理不同，生料的成分也不一样，生成的熟料成分也有一些差异。石膏生料煅烧有以下不同：

（1）分解温度高，热耗大，并需要用碳做还原剂参加反应。在回转窑中分解带的温度范围为 900～1 200℃，存在着分解还没有完全完成就开始出现液相进入烧成带的情况。

（2）反应机理复杂。$CaSO_4$ 分解时中间产物多，还存在副反应，如控制不当，中间产物和副反应产物会带到熟料或制硫酸中去，影响熟料质量和其他指标。

（3）反应时间长，物料在窑内停留时间一般在 2～4 h，比石灰石生料长得多。

由于以上不同给石膏煅烧水泥带来很多的麻烦，即控制难度大，耗煤量多，窑的能力低，投资高，对生料的要求严格等。所以石膏法水泥熟料有如下特点：

（1）C_3A 含量高，C_4AF 含量低。这是由于石膏法水泥耗热大，$CaSO_4$ 分解温度高，$CaSO_4$ 还未完全分解液相就开始出现。所以必须减少熔融温度低的 C_4AF 含量，否则液相出现得更早，直接影响 $CaSO_4$ 分解。但为了烧出高标号熟料，在 1 450℃ 时保持总液相量与通常的一致，须提高 C_3A 的含量。熟料中控制 C_3A 含量为 6％～11％，C_4AF 含量为 5％～7％，相应生料中 Al_2O_3 为 1.5％～2.0％，

Fe_2O_3为0.6%～1.0%为宜。

(2) C_2S含量高，C_3S含量偏低。这是因硅率提高造成的。为避免石膏生料在煅烧中早期出现过多的液相量，降低了Al_2O_3与Fe_2O_3的含量，相对提高了SiO_2的含量，故使C_3S形成少。另外生料中的P_2O_5与CaO作用形成C_3P，占用部分CaO，所以熟料中的C_3S含量偏低，而C_2S含量就很多了。一般来说，熟料的硅率，以磷石膏为原料在3.2左右，以天然石膏为原料在2.2～2.5为宜。脱硫石膏与天然石膏相似。

(3) 含有CaS、SO_3、P_2O_5、F^-等物质。由于在煅烧中仍存在少量的$CaSO_4$和CaS，其含量的高低与烧成有密切关系。一般情况，CaS与SO_3的含量均小于2%，如操作得好，生料均匀，率值合理，则熟料中的CaS与SO_3几乎不存在。P_2O_5与F^-是由磷石膏带入的，二者对熟料质量和烧成条件影响较大。由于以上物质的存在，占用了熟料中的CaO，造成生料的KH提高，而熟料的KH低。磷石膏生料KH为0.95～1.15，天然石膏KH为0.85～1.0，表4-11为Coswig厂用天然无水石膏和二水磷石膏为原料生产的水泥熟料组成对比。同时因含有以上物质，也使水泥熟料强度较石灰石熟料的早期强度降低。

表4-11 Coswig厂用天然无水石膏和磷石膏为原料生成熟料组成对比

	C_3S(%)	C_2S(%)	C_4AF(%)	C_3A(%)
天然石膏	65	15	5	15
二水磷石膏	26	54	4	16

3) 生料中的碳硫比

石膏在回转窑中分解是按以下步骤进行的：

第一步：$$CaSO_4 + 2C \xrightarrow{900 \sim 1\,000℃} CaS + 2CO_2 \uparrow$$

第二步：$$CaS + 3CaSO_4 \xrightarrow{1\,000 \sim 1\,200℃} 4CaO + 4SO_2 \uparrow$$

在第二步反应的同时，生成熟料的矿化反应也在进行，生料中碳含量的多少影响生成物。从反应式中可知：$CaSO_4$在C作用下可以完全分解，2 mol的$CaSO_4$需要1 mol的碳，即$C/SO_3=0.5$。由于生料在回转窑及预热器内预热煅烧时，有一部分碳未参加反应就被煅烧掉，因此需在生料中配备较多的碳。另外为减少碳在窑内氧化，回转窑的操作气氛要恰当，还原气氛时会生成CO，增加CaS的量，还会发生$SO_2+CO \longrightarrow COS+CO_2$反应，不仅损失$SO_2$，对硫酸转化也有危害。中性气氛时会发生$CaS+ CaSO_4 \longrightarrow CaO+S$反应，降低了$SO_2$的浓度，生成升华硫使硫酸堵塞。一般控制在弱氧化气氛下操作，这样既不出现以上两种情况，又使生料中的碳不被大量烧掉。一般控制 C/SO_3 = 0.65～0.75。如果生料中 C/SO_3 的比值偏高或偏低不大时，可以调节回转窑的煤、风、料比例，保证 $CaSO_4$ 完全分解并生产合格的熟料。如生料中的碳很不稳定时，就难以控制了，只能控制氧化气氛操作，出现部分氧化料，待生料合格后达到正常。

4）生料中的碱含量

国家标准中要求低碱水泥中的 Na_2O 与 0.658 K_2O 之和不大于 0.6%。如果生料中的碱含量高，极大降低了液相开始出现的温度，造成窑内结圈，还会堵塞尾气收尘设备，降低水泥强度，使水泥凝结时间不正常。波兰 Wizow 厂在这一点有很大的教训。鲁北厂在用盐石膏制水泥时，因 R_2O(Na_2O+K_2O) 含量高，尾气重力、旋风除尘器堵塞严重，每班要清理一次，工作量较大。如采用窑尾预热技术时，R_2O 的含量应有更严格的限制。生料中 R_2O 的含量对旋风预热器窑来讲应小于 0.6%，中空窑小于 0.85%。

国外研究试验证明：生料中加入小于 3%的 $CaCl_2$ 或 Na_2SO_4 对分解有利，降低分解温度。

5）生料中的 MgO 含量

生料中有少部分的 MgO 对烧成有利，它可以降低熟料的熔融温度，但含量过高时，使水泥安定性不良。因 MgO 水化速度极慢，较长时间才能显露出危害，要求水泥中的 MgO 不能大于 5%，一般生料中的 MgO 要在 2.5%以下。

6）生料中的 P_2O_5 与 F^- 的要求

因磷石膏中存在少量的 P_2O_5 和 F^-，它对水泥质量有较大影响。

(1) 熟料中存在 P_2O_5，减少了 C_3S、C_2S 的生成量，形成了 C_2S+C_3P 等多种固熔体。当 P_2O_5 小于 0.5%时可以完全溶于 C_3S 和 C_2S 的晶格之中，熟料的早、后期强度均较高。但 P_2O_5 含量增加，C_3P 增多，C_3S 减少，f－CaO 增多，熟料强度下降，当 P_2O_5 含量达到 3%时很难生产合格的熟料。

(2) C_2S+C_3P 固熔体形成的温度低，造成烧成液相量增多，对未分解的石膏形成包裹，使窑内结圈，降低烧成温度，水泥熟料不合格，运行周期短。

(3) 生料中的 F^-，在烧成中起矿化作用，含量高烧成液相量增大，影响熟料质量，使窑内结圈。它不仅影响烧成中液相组成，还与各种矿物形成中间相而影响熟料性能。F^- 的存在使熟料中的磷硅酸钙固熔体减少或消失，f－CaO 随之降低，C_3S含量提高，能提高水泥早期强度。但 F^- 还固熔于 C_3S 形成 $C_{11}S_4 \cdot CaF_2$，降低了C_3S早期水化强度，凝结时间提高，当熟料中 Al_2O_3 低或烧成温度低时，形成较多的氟铝酸钙($C_4A_7 \cdot CaF_2$)，而使熟料快凝或后期强度减小。

因此，要求磷石膏中的 P_2O_5 含量在 0.5%～0.85%，F^- 含量控制在小于 0.35%。生料中 P_2O_5 含量小于 1%，F^- 含量在 0.2%以下。石膏中的 F^- 在烘干中除去部分(大约30%~35%),P_2O_5则全部带入。

7)生料中的C_nH_m

焦炭中的挥发分为碳氢化合物,带入生料中烧成时,不能完全燃烧而带入硫酸系统中,在净化中不易除掉,进入转化器形成水和CO_2,使出转化器的气体水分增高,露点温度提高,形成大量酸雾,还会腐蚀设备。考斯维希厂测的转化后气体中水分为进转化器气体的50~100倍。因此,要求焦炭的挥发分低于5%,并对回转窑的长度有一定要求,使挥发分尽量在回转窑内燃烧掉。

(二)配料

为了保证配料的精确度,必须选择高精度的配料仪器及设备,按编制好的程序及各种原料的比例,在计算机控制下进行配料,也有的选择冲击流量计进行配料,目前采用电子皮带秤(也称申克秤)的较多。配料软件也较为关键,必须保证其精度。大型生产线安装自动在线分析设备,根据配料值的变化,改变配料参数,保证配料合格,但投资较高。

表4-12 世界各国石膏法硫酸水泥生(熟)料率值及成分表 w(%)

国别	厂名	料别	原料	$CaSO_4$	CaO	SiO_2	Al_2O_3	Fe_2O_3	SO_3	C	C/SO_3	KH	SM	IM
德国	Wolfen	生	无水石膏	78		9	4	1.2		4.5	0.65		2.2	3.2
		熟	无水石膏		66.4	21	8.5	2.5					3.3	1.9
波兰	Wizow	生	无水石膏	80		9.5	3.2	1.0		4.7			2.8	2.4
		熟	无水石膏		64.5	20.5	6.68	2.12	2.81				3.2	2.2
德国	Coswig	生	无水石膏								0.562	1.0	2.41	3.08
		熟	无水石膏		65.6	20.1	7.1	2.9	3.24				2.1	2.38
		生	磷石膏									0.9~0.98	2.8	2.4
英国	Brimingham	熟	无水石膏		65	20	7	3.2					2.7	2.1
法国	Miramas	生	冰石膏		27.7	8.55	2.66	0.89	36.3	4.3			2.6	2.7
		熟			65	20.5	7.2	2.2					2.1	3.1
奥地利	Linz	生	无水石膏								0.7	0.96~0.98	2.5	3.5
		生	磷石膏								0.7	0.96~0.98	2.5	3.5
中国	上海院	熟	无水石膏		65.1	20.37	6.61	2.82					3.06	1.79
中国	琉璃河	生	无水石膏									1.82	2.2	2.8

续　表

国别	厂名	料别	原料	$CaSO_4$	CaO	SiO_2	Al_2O_3	Fe_2O_3	SO_3	C	C/SO_3	KH	SM	IM
中国	鲁北	生	脱硫石膏		36.4	10.7	2.10	1.03	41.77	5.39	0.86	0.91	3.03	1.87
		熟			64.73	22.8	4.76	3.37	1.2			0.87	2.80	1.41
中国	鲁北	生	盐石膏		29.0	10.1	2.12	1.0	41.4	4.4	0.708	0.85	2.52	3.0
		熟			63.5	21.9	6.58	2.19	0.5			0.82	2.5	3.0
中国	鲁北	生	磷石膏		30.84	9.91	1.40	0.88	42.4	4.57	0.718	1.15	3.02	2.72
		熟			65	21	3～6	2～4	<2			0.85	3.2	2.0

表 4-13　石膏与石灰石水泥熟料成分表　　$w(\%)$

	C_3S	C_2S	C_3A	C_4AF	C_3S+C_2S	C_3A+C_4AF	SO_3	CaS	KH	SM	IM	P_2O_5	F^-
石灰石、回转窑	42～60	15～32	4～11	10～18	72～78	20～21			0.83	2.5	1.8		
石灰石、立窑	38～60	20～33	4～9	12～17	70～76	20～24							
天然石膏、回转窑	38～50	18～30	5～12	6～9			<2	<2	0.87	2.80	1.41		
磷石膏、回转窑	30～40	35～40	6～8	5～7			<2	<2	0.95	3.2	2.0	<2	<0.35

表 4-14　石膏与石灰石水泥熟生料成分表　　$w(\%)$

		CaO	SiO_2	Al_2O_3	Fe_2O_3			CaO	SiO_2	Al_2O_3	Fe_2O_3	CaS	SO_3
石灰石原料	生料	40～60	12～18	3～5	2～4	石膏原料	生料	31	9	1.5～2	0.6～1		
	熟料	65	21	5～10	4～6		熟料	65	21	3～6	2～4	<2	<2

(三) 原料及生料的均化

1. 储料时的预均化

为了解决工业副产石膏质量的不均匀性，在储料时可以采用预均化技术。预均化的基本原理是，采用纵向堆料，将每批进入堆料场的工业副产石膏纵向堆撒，然后在取料时在垂直于料堆的纵向方向的横截面上取料。这样每次取料的横截面都有此前每次纵向堆撒的物料。均化原理示意图如图4-24所示。

采用预均化技术的堆料场分为矩形堆料场和圆形堆料场两种形式。

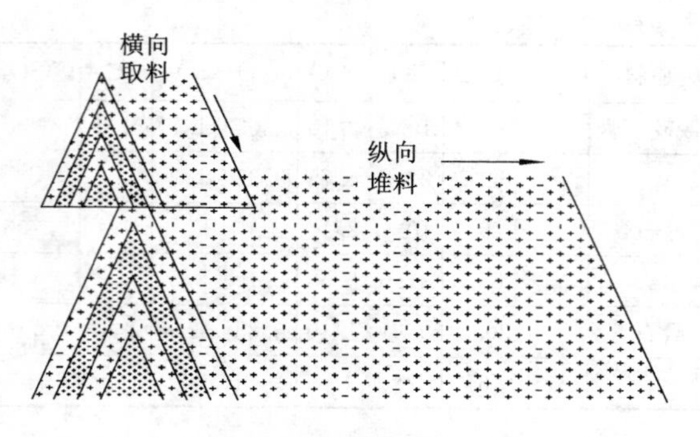

图 4-24　均化原理示意图

其中矩形堆料场多数采用两个料堆，一个用于堆料时另一个用于取料，两个料场轮流使用。这两个堆料场可以呈直线一字排开[图 4-25(a)]，也可以是并列的[图 4-25(b)]。

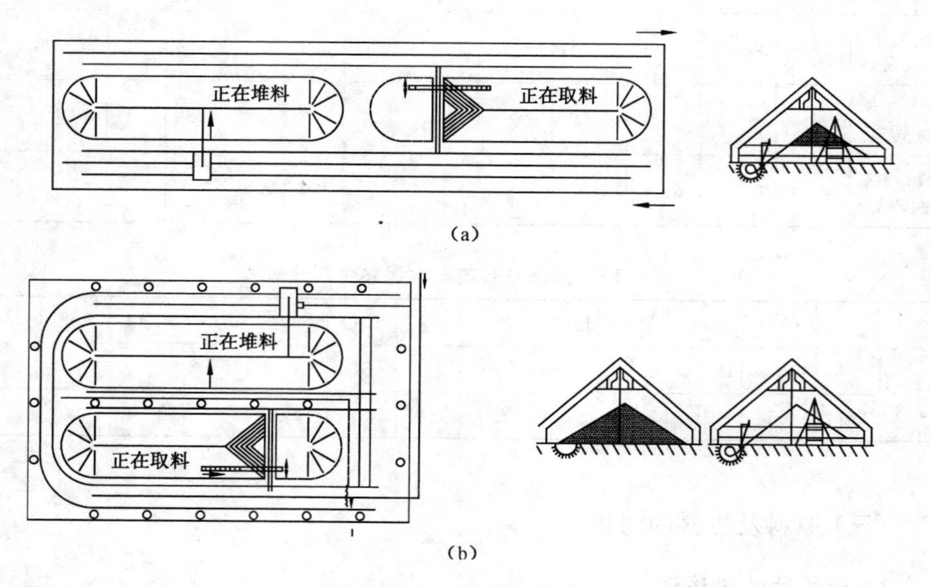

图 4-25　矩形堆料场示意图

矩形堆料场也有只有一个堆料的，其一边为堆料皮带机，另一边为取料皮带机。

圆形预均化堆场有两种。一种为一个料堆的，其原理如图 4-26 所示。

其料堆为圆形环状，在料堆的开口处，一端在连续堆料，另一端连续取料。

另一种将圆环堆料分成三堆，其中两堆用于取料，一堆用于堆料。

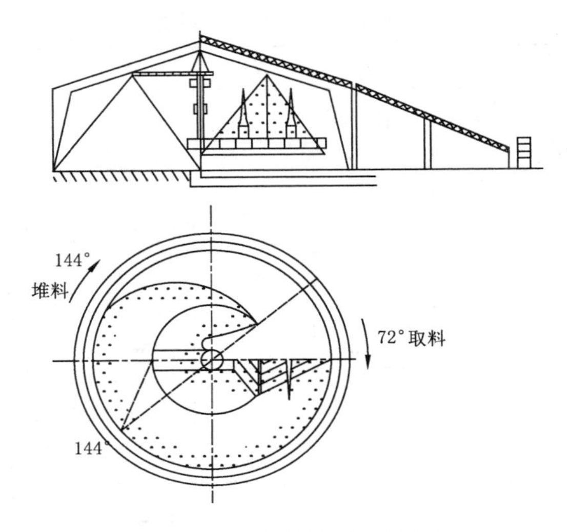

图 4-26　圆形堆料场示意图

2. 料仓排料器

含水量达到10%左右的工业副产石膏在料仓中流动性很差,不像经粉碎的天然石膏,打开料仓口粉料就因重力自然流出。因此,对于自由水含量较高的工业副产石膏圆形平底料仓,在其中心应配备中心排料器。中心排料器(图 4-27)在排料时,半圆形排料壁旋转,将潮湿物料从中心出料口刮出,该排料器非常适宜于石膏原料和生料,特点是不结仓、下料均匀、对石膏水分要求范围大。中心排料器尺寸示意图见图 4-28,中心排料器数据见表 4-15。

图 4-27　中心排料器图

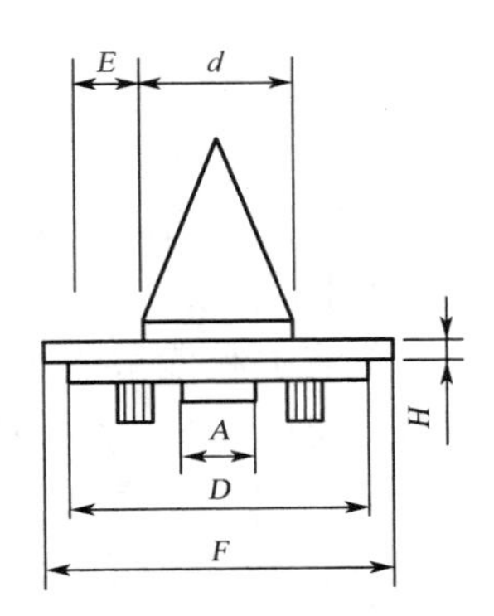

图 4-28　中心排料器尺寸示意图

表 4-15 中心排料器数据

D	F	E	d	H	A	$Q(m^3/h)$		
排料臂直径 ϕ (mm)	外径 ϕ(mm)	排料臂穿透深度 (mm)	内锥体直径 ϕ (mm)	狭缝高度 (mm)	出料口直径 ϕ (mm)	理论排料量		
						排料臂最外点圆周速率		
						1 m/s	0.5 m/s	0.2 m/s
1 000	1 340	250	500	100	220	70	35	14
1 500	1 840	375	750	150	340	100	50	20
2 000	2 380	500	1 000	200	450	140	70	28
2 500	2 880	625	1 250	250	560	180	90	36
3 000	3 380	750	1 500	300	670	220	110	44
3 500	3 880	875	1 750	350	780	290	145	58
4 000	4 380	1 000	2 000	400	900	360	180	72
5 000	5 420	1 000	3 000	500	1 100	520	260	104
6 000	6 420	1 000	4 000	600	1 350	730	365	146
7 000	7 460	1 000	5 000	700	1 550	910	455	182
8 000	8 460	1 000	6 000	800	1 770	1 000	500	200

3. 工业副产石膏杂质的清除

各种不同的工业副产石膏有各种不同的杂质特点，如磷石膏的杂质特点是磷酸生产中的残留 P_2O_5、酸解磷石膏后残留的 HF，氟石膏中的杂质特点是酸解萤石后残留的 HF，硼石膏中的残留杂质是硼酸等。这些残留杂质对工业副产石膏的应用影响较大，应该将其清除到一定纯度。各种杂质的清除方法各异，但是水洗清除是一种较为普遍、简单的杂质清除法。下面以磷石膏的杂质清除法为例介绍水洗净法。Cerphos 等人发现，磷石膏中杂质主要集中在大于 160 μm 和小于 25 μm 的颗粒中，因此可用筛分法将这两种颗粒清除。水洗时可以将其中的可溶性盐清除，湿法筛分水洗后再用石灰石乳液中和残留酸再过滤，即可得到纯度符合建材要求的磷石膏。磷石膏水洗工艺图如图 4-29 所示。

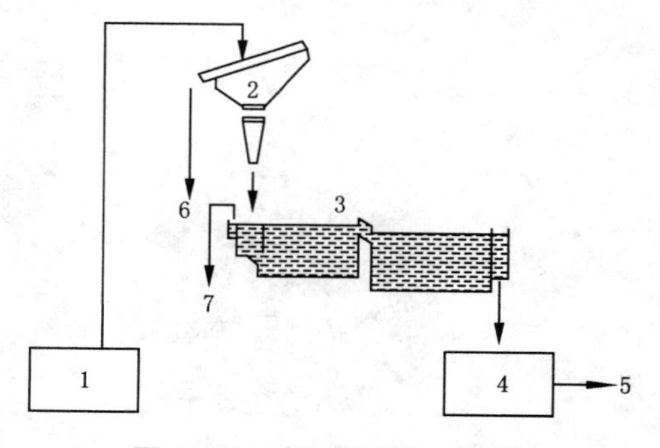

图 4-29 磷石膏水洗工艺图

1. 磷石膏加水 2. 湿式筛网 3. 浮床 4. 过滤器 5. 煅烧 6. 分离粒度(>160 μm) 7. 泡沫：分离粒度<(25 μm)

石膏与水在搅拌罐中搅拌混合，然后打入湿式筛分机将大于 160 μm 的粗颗粒筛出，筛下物进入多级浮床分离器中，在浮床中含有泡沫特性的有机物杂质通过溢流排出，且含有较多杂质的细颗粒也随泡沫被排出。Cerphos 工艺水洗前后的磷石膏化学成分见表 4-16。

表 4-16　Cerphos 工艺水洗前后的磷石膏化学成分

	不溶 P_2O_5（%）	可溶 P_2O_5（%）	SiO_2（%）	F^-（%）	Na_2O（%）	Fe_2O_3（%）	有机物（%）
清洗前杂质含量	0.5	0.4	1.3	1.2	0.2	0.7	0.2
清洗后杂质含量	0.4	0.01	1.0	0.5	0.1	0.5	0.05

清洗后的过滤设备有真空带式过滤器、离心机、水力旋流分离器等。螺旋式过滤器示意图见图 4-30。

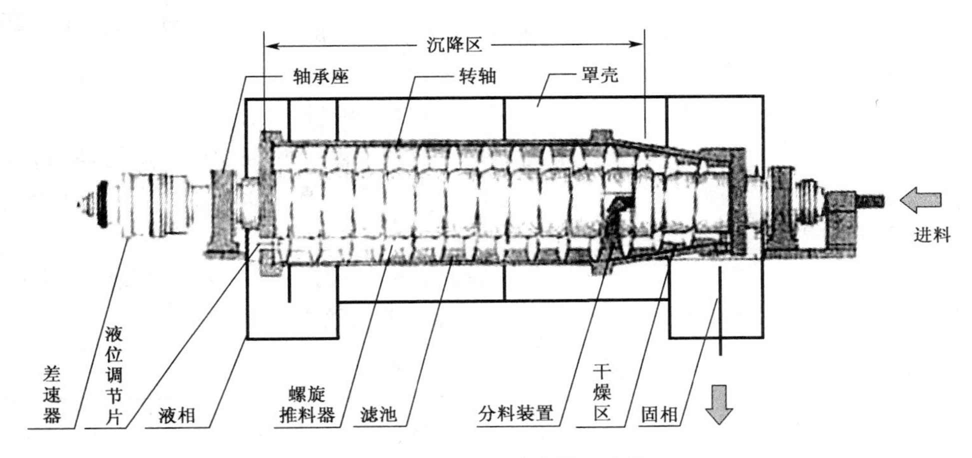

图 4-30　螺旋式过滤器示意图

4. 工业副产石膏的压块造粒

工业副产石膏的压块和造粒，一是为了运输方便，二是为了符合使用工艺的要求。长距离运输潮湿的工业副产石膏势必要浪费能源，而干燥后的粉体运输如果不用专用运输设备又易引起扬尘。将潮湿的工业副产石膏干燥压块造粒后有利于长距离运输。在有些应用工艺中，对工业副产石膏的粒度有一定要求。如多数水泥厂大多采用天然石膏作缓凝剂，其生产设备都是按块状石膏原料设计的，因而不适合潮湿的粉体工业副产石膏，如不进行压块处理，在运输、储存到配料、喂料各个环节中，可能会发生结块、积垢、堵塞等现象。又如在用炉箅子烧结机生产复合相粉刷石膏或硬石膏时，要求石膏的粒径在 5～60 mm 之间。用干法 α 石膏工艺生产 α 石膏时，也要求原料为一定尺寸的石膏块。因此，为适应这些应用工艺，都必须对工业副产石膏进行压块、造粒。为了不同目的的压块造粒，其密度和大小要求不同。如用于生产 α 石膏和用于炉箅子烧结机生产复合相粉刷石膏或硬石膏的块状大小和密度都会影响其脱水工艺和产品质量。压块造粒方法较多，既可先干燥后压块，也可先压块后干燥，可以采用挤压设备、液压设备、挤出设备、成球设备等进行压块或造粒。目前用得较多的是对辊造粒机。其原理如图 4-31 所示。其工作原理是将含水量小于 10%的工业副产石膏经定量加料器均匀送入料斗，强行加入压实机，压实机利用带有穴眼孔的成对轧辊，彼此留有一定间隙，两者以相同的转速反向旋转，其中一组轧辊的轴承座在机架内不动，而另一组轧辊的轴承座则在机架导轨上游动，借助液压缸施压使彼此紧靠。轧辊表面上有规则地排列着许多形状、大小相同的穴眼孔，且波谷相对。而此时干粉物料从两轧辊上方连续均匀地靠自重及强制喂料进入两对轧辊之间，物料先做自由流动，进入咬入区后被轧辊逐渐咬入波谷。随着轧辊的连续旋转，物料占有的空间逐渐减小而被逐步压缩，并达到成型压力最大值。随后压力降低，所造颗粒因弹性恢复和自重而脱落。

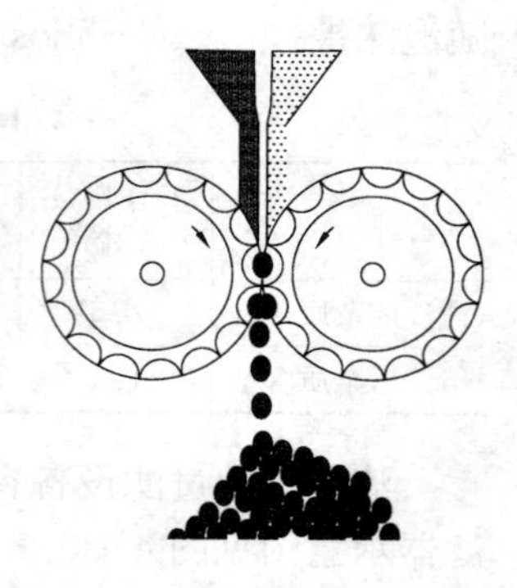

图 4-31 对辊造粒机原理图

根据各类客户需要的颗粒不同，对辊造粒机可制成条状、蚕茧状、扁球状、方块状等不同形状的粒球。表 4-17 是某厂造粒机技术参数。

表 4-17 造粒机技术参数

参数 \ 型号	DH240	DH360	DH450	DH650	DH800
轧辊直径 ϕ(mm)	240	360	450	650	800
有效使用宽度(mm)	80	170～230	190～280	290～330	380～450
轧辊转速(r/min)	15，20，26，32	14，18，24，30	10～25	10～25	10～25
最大成形压力(kN)	320	800	1 300	2 100	2 900
轧片最大厚度(mm)	4	8	12	16	25
轧片产量(kg/h)	300	2 200	4 000	8 000～12 000	12 000～18 000
成品粒度(mm)	0.5～0.6	0.5～0.6	0.5～0.6	0.5～0.6	0.5～0.6
成品产量(kg/h)	180～250	900～1 500	1 800～2 600	3 500～4 200	6 000～12 000
主机功率(kW)	7.5	37	55	90	210
装机总容量(kW)	20	55	90	175	298
外形尺寸(长×宽×高)(mm)	1 500×130×2 500	2 000×2 350×4 600	2 200×2 600×5 600	2 800×3 900×6 300	3 500×4 200×8 500
设备总质量(t)	7	10	15	25	33

对于有些需要粘接剂的造粒工艺，可使用半水石膏作为粘接剂。

有些石膏副产石膏颗粒间充满了空气，这样在压球成型的同时也会压缩这些空气，压缩脱离压机后，这些压缩空气会重新膨胀，有时会造成颗粒开裂。要解决这一问题，可以在压制造粒前先对这些松散的工业副产石膏进行脱气增密处理，在压制成型前先排出工业副产石膏颗粒间的空气，增加其密度，再进行压制成型。

三、生料的粉磨

进入煅烧分解设备的生料必须满足细度的要求，所以对物料进行粉磨。生料细度越高，比表面积越大，生料中各种物质接触的机会就多，对分解、烧成都有利。但是细度太高，生料颗粒太小，回转窑飞灰过多，焦炭也越容易被燃烧掉。因此生料的细度一般控制在 0.08 mm 方孔筛筛余物为 6%～10%，生料颗粒为 30～110 μm，比表面积为 200 m^2/kg 为宜。使用磷石膏和脱硫石膏为原料时，不必再进行粉磨，与粉磨后的粘土、焦炭、铝土等掺混均匀即可。

生料粉磨流程为以下几种：

(1) 各种的原料配料后，混合进入粉磨机内粉磨并均化，然后到储库。本工艺使用较多，也比较可靠。

(2) 先部分原料配料后粉磨，再配另一部分粉磨后的原物料，此方法主要是用于天然石膏为主要原料时。由于天然石膏在生料中占比例很大(80%以上)，天然石膏单独烘干粉磨进入储库，其他占比例少的原材料配料混合粉磨后再配粉状石膏，然后进入混合机进一步地混合均化。铝矾土和页岩作粘土用提供硅质材料，虽然所占比例少、配料量不大，但不易粉磨，一般将这三种先配料混合后进入球磨机粉磨，再和粉磨后的石膏混合，此法各种原料细度有保证，但增加了一台混化机。

(3) 由于磷石膏和脱硫石膏的细度达到生料的要求，不需要粉磨，这样大大减少了粉磨设备的规格，节约投资和运行费用。该方法是用烘干磨把焦炭、粘土、铝矾土配料后混合烘干粉磨后和烘干的石膏进入混化机进一步均化，得到合格的生料。对化学石膏来说，此流程是较为合理、简易的流程。

生料粉磨使用的设备在以上烘干过程中进行了部分介绍，目前大部分使用的是钢球磨，其次是不同形式的立式磨及烘干磨，山东鲁北 20、30 装置使用的是钢球磨(石膏未进入粉磨)，重庆天然石膏制硫酸用的是立式磨。

四、生料均化

生料均化在生产中非常重要，采用的方法有两种，一是机械倒库，二是采用均化库。大规模的采用后者，小规模的用前者。用半水流程时，一般要求库内存料不宜太多，并经常清理。

生料的均匀性是保证回转窑烧成正常运行的关键，所以必须保证入窑生料质量稳定均匀，各率值波动不能太大。其措施是：①保证配料设备的精确度，达到一次配料合格。②加强均化措施，采用均化库进行均化。目前水泥厂采用多种型式的均化库，均化效果达到 $H>8\sim12$（H 为进、出均化设施物料标准偏差的比值），有的达 30，都能满足生产的需要。目前国内工程采用的机械倒库，其效果不好，须改进。半水石膏不稳定，在储存中很容易结仓，所以半水石膏库和生料仓不宜很大，以易清理为准。烧僵石膏则不存在此特征。

五、比较典型的生料流程

1. 德国 Coswig 流程

图 4-32 是 Coswig 工厂流程图，该工厂以硬石膏为原料，石膏不需烘干，破碎后进入贮仓 1、2 内。粘土和焦炭分别在回转式烘干机烘干后，分别进入贮仓 3、4 内。铝矾土不需烘干，加入到贮仓 5 内。每个仓下设一个配料秤，按比例下料配比混合后进入中间仓 7，然后加料到钢球式生料磨 8 中。在风机 12 的带动下，磨出后的物料经粗粉分离器 9 分离，粗颗粒返回磨机重新粉磨，细粉经细粉分离器 10 和收尘器 11 除下后进入生料仓 13 内。我国建设的 5 套“四六”工程基本上采用的是此流程，但生料磨用的是开式磨。该流程顺畅，易操作，配料精度高。

2. 中国“20、30”工程流程

图 4-33 为中国磷石膏制硫酸与水泥生料配制粉磨与均化流程图，分别烘干后的焦炭和粘土加入到各自的储仓中，粘土配料秤和焦炭配料秤配出的物料混合后进入闭式生料磨 5 中，在风机 1 的作用下，经粗分离器 9，粗粉返回生料磨，细粉经分离器 6 和收尘器 7 除下后和半水石膏仓下经配料秤计量后的半水石膏一起混合后进入混化机 11 中，出混化机进入四个生料仓，生料仓设倒仓提升机 4 进行不断的机械倒库，达到均化效果，生料仓合格生料去烧成工序。此工艺适合于化学石膏，石膏不需要粉磨，减少了生料磨的规格，并节约能耗，奥地利林茨化工厂也采用此工艺。

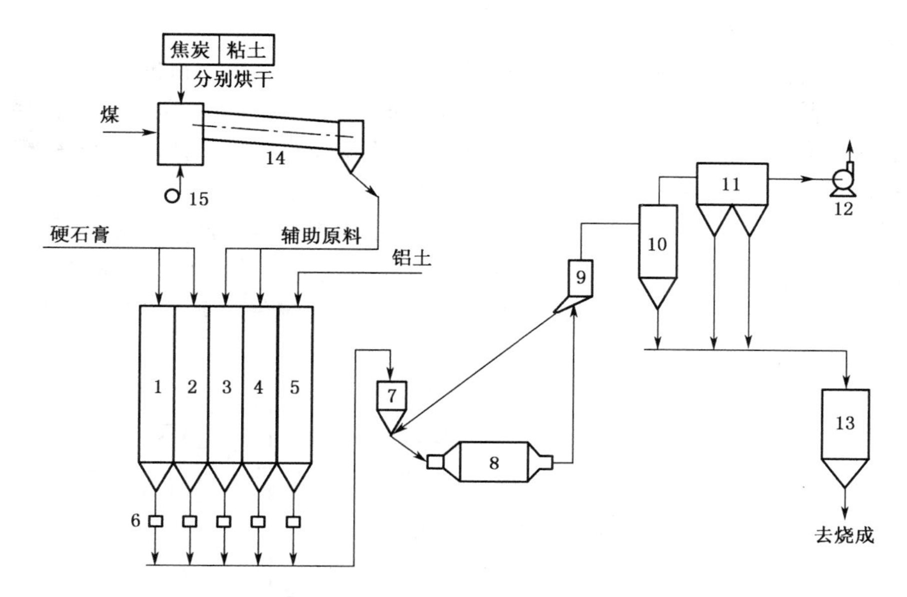

图 4-32　德国 Coswig 生料流程图

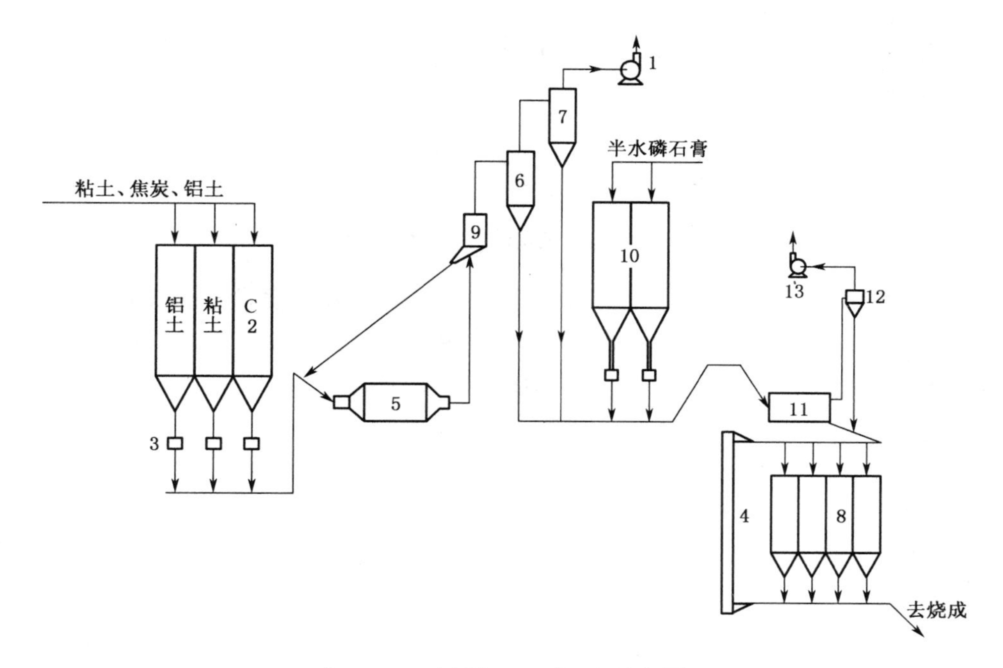

图 4-33　中国“20、30”工程流程图

3. 天然石膏采用的流程

由于天然二水石膏游离水较少，而且为小块状，在回转烘干机内很难完全烘干至半水，采用立式烘干磨较为合理，图 4-34 为该方法的流程图。天然二水石膏、焦炭、粘土、铝土分别加入贮仓 1、9、10、11 中，经各自的配料秤计量后经皮带机 4 和提升机 8 加入到立式生料磨 3 中，和进入磨中的热烟气混合，在生料磨中完成粉磨和烘干，在排风机 7 作用下，和气流一起出来的生料经分离器 5 和收尘器 6 收下后进入生料仓 13，生料经提升机 12 进行机械倒仓均化。合格后去烧成工序。也有将焦炭、粘土、铝土单独烘干再进生料磨的流程。此流程在重庆某工厂使用。该工艺简单、能耗低、投资少。

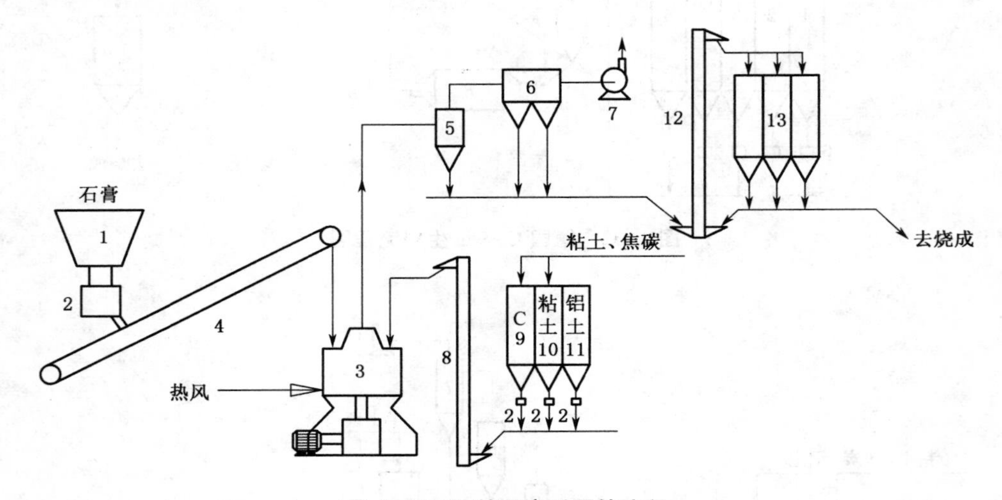

图 4-34　天然石膏采用的流程

总之，由于石膏法水泥技术存在许多的特点，对生料的要求比通常的要高，在使用该技术时，要对原料进行细致调查，一定要达到生料配制的要求。同时在生产管理中，对生料工序的管理要与烧成工序一样的重视。

第五章

熟料烧成

烧成工序是将生料中的石膏进行分解，分解后的 CaO 与生料中的 SiO_2、Al_2O_3、Fe_2O_3 等烧制成高标号的水泥熟料。同时烟气中的 SO_2 含量要高，有害气体和杂质少，该工序是石膏法制硫酸与水泥的最关键的部分，工艺比较复杂，石膏分解范围窄，副反应多，操作难度大。

一、熟料烧成的反应机理

（一）石膏分解

1. 石膏分解机理

纯石膏在 1 225℃才发生晶体变化，有少量的分解，在 1 385℃时 CaO 与 $CaSO_4$ 的共熔体出现。当石膏中有 SiO_2、Al_2O_3、Fe_2O_3 等杂质时分解温度有所降低。在有还原剂时分解温度可降到 900℃。表 5-1 是石膏在 1 200℃各种反应标准自由热变化 ΔF° 及热反应 ΔH°。

表 5-1　石膏反应自由热变化 ΔF° 及热反应 ΔH°　(kJ/mol)

序　号	反　　应	ΔF°	ΔH°
1	$CaSO_4 = CaO + SO_2 + \frac{1}{2}O_2$	101.99	456.04
2	$CaSO_4 + SiO_2 = CaSiO_3 + SO_2 + \frac{1}{2}O_2$	8.74	362.41
3	$CaSO_4 + \frac{1}{2}C = CaO + SO_2 + \frac{1}{2}CO_2$	−96.01	260.41
4	$CaSO_4 + 2C = CaS + 2CO_2$	−348.07	125.53
5	$CaSO_4 + \frac{1}{3}CaS = \frac{4}{3}CaO + \frac{4}{3}SO_2$	−11.99	303.05
6	$CaSO_4 + H_2 = CaO + SO_2 + H_2O$	−63.58	206.07
7	$CaSO_4 + CO = CaO + SO_2 + CO_2$	−52.46	175.98
8	$CaSO_4 + 4H_2 = CaS + 4H_2O$	−218.28	−86.12
9	$CaSO_4 + 4CO = CaS + 4CO_2$	−173.84	−206.07

从表5-1中看出,以C为还原剂,石膏的分解机理如下:

$$CaSO_4 + 2C \xrightarrow{700 \sim 900℃} CaS + 2CO_2 - 163\ kJ$$

$$3CaSO_4 + CaS \xrightarrow{900 \sim 1\,200℃} 4CaO + 4SO_2 - 1\,051.3\ kJ$$

$$CaO + SiO_2 \cdot Al_2O_3 \cdot Fe_2O_3 \xrightarrow{1\,000 \sim 1\,450℃} C_3S \cdot C_2S \cdot C_3A \cdot C_4AF + 114.3\ kJ$$

总反应式为:

$$CaSO_4 + \frac{1}{2}C \xrightarrow{1\,200℃} CaO + SO_2 + \frac{1}{2}CO_2$$

查手册并根据热力学定律,计算上式的反应热为255.58 kJ/mol $CaSO_4$,即为1 879kJ/kg $CaSO_4$。

石膏分解反应有以下特点:①分解温度高,在加入氧化物和有还原剂作用下仍为900℃;②分解吸热大;③反应机理复杂,并有副反应出现,副反应生成CaS、S等;④反应是在中性偏氧化气氛中进行的,在氧化气氛中还原剂易烧掉,造成分解不完全。在还原气氛下易生成CaS和S。

由以上特点看出,石膏生料比石灰石生料分解温度高100~200℃。分解吸热大近一倍($CaCO_3$ 分解吸热为158.84 kJ/mol),热耗高,操作范围窄,难度大。我国从50年代实验一直到90年代成功证明了这一点。

2. 石膏分解动力学研究

1) 研究石膏分解动力学,采用有效的方法,使之实现,对石膏分解制硫酸联产水泥(石灰)及其他方面是极为有利的。

2) 分解机理

(1) 分解特点

a. 分解吸热量大,$CaSO_4$分解热为267.5 kJ/mol,$CaCO_3$为158.84 kJ/mol。

b. 分解温度高,$CaSO_4$在还原气氛下为1 100~1 200℃,$CaCO_3$为800~900℃。

c. 要求在微还原气氛:$CaSO_4 \longrightarrow CaO + SO_2 + \frac{1}{2}O_2 + 462.3\ kJ/mol$

d. 反应机制复杂,副反应多,生产出CaS、S等。

(2) C还原$CaSO_4$的机理

由 $CaSO_4 + 2C \longrightarrow 2CO_2 + CaS$

$3CaSO_4 + CaS \longrightarrow 4CaO + 4SO_2$

得 $CaSO_4 + \frac{1}{2}C \longrightarrow CaO + SO_2 + \frac{1}{2}CO_2$

所以焦硫比为 0.5(物质的量之比)，C/S 低，分解不完全，C/S 高，CaS 有增加。

(3) CO(或 H_2)还原 $CaSO_4$ 的机理

主反应为：$CaSO_4+CO(H_2)\rightarrow CaO+SO_2+CO_2(H_2O)$

副反应为：$CaSO_4+4CO(4H_2)\rightarrow CaS+4CO_2(4H_2O)$

(4) 高温氧化 CaS

主反应为：$2CaS+3O_2\xrightarrow{高温}2CaO+2SO_2$

副反应为：$CaS+2O_2\xrightarrow{低温}CaSO_4$

(5) 热 CO 还原 $CaSO_4$ 的机理

具体反应与 p_{CO}/p_{CO_2} 有关。

① 当 $p_{CO}/p_{CO_2}\leqslant 0.1$，$CaSO_4$ 转化为 CaO，$T=1\ 150$℃；

② 当 $p_{CO}/p_{CO_2}\leqslant 0.2$(中等还原)，$CaSO_4$ 快速地转化为 CaO，但 CaO 慢慢地转化为 CaS；

③ 当 $p_{CO}/p_{CO_2}>0.2$(较强还原)，$CaSO_4$ 大量转化为 CaS。

(6) 判断指标

$$脱硫率=100-\left[\frac{Ca\%}{SO_3\%}\right]_{生料}\left[\frac{SO_3\%+25\%S}{Ca\%}\right]_{产物}$$

3) 影响石膏分解的因素

(1) 温度对分解的影响见下图 5-1。

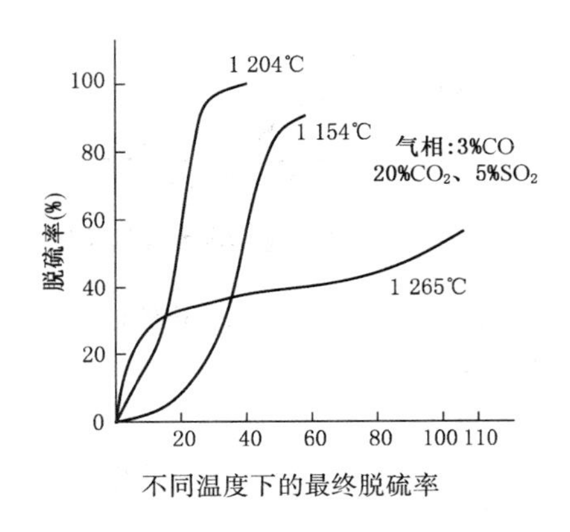

不同温度下的最终脱硫率

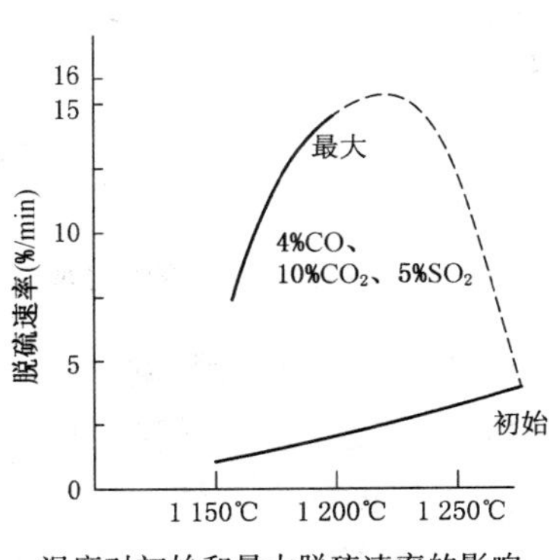

温度对初始和最大脱硫速率的影响

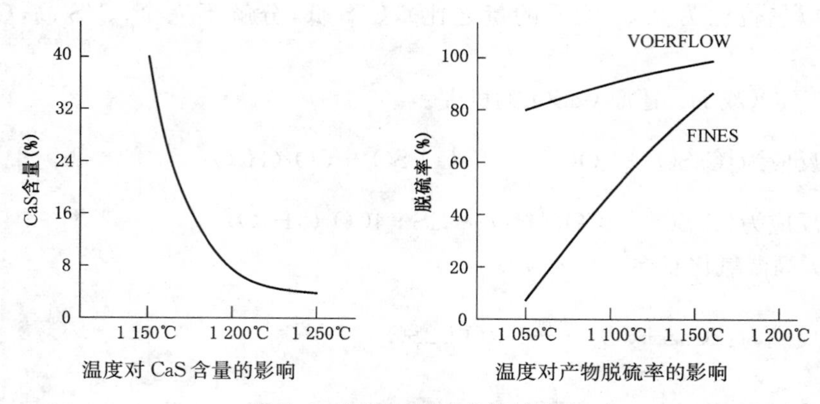

图 5-1　温度对石膏分解的影响

(2) 气氛对分解的影响

① CO 的影响

a. 还原气氛强脱硫速度快，CaS 生长加快。

以 1 180～1 210℃为准，$w(CO)<1.8\%$，每分脱硫速率为 0，见图 5-2。

$w(CO)>5\%$，则生成 CaS。

b. CO 对 CaS 的影响。

CO 增加，CaS 生成快，CO_2 增加，CaS 生成慢，见图 5-3。

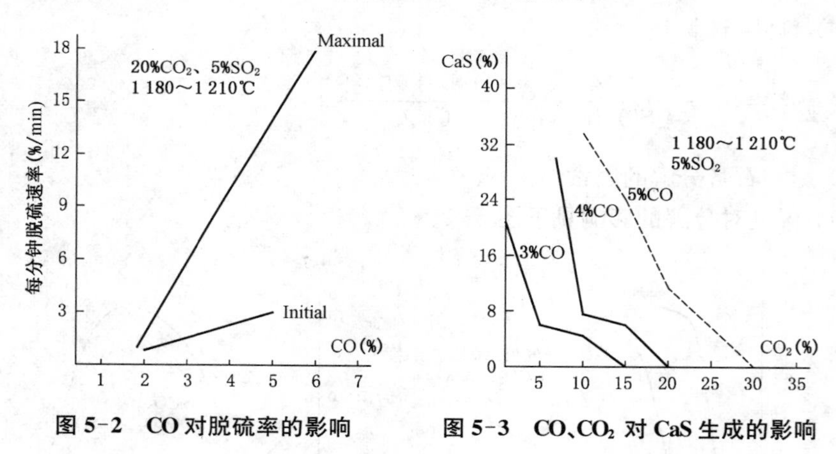

图 5-2　CO 对脱硫率的影响　　**图 5-3　CO、CO_2 对 CaS 生成的影响**

c. CO_2 对 CaS 的生成影响，从图 5-3 可知，CO_2 增加使 CaS 量降低。

d. SO_2 的浓度主要表现在对初始反应速度的影响。

SO_2 的浓度降低，反应速度加快，反之，则降低。

但如果气相中 $w(CO)>4\%$时，7%的 SO_2 也不会影响分解速度。

4）CaS 的氧化动力学见图 5-4。

a. 在高温低 O_2浓度下，CaS 生成 CaO 和 SO_2，失重。

b. 在高温高 O_2浓度下，CaS 生成 $CaSO_4$，增重。

c. 在中等温度与 O_2浓度下，$CaSO_4$、CaO 结合，重量呈震荡变化。

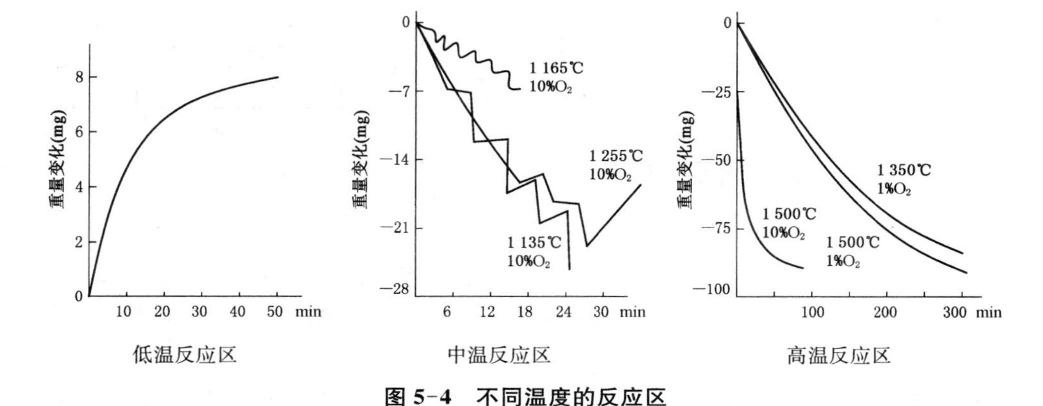

图 5-4　不同温度的反应区

5）CaO、$CaSO_4$、CaS、O_2、SO_2在高温下的平衡曲线见图 5-5。

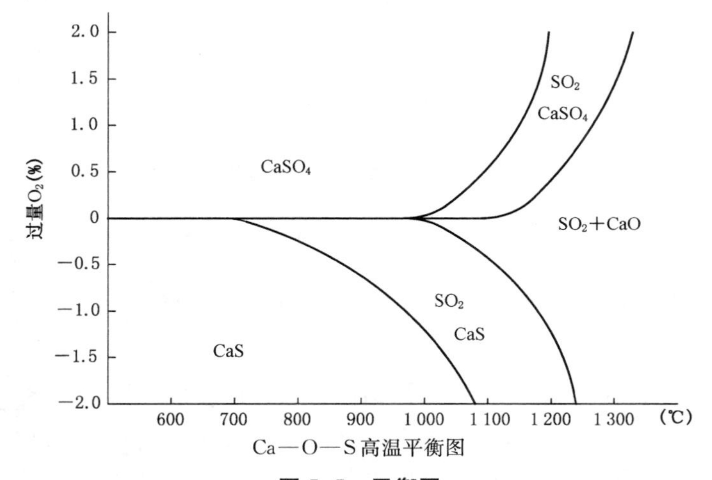

图 5-5　平衡图

6）其他物质对 $CaSO_4$分解的促进作用

研究认为，Fe_2O_3促进 $CaSO_4$的分解，但物料粘性增大，$CaCl_2$、Na_2SO_4、SiO_2及 Al_2O_3也有促进分解的作用。

7）各物质的熔点

物质	$CaSO_4$	CaS	$CaO \cdot CaSO_4$	C_3S	C_2S	C_3A	C_4AF	$K_2O \cdot Fe_2O_3 \cdot CaSO_4$
熔点(℃)	1 220	620	1 160	2 150	2 130	1 535	1 250	1 100

8) 碱化合物的熔点

物质	KOH	KCl	K_2CO_3	K_2SO_4	NaOH	NaCl	Na_2CO_3	Na_2SO_4	KF	NaF
熔点(℃)	361	768	894	1 074	319	801	850	884	857	990

(二) 水泥熟料化学反应机理

1. 熟料组成机理

石膏法水泥熟料的主要成分为硅酸三钙(C_3S)、硅酸二钙(C_2S)、铝酸三钙(C_3A)、铁铝酸四钙(C_4AF),占水泥熟料的 90%,其他有游离钙(f - CaO)、CaS、$CaSO_4$、MgO、P_2O_5、F^-等。

生料预热到 900℃时有 $CaSO_4$分解,至 1 100℃时分解的 CaO 开始和 SiO_2结合生成 C_2S,物料到达 1 200℃时,CaO 与 Al_2O_3 结合生成 C_3A,同时 CaO 与 Al_2O_3、Fe_2O_3结合生成 C_4AF,当物料达到 1 450℃时,C_2S 和 CaO 结合生成 C_3S。反应式如下:

$$2CaO + SiO_2 \xrightarrow{1\ 100℃} 2CaO \cdot SiO_2(C_2S)$$

$$3CaO + Al_2O_3 \xrightarrow{1\ 200℃} 3CaO \cdot Al_2O_3(C_3A)$$

$$4CaO + Al_2O_3 + Fe_2O_3 \xrightarrow{1\ 200℃} 4CaO \cdot Al_2O_3 \cdot Fe_2O_3(C_4AF)$$

$$2CaO \cdot SiO_2 + CaO \xrightarrow{1\ 450℃} 3CaO \cdot SiO_2(C_3S)$$

2. 石膏熟料特征

石膏法水泥熟料是硅酸盐熟料,也由四种主要矿物成分构成:

1) 硅酸三钙,简写 C_3S,含量 37%~60%,称 A 矿。硅酸三钙水化反应速度快,水化放热量较高,是决定水泥强度(尤其是早期强度)最重要的矿物。

2) 硅酸二钙,简写 C_2S,含量 15%~37%,称 B 矿。硅酸三钙水化反应速度很慢,水化放热量很少。早期强度低,但后期稳定增长,大约 1 年后其强度可接近 C_3S;硅酸二钙有 α、α′、β、γ 四种晶型,实际生产中主要为 β 型,如冷却速度慢时还有 γ - C_2S,α 与 α′型的 C_2S 水硬性很小,α、α′是高温下形成的,降温再转变为 β、γ 型。

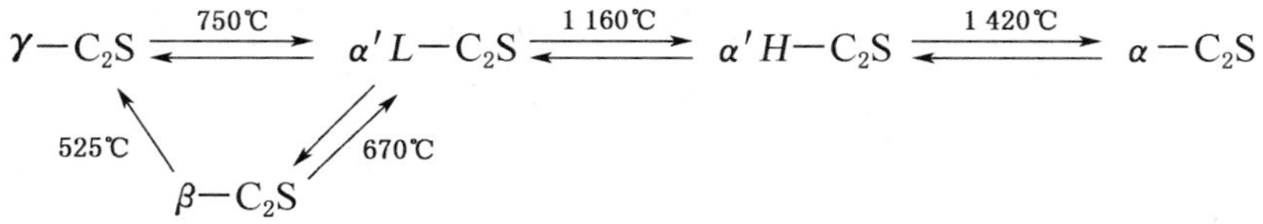

$$\gamma-C_2S \underset{}{\overset{750℃}{\rightleftharpoons}} \alpha'L-C_2S \overset{1\,160℃}{\rightleftharpoons} \alpha'H-C_2S \overset{1\,420℃}{\rightleftharpoons} \alpha-C_2S$$

$$\beta-C_2S \xrightarrow{525℃} \gamma-C_2S,\quad \beta-C_2S \overset{670℃}{\rightleftharpoons} \alpha'L-C_2S$$

3）铝酸三钙，简写 C_3A，含量 7%～15%。铝酸三钙水化反应速度最快，水化放热量最高。但强度值不高，增长也甚微，耐腐蚀性差。

4）铁铝酸四钙，C_4AF，含量 6%～12%。铁铝酸四钙水化反应速度较快，水化放热量少。强度值高于 C_3A，后期增长也甚微。

硅酸三钙在最初四个星期内强度发展迅速，它决定着硅酸盐水泥四个星期以内的强度；硅酸二钙在四个星期后才发挥强度作用，一年左右达到硅酸三钙四个星期的发挥强度；铝酸三钙强度发展较快，但强度较低，仅对硅酸盐水泥在 1～3 天的强度起到一定的作用；铁铝酸四钙的强度发展也较快，但强度低，对硅酸盐水泥的强度贡献不大。这四种熟料中，如果提高硅酸三钙的含量，可得到高强硅酸盐水泥；提高硅酸三钙和铝酸三钙的含量，可得快硬性硅酸盐水泥；降低硅酸三钙和铝酸三钙的含量，提高硅酸二钙的含量，可得低热或中热硅酸盐水泥。硅酸盐水泥熟料主要矿物的特性见下表。

性能指标		熟料矿物			
		C_3S	C_2S	C_3A	C_4AF
水化速率		快	慢	最快	快，仅次于 C_3A
凝结硬化速率		快	慢	快	快
放热量		多	少	最多	中
强度	早期	高	低	低	低
	后期	高	高	低	低

3. 碱含量的影响

碱化合物的熔点如下表：

物质	KOH	KCl	K_2CO_3	K_2SO_4	NaOH	NaCl	Na_2CO_3	Na_2SO_4	KF	NaF	CaS
熔点(℃)	361	768	894	1 074	319	801	850	884	857	990	620

从上表可看出，碱化合物熔点很低，生料中含有一定量碱化合物，对烧成液相产生影响较大，对石膏制硫酸与水泥而言，含量越小越好。

(三) 熟料形成热

水泥熟料的形成热是用基准温度(0℃)的干生料制成 1 kg 同温度的熟料，在没有物料和热量损失的情况下需要的热量，即物料在煅烧过程中，进行物理化学变化所需的热量，它等于吸收的总热量和放出的总热量的差值。

熟料形成热与生产方法无关，与所用原料、燃料的种类、配比、物理性能有关。

1. 计算依据

(1) 生料化学成分、熟料化学成分见表 5-2。

表 5-2　生料化学成分、熟料化学成分　$w(\%)$

名称	Loss	SiO_2	Fe_2O_3	Al_2O_3	CaO	MgO	SO_3	S^-	P_2O_5	F^-	Σ
生料	11.71	10.81	0.86	1.61	31.19	0.26	40.23	—	0.86	0.14	97.72
熟料	−2.04	22.83	1.99	3.94	65.12	0.59	3.28	1.36	1.80	0.122	99.39

其熟料矿物组成见表 5-3。

表 5-3　熟料矿物组成　$w(\%)$

C_3S	C_2S	C_4AF	C_3A	Σ
29.50	43.10	7.29	6.39	88

(2) 熟料煤灰分掺入量

$$a = 4.11\%$$

(3) 生料中 $CaSO_4$ 全部分解并生成 SO_2

2. 熟料形成热计算(计算基准：0℃，1 kg 熟料)

(1) 生料由 0℃加热到 450℃耗热

$$Q_1 = [G_C^C] \cdot C_C \cdot t^C$$

式中：$[G_C^C]$——理论料耗。

$$[G_C^C] = (100 - a)/[100 - (SO_3^c + L_{生烧})]$$
$$= (100 - 4.11)/[100 - (40.23 + 11.74)]$$
$$= 1.9965 \text{ kg/kg}$$

$$Q_1 = 1.9965 \times 1.058 \times 450 = 950.11 \text{ kJ/kg}$$

(2) 高岭土脱水时耗热

$$Q_2 = (G_C^C \times 0.35 \times Al_2O_3) \times 6690$$
$$= (1.9965 \times 0.35 \times 0.0161) \times 6690$$
$$= 75.24 \text{ kJ/kg}$$

(3) 生料中半水磷石膏脱水耗热

$$Q_3 = [G_C^C]SO_3^c(M_{CaSO_4 \cdot 1/2H_2O}/M_{SO_3}) \cdot q_{脱}$$

$$= 1.9665 \times 0.4023 \times (145/80) \times 134.178$$

$$= 195.2 \text{ kJ/kg}$$

(4) 脱水后生料由 450℃加热到 1 200℃耗热

$$Q_4 = (G_C^C - G_{H_2O}^C) \cdot C_4 \cdot t_4$$

$$= (1.9965 - 0.1440) \times 1.312 \times (1200 - 450)$$

$$= 1823.73 \text{ kJ/kg}$$

(5) 1 200℃时 $CaSO_4$ 分解耗热

$$Q_5 = [G_C^C \cdot SO_3^c(M_{CaSO_4}/M_{SO_3})] \cdot q_{CaSO_4}$$

$$= 1.9965 \times 0.4023 \times (136/80) \times 1879$$

$$= 2565.64 \text{ kJ/kg}$$

(6) 脱 H_2O、脱 SO_3 后物料由 1 200℃加热到 1 400℃耗热

$$Q_6 = 1 \cdot C_5 \cdot t(1400 - 1200)$$

$$= 1 \times 1.032 \times (1400 - 1200)$$

$$= 206.5 \text{ kJ/kg}$$

(7) 熟料形成液相时吸热

$$Q_7 = 209.0 \text{ kJ/kg}$$

$$\sum \theta_{支出} = 6025.28 \text{ kJ/kg}$$

3. 热收入

(1) 熟料放热

$$\theta_1' = 1/100(447 \cdot C_3S + 602 \cdot C_2S + 38 \cdot C_3A + 109 \cdot C_4AF)$$

447、602、38、109 分别为 C_3S、C_2S、C_3A、C_4AF 形成的热效应，单位为 kJ/kg。

$$\theta_1' = (1/100)(447 \times 40 + 602 \times 34 + 38 \times 8 + 109 \times 6)$$
$$= 393.08 \text{ kJ/kg}$$

(2) 偏高岭土放热

$$\theta_2' = G_C' \times Al_2O_3 \times 0.0217 \times 301 = 1.9965 \times 0.0161 \times 0.0217 \times 301 = 0.21\ kJ/kg$$

(3) 熟料由 1 400℃冷却到 0℃放热

$$\theta_3' = G^k \cdot C^k = 1 \times 1.091 \times 1400 = 1527.37\ kJ/kg$$

(4) SO_2由 1 200℃冷却到 0℃放热

$$\theta_4' = G_C^C \cdot [SO_3]_C^C \cdot (M_{CaSO_4}/M_{SO_3}) \cdot (M_{SO_2}/M_{CaSO_4}) \cdot (1/\gamma_{SO_2}) \cdot C_{CO_2} \cdot \Delta t$$
$$= 1.9965 \times 0.4023 \times (136/80) \times (64/136) \times (1/2.85) \times 2.341 \times 1200$$
$$= 633.27\ kJ/kg$$

(5) CO_2由 1 000℃冷却到 0℃放热

$$\theta_5' = G_C^C \cdot C\% \cdot (M_{CO_2}/M_C) \cdot (1/\gamma_{CO_2}) \cdot C_{CO_2} \cdot \Delta t$$
$$= 1.9965 \times 0.0453 \times (44/12) \times (1/1.965) \times 2.23 \times 1000$$
$$= 374.95\ kJ/kg$$

(6) 高岭土中化合水由 450℃冷却到 0℃放热

$$\theta_6' = G_C^C \times 0.35 \times Al_2O_3 \times [(C_{H_2O}/\gamma_{H_2O}) \cdot \Delta t + q_{H_2O}]$$
$$= 1.9965 \times 0.35 \times 0.0161 \times [(1.569/0.808) \times 450 + 2490]$$
$$= 38.04\ kJ/kg$$

$$\sum \theta_{收入} = 2994.65\ kJ/kg$$

熟料形成热:

$$q_k = \sum \theta_{支出} - \sum \theta_{收入} = 6025.28 - 2974.65 = 3050\ kJ/kg\ 熟料$$

(四) 各生产装置烧成参数

表 5-4 是各国有代表性的装置性能参数,从数据看我国是处在领先水平,主要是用磷石膏生产。目前我国是世界上最大的磷石膏排放国家,磷石膏含磷酸和氢氟酸,颗粒细小,堆存占地,污染环境。使用该技术是最好的处理办法,同时还节约硫和钙的资源,生产的水泥和硫酸也是我国最大的消费产品,其意义重大。

表 5-4　石膏法硫酸与水泥回转窑的性能参数

厂　名	原料	窑规格(m)	能力(t/h)	截面产量[t/(m²·h)]	容积产量[t/(m³·h)]	热耗(kJ/kg)	转速(r/min)
云南磷肥厂	磷石膏	ϕ3.5×120	10～11	1.44	11～12	6 870	1～1.5
鲁北化工	磷石膏	ϕ3×88	7～8	1.23	13～14.5	6 720	1.2～1.6
德国 Wolfen	无水石膏	ϕ3.2×80	8～10	1.50	16～20	7 315	1～1.2
南非 PhalaBorwa	磷石膏	ϕ4/4.4×107	14.6	1.28	12.04		0.8～1.2
波兰 Wizow	无水石膏	ϕ3.3×85.4	7.14	1.19	14.2	7 610	0.5～0.6
奥地利 Linz(预热器)	磷石膏	ϕ3.5×70	10	1.40	20	6 688	1.75～1.95
奥地利 Linz	磷石膏	ϕ3.5×70	8.5	1.121	16.10	7 524	1.2～1.4
英国 Bimingham	无水石膏	ϕ3.35×64.8	5.2	0.57	9.1	7 982	0.8～1
鲁北化工(预热器)	磷石膏	ϕ4×75	17	1.66	22.34	6 125	2～2.5

二、熟料烧成的工艺方法

(一) 中空长窑烧成工艺

该工艺应用比较普遍也比较成熟，见图 5-6，主要以空心的回转窑为主要设备。窑头(熟料出口)由喷枪向窑内喷煤燃烧，烧出的熟料经冷却机冷却排出，喷枪由风机吹入(一次风)，冷却机带入的风为二次风，生料从窑尾加入，和窑气逆流换热。

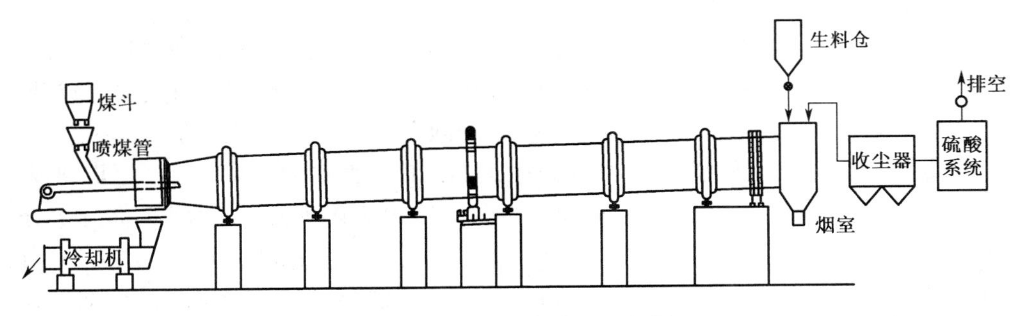

图 5-6　中空长窑流程示意图

生料在回转窑转动下向窑头运动，依次完成预热、分解、烧成、冷却四个阶段，窑气在硫酸风机带动下进入硫酸系统制硫酸。所以回转窑的任务是既要烧出合格的水泥熟料又要生产出高浓度的窑气，该设备是石膏制硫酸与水泥厂的心脏。

1. 中空长窑的主要参数

回转窑斜度 $i=3\%\sim4\%$，长径比 $L/D=25\sim30$，转速 $n=0.7\sim1.7$ r/min，生产能力及热耗见表 5-4，物料在窑内停留时间 t 和运动速度 w 为：

$$w=\frac{\alpha\cdot D_i\cdot n}{60\times1.77}\,(\mathrm{m/s})\quad \tan\alpha=i\ \text{斜度}$$

$$t=\frac{1.77\sqrt{\beta}\cdot L}{\alpha\cdot D_i\cdot n}\,(\mathrm{min})$$

式中：L——窑长度；

D_i——内径；

n——转速；

α——斜度；

β——休止角。

2. 生料在窑内各阶段的变化及运动参数

(1) 中空长窑按生料在窑内的变化分为预热带、分解带、烧成带、冷却带四个部分，而且每个部分并无明显的界限，基本上是重叠的。

① 预热带：占窑长度 50%左右，物料停留时间占 40%～50%。预热带主要作用是生料加入后，从常温开始和窑气接触加热干燥。开始时生料运行速度慢，随着温度提高及结晶水分离而加快，一般前进的速度在 0.2～0.5 m/min，到预热带末端达到 900℃左右，物料开始结粒，速度变慢。为了使生料和窑气预热加快，在预热带挂耐温链子，或衬砌成凸凹状挡料圈，增加换热效果。

② 分解带：当生料达到 900℃到 1 250℃时，石膏大量分解，到 1 450℃时，石膏已基本分解完毕。分解带占窑长 30%～40%，物料也基本变为球粒，运动速度显著减慢，一般为 0.12～0.15 m/min，在分解带生料停留时间为 30 min，占总时间的 30%左右。

③ 烧成带：当已分解完的物料向前运行，正是燃料的燃烧区，气流温度为 1 600℃ 以上。物料温度也达到 1 450℃，开始出现液相，并形成 C_3S，少部分未分解的 $CaSO_4$ 继续分解，烧成带占窑长 8%～10%，物料停留时间为 15～20 min，由于烧成带在火焰前端，距窑头很近，从看火孔中可观察到黑白物料的交界，交界处也是分解带与烧成带的交叉区域，称之为“黑影”，从黑影位置可以判断回转窑的运行情况，黑影靠前和靠后都不好。

④ 冷却带：物料经过烧成带也形成了火焰的高温区，并完成了熟料的最后反应，继续向前运动，遇到从冷却机来的 400～800℃ 的二次风迅速冷却，倒出

回转窑时温度降到900～1 000℃，冷却带长度不大，占窑长5%～8%。物料停留时间为10 min左右，图5-7为石膏法85 m中空长窑各区段情况介绍。

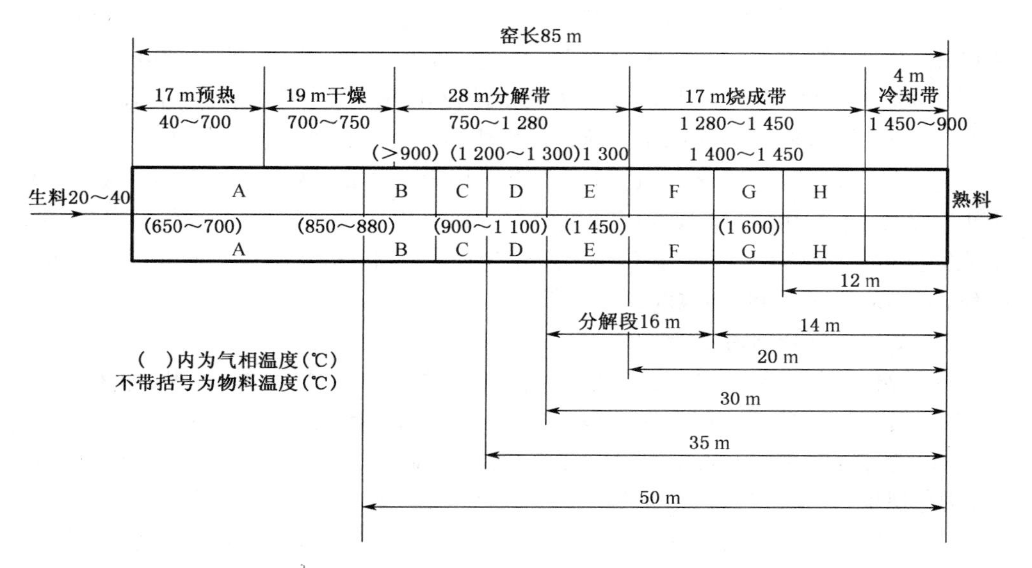

图5-7 石膏法85 m中空长窑各区段情况

A-A $CaSO_4$按$CaSO_4+2C \longrightarrow CaS+2CO_2$分解，物料中有2.4%左右CaS。

B-B 生料中1%～3%的碳酸盐，$CaCO_3 \xrightarrow{>900℃} CaO+CO_2$，B点尚不存在CaO。

C-C 达到1 200℃的$CaSO_4$大量分解，C点物料为$CaSO_4$：55%～65%，CaS：8%～15%，C：2.5%～3.0%，过C点后出现CaO。

D-D 达到1 300℃，$2CaSO_4+C \longrightarrow 2CaO+2SO_2+CO_2$，分解完毕，物料中有6%～7% $CaSO_4$成液相。

E-F 真正分解段，$3CaSO_4+CaS \longrightarrow 4CaO+4SO_2$，为第二阶段分解。

G-G 物料温度1 400～1 450℃，$CaSO_4$分解结束，进入烧成带，黑影位置。

E-H 烧成段，物料在1 300～1 450℃最高温区停留15 min。

H-H 物料已烧成进入冷却带，要迅速超过1 250℃是十分必要的，迅速冷却获得良好机械强度和体积变化的稳定的熟料。

(2) 回转窑的煅烧特点。

① $CaSO_4$分解热为267 kJ/mol，比$CaCO_3$的分解热159 kJ/mol高很多，而且分解温度高，在1 200～1 400℃时，回转窑容积产量低，设备规格大，散热损失大，烧成总热耗高，比石灰石水泥高出70%。

② 物料在回转窑内的停留时间为 2～4 h，预热带和分解带占窑长的 85%以上，其中预热带比分解带略长，为石灰石法水泥的 2 倍。

③ $CaSO_4$的分解温度高，与生料中的液相出现重合，如果生料中含 P_2O_5、F^-、R_2O 则重合更严重，另外当 Fe_2O_3 高时也会加重重合。液相的过早出现造成 $CaSO_4$继续分解困难，分解率降低，SO_2气体浓度下降，熟料不合格，直至造成回转窑结圈，出大球、堵塞，操作困难。所以生料中对熔点低的物质要少加入。

④ 回转窑控制弱氧化气氛操作，要求窑尾气体中的 O_2含量小于 0.5%，CO 小于 0.2%，这是由 $CaSO_4$反应机理决定的。在氧化气氛下，还原剂被烧掉，$CaSO_4$不能完全分解。在还原气氛下 $CaSO_4$反应生成 CaS 和 S，实际要求在中性气氛中操作，但不能绝对控制，要求弱氧化气氛操作。

3. 回转窑的控制与操作

回转窑的运行要求稳定，必须使生料、燃料成分要均匀，加料、加煤、加风量要稳定，回转窑的转速和窑尾负压值也要稳定，这要求设备精度高，运行可靠。

(1) 加料：生料的加入量以电子皮带秤加入，做到加料均匀、流畅，不能出现断料、蓬仓现象，计量准确，调节自如。

(2) 加煤：合格的煤粉靠一次风机和加煤绞笼来实现，虽然加煤计量比较困难，但必须保证加煤灵活、均匀、稳定，杜绝空煤现象。

(3) 加风：即一次风和二次风。一次风是从喷煤枪进入的，保证喷粉均匀地进入窑内并燃烧，风量占总风量 20%～30%。一次风压要求较高，选择可靠的风机，并配备用风机。一次风由调节风门完成，风门要灵活可靠。二次风是来自冷却机进入窑的热风，由窑头负压吸入。二次风靠硫酸风机风门调节，观察窑头、窑尾负压值来操作，一般情况下不经常变动。

(4) 窑速：根据窑内物料反应及煅烧状况来调节，回转窑既是热工设备，也是一个在加热中进行物理、化学反应的连续反应器，提高窑的发热能力，保持预热、分解、烧成三个热工环节的能力平衡，才能提高产量，窑速变化由回转窑调速电机完成，也可用调频器完成。

(5) 温度、压力、气体分析：为了保证回转窑的正常运行，除对以上计量设备保证要求外，回转窑的各部分压力、温度及窑气成分的瞬时显示数值极为关键。当热工制度变化，以上数值马上变化，所以对窑头温度、压力，窑尾温度、压力和窑尾气体中 CO、O_2、SO_2等成分的在线分析显示也极为重要。由于窑中温度、压力较难测定，一般安装红外线测温仪观察窑体外温度，以防止窑皮脱落或掉耐火砖，烧坏窑体。

4. 中空长窑的工艺操作参数

以 ϕ3 m×88 m 回转窑为例(半水磷石膏生料)。

回转窑转速：40～50 s/r

生料加入量：17.5 t/h

煤粉加入量：2.4 t/h(煤热值 25 000 kJ/kg)

熟料产量：8 t/h(最高产量可达 8.5 t/h)

窑头温度：1 000℃±150℃

窑尾温度：550℃±50℃

窑尾压力：−0.10～0.25 kPa

一次风量：4 000 m^3/h(风温常温)

冷却机 ϕ2 m×22 m　i=3.5%

熟料 w(%)：C_3S：35～45　C_2S：30～35　C_3A：7～9　MgO＜5

C_4AF：5～6　CaS＜2　SO_3＜2　f-CaO＜2

P_2O_5＜2　F^-＜0.3

窑气成分见表 5-5。

表 5-5　窑气成分　%

成分	SO_2	SO_3	O_2	CO_2	CO	N_2	NO_x	H_2O	F	C_mH_n
含量	7～9	0.05～0.1	0.7	15～18	0.1～0.5	61～63	＜0.02	10～15	0.01～0.02	0.12

(二) 预热器窑工艺

由于中空长窑预热带占全窑长的 50%左右，窑体散热及出窑气体带出的热量损失很大(窑气出口温度 450～550℃)，所以借鉴水泥回转窑的经验，将部分预热带去掉，出窑热尾气在预热器中和生料换热，预热后的生料再进入窑继续预热。这样解决了以下问题，一是回转窑长度减少，降低了热量损失。二是把高温窑气通过预热器后降到 230～280℃，减少了热量损失。窑气温度下降对下步电收尘的要求也降低。三是减少热量损失，相对降低了烧成煤耗，窑气中 SO_2 浓度提高，降低硫酸装置建设投资，并实现硫酸装置两转两吸工艺。图 5-8 为国内建成投产的 ϕ4 m×75 m 带三级旋风加一级立筒的复合式预热器窑，图 5-9 为奥地利 1972 年改造投产的林茨化工厂 ϕ3.5 m×70 m 立筒预热器窑。

1. ϕ4 m×75 m 复合预热器窑

(1) 预热器窑的基本参数

窑的斜度 3.5%，长径比 $L/D=18.7$，转速 $n=2\sim3$ r/min，能力与热耗见表 5-4，直径 $D=4$ m，长度 $L=75$ m，窑尾风机为 $Q=15$ 万 m^3/h，$H=6$ kPa，1# 旋风筒直径 ϕ3.8 m，2#、3# 直径为 4.08 m，立筒为 4.8 m，旋风分离器直径为 ϕ2.5 m，冷却机为 ϕ3 m×28 m，$i=3.5\%$。

(2) 主要工艺指标

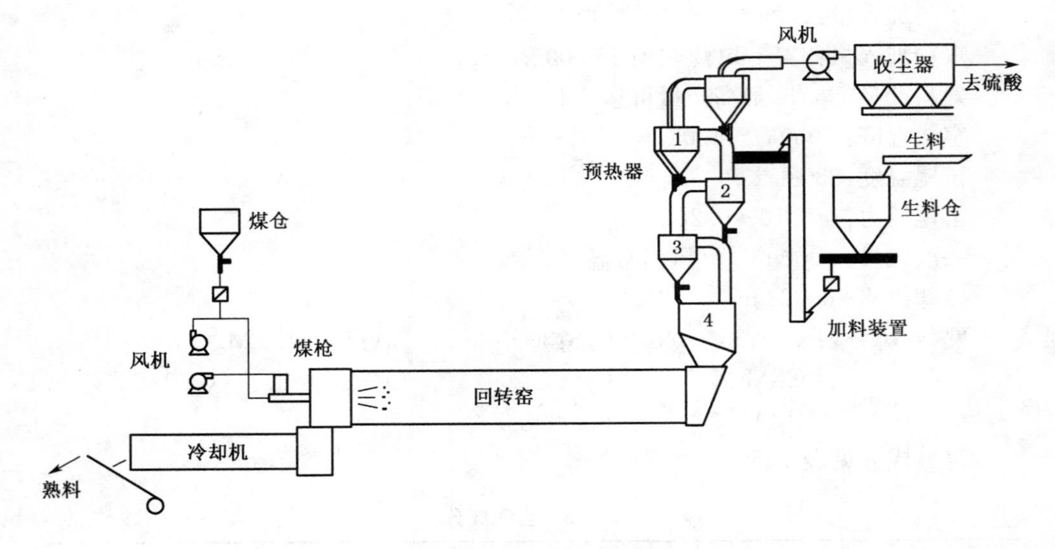

图 5-8 ϕ4 m×75 m 复合预热器窑

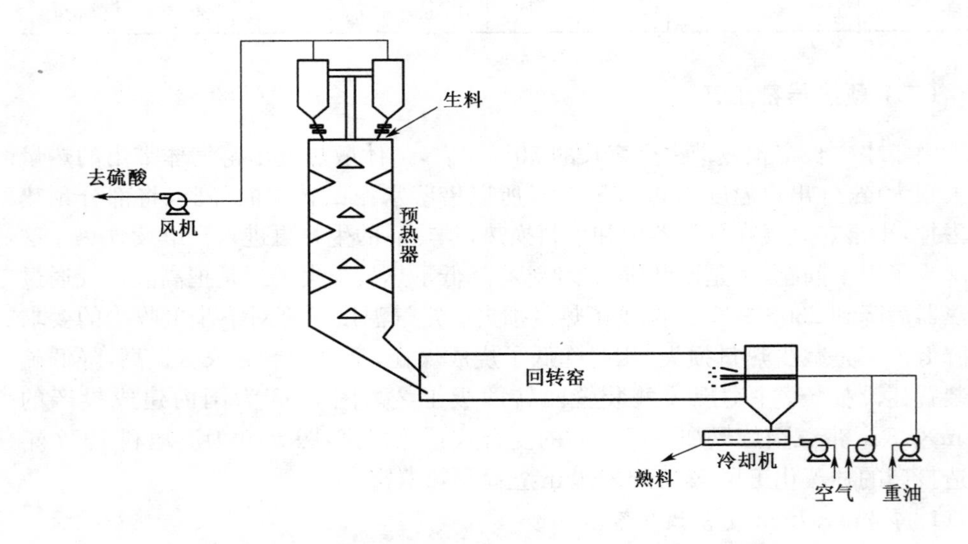

图 5-9 奥地利林茨化工厂立筒预热器窑(1972 年投产)

回转窑转速 25 ~ 35 s/r,窑尾温度 700 ~ 900℃,生料加入量 35 t/h,窑尾压力 −0.10 ~ 0.25 kPa,煤粉加入量 4.1 t/h,立筒预热器出口温度 600 ~ 700℃,熟料产量 17 t/h,立筒预热器出口压力 −0.45 ~ 0.60 kPa,窑头温度(1 000±150)℃,出一级旋风筒温度 280 ~ 350℃,生料入窑温度 550 ~ 680℃,出一级旋风筒压力

－4.5～5.5 kPa，预热器出口风机风量 13 万 m^3/h。

窑气成分见表 5-6。

表 5-6 窑气成分 %

成分	SO_2	SO_3	O_2	CO_2	CO	N_2	NO_x	H_2O	F	C_mH_n
窑尾含量	8～10		0.6	19.7		64.2		4.8		
预热器出口含量	7～8	0.07	4.97	14.67	0.2	63.1	0.02	9.12	0.01	0.16

2. 奥地利林茨化工厂立筒预热器窑

林茨化工厂 1950 年建成石膏制硫酸与水泥厂，1954 年用硬石膏生产，在 1966 年磷酸装置建成后使用磷石膏，1969 年建成 ϕ3.5 m×70 m 国际上最大的磷石膏制硫酸与水泥厂。1972 年与克虏伯公司合作在回转窑尾增加了立式预热器，降低热耗 15%～20%，日产硫酸和熟料 200 t。立筒预热器内有四个缩口，每个缩口上有分布器。

回转窑参数：

回转窑直径 ϕ3.5 m，长度 70 m，转速 n=1.75～1.85 r/min，熟料产量 10 t/h，生料加入量 20 t/h，一次风量 4 700 m^3/h，熟料热耗 6 688 kJ/kg（不加预热器为 7 524 kJ/kg），加重油量 1 530 L/h，预热器出口风机为 Q=24 500～28 000 m^3/h，预热器出口压力－3.0～－4.0 kPa，进口压力－0.25 kPa，窑尾温度 785～800℃，出预热器温度 425～430℃，入窑生料温度为 700～800℃。

窑气成分见表 5-7。

表 5-7 窑气成分 %

成分	SO_2	O_2	CO	NO_x
含量	6～7	0.5	0.24	0.2

3. 预热器窑与中空长窑的差别

（1）生料要求的差别

由于生料在预热器中换热，如温度升高后，防止生料粘性增大，而造成预热器堵塞和结疤，要求生料中 R_2O＜1.5%，Cl^-＜0.02%。而中空长窑为 R_2O＜3%，Cl^-＜0.05%。另外由于预热器漏风系数大，配料时的 C/SO_3 要取上限，以免 C 在预热器中部分燃烧。

（2）生产控制中注意的问题

预热器窑比中空长窑长度短了些，窑的操作相差不大。但是由于增加了预热器，工艺复杂了，温度和压力测点多了，要时刻注意各级预热器参数的变化，防止预热器堵塞或下料不畅引起窑内热工变化。

预热器窑在运行中升华硫出现得比中空长窑多，必要时在窑尾补入部分空气，以防止出升华硫。

（三）其他形式的烧成方法

到目前为止，对石膏烧成分解进行了很多的创新和发明，如原南京化工大学、山东建材院和鲁北化工厂进行了循环流化床分解磷石膏制硫酸与水泥的“八五”攻关工业试验，贵州、湖南、云南等地大学、科研机构也申报了很多方法的专利。但是到目前未见到产业化。相信通过科技进步，科学研究，一定会有更先进、更节能的方法投入产业化，为社会创造更大的效益。

三、辅机及耐火材料

（一）回转窑配套的辅机设备

1. 喷煤枪

目前回转窑用燃料为烟煤，喷煤枪是比较关键的设备，安装在窑头的中间偏上一点。煤枪的选择是根据回转窑的规格和用煤量大小来确定。煤枪分为单通道煤枪和多通道煤枪。多通道煤枪较单通道煤枪有煤质要求放宽、火焰易调节、一次风量少、燃烧充分、速度快等特点，对熟料烧成、烧结圈及提高 SO_2 浓度有利。单通道煤枪：送煤风速 20～30 m/s，喷头为 50～70 m/s，煤燃烧时间 0.1～0.3 s。三通道煤枪：送煤风速为 18 m/s，外风 70～100 m/s，内风为 80～110 m/s，煤燃烧时间为 0.1～ 0.2 s。山东鲁北集团 2010 年开发了四通道煤枪，对原煤质量要求放得更宽。

2. 冷却机

石膏制硫酸与水泥和石灰石制水泥用的冷却机有所不同，原因是石膏法水泥在烧成看火方面比石灰石法要严格，所以对窑内情况要看清楚，要求冷却机带入回转窑的粉尘（通过二次风）要少。另外在回转窑煅烧不正常时，随时停冷却机，看清窑内情况，所以选单筒冷却机比较多。其次是篦冷机，在窑头上的多管冷却机不要用，因为它随回转窑而转动。目前使用的全部是单筒冷却机。选择冷却机时要按 20%左右的富裕能力选择，同时电机用调速电机，以便操作。

单筒冷却机的进料端衬耐火砖，中间为耐热扬料板，尾端为普通扬料板，进冷却机熟料 900～1 050℃，出口控制在 50～80℃。

单筒冷却机参数：

窑积产量：100～110 kg/(m^3 · h)，长径比 $L/D = 10\sim12$，斜度 $i = 3\%\sim4\%$，转速 $n = 2\sim10$ r/min。

3. 加煤与加料装置

回转窑的控制是煤、料、风的控制，由于加风控制较容易，所以加料、加煤的准确、稳定是回转窑运行正常的前提。目前使用的是螺旋秤和电子皮带秤，也可以选带失重仓的电子秤或冲击流量计。

4. 预热器

预热器普遍用于水泥行业，但是由于石膏生料的特性，不能完全照搬。旋风预热器相比立筒预热器，换热效果好，但易堵塞。对石膏生料，山东鲁北集团开发了三级旋风加一级立筒，立筒在高温段是较可靠的，运行已十年，称为复合式预热器。

预热器内的撒料板、翻板阀一般按水泥行业的要求选择。石膏法预热器不宜设空气炮，多留些观察孔即可。

（二）回转窑及预热器用耐火材料

1. 回转窑使用的耐火材料

回转窑是高温设备，烧成带气流温度达 1 600～1 700℃，熟料温度达1 450℃左右，窑体内壁等于或高于煅烧物料的温度。回转窑是由钢材制成，内壁必须衬一定厚度的耐火材料，既保证窑的寿命，又可减少热损失。窑内衬里不仅受高温作用，还受到热熟料熔融的化学侵蚀、物料对衬料的磨损及因窑的转动和温度变化产生的应力作用，所以回转窑衬料的选择较为关键。尤其是石膏窑法，其运转的好坏对硫酸生产制约极大。同时石膏与石灰不同，对衬料的侵蚀也不同，比石灰严重一些。

(1) 预热带：一般选用粘土砖和熟料砖，因预热带较长，砖的隔热应考虑。采用一些隔热的材料。为加强换热效果，在砖的选择上不应采用一个尺寸，应砌成凹凸面，增加表面积，对生产是非常好的。也有的砌成挡料圈，提高换热效果。

(2) 分解带：采用高铝砖较好，也可用耐火混凝土砖或粘土砖。

(3) 烧成带：采用高铝砖、磷酸盐砖、铬镁砖或其他新型材料。鲁北 1994 年使用铬镁砖，运转天数达到 348 d，1995 年达到 380 d。原来使用磷酸盐砖，寿命短一些，关键是铬镁砖较磷酸盐砖更耐温。

(4) 预热器衬里：预热器是固定设备，用硅酸钙板保温，加浇注料或耐火砖，因预热器结构复杂，用耐火浇注料比较多。衬里时一定要注意热膨胀，留好膨胀缝。

2. 耐火材料的特点

粘土砖：含 Al_2O_3 30%～46%，耐磨性好，导热性小，冷热收缩性小，耐侵蚀性较差。

高铝砖：含 Al_2O_3 48%以上，冷热收缩性小，耐极冷极热，易挂窑皮。

硅酸盐砖：不分层剥落，热震稳定性好，耐侵蚀性强，不易挂窑皮。

铬镁砖:用50%镁石与50%铬矿制成,耐化学侵蚀性强,耐火度高,耐磨性差,冷热收缩性大,导热性大,不易挂窑皮。

四、回转窑的生产操作方法

回转窑是石膏制硫酸与水泥装置的心脏,其操作和管理是非常重要的,保持长周期稳定安全运行,是每一个管理者和操作工的责任。通过几十年来的生产实践,积累了较丰富的操作经验并培养了一批人才,按照前述的原则,借助于各种测量仪表,针对石膏生料的煅烧特性,及时准确地调节各回路,使工艺参数在要求范围内,就可使生产正常。

现将各阶段的操作方法介绍如下。

(一) 开车前的准备

(1) 窑内检查。窑内各带、窑尾预热器内耐火砖镶砌应牢固,无残缺。烟道内无积物,确保气流畅通。下料管安装位置正确坚固。窑烟室内耐火砖和下料溜子镶砌正确坚固,锁风伐和撒料板无阻卡、杂物,调节可靠。

(2) 窑外检查。窑头挡风圈和窑尾封风圈应连接紧密。烟室底部出灰闸门应关紧。滚圈与托轮接触的位置应正确,顶丝上紧后不准松动。窑体上的大小齿轮及减速齿都应安装正确牢固。各组齿轮应啮合正确。带单筒式冷却机的窑,冷却机与烟室要连接紧密,传动装置无毛病。

(3) 供煤系统的检查。煤粉仓门内煤粉应充足。下煤、计量及控制装置应灵活准确,调整应随意自如。

喷煤管应通畅,位置调整装置要灵活可靠,活动喷煤管的可伸缩部分应密闭。

(4) 喂料装置的检查。下料仓内应有足够的生料。来料及回料的控制及计量装置应灵活、准确、可靠。

(5) 通风系统的检查。窑尾排风机在硫酸车间,风机的叶轮与机壳不准接触和松动。机壳内不准有积物。各调整闸门应灵活可靠,闸门的位置和读数应相符。

(6) 仪表的检查。电源和各线路及信号装置都应接通。执行机构的开度与指示相符合。各仪表上的指针都应指在零点上。指示灯及各仪表的照明装置都应完整可用。

(7) 看火操作时所用工具应齐全,如防火设施、看火镜、钩子、钎子、手套等。

(二) 试车

回转窑经过上述检查后,即可进行试车。按有关规程进行单机和联动试车。

首先开启窑尾烟囱放空盖。附属设备试车顺序是：窑尾排风机（或硫酸车间风机）、一次风机、熟料输送风机、冷却机、下煤机、喂煤机，经过试车确认没有问题时，即可进行点火。

（三）点火

新建窑在正式点火前必须进行烘窑，方法是先在距窑尾 2 m 处堆一堆木柴，点火后陆续增加木柴。然后每隔 5 m 将木柴搭成“井”字形，高度约为窑直径的 2/3，最后一堆距窑头 2.5～3.0 m，着完一堆点一堆，转窑约 1/4 圈。烘窑时间 2～3 d。预热器内烘完后一定要清理，可按水泥窑的烘窑方法执行。一般 ϕ3 m×88 m 窑用木柴 20～30 t。

当一切都已准备妥当时，即可进行点火。点火时看火工由窑头工作孔进入窑内，经引火物（废油）浇在木堆上，将木柴点燃数处，即可退出窑外，关上工作门。当木柴被燃 60%左右时，即可向窑内吹送少量煤粉。这时一次风尽可能用小些，防止将煤粉吹过火点，以致将火吹灭。直到煤粉燃烧情况正常后，才可以逐步增加煤粉和一次风，并适当开启窑尾烟囱放空盖高度，以增大窑尾排风量。当煤粉完全燃烧并形成稳定形状的火焰后，即可转窑 1/4 转。随后根据窑内情况每隔 10～15 min 转窑一次，每次可转 1/2 转。根据烧成带温度升高情况，逐步加大窑尾排风量。待窑尾气温达到 350～500℃时，即可加生料。这时窑内温度尚低，为了挂好窑皮，根据经验，下料量为规定产量 60%～80%。生料入窑后要严格控制烧成带的温度和煤粉燃烧的情况，窑内气氛为弱氧化气氛。要及时检测窑气成分，增加检测频率，当窑气中含有 SO_2时，立即打开旁路烟道，关闭窑尾烟窗，防止有 SO_2气体排出，污染周围环境。

（四）挂窑皮

当物料进入烧成带时，会提高烧成带温度并产生一定数量的液相，同时耐火砖表面也达到一定的温度，表面存有液相。当耐火砖转到物料下面时，物料与耐火砖粘结在一起，并发生化学反应。这时由于物料温度比耐火砖表面温度低，因此物料从耐火砖吸收一定的热量，使耐火砖温度降低，粘附因耐火砖温度降低而凝结。当粘附有料子的耐火砖从料层下转出后，又继续被火焰烤热，就形成了一层窑皮。窑皮对保护好烧成带耐火砖、实现长期安全运转有重要的作用。按以上原理，随着窑的不断运转会形成较厚的窑皮。

根据经验，形成窑皮的条件有下述几点：

（1）物料化学成分适当，不应过分耐火，但也不应过分易烧。

（2）物料产生一定粘度的液相，并且气流、窑皮、物料三者之间的温度差要小。

进入烧成带的物料分解率要高,形成质量好的窑皮。

(3) 物料与耐火砖粘结而形成窑皮,这时不断粘结上去的物料(窑皮)应比磨蚀下来的多,能使窑皮逐渐增厚。

(4) 要经常调节喷煤管的位置使烧成带温度均匀,窑皮挂得平整。

当窑皮挂到一定厚度(一般在 100～200 mm)就可进入正常操作。挂好窑皮需要更加稳定的操作,尤其是新开窑,窑速、窑温、生料率值和窑内气氛要稳定,而且需要较长的时间,一般 3 d 时间,一层层地挂,才能使窑皮平整、牢固。

(五) 回转窑正常运行中的操作

当窑气 SO_2 浓度增加,入转化器的浓度符合要求时,即可开硫酸风机,转为正常的操作。可使下料量逐渐增加。在下料 3～6 h 后即可转入正常操作,通气到硫酸系统,同时关闭旁路烟道。2～3 d 后达到正常下料数量。

正常运行中的操作是:

要在全窑系统实行"三个固定、三个稳定、处理好三个关系,建立正常操作制度"的操作管理办法。

三个固定:即固定窑速、固定下料量、固定窑尾负压,防止经常变动,使窑内煅烧状况不紊乱。

三个稳定:即稳定窑尾温度、稳定窑气中 O_2 含量、稳定黑影位置。

处理好三个关系:即处理好窑气中 SO_2 浓度与熟料质量的关系,处理好回转窑生产与硫酸系统的关系,处理好窑与煤磨之间的关系。

建立正常操作制度:即在正常生产中,要求看火工做到一稳、二清、四勤。一稳是稳定全窑系统的热工制度。二清是清楚地掌握生料的化学成分、喂料量的多少;清楚地掌握煤粉灰分、水分、细度变化情况。四勤是勤看火、勤检查、勤联系、勤观察各仪表参数的变化。加强与有关岗位的联系,并采取措施对某些参数进行调整,在窑尾定时测量 CO、O_2、SO_2 浓度,并通知操作工,特别是刚开车时要求10 min一次。

(六) 停车操作

回转窑的停车有两种情况,即被迫停车和定检停车。

(1) 被迫停车。回转窑在运转中往往由于某种原因而被迫停车,如发现回转窑的某一部分机械有损坏,正常运转中燃料、生料供应不上,冷却机及输送设备发生故障,临时停电,突然发生烧掉耐火砖窑体被烧红、窑内结大块、烧流等,使窑被迫停止工作。

(2) 定检停车。回转窑运转一段时间后,按计划要进行检修,这时的停修称为定检停车，定检停车分大修和一般的中小修。

在定检停车操作中，中小修停车前 1～2 h 内应将喂料减到正常的 50%～70%。减料后半小时左右，再将窑速降低，拉长火焰，使生料远离烧成带，避免停车后生料跑到烧成带，影响检修和检修后的开车工作。在大修中，停车前 2 h 左右，就应直接停止喂料。

(3) 停车后的操作。为防止窑体发生弯曲，停车后每隔一定时间，间歇地将窑转 1/4～1/2 转，间隔时间长短要根据窑型大小及设备本身情况而定。窑体冷却后即停止转窑。

(七) 回转窑不正常情况及处理

在回转窑的操作中，不正常情况时有发生，严重影响生产的有结圈、掉窑皮、红窑等。

1. 硫酸盐结圈

(1) 硫酸盐($CaSO_4$)粘结的原因

① 开车时容易造成窑内强氧化气氛，部分焦炭过早被烧掉，还原剂少了，$CaSO_4$分解不完全。熔点为 1 226℃的 $CaSO_4$ 大量进入 1 350～1 450℃的烧成区发生熔化变成液相，正常状态下液相物料不超过物料总量的 25%～30%，液相成分增加，浆状物变得粘稠，造成物料粘结。

② 窑的转速太快，加速物料在窑内运动速度，部分 $CaSO_4$ 未及时分解就进入最高温度区，引起物料熔融。

③ 窑内装料负荷不足，燃煤不足，生料中的 C 和 SiO_2 含量相对降低是危险的，C 低了，还原剂少了，$CaSO_4$ 熔点低，易粘结；SiO_2 低了，CaO 就多了，熔点也降低了，临界点偏向下降趋势，易粘结。

④ 生料组成不好，Al_2O_3、Fe_2O_3、P_2O_5 碱类含量高，烧成液相出现早，物料粘而结圈。

(2) 硫酸盐粘结的特征

熟料结成非圆形的不规则状，生成的块料质脆而多孔隙，呈海绵状。熟料组成中不存在 CaO，$CaSO_4$ 含量大于 3%，长时间的氧化气氛导致窑皮及窑衬里破坏和产量下降，强氧化气氛，$CaSO_4$ 剧烈加热并熔融，引起烧成区向深处(8～10 m)退缩。

(3) 硫酸盐结圈的处理

① 禁止窑快速运行。

② 加大焦炭和燃煤量，纠正窑内强氧化气氛，恢复窑的正常气氛，结圈通常可脱落。

③ 当氧化气氛持续时间较长时应限制窑中的抽气量。如果微调可以通过加减脱气塔空气量以及一洗、二洗的水压来达到,大幅度调节则由转化风机进口阀调节。

④ 采取骤烧、骤冷以及调节煤、风、下料量等手段处理结圈。也有使用有缩口的煤粉喷嘴,火焰较短,但尖端温度较高,并使用移动喷煤枪,移动位置烧掉结圈,增加煤量,提高温度,也可使结圈熔化掉。

2. 硫化物结圈

(1) 硫化物(CaS)粘结的原因

① 窑气中氧不足而导致还原性气氛,出现另一种物料粘结。

② 还原气氛下生成二价硅酸铁,其量达到2%~4%时能使物料的熔化温度急剧降低,此时窑气中 CO_2 增高到 20%以上,O_2 含量下降到 0.5%以下,SO_2 含量急剧下降。

(2) 硫化物粘结特征

① 粘结的数量形成大块,熟料中出现不少 CaS,烧厚窑皮,造成结圈。

② 硫化物粘结不至于导致物料完全熔化。

③ 还原气氛引起的硫化物结圈都比较坚牢,消除十分困难,所以还原气氛更为有害。

④ 窑气中 SO_2 浓度急剧下降,硫酸脱气塔呈白色,升华硫出现,严重时硫酸净化堵塞。

(3) 消除硫化物结圈的方法

① 降低窑的负荷,减慢窑的转速。

② 减少喷煤量。

③ 当出现大量物料结圈又十分集中的情况下采取全部停止供料 30~90 min 的措施。

国外石膏法硫酸、水泥厂结圈烧不掉时等窑冷却后用风镐处理。亦有用水枪喷射高压水使结圈崩落。

我国科技人员和工人从长期生产实践中摸索出一些预防结圈及处理结圈的规律,出现结圈,及时处理,使回转窑长期连续运行。

3. 掉窑皮与红窑的处理方法

烧成带掉窑皮甚至红窑,是由于烧成带温度过高或火焰形状不好,使耐火砖破裂而造成的,有时因窑皮挂的质量不高,运行后脱落。

看火工除经常观察窑内窑皮的情况外,还必须定时用表面温度计检查烧成带筒体的温度。300℃左右时,没有什么危险,超过 300℃,则必须加以注意。如达到 400~600℃,在液相间可看出窑筒体呈暗红色斑点,即为红窑,当温度超过 650℃

时，斑点变为亮红，简体可能翘曲。一旦发现掉窑皮和红窑，应立即采取措施。在筒体出现变色时，可稍许减煤粉用量或改变火焰形状，移动火点位置，使窑皮补挂好。如果有直径 1 m 左右的明亮红斑，必须立即停止喂料，把料层盖在红斑上停窑，进行压补。若压补无效，只得停窑重新砌砖。

五、回转窑操作的“十看”“三动”及常见的调节方法

回转窑运转的好坏是石膏制硫酸与水泥的关键，根据石膏烧成的特点及长期生产的积累，根据“十看”判断进行操作是极为重要的。长期生产中在回转窑的操作上已总结了不少的经验，值得借鉴，保证回转窑能长期稳定运行，而且热耗低，产量高，水泥熟料标号高。

(一)“十看”的主要内容

1. 看黑影

放热反应带就是烧成带的开始，因 C_3S 生成时每千克熟料放热为 418 kJ，温度增加 100℃以上，与分解带对比有较大的温差，由于物质在不同的温度下反光性能不一样，温度较低的发暗物成为“黑影”。看黑影能判断烧成带的长度，保持液相和固相的比例。物料停留时间和温度、气氛、气浓的变化，对熟料质量起决定作用。一般熟料在 1 300～1 450℃的烧成带停留 10～15 min，黑影的位置代表回转窑的热工制度，不同的配料、料量、风量、煤量、转速，黑影有不同的位置。正常情况下，黑影位于烧成带末端，忽隐忽现，徘徊于火焰中前部。当窑速快时，来料多，或生料耐火时黑影前移，反之则后移。黑影不可在眼前或眼外，即黑影不可压窑门，以致跑料，也不可远而不见，以致过烧。特别是生料液相大时，更应抓住黑影烧，以免粘窑、结圈。要特别注意，黑影前移速度较慢时，可适量加煤，黑影前移速度较快时，料过生不可加煤硬烧，以免出升华硫，此时应降低窑速提高窑温。黑影前移说明下料增多或烧成温度下降，应减料或增加煤量，在不减料时可增加转速等。黑影在烧成带末端，部分发黑，部分发黄，黑影有结粒存在，ϕ1.6 m 窑的黑影在距窑头 3.5～4 m 处，ϕ3 m 窑的黑影在距窑头 6～12 m 处，ϕ4 m 窑的黑影在距窑头 8～13 m 处。

2. 看烧成带冒“白气”

黑影前后物料分解出大量 SO_2，出现“白气”现象。看“白气”主要看白气的位置、方向、稀浓，这表明了窑内温度、气氛、气浓及系统阻力与风量的变化情况。当窑内料由熟转生时，“白气”前移，发气量大，气浓高，窑尾降温窑头升温。气氛表现为氧量下降，如料进一步转生，甚至“黑影”压窑门时，由于分解不好，发气量小，气

浓降低，气氛表现为氧和一氧化碳同时上升，窑内同时出升华硫。窑头和窑尾温度同时下降，整个窑内开始转凉。相反，当窑内料由生转熟时，同样经历一个复杂的过程，但是只要摸清了规律，有正确的判断，就可迅速地调整，转入正常。当观察窑内“白气”迅速后倾，变为原地打旋不移动时，应考虑窑内可能结圈或窑尾预热系统及硫酸净化堵塞，阻力增长，通风不良。一般冒“白气”位置应集中到烧成带，如在冷却带冒“白气”，表明温度太低，如在火焰前冒“白气”，则表明温度太高。“白气”的位置也要根据生料的易烧性合理控制。

3. 看火焰

主要看火焰的位置、形状、颜色。正常的火焰是饱满稳定、活泼有力、颜色清亮、黑火头较短，分辨出火焰—窑皮—物料三色，白火焰较长，偏料顶料。在煅烧过程中分正常火焰煅烧、短焰急烧、高温长焰煅烧、低温长焰煅烧等。不同煅烧制度下，熟料结晶程度不同，影响熟料质量和气浓高低。当窑速快、来料多、黑影前移时，火焰被迫缩短，反之火焰被拉长；当煤质好煤粉细时，火焰短，反之火焰被拉长；当窑头温度高时火焰短，反之火焰长；当煤枪内风大、外风小时火焰短，反之火焰长。火焰短时，易导致高温集中，烧坏窑皮；火焰长时，易导致过早产生液相，造成包裹、接球，甚至结圈。火焰在发生长短变化时，窑尾温度和气氛也应发生规律性的变化。当火焰不稳软弱时，说明下煤不稳、煤质差，或窑头温度低、风道堵塞等；当火焰伸缩严重、火点发浑，说明来料多；当火焰伸不进去且窑尾负压高，窑头温度升窑尾温度降时，说明结后圈。如火焰末端红暗表明温度低，如白亮表明温度高。如其他未变而火焰变短，则表明来料多，反之变少。当料、煤正常时，火焰喷出后不稳定，有喷气现象，表明风大煤少，反之，煤多风少时，火焰软弱无力，表明有黑烟。当断煤时，说明煤仓堵塞、送煤风机故障，如跳闸、联轴器坏等；当煤多时，说明煤仓倒仓、塌煤或下煤系统电机直联。也有时出现窑头倒火现象，原因一是系统漏气严重，二是系统阻力增加。

4. 看窑皮及物料被带起的高度和翻动情况

保护窑皮很重要，是保证烧成温度，提高熟料质量和安全运行的保障，一定要经常观察，注意保持窑皮平整，并有一定的厚度。用红外线扫描仪检测筒体温度，看有无窑皮脱落。

正常时物料翻动灵活。火大时，物料被带起得高，呈片状翻动。火小时，则带起得低，以砂粒滑动。物料带起的高度以窑中心为宜。太高，表明温度高。物料翻动如颜色发白时表明温度高，当烧率值低的物料时，其翻动呈片状，颜色发白，不能认为温度高。反之，当烧率值高的物料时，生料呈粒砂滑动，也不能认为温度低，最好是用光学温度计观察温度。

5. 看窑头窑尾温度

正常生产时，窑头、窑尾温度基本稳定。在其他条件不变，头温升尾温下降时，表明来料增多、窑速快、煤质好、煤枪靠外或结球、结圈引起通风不良。反之则为尾温升头温降。生料中碳含量高尾温高。在刚开车时，温度都低，燃烧不完全，火焰不稳定，窑头喘气，加大煤量温度反而更低，还造成出升华硫，应该先提料温，窑头温度逐渐提高，再转入正常。

6. 看熟料粒度

熟料外观应符合指标要求，颗粒应细小均匀(5～20 mm)，翻滚灵活。颗粒大表明烧成温度高或气氛控制不好或生料的率值低。颗粒太小时表明温度低或率值较高。当结球透明、发亮、毛糙、疏松、蜂窝状、质轻、翻滚灵巧，则属于SO_3结球；当结球发暗、发圆、质脆、质密、黑褐色、碎后石子状，则属于CaS结球。要特别注意的是，因生料成分变化或操作不当造成窑内物料粘结成巨龙翻滚时应立即停煤减风减慢窑速，这样巨龙马上散裂成球状，杜绝堵下料瘤子造成长时间停窑的事故。

7. 看熟料产量

加料一定，熟料产量一定。如产量降低，说明有结圈或倒料等现象，如产量太高，说明硫烧出率太低。

8. 看尾气成分

尾气成分的测定极为重要，通过气体成分可判断烧成的好坏，O_2浓度高，SO_2和CO_2浓度低时，说明为氧化气氛；O_2和SO_2浓度低，CO、CO_2浓度高，则为还原气氛。正常时窑内为弱氧化气氛。看窑内气氛应结合氧表、一氧化碳表及窑尾气体成分进行判断。当窑内清晰，发气量小，结粒发亮偏大，一望很远时，证明窑内氧化气氛。有时生料中铁、铝、磷过高，硫酸钙大量被包裹，会造成碳低或氧化的假象。当窑内发浑，硫酸净化污水发白(出升华硫)，证明窑内是还原气氛。特别要注意的是，在刚开车或短时停车再开车时的提温阶段，以及正常操作中料由熟转生或由生转熟阶段，气氛都发生较大变化，容易出升华硫。在短期停窑后开车，窑内生料碳减少，物料被氧化，点火开车时，下料量应加大20%，窑速也加大20%，即快窑大料，待料到烧成带时，抓住时机慢窑提温。氧化(还原)很轻时，靠加减煤或调节窑速即可。

9. 看熟料的分析

熟料分析有f-CaO、SO_3、CaS分析，称三项分析。要求三个成分越低越好，正常时应很低，有的几乎不存在。如SO_3高，其他低，则表明氧化气氛或C/SO_3低。如CaS高，其余低，说明还原气氛或C/SO_3高。如f-CaO高，其余低，说明温度低或饱和比高，或是生料中碱、P_2O_5多造成的，如 CaS、SO_3高，f－CaO 低或三项都高，说明烧成温度低。

10. 看窑尾负压

一般窑尾负压稳定，微负压。负压升高，说明窑内气氛不良，通风不好，或有结圈现象。负压太小说明送气带有堵塞或抽气量太小。

（二）“三动”的主要内容

回转窑动煤、动风、动转速的操作，简称“三动”。

（1）动煤操作

以下情况可加煤：

① 黑影时而涌向烧成带，时而消失，不固定，或黑影前移时。

② 黑影位置不变，但无结粒（很少），黑白交界明显，不是黄黑交变。

③ 物料带起高度低，发散、暗红。

④ 火焰发散，不稳定，尾端发暗。

⑤ 烧成带或窑皮发暗。

⑥ “白气”处向前窜动。

⑦ 窑气中氧高。

当与上述情况相反时，当减煤。

（2）动风操作

以下情况增加二次风：

① 料层变厚，料量大。

② 窑尾温度降低或烧成温度集中。

③ 生料率值高，采用长火焰烧。

④ 窑皮增厚，窑内有结圈。

⑤ 氧过低。

当与以上情况相反时则减风。

（3）动窑操作

在动煤、动风不见效后，为克服大变动，应打慢窑速，同时减加料量。

① 烧成带来料不均或跑生料太多。

② 黑影位置前移，加煤加二次风无效。

③ 烧成带后有窑皮垮落时。

④ 冷却带冒大量“白气”时。

⑤ 窑尾温度上不去时。

⑥ 煤质下降或风煤配合不好，引起火焰温度低，确实不能克服的。

（三）操作中经常出现的情况和调节方法

烧成带温度正常，尾温低，说明加料增多，或水分大，减少加料。

烧成带温度正常，尾温高，说明加料减少，或水分小，增加加料。

烧成带温度低，尾温高，说明 SO_2 风机抽力大，先降低 SO_2 风机抽力。如不见效再减窑速。如果是配料中碳硫比高或氧低等还原气氛所致，应及时纠正还原气氛。

烧成带温度低，尾温低，先加煤（加一次风），其次增加 SO_2 风机抽力，最后降窑速（减料）。

烧成带温度高，尾温低，先增加 SO_2 风机抽力，其次提窑速（加料）。

烧成带温度高，尾温高，先立即提窑速（加大料量）。

六、新建工厂操作工的培训

新建石膏法硫酸水泥工厂，对回转窑的操作工的培训应作为开车生产的关键。这一关不同于石灰石水泥厂的回转窑操作。由于石膏法水泥窑的操作难度大，范围窄，经常出现一些特殊情况，还要保持弱氧化气氛，生产的窑气满足制硫酸的需要，回转窑的运转与硫酸生产紧密配合，所以在建装置时一定早考虑工人的培训。一般培养一位能独立操作、处理异常问题的窑工需要1～2年的时间。而目前有的水泥厂在开车前几个月才考虑培训，时间太晚了。因此对回转窑操作工，包括运转、看火、加料及硫酸净化、转化工人一起早准备培训，使其达到装置的试车、开车、正常生产及处理问题的要求。

七、热耗与窑气浓度、生料成分及建设投资的关系

石膏制硫酸与水泥的热耗，包括烘干热耗、煅烧热耗和多于焦炭的热量等。燃料消耗占成本的主要部分，特别是用工业副产石膏，因水分含量高，烘干耗热更大，所以工艺方法及设备的选择是重要的。另外烧成用燃料一定选热值高的，对产量和质量都有保证，反之得不偿失。表 5-8 是各种工艺不同原料热耗表。以每公斤熟料计量热耗，主要包括烘干热耗、烧成热耗以及多余焦炭的热量。图 5-10 为烧成热耗与生料成分及窑气浓度的曲线图。从图中看出，烧成热耗与生料 SO_3 成分对窑气 SO_2 浓度影响很大，生料 SO_3 成分每变化 1%则影响窑气 SO_2 浓度 0.37%。

窑气 SO_2 浓度对建设投资的影响是窑气 SO_2 浓度每变化 1%，则影响投资达 10%。所以，生料 SO_3 成分每变化 1%则影响建设投资 3.7%。因此，在设计、建设和生产中要高度重视。在下一章中再阐述。

表 5-8　不同工艺原料热耗表　　kJ/kg 熟料(kcal/kg 熟料)

工艺 能耗 阶段	含 20%～25%水磷石膏				含 3%水天然二水石膏				无水石膏		备注
	半水工艺		烧僵工艺		半水工艺		烧僵工艺		无水		
	中空窑	预热器窑	中空窑	预热器窑	中空窑	预热器窑	中空窑	预热器窑	中空窑	预热器窑	
烘　干	3 960 (950)	3 960 (950)	5 530 (1 323)	5 530 (1 323)	2 280 (540)	2 280 (540)	3 280 (780)	3 280 (780)	0	0	未计余碳 1 100 (kJ/kg)
烧　成	7 000 (1 670)	6 100 (1 460)	6 700 (1 600)	5 600 (1 340)	7 000 (1 670)	6 100 (1 460)	6 700 (1 600)	5 600 (1 340)	6 700 (1 600)	5 600 (1 340)	
合　计	10 960 (2 620)	10 060 (2 410)	12 230 (2 923)	11 130 (2 663)	9 280 (2 210)	8 380 (2 000)	9 980 (2 380)	8 880 (2 120)	6 700 (1 600)	5 600 (1 340)	

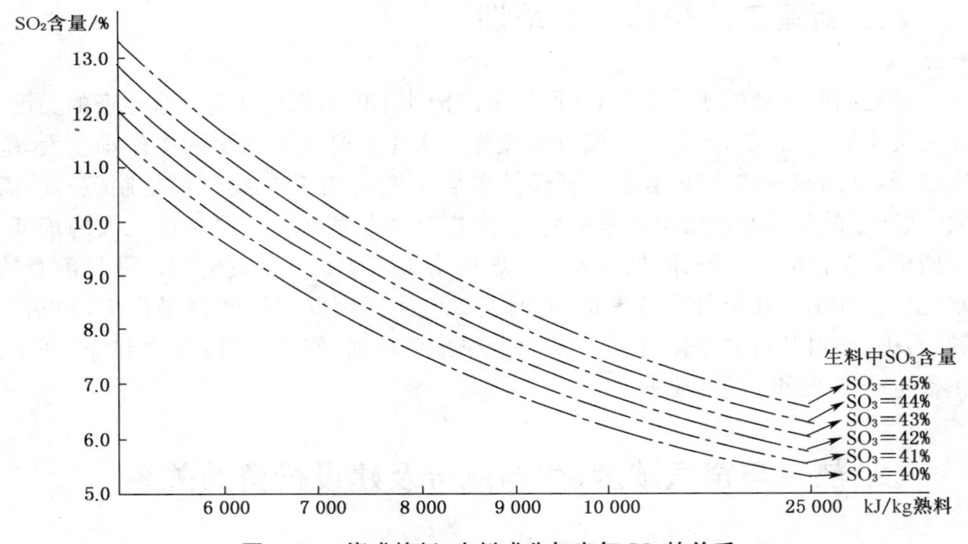

图 5-10　烧成热耗、生料成分与窑气 SO_2 的关系

八、五氧化二磷和氟对熟料烧成及性能的影响

原料中的 P_2O_5 和 F^- 对制造水泥的影响是众所周知的。20 世纪 50 年代以来，许多中外学者致力于此方面的研究，提出了关于磷固熔体、磷限量等一系列理论。

(1) 当熟料中的 P_2O_5 含量增加，C_3S 和 C_2S 减少，而 C_2S 和 C_3S 固溶体含量

有所增加，并形成多种固溶体。生料中的 P_2O_5 全部进入熟料中，在含量不大时，生料中增加 0.1% P_2O_5 熟料，C_3S 则减少 0.99%，C_2S 增加 1.1%。所以 P_2O_5 是有害成分。

熟料中 P_2O_5 含量较低时（<0.5%），可完全溶于 C_3S 和 C_2S 晶格中，熟料的早期和后期强度均较高。随着 P_2O_5 含量增加，C_3S 分解，则 C_3P 含量增加，同时 f-CaO 增加，熟料早期强度明显降低。熟料中的 P_2O_5 含量超过 2.5%后，C_3S 基本消失。当 P_2O_5 含量超过 3%时，无法烧出合格的熟料。

(2) 由于 C_2S—C_3P 固溶体形成温度较低，可使烧成过程中液相量增加较多，降低物料的熔融温度，将未分解 $CaSO_4$ 包裹，烧成进一步恶化，窑内结圈。

熟料中 P_2O_5 含量高于 0.5%对水泥熟料的性能影响较大，这对磷石膏应用是一大障碍，如石膏中 P_2O_5 含量超过 1%（二水基），则需进行原料预处理。

(3) 副产磷石膏含有少量的氟，在烧成过程中起矿化剂作用，氟含量增加不仅影响熟料煅烧过程中液相组成、数量和反应速度，而且还与多种熟料矿物质形成中间相而影响熟料性能。

(4) 水泥生料中掺入少量氟后，熟料中磷硅酸钙固溶体减少至消失。游离石灰随之降低。由于氟的掺入，水泥早期强度提高，要求熟料中 $F^- \leqslant 0.27\%$。

(5) 由于氟的加入使 P_2O_5 在熟料矿物中的分配状况改变，在高磷的石膏生料中，由于氟的存在，可改变烧成状况，提高熟料中的 C_3S，降低 f-CaO。

实践证明，氟能降低 P_2O_5 的影响，所以对磷、氟共存的熟料，不能单独以 P_2O_5 含量来估计熟料的活性。但需注意到过量的氟，在含磷熟料中形成氟磷灰石外，尚可能以以下两种形态存在：

① 固溶于 C_3S，形成 $C_{11}S_4 \cdot CaF_2$，降低硅酸三钙早期水化速率，致使凝结时间延缓，一天强度降低。

② 当熟料中 Al_2O_3 偏高或烧成温度偏低时，形成较多的氟铝酸钙（$C_4A_7 \cdot CaF_2$），而使熟料快凝或后期强度倒缩。

根据上述分析，应根据配料用石膏的 P_2O_5/F^- 比值来确定其 P_2O_5 的限量。鉴于磷石膏 F^- 含量在 0.15%左右，并考虑烘干或焙烧脱水时的遗失，故 P_2O_5 需控制在 1.0%（二水基）以下，可保证烧制出 425# 以上的硅酸盐水泥熟料。熟料中的 P_2O_5 控制在小于 2%，F^- 含量 $\leqslant 0.27\%$。

九、窑尾气体灰尘的处理

窑气中含有大量的尘，一般为 200 g/Nm²，如未除掉，既浪费原料，又给硫酸净化带来负担，并产生大量的污泥。

(一) 灰尘的化学成分

灰尘的成分与生料不同,表现在C、SiO_2、Fe_2O_3、Al_2O_3、MgO、R_2O、S的含量提高,而Ca、SO_3含量降低,颗粒小。表5-9为窑尾电收尘前后物料的成分分析和生料成分对比。

表5-9 窑尾电收尘前后物料的成分分析和生料成分对比 w(%)

	Loss	SiO_2	Fe_2O_3	Al_2O_3	CaO	MgO	SiO_3	S	R_2O	P_2O_5	F	平均颗粒直径(μm)
收尘进口	1.72	15.18	1.99	3.81	35.8	0.36	33.41	2.81	1.71	0.93	0.22	40
收尘出口	3.28	20.9	3.76	6.92	30.56	0.82	29.21	1.89	1.90	0.83	0.11	30
生　料	14	9.4	0.7	1.7	31.2	0.18	41.2	0	0.35	0.61	0.14	60

(二) 灰尘的比电阻

灰尘的比电阻见表5-10。

表5-10 窑尾灰尘的比电阻

温度(℃)	电流(μA)	电压(kV)	比电阻(Ω·cm)
110	200	1.5	7.5×10^7
180	5	2.5	5×10^9
260	5	3.8	7.6×10^9
300	18.6	4.2	2.2×10^9

(三) 窑气除尘方式

1. 重力旋风方式

此方式是窑气经过重力除尘器后进入旋风除尘,特点是流程简单、投资少、效率低、耐高温,适合于小型工厂和中空长窑。采用此方法,处理后空气含量在1~10 g/Nm^2。

2. 电收尘器

电收尘器使用广泛、可靠,除尘效率高,但耐温性差。中空长窑出口窑气温度400~550℃,所以很难使用。预热器窑气体温度在260~350℃,电收尘在制造设计上一定注意,为了提高电收尘的效率,在进电收尘器前加一级旋风除尘效果最好。经电收尘器的窑气尘含量一般小于0.2 g/Nm^2,20万t/a装置上使用2台电收尘器,运行良好,除尘效率达到99%以上。

(四) 回灰的利用

最合理的方法是窑尾除下的灰尘(称回灰),在生料制备中经计量加入到生料中,并保持生料的组分。也有的将回灰直接加入到回转窑中。经过实践表明,后一种方法对回转窑的操作很不利,因为:①回灰的成分和生料不同;②回灰量不稳定,特别是电收尘不可能连续把灰斗的灰打出;③另外对用盐石膏或含 R_2O 高的生料,注意 R_2O 的聚集,如回灰中的 R_2O 很高,回灰不可能全部利用。回灰 R_2O 高,容易造成料斗堵塞及积灰现象。

十、磷石膏 ϕ3 m×88 m 中空长窑烧成系统物料、热耗计算

我国20世纪末在几个磷铵厂配套建设了磷石膏制硫酸联产水泥装置(称“四六”工程),采用的是 ϕ3 m×88 m 中空长窑烧成系统,鲁北此系统运行了十多年,创造了良好的经济效益,培养了大批技术骨干,总结出了很多操作经验,为扩大生产规模提供了保证。根据生产实际,对烧成系统进行物料和热量进行衡算。

(一) 使用燃料:煤

1. 工业分析 w(%)

W^f	A^f	V^f	C^f	θ_{WD}	细度%
2.15	17.56	28.47	51.82	25 493 kJ/kg	7.2

2. 元素分析 w(%)

W^f	A^f	H^f	N^f	S^f	C^f	O^f
2.15	17.56	3.10	0.54	1.10	68.17	7.38

(二) 原料 w(%)

	Loss	SiO_2	Fe_2O_3	Al_2O_3	CaO	MgO	SO_3	S^{2-}	P_2O_5	F^-	Σ	C	f-CaO
生料	11.74	10.81	1.02	1.61	31.19	0.26	40.23	—	0.86	0.14	97.72	4.53	—
熟料	−1.04	22.83	2.39	3.94	65.12	0.59	0.28	0.06					1.11
煤灰		54.16	13.59	21.28	3.70	1.36	4.33				98.42		
回灰	3.37						31.09	1.01				3.77	

(三) 熟料中煤灰分掺入量 4.11%计

设窑灰为生料量的 8%,则为 0.16 kg/kg 生料。

设热耗为 7 524 kJ/kg，过剩空气量 1.119。

(四) 物料平衡

以 1 kg 熟料计。

1. 收入物料

(1) 煤耗　　$G^m = x$ kg/kg $= 7\,524/25\,493 = 0.295$ kg/kg

(2) 料耗　　$G_C^C = G_{理} + G_{飞}$

① 理论料耗

$$G_{理} = [\{100 - [a + SO_3^K + 2.5(S^{2-})^K]\}/[100 - (SO_3{}^C + L_{生烧})]$$
$$= [100 - (4.11 + 0.28 + 2.5 \times 0.06)]/[100 - (40.23 + 11.47)]$$
$$= 1.987\,5 \text{ kg/kg}$$

a 为燃料中煤灰掺入量,SO_3^K、$(S^{2-})^K$ 为燃料中 SO_3、S^{2-} 含量,$SO_3{}^C$生料中 SO_3含量,L 烧失量。

② 飞灰相当生料量

a. 煅烧基窑灰量

$$G_h{}^y = G_{飞}^y[(100 - SO_3^y - 2.5\ S^{2-} - L_{飞烧})/100]$$
$$= 0.16[(100 - 31.09 - 2.5 \times 1.01 - 3.37)/100]$$
$$= 0.100\,8 \text{ kg/kg}$$

b. 掺入窑灰的煤灰量

$$G_{煤}^y = G_h^m - a = 17.56\%x - 0.041\,1 = 0.062\,5$$

c. 飞灰相当生料量

$$G_{飞}^y = (G_n^y - G_{煤}^y)[100/(100 - SO_3{}^L - L_{烧})]$$
$$= (0.100\,8 - 0.175\,6x + 0.041) \times [100/(100 - 40.23 - 11.74)]$$
$$= 0.187\,5 \text{ kg/kg}$$

③ 实际料耗

$$G_C^C = 1.987\,5 + 0.295\,4 - 0.365\,6x = 2.282\,9 - 0.365\,6x$$
$$= 2.095 \text{ kg/kgk}$$

④ 生料中完全分解量 $G_{SO_3}^{k+y}$是熟料和飞灰中的 SO_3量,G_S^{k+y}是熟料和飞灰的 S^{2-}量和

$$G_{CaSO_4}=\{G_C^C\cdot SO_3\%-[(G_{SO_3}^{k+y}+G_{S^{2-}}^{k+y})(M_{SO_3}/M_{S^{2-}})]\}(M_{CaSO_4}/M_{SO_3})$$
$$=\{2.095\times0.4023-[(0.0028+0.0497)+(0.0006+0.0016)](80/32)\}(136/80)$$
$$=\{0.8428-0.058\}(136/80)=1.334\ \text{kg/kg}$$

⑤ 剩余碳量

$$G_{余灰}^C=G_C^C\cdot C\%-\{G_{CaSO_4}\cdot(M_C/2M_{CaSO_4})+[G_S^{k+y}\cdot2(M_C/M_{S^{2-}})]\}$$
$$=2.095\times0.0453-\{1.334\times[12/(2\times136)]+[(0.0006+0.0016)\times2(12/32)]\}$$
$$=0.0949-(0.0588+0.00165)=0.0344\ \text{kg/kg}$$

(3) 用空气量

$$G^B=(V_O^B+V_{余}^B-V_{灰}^B)\alpha\cdot\gamma_B$$

① 煤燃烧理论空气量

$$V_O^B=V^m\cdot G^m=6.6876\times0.295=1.9728\ \text{Nm}^3/\text{kg}$$

② 剩余 C 燃烧用空气量

$$V_{余}^B=G_{余}^C(M_{O_2}/M_C)(1/\gamma_{O_2})(100/21)$$
$$=0.0344\times[(32\times100)/(12\times1.429\times21)]$$
$$=0.3056\ \text{Nm}^3/\text{kg}$$

③ 窑灰中炭燃烧时用空气量

$$V_{灰}^B=G_{\Sigma C}^y(M_{O_2}/M_C)(1/\gamma_{O_2})(100/21)$$
$$=0.16\times3.77\%[(32\times100)/(12\times1.429\times21)]$$
$$=0.0536\ \text{Nm}^3/\text{kg}$$

④ 空气需要量

$$\alpha=1.119(1.9728+0.3057-0.0536)\times1.293$$
$$=3.219\ \text{kg/kg}$$
$$=2.4896\ \text{Nm}^3/\text{kg}$$

$$\sum 收入=0.295+2.095+3.219=5.609\ \text{kg/kg}$$

2. 支出物质

(1) 熟料　　$G^C=1\ \text{kg/kg}$

(2) 窑灰量　　$G_{飞} = 0.16\ kg/kg$

(3) 废气量　　$G^{废} = G^{废}_{料} + G^{废}_{煤} + G^{废}_{过} + G^{废}_{余炭} - G^{废}_{灰}$

① 生料产生废气为 $G^{废}_{料} = G_{H_2O} + G_{SO_2} + G_{CO_2}$

$$G_{H_2O} = G^C_C(0.35Al_2O_3\% + G^C_{水}\%) = 2.095 \times (0.35 \times 0.0161 + 0.066)$$

$$= 0.150\ kg/kg$$

$$G_{SO_2} = G_{CaSO_4} \cdot (64/136) = 1.334 \times (64/136) = 0.6278\ kg/kg$$

$$G_{CO_2} = G^C_C \cdot C^C\%(M_{CO_2}/M_C) = 2.095 \times 0.0453 \times (44/12)$$

$$= 0.3480\ kg/kg$$

$$\therefore G^{废}_{料} = 0.150 + 0.6278 + 0.3480 = 1.1258\ kg/kg$$

② 煤燃烧生成废气量

$$G^m_{煤} = G^m_{SO_2} + G^m_{CO_2} + G^m_{N_2} + G^m_{H_2O}$$

$$G^m_{SO_2} = G^m_C \cdot S\% \cdot (64/32) = 0.295 \times 1.10\% \times 2 = 0.00649\ kg/kg$$

$$G^m_{CO_2} = G^n \cdot C\% \cdot (44/12) = 0.295 \times 68.17\% \times (44/12) = 0.7373\ kg/kg$$

$$G^{m'}_{N_2} = G^m \cdot N\% = 0.295 \times 0.54\% = 0.00159\ kg/kg$$

$G^m_{N_2} = G^{m'}_{N_2} + G_{燃烧用}$(燃烧煤后剩下的 N_2)

$$G_{燃烧用} = V^B_O \cdot 79\% = 1.9728 \times 79\% = 1.5585\ Nm^3/kg = 1.948\ kg/kg$$

$$G^m_{N_2} = 1.948 + 0.00159 = 1.9497\ kg/kg$$

$$G^m_{H_2O} = G^m[W^f + H^f(18/2)] = 0.295[2.15\% + 3.10\%(18/2)]$$

$$= 0.0886\ kg/kg$$

$$\therefore G^{废}_{煤} = 0.00649 + 0.7373 + 1.9497 + 0.0886 = 2.782\ kg/kg$$

③ 过剩空气产生废气

$$G_{过} = V^B_O(\alpha - 1)\gamma_B = 1.9728(1.119 - 1) \times 1.293 = 0.3035\ kg/kg$$

其中

$N_2 = 0.2398\ kg/kg$　$O_2 = 0.0637\ kg/kg$

④ 生料中剩余碳燃烧生成的 N_2 量

$$G^{N_2}_{余碳} = 0.79 \times V^B_{余} \cdot \gamma_{N_2} = 0.79 \times 0.3057 \times 1.2505 = 0.3020\ kg/kg$$

$V^B_{余}$ 是剩余的 C 燃烧用空气量。

⑤ 窑灰炭相当的废气量

$$G^{废}_{灰} = G^y_{CO_2} + G^y_{N_2}$$

即（未烧的炭生成 CO_2 量及未烧炭燃烧用 N_2 量）：

$$G_{CO_2}^y = G_{\sum C}^y (M_{CO_2}/M_C) = 0.16 \times 3.77\%(44/12) = 0.022\ kg/kg$$

$$G_{N_2}^y = 0.79V_{余灰}^B \cdot \gamma_{N_2} = 0.79 \times 0.0536 \times 1.2505 = 0.0529\ kg/kg$$

$$\therefore G_{灰}^{废} = 0.022 + 0.0529 = 0.0749\ kg/kg$$

$$\therefore G_{废} = 4.4384\ kg/kg$$

$\sum = 5.5984$ kg/kg，其他为 $5.609 - 5.5984 = 0.0106$ kg/kg。

废气组成如下：

	生料中的	煤粉烧的	过剩空气中	剩余炭相当 N_2	窑灰中相当 O_2、N_2	合　　计	
CO_2	0.348	0.737 3			−0.022	1.063 0 kg/kg	0.541 Nm^3/kg
SO_2	0.627 8	0.006 49				0.634 3 kg/kg	0.222 Nm^3/kg
N_2		1.949 7	0.239 8	0.302 0	−0.052 9	2.438 6 kg/kg	1.95 Nm^3/kg
O_2			0.063 7			0.063 7 kg/kg	0.044 6 Nm^3/kg
H_2O	0.15	0.088 6				0.238 6 kg/kg	0.296 9 Nm^3/kg
	1.125 8	2.782	0.303	0.302 0	−0.074 9	4.438 5 kg/kg	3.054 8 Nm^3/kg

成分组成为：

CO_2　17.71%

SO_2　7.27%

N_2　63.83%

O_2　1.46%

H_2O　9.72%　密度：$\gamma = 1.453\ kg/Nm^3$

去掉水分后：总体积为 $2.7579\ Nm^3/kg = 4.20\ kg/kg$，$\gamma = 1.523\ kg/Nm^3$

CO_2　19.62%

SO_2　8.05%

N_2　70.71%

O_2　1.62%

表 5-11　物料平衡表

收　入　(kg/kg)			支　出　(kg/kg)		
1. 煤	0.252	4.78%	1. 熟料	1	18.99%
2. 生料	2.191	41.62%	2. 飞灰	0.16	3.04%
3. 空气	2.821	53.59%	3. 废气	4.054	77.01
			4. 其他	0.05	0.35
合计	5.264	100%	合计	5.264	100%

（五）热平衡

收入热：

（1）煤燃烧热：$\theta_1 = 0.295 \times 6\,099 \times 4.18 = 7\,520$ kJ/kg

（2）煤显热：$\theta_2 = 0.295 \times 0.26 \times 4.18 \times 23 = 7.37$ kJ/kg

（3）生料显热：$\theta_3 = 2.095 \times 0.26 \times 4.18 \times 23 = 52.36$ kJ/kg

（4）空气显热：$\theta_4 = 2.489\,6 \times 0.31 \times 4.18 \times 23 = 74.19$ kJ/kg

（5）剩余炭燃烧：$\theta_5 = 8\,100 \cdot G^{C}_{余} = 8\,100 \times 0.034\,4 \times 4.18 = 1\,164.71$ kJ/kg

$\sum = 8\,818.64$ kJ/kg

支出热：

（1）熟料形成热：$\theta'_1 = 3\,020$ kJ/kg

（2）尾气带走热：$\theta'_2 = 3.054\,8 \times 0.324 \times 4.18 \times 450 = 1\,861.73$ kJ/kg

（3）熟料带走热：$\theta'_3 = 1 \times 0.2 \times 130 = 26$ kJ/kg

（4）飞灰中炭的化学能：$\theta'_4 = G^{y}_{C} \cdot q_C = 0.006 \times 8\,100 \times 4.18 = 204.23$ kJ/kg

（5）飞灰带走热：$\theta'_5 = 0.16 \times 0.318 \times 450 \times 4.18 = 95.70$ kJ/kg

（6）散热换走：x

则$\sum = 5\,207.66 + x$　则　$x = 3\,610.9$ kJ/kg，占 40.1%

生产中散热为回转窑和冷却机等。

散热 $\theta = \alpha F \Delta t$，$\alpha$ 为 kJ/(m^2·h·℃)，Δt 温差，F 为面积。

窑筒散热：$\theta_1 = \alpha_1 F_1 \Delta t_1$

$$\alpha_1 = 4.18 \times (3.5 + 0.062 \times 217) = 70.87 \text{ kJ/(m}^2 \cdot \text{h} \cdot ℃)$$

对 ϕ3 m × 88 m 窑：

$$\therefore\ \theta_1 = 70.87 \times 1.15 \times 3 \times 3.14 \times 88(217 - 30)$$

$$= 12\,633\,842 \text{ kJ/h} = 1\,804.83 \text{ kJ/kg}$$

对 ϕ2 m × 18 m 冷却机：$\theta_2 = \alpha_2 F_2 \Delta t_2$

$$\alpha_2 = 4.18(3.5 + 0.062 \times 334) = 101.2 \text{ kJ/(m}^2 \cdot \text{h} \cdot ℃)$$

$$\theta_2 = 101.2 \times 1.15 \times 2 \times 3.14 \times 22 \times (334 - 20)$$

$$= 5\,048\,825.1 \text{ kJ/h} = 721.15 \text{ kJ/kg}$$

其他散热为：$3\,610.9 - 1\,804.83 - 721.15 = 1\,084.92$ kJ/kg

表 5-12 热平衡表 kJ/kg 熟料

收入热			支出热		
(1) 煤燃烧	7 520	83.23%	(1) 熟料形成热	3 020	38.90%
(2) 煤显热	7.10	—	(2) 尾气带走	1 861.73	24.11%
(3) 生料显热	52.36	0.68%	(3) 熟料带走	26.5	0.34%
(4) 空气显热	70.19	0.91%	(4) 飞灰炭化学能	204.5	2.65%
(5) 余炭燃烧热	1 164.71	15.09%	(5) 飞灰带走	95.4	1.24%
(6) 煤＋焦炭合计	7 589.70	98.32%	(6) 散热损失	3 611.2	(41.6%)32.76%
合计	8 819.36	100%	合计	8 819.36	100%

表 5-13 尾气成分 %

	CO_2	SO_2	N_2	O_2	H_2O	γ (kg /Nm³)	N (m³/kg 熟料)	热 耗
实际的	17.93	8.42	61.63	1.52	10.47	1.47	2.760	煤:7 520 kJ/kg
干燥的	20.02	9.40	68.78	1.70	—	1.546	2.473	焦炭:1 164 kJ/kg

用同样的计算，烧成采用预热器窑后，尾气温度为 320℃ 时，热耗为 6 120 kJ/kg 熟料，生料含碳为 4.53%，SO_3 为 40.33%。计算出尾气数据如下表：

表 5-14 尾气成分 %

α	CO_2	SO_2	N_2	O_2	H_2O	γ (kg /Nm³)	N (m³/kg 熟料)	热 耗
1.119	12.12	9.97	58.02	1.49	12.12%	1.49%	2.337	6 120 kJ/kg(焦炭中 1 215)

第六章

硫酸制备

石膏制硫酸工艺和硫铁矿制酸工艺很相似，只因石膏法窑气成分与矿酸不同而存在差别，主要分净化、干吸、转化三个工序。

石膏制硫酸窑气成分的特点是：

(1) 窑气尘量大，而微溶于水，主要为 $CaSO_4$，窑出口为 150～200 g/Nm^3，一般除尘后达 1 g/Nm^3，用电收尘后为 0.2 g/Nm^3。

(2) SO_3 含量少，一般为 0.04%～0.1%。

(3) SO_2 含量偏低，而存在大量 CO_2，中空窑 SO_2 7%～9%，预热器窑 10%左右，而 CO_2 为 15%～19%。

(4) 窑气中含有少量的升华硫、硫化物和 CO 等。CO 含量为 0.2%～0.4%，H_2S 为 0.1%～0.5%，CaS 为 0.05%，CS_2 极少。

(5) 窑气中含有碳氢化合物和氮氧化物，窑气中的碳氢化合物为生料中的 1%左右，NO_x 含量为 10～100 mg/Nm^3。

(6) 窑气中含有较多水分，半水工艺为 10%～15%，烧僵工艺为 5%左右。

(7) 用磷石膏时窑气含有 F^-，约为 0.01%～0.1%(50～100 mg/Nm^3)。

(8) 窑气基本不含砷、硒等。

以上特点对制硫酸有一定的影响，在设计与操作中必须注意。

一、窑气净化

净化的目的是降低窑气温度，除去窑气中的尘、酸雾(SO_3 造成)、S、F^- 等有害成分。由于石膏法窑气的特点，降温、除尘、除升华硫是关键，以保证干吸酸平衡和系统阻力不增加。净化岗位一定和烧成紧密联系，减少升华硫的出现。

1. 主要净化流程

(1) 文—文—间—电水洗流程

窑气依次经过第一文氏管、第二文氏管、间接冷却器、电除雾器，在二文中加冷水，二文出口水去一文，间冷器冷却水用循环水。山东无棣 7 500 t/a 实验装置采用此流程。其特点是流程简单、耗水量大、污水量大(8～10 t/t 酸)，适合小规模装置。

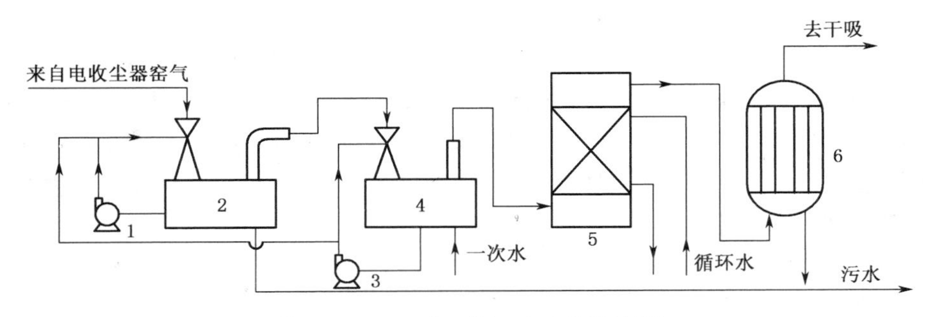

图 6-1　文—文—间—电水洗流程图

1. 一文循环泵　2. 第一文丘里洗涤塔　3. 二文循环泵　4. 第二文丘里洗涤塔　5. 间接冷凝器　6. 电除雾器

(2) 文—泡—间—电酸洗流程

窑气依次经过文丘里洗涤、泡沫塔、间接冷却器、电除雾器。

在此工艺中文丘里循环酸浓度 1%～2%,泡沫塔酸浓度 0.5%～1%。该工艺在山东枣庄天然石膏法使用,特点是工艺简单、水耗降低,但稀酸浓度低、排污量大、每吨硫酸排稀酸 4 t,适合中小规模装置。山东枣庄 2 万 t/a 天然石膏制硫酸厂,文丘里 ϕ0.4 m,泡沫塔 ϕ1.7 m,间冷器 451 m^2,电除雾器 120,管 5.89 m^2,进文丘里温度 350℃,出电除雾器温度 330℃。

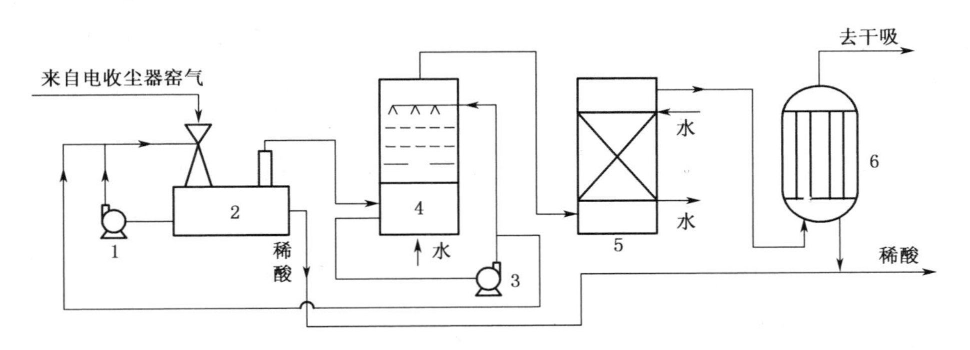

图 6-2　文—泡—间—电酸洗流程图

1. 文丘里洗涤塔循环泵　2. 文丘里洗涤塔　3. 泡沫塔循环泵　4. 泡沫塔　5. 间冷器　6. 电除雾器

(3) 文—泡—电水洗流程

此流程是以上两种流程的结合,特点是流程简单,一次水温要低,污水量大,适合中小规模装置,“四六”工程基本采用此流程,即进一文窑气尘 13 g/Nm^3,温度 460～500℃,污水量 12.8 t/t 酸,触媒每年筛一次,文丘里 ϕ0.6 m,泡沫塔为 ϕ2.120 m×5.863 m,电除雾器为 216 管。此工艺要求工艺水温度低。

(4) 空塔—洗涤器—电酸洗流程

窑气经空塔、洗涤塔、电除雾器，是目前矿酸中常用的流程，特点是流程较简单可靠，稀酸量少。鲁北 20 万 t 石膏制酸采用，稀酸量为 0.6～1 t/t 酸，洗涤塔内装填料；空塔为 ϕ5.94 m×15 m，洗涤塔 ϕ5.6 m×14.8 m，电除雾器 ϕ6.22 m×12.7 m、330 管 2 台，空塔循环泵 $Q = 550\ m^3/min$，$H = 30\ m$，洗涤塔泵 $Q = 220\ m^3/min$，$H = 37\ m$。

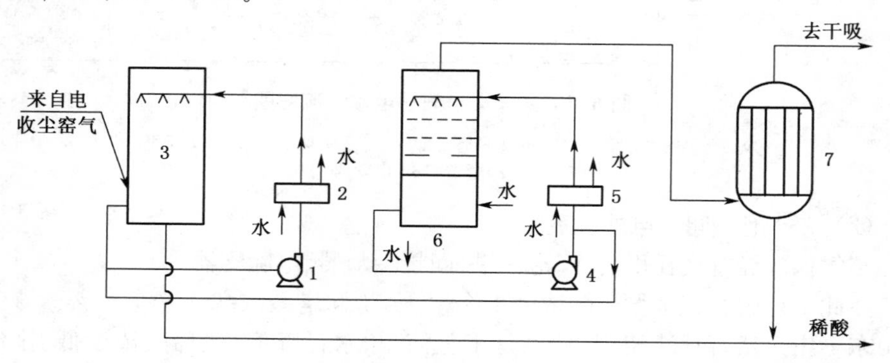

图 6-3　空塔—洗涤器—电酸洗流程图

1. 稀酸循环泵　2. 酸冷却器　3. 空塔　4. 稀酸循环泵　5. 冷却器　6. 洗涤塔　7. 电除雾器

德国考斯维希厂也采用类似的流程，但它不设稀酸冷却器，绝热蒸发，在洗涤塔内加 15～20℃深井冷水喷淋，为水洗流程，进入空塔窑气温度 360℃，尘含量 0.1 g/Nm^3，出塔为 60℃，出洗涤塔温度为 25～30℃，出空塔污水温度 55～60℃，脱气后 SO_2 为 0.1 g/t，污水量 10～11 t/t 酸，去中和处理。

波兰维佐夫厂采用了空一空一洗涤塔一电半绝热蒸发水洗流程。第一空塔和第二空塔不设稀酸冷却器，洗涤塔采用冷却排管冷却稀酸，在洗涤塔内补充新鲜水，第一空塔出口 60℃，洗涤塔出口 20～32℃，一空淋洒密度 8 $m^3/(m^2 \cdot h)$，二空为12 $m^3/(m^2 \cdot h)$，洗涤塔为 7 $m^3/(m^2 \cdot h)$，污水量 11 t/t 酸。该流程特点是流程复杂、投资大、污水量大，不宜采用。

(5) 空—间—电酸洗流程

窑气依次通过空塔、间冷器、电除雾器。本流程较简单，投资少，稀酸量少，为 1 t/t 酸。进空塔温度 380℃，出塔温度为 68℃，出间冷器温度为 33℃，出电除雾器温度为 30℃。

2. 电除雾器爆炸的可能性分析

由于回转窑的操作在弱氧化气氛中进行，而且生料中也含有 C，所以窑气中有 CO 存在，根据某大学做的爆炸实验中得出结论，发生爆炸的范围是 $CO \geqslant 10\% \sim 12.5\%$，$O_2 > 4\%$，两条件同时存在，在有火花时发生爆炸。德国的考斯维希厂 20

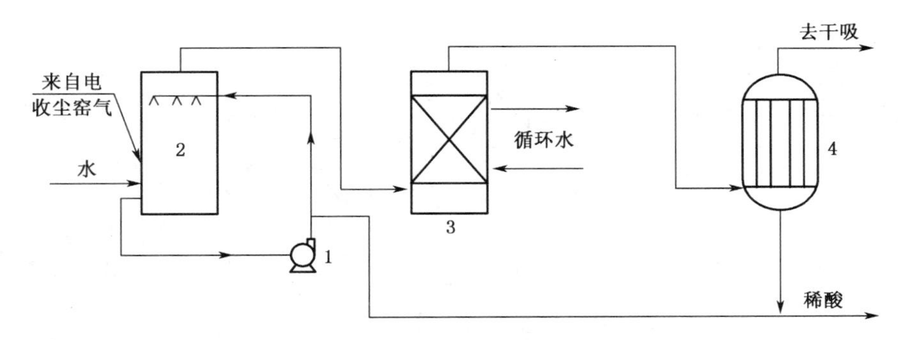

图 6-4　空—间—电酸洗流程图

1. 稀酸循环泵　2. 空塔　3. 间冷器　4. 电除雾器

世纪 60 年代曾发生过一次，我国未发生过。但是在操作中一定注意，在不正常事故状态下，发现 CO 增高，应立即将电除雾器停电。

3. 净化、吸收中 $CaSO_4$ 含量及治理问题

(1) 在一般情况下 SO_2 浓度为 7.5%，进净化气量为 3 137 Nm^3/t 酸。当进净化气中含尘 5 g/Nm^3，尘中 70%为 $CaSO_4$ 时，进净化的 $CaSO_4$ 为 $3\,137 \times 0.05 \times 0.7 = 11$ kg/t 酸。在 65℃时 $CaSO_4$ 在稀酸的溶解度为 2.24 kg/m^3，即 0.2%。污水排取量为 12.8 t/t 酸，设全部溶解时，污水带走 $12.8 \times 2.24 = 28.7$ kg/t。污水带走的 $CaSO_4$ 大于进入净化系统的 $CaSO_4$ 则不会结垢，而且污水中 $CaSO_4$ 一般只有 35%～45%溶于水中，所以一般情况下洗涤液不会 $CaSO_4$ 溶解饱和。

(2) 当采用电除尘器时，设电收尘效率为 99%，则进净化尘含量为 0.18 g/Nm^3，采用酸洗流量排废酸量为 1 t/t 酸，也不会结垢。

二、干燥、吸收

(一) 流程

干吸工序是干燥和吸收两部分，首先将窑气用 93%硫酸干燥(去掉水分)进转化器，转化后的气体在吸收塔用 98%硫酸吸收，使 $SO_3 + H_2O \rightarrow H_2SO_4$。由于两种塔结构相同安排同一位置，干吸工艺流程与铁矿法和硫黄法也基本相同。采用一级干吸塔，吸收塔配合转化工序，分两转两吸或一转一吸。如果窑气 SO_2 浓度低采用一转一吸，SO_2 浓度高采用两转两吸。一转一吸因转化率低而尾气中 SO_2 高，需增加尾气吸收装置。

一般流程如图 6-5 所示。

20 万 t/a 石膏法硫酸干吸设备参数：

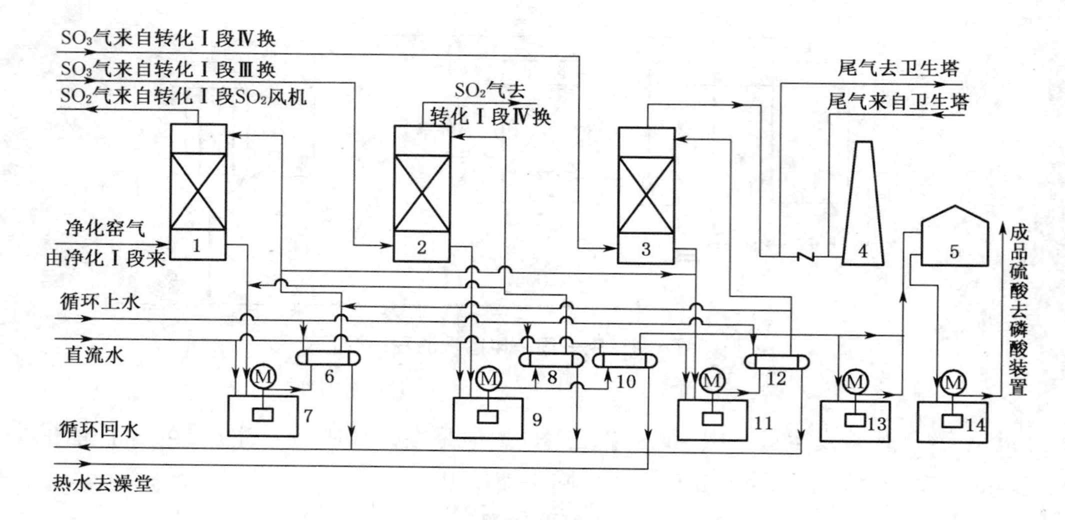

图 6-5 两转两吸干吸流程图

1. 干燥塔 2. 中间吸收塔 3. 最终吸收塔 4. 排气筒 5. H_2SO_4 储藏 6. 干燥塔酸冷却器 7. 干燥塔酸循环槽泵 8. 中吸塔酸冷却器 9. 中吸塔酸循环槽泵 10. 成品酸冷却器 11. 终吸塔酸循环槽泵 12. 终吸塔酸冷却器 13. 浓 H_2SO_4 地下槽 14. H_2SO_4 地下槽

干吸塔 $\phi5.758$ m×16.4 m，循环槽 $\phi7.8$ m×2.48 m，V 为 106 m^3，干燥冷却器 515 m^2，中间冷却器为 340 m^2，最终冷却器为 120 m^2，循环泵 $Q = 570\ m^3/min$，$H = 27$ m。

（二）石膏制硫酸与水泥窑气干吸的特点

（1）窑气中含有 C_mH_n，成分为丙烷、丁烷及不饱和烃类，经转化后温度升高，与 O_2 反应生成水蒸气，一般为 1～15 g/Nm³，最后形成酸雾，腐蚀设备，尾气冒白烟。

（2）窑气中有 NO_x，对酸雾形成起推动作用。

（3）窑气中不饱和烃与干燥酸结合使干燥酸着色，通过串酸，使硫酸产品呈茶色。

（三）鉴于以上特点，要求注意以下几点

（1）采取高温吸收，因含水蒸气的转化气骤冷而发生空间冷凝形成酸雾，采用高温吸收使冷却速度缓慢，减慢传热速度，减少酸雾形成量。考斯维希厂进吸收塔气温为 200～220℃，吸收塔进酸温度 80℃，出口塔酸温 110℃。

（2）严格控制焦炭中的挥发分，必须小于 5%。波兰维佐夫焦炭中挥发分为

8%,尾气中 SO_3 达 8 g/Nm^3,白烟滚滚。

(3) 增加预热效果,使挥发分早燃烧掉,如中空长窑选窑长大一些,预热器窑也要比中空长窑好一些,但也要注意。林茨在未改预热器前窑长只有 70 m,烟囱冒白烟,我国峄城装置窑长 55 m,尾气冒浓烟,都是窑的长度小了。

(4) 必要时,烟囱进口加除雾器,但投资提高了。

三、转化工序

硫酸的转化是指干燥后的窑气在转化器中催化剂作用下 SO_2 与 O_2 结合成 SO_3。硫酸转化分一次转化和二次转化,即干燥后的窑气依次通过转化器各段触媒后 SO_2 转化为 SO_3,到吸收塔制成硫酸,称为一次转化,称一转一吸流程。窑气经过转化器部分段触媒后到吸收塔 SO_3 吸收后,出来的气体再到转化器的另几段触媒再次转化,转化后到第二吸收塔吸收成硫酸,由于气体是分二次转化、二次吸收称两转两吸。两种方法的特点是:两转两吸转化率吸收率高,投资大(转化率＞99.5%,吸收率＞99.95%),一转一吸则相反(转化率＜95%,吸收率＜99.5%)。两转两吸后尾气可直接排放,一转一吸则设尾气吸收装置。

(一) 常见的流程

1. 三段外部换热式

设三段触媒,外置换热器,如图 6-6。特点是流程简单、投资少、占地少、转化率低,用于小型装置。

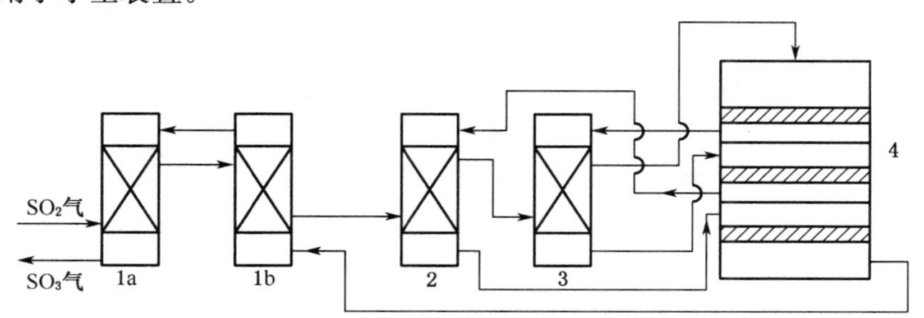

图 6-6　三段外部换热式流程图

1a. 三段出口换热器(冷热器)　1b. 三段出口挽回热器(冷热器)　2. 二段出口换热器(中热器)　3. 一段出口换热器(热热器)　4. 转化器

2. 三段半转化流程

见图 6-7,分四段触媒(或三段半),即将三段触媒分成二层中间加内部换热器。其余为外部换热器,适合于中小规模 SO_2 浓度低的工厂。中国的"四六"工程采用了此流程。

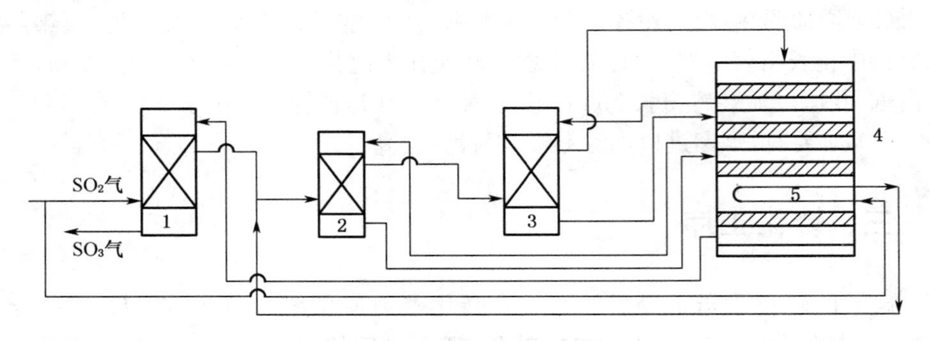

图 6-7　三段半转化流程图

1. 冷热器　2. 中热器　3. 热热器　4. 转化器　5. 内热器

转化率为 99.5%，转化器为 ϕ5.2 m×15.65 m，冷热器面积 1 120 m^2×2，中热器为 462 m^2，热热器为 416 m^2，内热器为 80 m^2。

3. 空气冷凝式

为了提高进转化器的 O_2/SO_3 比，将转化器分两段，每段两层触媒，两层间用空气冷激。见图 6-8。冷热换热器内 3 台串联，1 台热热换热器。此工艺转换率较高，德国考斯维希厂采用，转化器为 ϕ6 m×10.95 m，触媒量 58 m^3，一段为(12.6+8.6)m^3，二段(14.6+22.4)m^3，进转化器 SO_2 6.5%，一段转化率 81%～95%，二段转化率 96.5%。

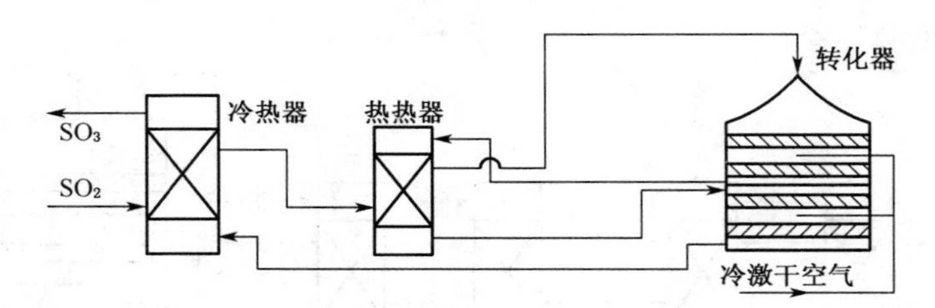

图 6-8　空气冷凝式流程图

4. 两段六层内部、外部换热式

由奥地利林茨化工厂使用，六层触媒，窑气经过换热后先进设在最下端的第一层，出一段后进热热交换器后从转化器上部进第二层至第六层，每层间设热交换器冷却，转化气经两台并联的外部冷热换热器去吸收塔。转化器为 ϕ7 m×13.5 m，触媒量为 83.3 m^3，转化率为 97%，硫酸产量 200 t/d。该流程的特点是转化率高、换热面积大、投资大。见图 6-9。

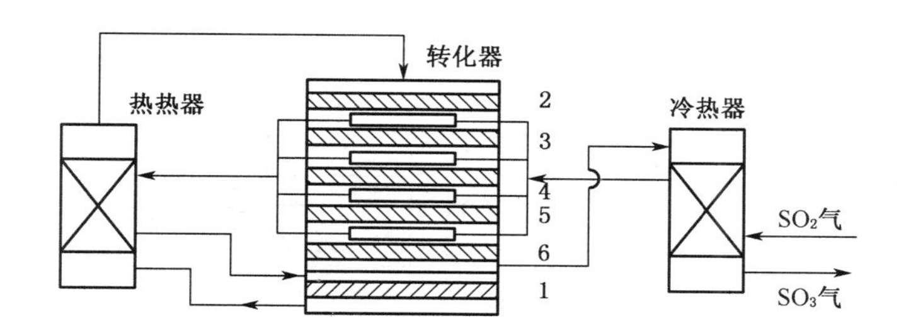

图 6-9 两段六层内部、外部换热式流程图

5. 两段外部换热式

波兰维佐夫使用的二段八层外部换热式，第一段设三层触媒，第二段设五层，窑气依次经过冷热器、中热器、热热器进入转化器，依次为 1～3 层。出一段后经热热器进第二段触媒 4～8 层，经中热、冷热器后去吸收塔。转化器为 $\phi 4.8$ m×11.5 m，产量 156 t/d，特点是触媒层数较多、工艺复杂。见图 6-10。

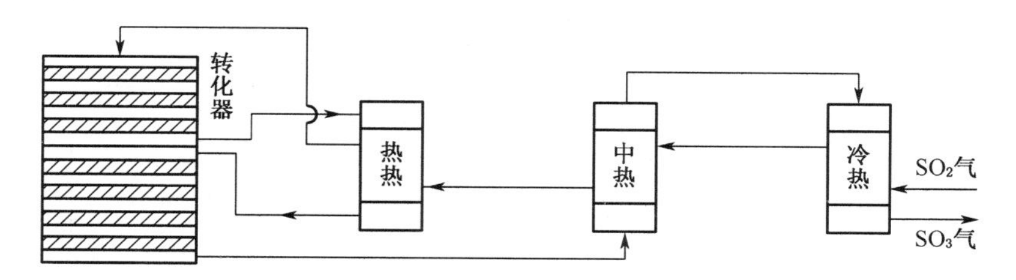

图 6-10 两段外部换热式流程图

6. 四段外部换热式

图 6-11 的转化流程为鲁北 20 万 t 石膏制硫酸装置使用，由于采用预热器窑，SO_2浓度提高，采用了二转二吸工艺，1999 年投产，硫酸产量 700～780 t/d，转化率为 99.5%，第一次转化率为 82%～90%，吸收率为 99.95%，转化器 $\phi 10.5$ m×19.2 m，触媒量 164 m^3，Ⅰ换 1 760 m^2，Ⅱ换 1 802 m^2，Ⅲ换两台，Ⅴ换两台，风机为 $Q = 2\ 600\ m^3/min$，$H = 37.5\ kPa$。

(二) 石膏制硫酸转化参数

由于石膏法窑气 SO_2浓度低，并含 CO、H_2S、F、C_mH_n、CO_2 等有害杂质，为了保证热平衡，转化工序换热面积和触媒用量都较大。表 6-1 是各国硫酸转化参数。从表中看出：硫铁矿制酸换热面积一般为 16～17 m^2/dt 酸，石膏制酸的换热

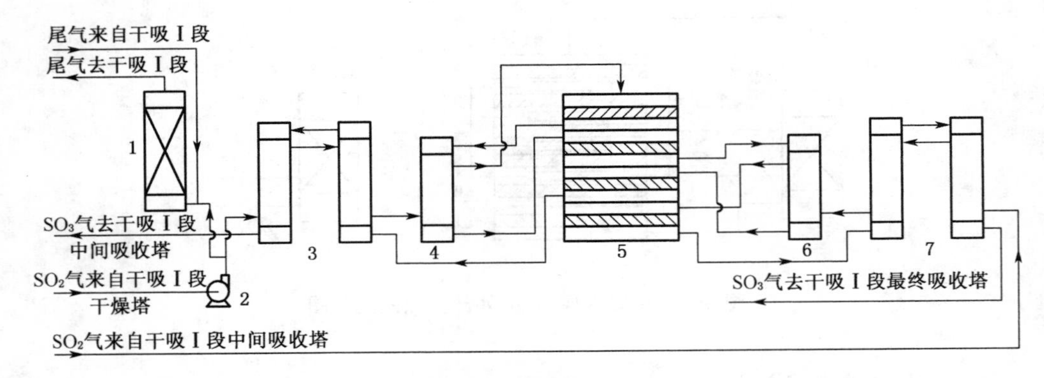

图 6-11　四段外部换热式流程图

1. 卫生塔　2. SO_2 鼓风机　3. 第Ⅲ换热器　4. 第Ⅰ换热器　5. 转化器　6. 第Ⅱ换热器　7. 第Ⅳ换热器

面积比矿酸>30%，增加了投资。同时转化工序的保温措施也极为关键，以减少热损失。

表 6-1　各工厂石膏制硫酸转化参数

工厂	规模(t/d)	入转化气浓度(%)	转换率(%)	换热面积(m^2)	触媒用量(m^3)	形　式
Wizow	156	5.5	90	3 557(22.8)	39(250)	一转一吸
Wolfen	160	5.0	96.5	3 888(24.3)	40(250)	一转一吸
Coswig	200	6.5	96.5	4 000(20.0)	54(290)	一转一吸
中国四六	150	5.9	95.7	3 105(20.7)	38(250)	一转一吸
鲁北示范	700	7.0	99.5	15 712(22.44)	163(232)	两转两吸
Linz	200	6.5	97	4 000(20)	69(347)	一转一吸

注：上表中换热器面积带括号内数单位为 m^2/dt 酸，触媒用量括号内数单位为 L/dt 酸。“四六”指国内年产 4 万 t 石膏制硫酸联产 6 万 t 水泥工程。

(三) 碳氢化合物对转化系统的影响

进入转化器的气体中含有碳氢化合物 C_mH_n，主要是丙烷与丁烷等，对矾触媒的活性无明显的影响。产生的 C_mH_n 是由回转窑内焦炭和煤中所带入，如窑长度足够大时可大部分烧掉，但仍有少量(约 1%)进入到窑气中，在净化系统中不可能全部除去，进入转化器后与 O_2 反应生成水，增加了反应后 SO_3 的露点温度，使冷热交换器出现冷激酸，造成腐蚀，换热器管堵塞，放空尾气中出现大量酸雾，污染环境，表 6-2 为窑气中水蒸气含量对应的露点温度。

表 6-2 水蒸气含量对应的露点温度

H_2O 含量 (V/V)	0.01	0.03	0.05	0.07	0.1	0.12	0.15	0.20	0.25	0.30	0.40	0.50	0.75	1.00	1.25
露点温度 (℃)	103	121	131	138	146	149	154	161	165	170	177	182	192	199	205

考斯维希厂焦炭挥发分含量高，干吸塔出口水分 0.1 g/Nm^3，转化气中 H_2O 达到 5～10 g/Nm^3，为进转化器的 50～100 倍，造成大烟放空，并出现冷激酸。

(四) CO 对转化系统的影响

窑气中的 CO 不但在电除尘和除雾器中易发生爆炸，同时对 SO_3 的转化也会有影响。

$$CO + SO_3 \longrightarrow SO_2 + CO_2 + 184.70\ kJ/mt \quad ①$$

$$CO + \frac{1}{2}O_2 \longrightarrow CO_2 + 282.993\ kJ/mt \quad ②$$

① 式在 700 K 自内能变化为－188 594　900 K 为－189 703

② 式在 700 K 自内能变化为－222 208　900 K 为－204 836

从自由能变化看，以上两式的可能性很大，实验中也得知①式的反应确实存在。由于①式作用使石膏制硫酸转化率后移，并使第一层转化气温偏高，使 CO 反应的结果带来附加温升。

温州化工厂用明矾还原烧制水泥时曾出现大量 CO，使第一层触媒出口温度达到 720℃，烧坏了触媒与箆子板，而当时气浓只有 6%。

一般认为 CO 与 SO_3 反应在第一层触媒中进行得很完全，当进转化器 SO_2 浓度为 5.0%～5.5%时，窑气中 CO 为 0.5%，一般出口附加温升 18℃，当 CO 为 1%时，温升达 36℃，这是一个不小的数字。

总之，石膏窑气的特点对制硫酸的影响归纳到表 6-3 中要按其危害采取相应的措施。通过分析及研究得知，石膏窑气随 SO_2 浓度偏低，完全可以生产工业硫酸。

表 6-3 窑气杂质对制硫酸的影响

杂质	对净化	对转化	对吸收	含　量(%)	在净化中清除情况	备注
HF	有害	有害	无害	0.01～0.022(0.1 g/Nm^3)	<1 mg/Nm^3	以 F 计
SO_3	无害	正常范围无害	无害		<0.03 g/Nm^3	以 H_2SO_4 计
H_2S	无害	无害	无害	0.118～0.674	部分清除	

续　表

杂质	对净化	对转化	对吸收	含量(%)	在净化中清除情况	备注
CO_2	无害	无害	无害		不能	
CO	正常范围无害	正常范围无害	无害	0.32～0.56	不能	
COS	无害	无害	无害	0.043 6～0.065	部分清除	
CS_2	无害	正常无害	无害	0～0.056 3	不能	
NO	无害	无害	有害	0.009～0.014(平均 0.11)	少部分清除	
H_2	无害	正常范围无害	极有害	0.003～0.028 7 (平均 0.014)	不能	
C_nH_m	无害	正常范围无害	极有害			
粉尘	有害	有害	无害		<1 mg/Nm^3	
S	有害	正常范围无害	无害	10 mg/Nm^3	<1 mg/Nm^3	

(五) 窑气浓度对投资、消耗气量及抽风机风量的影响

在第五章熟料烧成七中，热耗与生料成分、窑气浓度、建设投资的关系已阐明过，并得知，生料中 SO_3 含量每改变 1%，窑气浓度改变 0.37%，当窑气浓度改变 1%，建设投资改变 10%，所以生料中 SO_3 每改变 1%，对硫酸装置的投资影响 3.7%。表 6-4、表 6-5、表 6-6 是窑气 SO_2 浓度与风机抽气量、窑气消耗量及投资的对应关系，其影响是比较大，特别是对硫酸装置影响最大。

表 6-4　窑气 SO_2 浓度对投资的影响

窑气 SO_2浓度	9	8	7	6
对投资的影响(%)	100%	109%	119%	133%

表 6-5　不同 SO_2 浓度下窑气消耗量(一转一吸)

窑气 SO_2浓度	9	8	7	6	10.2(二转二吸)
窑气消耗量(Nm^3/t 酸)	2 614	2 940	3 360	3 927	2 276

表 6-6　不同 SO_2 浓度抽气量表

窑气 SO_2浓度	O_2/SO_2	补入空气N(m^3/t 酸)	进转化器 SO_2(%)	进转化器总气量 N(m^3/t 酸)
6	1.27	1 329	4.5	5 250
7	1.27	1 344	5.0	4 704
8	1.27	1 352	5.5	4 292
9	1.27	1 360	6.0	3 974
10.2	1.0	948	7.2	3 224(二转二吸)

从以上可知窑气浓度对硫酸消耗窑气量和风机风量的影响较大，窑气 SO_2 从 9%下降 6%，每吨酸耗气增加 50%，风机风量增加 32%，投资增加 33%。每吨酸窑气消耗量 $G=1\ 000\times21.9/98\times SO_2\%\times A\times B\times C$ Nm^3/t 酸。A：净化率 98%～99%，B：转化率 95%～96%，C：吸收率 99.95%。

目前转化工序新型设备、新技术被广泛利用，并且大型化，效果明显，在以后的石膏法硫酸设计中可以应用。

四、产品质量

用石膏生产的硫酸达到国家标准 GB/T534—2002 工业硫酸的标准。上面已讲过，因窑气中含不饱和烃，在干燥中使硫酸着色，经过串酸，最终使产品呈茶色。

本章主要是介绍石膏法硫酸生产工艺指标，与硫铁矿、硫黄制硫酸的特点及注意的关键点。常用的技术及方法不再阐述。石膏硫酸开停、检修维护和传统方法基本相同。

2009 年第 29 届全国硫酸技术交流会和 2009 年全国硫酸行业第 17 届年会上，国内外硫酸技术开发机构、科研部门和硫酸生产企业介绍了很多先进技术，有的已应用并取得显著的效益，特别是低温位余热回收技术、耐酸钢转化器、中高温吸收技术、新型换热器和酸冷却器、新型分酸器、新型触媒（催化剂）和耐酸材料等都可以用于石膏制硫酸装置。美国 Monsanto 公司、德国 Lurgi 公司、加拿大 Chemetics 公司、瑞典及国内很多的公司都有良好业绩。石膏制硫酸要吸收这些先进技术，使该技术更先进，促进石膏制硫酸的发展进步。

第七章

水 泥 制 造

石膏生料烧制的水泥熟料为硅酸盐熟料，用此熟料加入不同的混合材生产出不同的水泥，生产水泥的要求严格执行国家水泥标准。一般讲石膏法水泥熟料生产普通硅酸盐水泥、粉煤灰水泥或矿渣水泥。最普遍的是生产普通硅酸盐水泥，即普硅水泥。

一、石膏法水泥熟料组成的特点

(一) 天然石膏或脱硫石膏

(1) 与石灰石水泥熟料一样以 C_3S 为主，呈六角板柱状，晶体尺寸较大，易受液相溶蚀，有较多的包裹物。

(2) C_2S 存在形式多样化。

a. 正常的熟料以 α—βC_2S 为主，二次 B 矿也常见。

b. 还原气氛时以树叶状、破布状 B 矿为主，有 A 矿分解的 B 矿并有较多的 CaS 出现。

c. 氧化气氛中，出现较多的硫硅酸二钙($2C_2S \cdot CaSO_4$)，呈菱形状，尺寸规格不一。

(3) 熟料中间相少于石灰石熟料，仅占 10%～20%，烧成液相偏少，不均匀，C_3A、C_4AF 不像石灰石熟料那样清晰可辨。

(4) 有少量 CaS 存在。在还原气氛强时，有大量 CaS，以灰白色圆粒状为特征，反射色较强。

(5) 有少量 $CaSO_4$ 存在和少量的 f - CaO。在强氧化气氛中 $CaSO_4$ 存在多。

(二) 磷石膏水泥熟料组成的特点

除有天然石膏的特征外，还有：

(1) 存在磷硅酸固溶体($2C_2S \cdot C_5P$)。

(2) 在 C_3S 的包裹中存在 P_2O_5、F 的矿化作用，使包裹物增多。

二、石膏法熟料与石灰石熟料矿物组成的差异

石灰石熟料中 Al_2O_3 为 5%～10%，Fe_2O_3 为 4%～6%。

石膏熟料中 Al_2O_3 为 3%～6%，Fe_2O_3 为 2%～4%。

以上形成的原因在石膏法水泥对生料的要求已说明，不再论述。

表 7-1　不同原料的熟料组成(%)

原料	窑类	C_3S	C_2S	C_3A	C_4AF	C_3S+C_2S	C_4A+C_4AF	CaS	SO_3	P_2O_5	F
石灰石	回转窑	40～60	15～32	4～11	10～18	72～78	20～24				
石灰石	立　窑	38～55	20～35	4～9	10～17	70～76	20～24				
磷石膏	回转窑	35～45	30～35	7～9	4～6	65～80	11～15	0.5～2	0～2	<2	<0.3
天然石膏	回转窑	35～50	25～30	9～12	8～11	60～80	17～24	0.5～2	0～2		

三、水泥制造工艺

水泥熟料和一定量的混合材及缓凝剂(石膏)配合后进入磨机，磨制成粉状即为水泥。图 7-1 为常用的水泥粉磨工艺流程：来自各贮库的熟料、混合材、石膏分

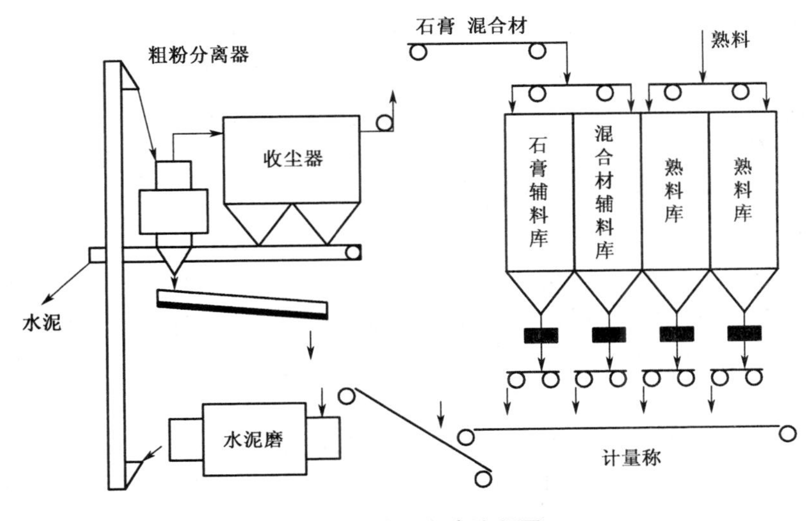

图 7-1　水泥粉磨流程图

别经各自皮带秤计量后混合进入球磨机内，出磨机后进入粗粉分离器，粗粉返回磨机在粉磨，细粉经收尘器收下即为水泥成品送入贮存包装。

图 7-2 为普遍采用的水泥贮存和包装，此工艺与石灰石熟料粉磨工艺无特别之处，不再详述。

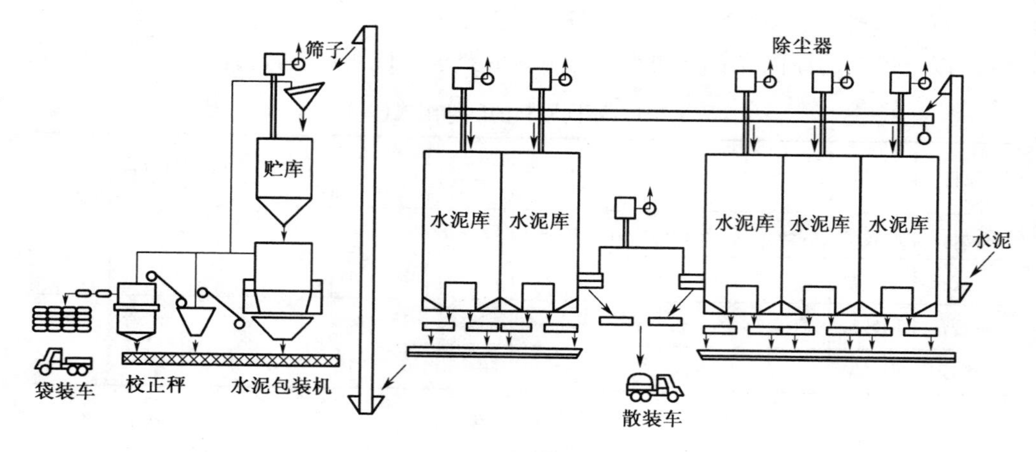

图 7-2　水泥贮存与包装流程图

四、石膏法水泥产品的特征

由于石膏法水泥的组成和石灰石法不同，其水泥产品也有不同。

(1) 早期强度低，后期强度大，受温度影响大，是熟料中 C_3S、C_4AF 及 C_2S 含量少所致。磷石膏熟料还含有 P_2O_5、F，影响更大。其中温度对早期强度的影响更大，温度低，早期强度更低，对冷季施工不利。

(2) 水泥的均匀性差。这是由于石膏法烧成反应机理复杂，物质形成变化快，熟料组成波动大，所以石膏法水泥在产品均化上更要加强，保证质量的均匀。

(3) 水泥成品颜色变化大。石膏法水泥中存在 CaS、SO_3、$C_4A_7 \cdot CaF_2$、$C_{11}S_4 \cdot CaF_2$ 和 C_3P 等物质，其水化后呈不同深色的灰色、绿色和黑色，施工后发生不同地方颜色不一致的情况。同时硫化物对钢筋有腐蚀作用，对建筑物有一定影响。

(4) 颜色浅。生产时可配深颜色的混合材，如煤灰、钢渣等。

(5) 磷石膏是从磷酸中过滤出来的，含微酸性，含碱量很低，可生产低碱水泥，做大型工程如大坝、港口、机场、隧道等使用。

但是磷石膏水泥熟料有重金属和放射性元素，从我国各厂生产的情况分析数据，全部都达到国家标准，但是必须高度重视。

(6) 水泥质量符合国家标准 GB175—2007 通用硅酸盐水泥的要求。

近几年我国水泥技术发展迅速，达到国际领先水平，主辅机开发了较先进的技术，在控制自动化方面也发展较快。在生料配置、烘干、烧成、水泥粉磨等方面有很多突破，并且全部大型化，这些新技术完全用于石膏制水泥装置上促进该技术的发展。

第八章

原材料、燃料及动力消耗

一、石膏制硫酸与水泥物料平衡图

以二水磷石膏为例(游离水为 25%),以生产 1 t 熟料为准。以 20 万 t/a 生产装置的数据为依据,物料平衡见图 8-1。

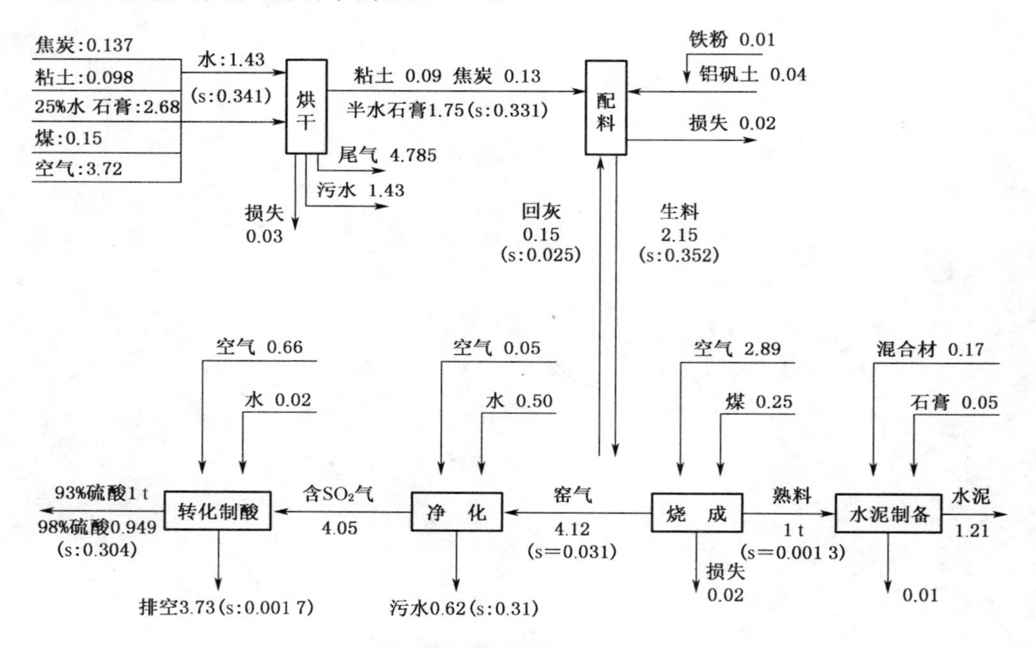

图 8-1 磷石膏制硫酸与水泥物料平衡图

注:干物料机械损失 1%,硫酸净化收率 99%,转化率 99.5%,吸收率 99.95%

(1) 配料用原燃料化学成分(见表 8-1)

表 8-1 w(%)

成分	Loss	SiO_2	Al_2O_3	Fe_2O_3	CaO	MgO	SO_3	P_2O_5	F	K_2O	Na_2O	Cl^-	$\sum$
半水石膏	9.78	7.42	0.12	0.06	34.09		47.25	1.09	0.19	0.02	0.05	0.019	100
粘 土	10.42	60.53	11.68	5.17	6.25	2.85				1.27	1.58	0.025	

续　表

成分	Loss	SiO_2	Al_2O_3	Fe_2O_3	CaO	MgO	SO_3	P_2O_5	F	K_2O	Na_2O	Cl^-	$\sum$
铝土	16.36	32.08	48.94	1.99	0.54	0.09							
铁粉	1.79	22.40	5.21	65.68	3.90	1.02							
焦炭	76.71	12.64	5.37	3.75	1.13	0.42							
煤灰		55.03	21.62	13.81	3.76	1.38	4.40						
焦炭灰		53.98	22.98	16.04	4.83	1.79							99.03

（2）烧成煤元素分析（见表 8-2）

表 8-2

	C	H	N	S	O	$\sum$	Q_{yw}
w%	68.17	3.10	0.54	1.10	7.58	80.29	25 498 kj/kg

二、生产单项消耗

图 8-1 中，使用磷酸过滤出的二水磷石膏（含游离水 25%）制硫酸与水泥，每生产 1 t 熟料，同时生产近 1 t 硫酸。表 8-3 为单位硫酸和熟料单项消耗，表 8-4 为单位水泥单项消耗。

表 8-3　硫酸熟料单位消耗表（以每吨硫酸和熟料计）

名　称	单　位	数　量	说　明
石膏	t	2.1	以二水石膏为准
焦炭	t	0.14	
粘土	t	0.1	
煤	t	0.40	Q=25 000 kJ/kg（实物量）
电	kW·h	184	
水	m^3	4	
触媒	kg	0.1	
循环水	m^3	200	循环使用
铝土	t	0.04	

表 8-4 水泥单位消耗表(以每吨水泥计)

名 称	单 位	数 量	说 明
熟料	t	0.82	
混合材	t	0.15	以普硅为准
石膏	t	0.03	
电	kW·h	38	
水	m^3	0.5	
钢球	kg	0.3	

第九章

生产过程中的“三废”治理

一、生产过程中的主要污染源

1. 硫酸装置

利用石膏制取水泥的窑气为原料生产硫酸。净化工段将产生酸性废水，还有少量地坪冲洗水，干吸工段产生含 SO_2 及 SO_3 的废气，污水处理站产生少量废渣，部分设备产生噪音。

2. 水泥装置

利用石膏及焦炭、粘土等辅助材料，分解 SO_2 窑气和水泥熟料。水泥装置对环境污染主要是生产过程中产生的粉尘、噪音、废气和少量废水。其粉尘产生于物料破碎、输送、储存、粉磨、煅烧、水泥包装等生产过程。

二、“三废”的处理和利用

1. 废渣利用

石膏制硫酸与水泥生产过程中，各热风炉的渣子是很好的混合材，完全可能全部使用。污水处理站沉降过滤出固体为石膏，其中 $CaSO_4$ 占 90%左右，完全返回生料配制全部用掉，在生产中全部应用，此工艺中无废渣排放。

2. 废水处理与利用

硫酸净化中有稀硫酸排出，每吨产品数量为：酸洗流程为 0.5～1 t/t，水洗流程为 15 t/t。酸洗流程稀酸中含：SO_3 为 6%～8%，SO_2 为 1 g/L，$\overline{SS}$ 为 4.6 g/L，用磷石膏时还含 F 2.3 g/L。水洗流程中浓度降低。

使用磷石膏做原料时，烘干尾气氟吸收塔出部分含氟废水，数量为1.5 m^3/t，废水中含 F 为 0.05 g/L，$\overline{SS}$ 为 1 g/L，SO_3 为 0.02 g/L。

其他为事故和冲洗地面形成的污水，数量很少。

含氟废水和稀硫酸进入处理站，用石灰中和后形成 $CaSO_4$ 和 CaF_2 的混合物，沉降过滤出固体为石膏，其中 $CaSO_4$ 占 90%左右，完全返回生料配制全部用掉，过滤出的中水，用于硫酸生产，无废水排出。一般大型装置，硫酸工序出稀酸 0.5～1 t/t，磷石膏为原料时烘干污水 1.5 m^3/t，处理后的中水中 F＜10 mg/l，$\overline{SS}$＜200 mg/l，pH＝6～9，中水全部回用生产工艺中，无废水排放。

3. 废气处理

(1) 硫酸吸收塔排气：窑气经过硫酸净化、转化和吸收后，剩余的 N_2、CO_2、O_2 及微量的 SO_2 排出，每吨熟料尾气量 3.8 t，密度 1.35 kg/Nm^3，只有 0.000 8 t S 排出。20 万 t 工厂每年排出 340 t SO_2。尾气 SO_2＜600 mg/Nm^3，酸雾＜5 mg/Nm^3，F＜0.4 mg/Nm^3，NO_x＜4 mg/Nm^3。

(2) 烘干废气：烘干一般石膏和辅助材料时采用电收尘器收尘后排放，每吨产品数量为 3.8～4.5 t/t，只有在烘干磷石膏时废气中有少部分 F，设氟吸收塔，一般情况下，排空尾气中 SO_2＜12 mg/Nm^3，F＜5 mg/Nm^3，NO_x＜4 mg/Nm^3，尘＜50 mg/Nm^3。

(3) 水泥磨、生料磨及各仓入口设的扬尘点收尘设备，主要是粉尘，用电收尘器或袋式收尘器处理，排空气体尘含量＜50 mg/Nm^3。

表 9-1、表 9-2 为年产 20 万 t 磷石膏制硫酸 30 万 t 水泥污染物排放及治理情况。

表 9-1 硫酸装置污染物排放情况及治理措施一览表

名 称	污染物来源	排放方式	数量及组成	治理措施	排放标准	最终向	备注
一、废气	最终吸收塔	连续	气体量：80 000 Nm^3/h 其中：SO_2 48 kg/h 600 mg/Nm^3 气温：75℃	两转两吸，60 m 烟囱排放。 SO_2 48 kg/h 600 mg/Nm^3	SO_2 0.6 g/Nm^3	大气	
二、废水	净化排出污水	连续	污水量：14m^3/h 其中：H_2SO_4 8%，F 2.99 g/L	送污水处理车间，干吸工序	pH6～9	回用	
	地面冲洗水	间断	水量：5～25m^3 pH3～5	污水处理站中和处理	pH6～9	回收利用	
	事故排水	间断	漏酸事故污水 90 m^3 1%H_2SO_4	污水处理站中和处理	pH6～9	回收利用	
三、酸泥	污水处理站	连续	20 t/h 其中： $CaSO_4 \cdot 2H_2O$ 占 15% $CaSO_4$ 3 t/h CaF_2 350 kg/h	送水泥装置再做原料		水泥装置	
四、噪声	SO_2 鼓风机	连续	105～125 dB(A)	采用吸音措施	≤75 dB(A)		

表 9-2 水泥装置废气排放及除尘设施一览表

序号	系统名称	含尘气量 (m^3/h)	排气温度 (℃)	扬尘点 (个)	除尘器					排出口高度 (m)	排气形式
					名称及规格	台数	入口浓度 (g/Nm^3)	出口浓度 (mg/Nm^3)	效率 (%)		
1	磷石膏烘干机	300 000	120	1	Ⅰ级 旋风除尘器 Ⅱ级 电除尘器	2	70	<50	99.8	40	达标
2	半水库顶	4 000×4	常温	4	袋式收尘器	1	20	50	99.8	30	达标
3	半水石膏库底	3 500×8	常温	8	袋式收尘器	1	20	50	99.8	30	达标
4	辅料烘干	35 000	120	1	Ⅰ级 旋风除尘器 Ⅱ级 电除尘器	1	60	50	99.8	30	达标
5	原料粉磨	5 500	80	1	高压静电除尘器	1	20	50	99.8	35	达标
6	生料均化储存	1 050×5	50	5	布袋收尘器	2	50	50	99.8	30	达标
7	煤粉制备	35 000	125	1	布袋式收尘器	1	70	50	99.8	30	达标
8	煤破碎	5 500	常温	1	袋式收尘器	1	30	50	99.8	15	达标
9	混合材烘干	10 000	120	1	Ⅰ级 旋风除尘器 Ⅱ级 电除尘器	1	60	50	99.8	30	达标
10	熟料破碎	2 000	50	1	袋式收尘器	1	30	50	99.8	15	达标
11	熟料库顶	4 000×4	常温	4	袋式收尘器	2	20	50	99.8	30	达标
12	水泥粉磨	11 000	100	1	袋式收尘器	1	60	50	99.8	25	达标
13	水泥库顶	4 000×5	常温	5	袋式收尘器	1	20	50	99.8	30	达标
14	水泥包装	1 100×4	常温	4	袋式收尘器	5	25	50	99.8	40	达标
15	水泥散装	5 000	常温	1	袋式收尘器	1	25	50	99.8	40	达标
16	物料输料	3 000×8	常温	8	单机除尘器	8	30	50	99.5	15～20	达标

综上所述，石膏制硫酸与水泥，消耗水电资源少，三废排放少，使用化学石膏（如磷石膏、脱硫石膏）更是一个变废为宝的环保技术。同时节约了石灰石和硫铁矿资源的开采，有很强的生命力。

第十章

烧成预热系统物料、热量计算

一、原始数据的设定及计算结果

(一) 原始数据

(1) 生产方法及工艺路线:采用“三级旋风+一级立筒”预热器,在第一级预热器出口设旋风除尘器的干法回转窑工艺。

(2) 规模:日产熟料 672 t,年产 20.16 万 t,产量为 28 t/h。两条窑生产。

(3) 运转天数:300 d。

(4) 原料及辅料(见配料计算)

烧成煤元素分析见表 10-1。

表 10-1

	C	H	N	S	O	$\sum$	Q_{yw}
$w\%$	68.17	3.10	0.54	1.10	7.58	80.29	25 498 kJ/kg

(二) 设定数据及计算结果

1. 生料入预热器温度 50℃
2. 回灰入预热器温度 200℃
3. 煤粉入窑温度 50℃
4. 空气参数:

(1) 温度 20℃

(2) 相对湿度 60%

(3) 入窑一二次比例 20%∶80%

5. 入窑过剩系数 1.08
6. 出转窑熟料温度 1 150℃
7. 出回转窑尾气带飞灰量 0.3 kg/kg·k
8. 出冷却机熟料温度 200℃
9. 出预热器气体温度 340℃

10．旋风收尘器的效率 85％

11．电收尘器收尘效率 97％

表 10-2　设定参数及计算结果汇总

序　号	项　　目	单　　位	数　　值	说　　明
1	熟料产量	t/h	28	
2	理论料耗	kg/kg・k	2.187	
3	实物料耗	kg/kg・k	2.215 2	672 t/d
4	烧成热耗和煤耗	kJ/kg	6 145	
		kg/kg	0.241	
5	系统各部分的空气过剩系数 α 及负压	α (mmH_2O)		
	窑尾烟室出口		1.08,(20)	
	4# 筒出口		1.17	
	3# 筒出口		1.23	
	2# 筒出口		1.31	
	1# 筒出口		1.39,(350)	
	收尘器出口		(500)	
	电收尘出口		1.48	
6	各部分温度、气速、气量	℃	温度	气量(Nm^3/h)
	烟室出口		880	34 605×2
	烟室斜坡		880	
	4# 筒出口及管道		715	36 661×2
	3# 筒出口及管道		609	38 894×2
	2# 筒出口及管道		493	41 413×2
	1# 筒出口及管道		340	44 317×2
	除尘器出口			
	热风机出口			46 531×2
	电收尘入口		320	
7	除尘效率	%		
	4# 筒		70	
	3# 筒		80	
	2# 筒		80	
	1# 筒		92	
	除尘器		80	
	电收尘器		97	
8	物料温度	℃		
	入 1# 生料		50	
	入窑生料		650	
	1# 飞灰		320	
	煤粉		50	
	出冷却机熟料		200	

二、配料计算

(一) 计算过程

1. 配料用原燃料化学成分(见表 10-3)

表 10-3　w(%)

成分	Loss	SiO_2	Al_2O_3	Fe_2O_3	CaO	MgO	SO_3	P_2O_5	F	K_2O	Na_2O	Cl^-	$\sum$
半水石膏	9.78	7.42	0.12	0.06	34.09		47.25	1.09	0.19	0.02	0.05	0.019	100
粘土	10.42	60.53	11.68	5.17	6.25	2.85				1.27	1.58	0.025	
铝土	16.36	32.08	48.94	1.99	0.54	0.09							
铁粉	1.79	22.40	5.21	65.68	3.90	1.02							
焦炭	76.71	12.64	5.37	3.75	1.13	0.42							
煤灰		55.03	21.62	13.81	3.76	1.38	4.40						
焦炭灰		53.98	22.98	16.04	4.83	1.79							99.03

熟料率值为 $KH=0.83$，$n=3.44$，$P=2.73$，热耗 6 145 kJ/kg 熟料。

2. 熟料化学成分

设 $\sum CaO + Al_2O_3 + SiO_2 + Fe_2O_3 = 93\%$

$\therefore \Delta KH = 0.70SO_3 + 1.75S'' + 1.17P_2O_5 + CaO/2.8SiO_2 = 0.08$

$KH = KH' - \Delta KH$——KH'为只有四种矿物存在时的饱和比

$\therefore KH' = KH + \Delta KH = 0.82 + 0.08 = 0.9$

$\therefore Fe_2O_3 = \sum/(2.8KH'+1)(P+1)n + 2.65P + 1.35$

$= 93/(2.8\times0.9+1)(2.13+1)\times3.44 + 2.65\times2.13 + 1.35$

$= 2.07$

$Al_2O_3 = P\times Fe_2O_3 = 2.13\times2.07 = 4.41$

$SiO_2 = n(Al_2O_3 + Fe_2O_3) = 3.44\times(4.41+2.07) = 22.29$

$CaO = \sum - (Fe_2O_3 + Al_2O_3 + SiO_2) = 93 - (2.07+4.41+22.29) = 64.23$

3. 熟料中煤灰粉入量(利用电收尘，煤灰落率取 $S=1.0$)

$G_A = qA^+ S/Q_{DW}\times100 = 6\,145\times17.56\times1.0/25\,498\times100 = 4.23\%$

4. 熟料中焦炭分量

设石膏带入熟料中 CaO 量为 63.6%，碳硫比为 0.695

$G_J = G_{CaO}\cdot12\cdot A^f n/56C^f = 63.6\times12\times23.29\times0.695/56\times70.96 = 3.11\%$

5. 计算干燥原料中的配合比

以 100 kg 为准，采用递减法，见表 10-4。

表 10-4

计算步骤	SiO_2	Fe_2O_3	Al_2O_3	CaO	其他	备 注
要求熟料组成 −3.11 kg 焦炭	22.29 1.69	2.07 0.5	4.41 0.72	64.23 0.15	7 0.06	
差 −4.23 kg 煤灰	20.60 2.33	1.57 0.58	3.69 0.91	64.08 0.16	6.94 0.06	
差 −186.5 kg 磷石膏	18.27 13.84	0.99 0.11	2.78 0.22	63.12 63.58	6.88 2.03	半水石膏加 CaO 63.92/34.09×100=187.5 kg
差 −4.83 kg 粘土	4.43 2.92	0.88 0.25	2.56 0.53	0.34 0.30	4.85 0.29	粘土 4.43/60.53×100 = 7.32 kg
差 −4 kg 铝土	1.51 1.28	0.63 0.08	2.00 1.96	0.04 0.02	4.56 0.00	铝土 2.00/48.94×100 = 4.09 kg
差 −0.8 kg 铁粉	0.23 0.19	0.55 0.55	0.04 0.04	0.02 0.03	4.56 0.01	铁粉 0.55/65.68×100 = 0.84 kg
差	0.04	0	0	−0.01	4.55	
偏差不大，基本合理						

焦炭实际用量＝ 63.58 × 12 × 0.695/56 × 0.709 6 = 13.34 kg

因此各种原料配比如下：

半水石膏　186.5/(186.5＋4.83＋4＋0.84＋13.34) = 186.5/209.51 = 89.01%

粘　　土　4.83/209.51 = 2.31%

铝　　粉　4/209.51 = 1.91%

铁　　粉　0.84/209.51 = 0.40%

焦　　炭　13.34/209.51 = 6.37%

6. 计算生料的化学成分 *w*(%)及率值

表 10-5 原料组成及生料化学成分　　*w*(%)

成分	配比%	Loss	SiO_2	Al_2O_3	Fe_2O_3	CaO	MgO	SO_3	P_2O_5	F^-	K_2O	Na_2O	Cl^-	$C_{固}$
半水石膏	89.01	8.705	6.605	0.107	0.053	30.34	—	42.06	0.970	0.169	—	—	—	
粘土	2.31	0.241	1.398	0.270	0.119	0.144	0.066				0.029	0.036	0.006	
铝土	1.91	0.312	0.613	0.935	0.038	0.010	0.002							
铁粉	0.4	0.017	0.090	0.021	0.263	0.016	0.004							
焦炭	6.37	4.886	0.804	0.342	0.239	0.072	0.027							4.52
生料	100	14.15	9.51	1.68	0.71	30.59	0.10	42.06	0.97	0.17	0.03	0.04	0.01	4.52

生料率值：

$$KH = CaO-(1.65Al_2O_3+0.35Fe_2O_3+0.18P_2O_5)/2.8SiO_2$$
$$= 30.59-(1.65\times1.68+0.35\times0.71+0.18\times0.9)/2.8\times9.51$$
$$= 1.03$$

$$n = SiO_2/(Al_2O_3+Fe_2O_3) = 9.51/(1.68+0.71) = 3.98$$

$$P = Al_2O_3/Fe_2O_3 = 1.68/0.71 = 2.37$$

$$C/SO_3 = \frac{C/12}{SO_3/80} = \frac{4.52/12}{42.06/80} = 0.716$$

7. 计算熟料的化学成分及率值

熟料的化学成分为见表 10-6。

表 10-6　w(%)

Loss	SiO_2	Al_2O_3	Fe_2O_3	CaO	MgO	P_2O_5	F^-	SO_3	S″	Σ
−2.31	22.29	4.41	2.07	64.23	0.37	2.03	0.22	1.01	0.92	97.55

熟料率值：

$$KH' = CaO-(1.65Al_2O_3+0.35Fe_2O_3)/2.8SiO_2$$
$$= 64.23-(1.65\times4.41+0.35\times2.07)/2.8\times22.29 = 0.9$$

$$KH = KH'-\Delta KH = 0.9-0.08 = 0.82$$

$$n = SiO_2/(Al_2O_3+Fe_2O_3) = 3.44$$

$$P = Al_2O_3/Fe_2O_3 = 2.13$$

熟料矿物组成：

$$C_3S = 2.8SiO_2(3KH-2) = 2.8\times22.29(3\times0.82-2) = 38.96$$

$$C_2S = 8.61SiO_2(1-KH) = 8.61\times22.29(1-0.82) = 34.55$$

$$C_3A = 2.65(Al_2O_3-0.64Fe_2O_3) = 2.65\times(4.40-0.64\times2.0) = 8.18$$

$$C_4AF = 3.04Fe_2O_3 = 3.04\times2.07 = 6.29$$

(二) 结果汇总

(1) 原料配比半水石膏 89.01%、粘土 2.31%、铝土 1.91%、铁粉 0.4%、焦炭 6.31%。

(2) 生熟料的化学成分见表 10-7。

表 10-7　w(%)

	Loss	SiO_2	Al_2O_3	Fe_2O_3	CaO	MgO	SO_3	S″	P_2O_5	F^-	K_2O	Na_2O	Cl^-	Σ
生料	14.15	9.51	1.68	0.71	30.59	0.10	42.06		0.97	0.19	0.03	0.04	0.01	
熟料	−2.31	22.29	4.41	2.07	64.23	0.37	1.01	0.92	2.03	0.22				

（3）生熟料率值

生料　$KH = 1.03$，$n = 3.98$，$P = 2.37$，$C/SO_3 = 0.716$。

　　　$C_{固} = 4.52\%$，$H_2O\% = 6.85$

熟料　$KH = 0.82$，$n = 3.44$。$P = 2.13$。

三、熟料形成热

熟料形成热为 3 020 kJ/kg 熟料（见第五章一）。熟料形成热与原料成分、性能和燃料组成有关，与生产方法无关。图 10-1 为预热系统物料平衡图，除尘器的除尘效率为 85%，预热器除尘效率见图内。

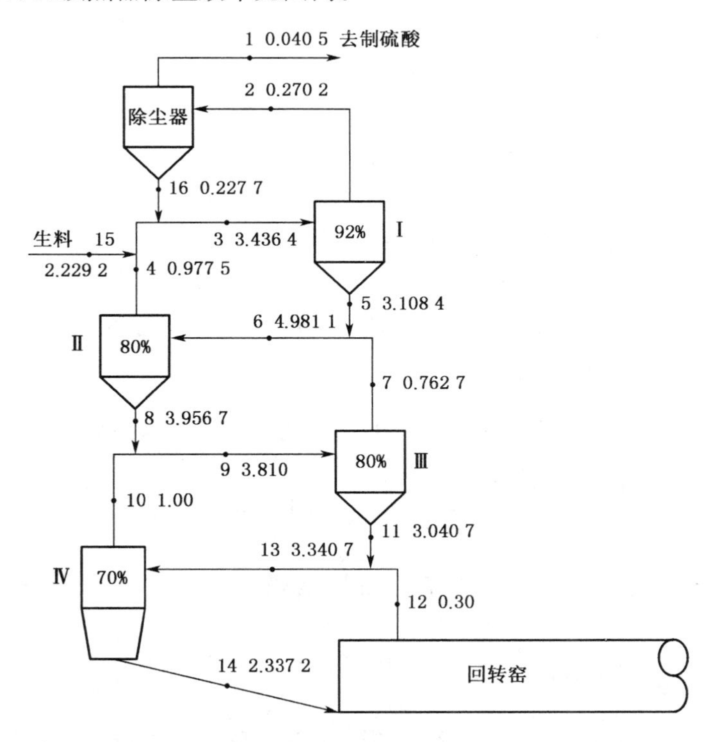

图 10-1　物料平衡图（单位：kg/kg 熟料）

四、在回转窑中产生的分解和燃烧反应

1. $CaSO_4 + \frac{1}{2}C \longrightarrow CaO + \frac{1}{2}CO_2\uparrow + SO_2\uparrow$

设 $CaSO_4$ 分解率为97%，则每 kg $CaSO_4$ 分解放出 CO_2 为：

$$1\times 0.4206\times 0.97\times \frac{136}{80}\times \frac{22}{136}=0.1122\ \text{kg/kg 生料}$$

$$=0.05712\ \text{Nm}^3\text{/kg 生料}$$

放出的 SO_2 为：

$$1\times 0.4206\times 0.97\times \frac{64}{80}=0.3264\ \text{kg/kg 生料}=0.1143\ \text{Nm}^3\text{/kg 生料}$$

2. 煤在窑中的反应

(1) 每 kg 煤燃烧用理论空气量：

$$V_a^0=0.089C+0.267H+0.033(S-O)=6.6876\ \text{Nm}^3\text{/kg 煤}$$

过剩 8%

$$V_a=6.6876\times 1.08=7.2226\ \text{Nm}^3\text{/kg 煤}$$

(2) 每 kg 煤所用空气带水分：

年平均湿度60%，温度20℃时：

$$0.0172\times 0.62=0.010664\ \text{kg/Nm}^3$$

则每 kg 煤用空气带水分：

$$7.2226\times 0.010664=0.07702\ \text{kg/kg 煤}=0.09585\ \text{Nm}^3\text{/kg 煤}$$

(3) 每 kg 煤燃烧形成的烟气量：

① $V_{CO_2}=\frac{C}{12}\times\frac{22.4}{100}=0.01865\ C=1.2714\ \text{Nm}^3\text{/kg 煤}$

② $V_{H_2O}=\left(\frac{1}{2}H+\frac{W}{18}\right)\times\frac{22.4}{100}=0.4741\ \text{Nm}^3\text{/kg 煤}$

③ $V_{SO_2}=\frac{S}{32}\times\frac{22.4}{100}=0.0077\ \text{Nm}^3\text{/kg 煤}$

④ $V_{N_2}=\frac{N}{28}\times\frac{22.4}{100}+\frac{79}{100}V_a=0.008\ N+0.79\ V_a=5.7102\ \text{Nm}^3\text{/kg 煤}$

⑤ $V_{O_2}=(\alpha-1)V_a^0\times\frac{21}{100}=0.21(1.08-1)\times 6.6876=0.11235\ \text{Nm}^3\text{/kg 煤}$

$$V_{总}=7.5758\ \text{Nm}^3\text{/kg 煤}$$

(4) 生料余 C 燃烧用空气量：

$$G_{余}=(2.2292-0.04)\times\left(6.37\%\times 70.96\%-42.06\%\times\frac{136}{80}\times\frac{6}{136}\right)$$

$$=0.03\ \text{kg/kg 熟料}$$

$$V_{O_2}=\frac{0.03}{12}\times 22.4=0.056\ \text{Nm}^3/\text{kg 熟料}$$

$$V_{空气}=\frac{0.056}{0.21}=0.266\ 7\ \text{Nm}^3/\text{kg 熟料}$$

（5）生料余 C 燃烧形成烟气量：

$$V_{CO_2}=0.056\ \text{Nm}^3/\text{kg 熟料}$$

$$V_{N_2}=0.210\ 7\ \text{Nm}^3/\text{kg 熟料}$$

$$V_{H_2O}=0.266\ 7\times 0.016\ 14\times\frac{22.4}{18}=0.003\ 539\ \text{Nm}^3/\text{kg 熟料}$$

五、热量衡算

范围为预热器＋窑＋冷却机，基准为 1 kg 熟料 0℃时。

（一）收入热

（1）煤粉燃烧热，设用煤 x kg/kg 熟料

$$Q_1=G^m\cdot Q_{dw}^f=25\ 498x\ \text{kJ/kg 熟料}$$

（2）煤显热

$$Q_2=G^mC^mt^m=1.086\times 50\times x=54.3x$$

（3）生料显热

$$Q_3=G_C^CC_Ct_C=2.229\ 2\times 1.086\times 50=121.05\ \text{kJ/kg}$$

（4）回灰显热

$$Q_4=G_HC_Ht_H=0.229\ 7\times 1.086\times 200=49.89\ \text{kJ/kg}$$

（5）空气带入显热（设漏风占使用的 31%）

$$Q_5=Q_{干气}+Q_{水}$$

$$Q_{干气}=1.296\times 7.226\times 20x\times 1.31+0.266\ 7\times 20\times 1.296$$
$$=245.24x+6.91$$

$$Q_{水}=0.095\ 85x\cdot 1.496\ 6\times 20+0.003\ 539\times 1.496\ 6\times 20+$$
$$7.222\ 6\times 0.31\times 0.010\ 664\ \frac{22.4}{18}\times 1.496\ 6$$
$$=3.69x+0.11$$

$$Q_5=Q_{干气}+Q_{水}=248.93x+7.02$$

（6）余焦炭燃烧热

$$Q_6 = 0.03 \times 32\ 600 = 978\ \text{kJ/kg 熟料}$$

$$\sum Q_{\text{入}} = 25\ 801.23x + 1\ 155.96\ \text{kJ/kg 熟料}$$

（二）支出热

（1）熟料形成热

$$Q_1' = 3\ 295.46\ \text{kJ/kg 熟料}$$

（2）熟料带走热（出料 200℃）

$$Q_2' = 1 \times 0.811\ 4 \times 200 = 162.28\ \text{kJ/kg}$$

（3）窑体散热

筒体面积 $S = \pi DC = 3.14 \times 4 \times 75 = 942\ m^2$，风速 2 m/s，冷端筒体表面温度 125℃，热端外温度 235℃，外界 20℃。

$$t_3 - t_4 = \frac{235 + 125}{2} - \frac{20 + 20}{2} = 160℃$$

$$q = 2\,g(t_3 - t_4)S = 34.98 \times 160 \times 942 = 5\ 272\ 185.6\ \text{kJ}$$

$$Q' = \frac{5\ 272.185 \times 3\ 600}{14\ 000} = 1\ 355.71\ \text{kJ/kg}$$

考虑附件散热占 5%

$$Q_3' = 1.05 \times 1\ 355.71 = 1\ 423.49\ \text{kJ/kg}$$

（4）冷却机散热

$S = \pi DC = 246.18\ m^2$，冷端表面温度 80℃，热端外温度 280℃，外界 20℃。

$$t_3 - t_4 = \frac{280 + 120}{2} - \frac{20 + 20}{2} = 180℃$$

$$q = 2g(t_3 - t_4)S = 1\ 557\ 137.74\ \text{kJ}$$

$$q' = \frac{1\ 557.14}{14\ 000} = 400.41\ \text{kJ/kg}$$

$$Q_4' = 1.05 \times 400.41 = 420.43\ \text{kJ/kg}$$

（5）预热器散热

总面积 $S=740\ m^2$，外界风速 4.6 m/s，附件散热占 25%，$\Delta t = 50℃$

$$q = 2F\Delta t = 29.03 \times 740 \times 50 = 107\ 410\ \text{kJ}$$

$$q' = 290.20\ \text{kJ/kg}$$

$$Q_5' = 1.25 \times 290.20 = 362.75\ \text{kJ/kg}$$

（6）出预热器气体、尘带热

$Q'_6 = Cmt = 1.186 \times 0.2702 \times 320 = 102.55 \text{ kJ/kg}$

(7) 气体带出热

在 340℃时,气体平均热容为[kJ/(Nm³ · ℃)]见表 10-8。

表 10-8

CO_2	N_2	O_2	H_2O	SO_2	干空气
1.897 7	1.310 7	1.365 1	1.551 6	1.982 8	1.322 3

$$Q'_{CO_2} = 1.8977[1.2714x + 0.05712(2.2515 - 0.06) + 0.056] \times 340$$
$$= 820.33x + 116.90$$

$$Q'_{N_2} = 1.3107(5.7102x + 0.2107) \times 340 = 2544.68x + 93.90$$

$$Q'_{O_2} = 1.35651 \times 0.11235 \times 340x = 52.15x$$

$$Q'_{SO_2} = 1.9828[0.11423(2.2515 - 0.06) + 0.0077x] \times 340$$
$$= 5.19x + 168.76$$

$$Q'_{干空气} = 1.3223 \times 6.6876 \times 0.31 \times 340x = 932.5x$$

$$V_{H_2O} = V_{煤} + V_{煤空气} + V_{漏风} + V_{生料} + V_{余C}$$
$$= 0.4741x + 6.6876 \times 0.31 \times 0.01064 \frac{22.4}{18}x + 0.1542 \frac{22.4}{18}$$
$$+ 0.003539$$

$$Q'_{H_2O} = 1.5516(0.51x + 0.2) \times 340 = 269.05x + 105.51$$

$$Q'_7 = 4623.45x + 485.07$$

$\therefore \sum Q'_{出} = 4623.45x + 6263.34$

$\because \sum Q_{入} = \sum Q'_{出}$

$\therefore$ 得出 $x = 0.2411$ kg 煤 /kg 熟料

出窑气体组成为:

(1) $V_{CO_2} = V_{煤} + V_{CaSO_4分解} + V_{余C}$

$$= 1.2714 \times 0.2411 + 0.05712 \times (2.2292 - 0.04) + 0.056$$
$$= 0.4876 \text{ Nm}^3$$

(2) $V_{SO_2} = V_{煤} + V_{CaSO_4} = 0.0077 \times 0.2411 + 0.11423(2.2292 - 0.04)$

$$= 0.2516$$

(3) $V_{N_2} = V_{煤} + V_{碳} = 5.7102 \times 0.2411 + 0.2107 = 1.5874 \text{ Nm}^3$

(4) $V_{O_2} = 0.112\ 35 \times 0.241\ 1 = 0.027\ 1\ Nm^3$

(5) $V_{H_2O} = V_{煤烧} + V_{余C} = 0.474\ 1 \times 0.241\ 1 + 0.003\ 539 = 0.117\ 8\ Nm^3$

$V_{总} = 2.471\ 5\ Nm^3/kg$ 熟料　　总窑气量 34 601.0 Nm^3/h

表 10-9　回转窑出口气体成分

	CO_2	SO_2	N_2	O_2	H_2O
%	19.73	10.18	64.23	1.10	4.77

出预热器气体组成为：

(1) $V_{CO_2} = 0.487\ 6\ Nm^3$

(2) $V_{SO_2} = 0.251\ 6\ Nm^3$

(3) $V_{N_2} = 1.587\ 4 + 6.687\ 6 \times 0.31 \times 0.79 \times 0.241\ 1 = 1.982\ 3\ Nm^3$

(4) $V_{O_2} = 0.027 + 6.687\ 6 \times 0.31 \times 0.21 \times 0.241\ 1 = 0.132\ 0\ Nm^3$

(5) $V_{H_2O} = 0.117\ 8 + 6.687\ 6 \times 0.31 \times 0.010\ 664 \times 22.4 \times 0.241\ 1 + 0.151\ 5\ \dfrac{22.4}{18}$

$= 0.312\ 0\ Nm^3$

$V_{总} = 3.165\ 5\ Nm^3/kg$ 熟料，总量 44 317.0 Nm^3/h，含尘 13 g/Nm^3 见表 10-10。

表 10-10　预热器出口气体成分

	CO_2	SO_2	N_2	O_2	H_2O	尘
%	15.40	7.85	62.62	4.17	9.86	13 g/Nm^3

出电收尘气体组成：

表 10-11　电收尘出口气体成分

	CO_2	SO_2	N_2	O_2	H_2O	尘
%	14.67	7.57	63.4	4.97	9.39	0.5 g/Nm^3

工况气量 101 074.6 m^3/h，标量 46 531.8 Nm^3/h。

六、对回转窑及冷却机热量衡算（基准 0℃，1 kg 熟料）

（一）带出热（设出窑气体为 880℃）

在 880℃时，气体平均热容为[kJ/(Nm^3 · ℃)]见表 10-12。

表 10-12

CO_2	N_2	O_2	H_2O	SO_2
2.170 9	1.377 8	1.461 7	1.690 2	2.208 9

$C_{平均}=1.635\ 9$ kJ/Nm³·℃

(1) 气体带入热

$Q_1=1.635\ 9\times2.471\ 8\times880=3\ 555.99$ kJ

(2) 飞灰带走热

$Q_2=1.329\ 2\times0.3\times880=350.91$ kJ

(3) 熟料带走热

$Q_3=162.28$ kJ

(4) 窑及冷却机散热

$Q_4=1\ 423.49+420.43=1\ 843.92$ kJ

(5) 生料由 t_4 至 1 200℃吸热

$Q_5=2.337\ 2\times1.295\ 1\times(1\ 200-t_4)=3\ 632.49-3.026\ 9t_4$

(6) 飞灰内 t_4 至 880℃吸热

$Q_6=0.3\times1.313\times(880-t_4)=646.63-0.393\ 9t_4$

(7) 1 200℃时 $CaSO_4$ 分解吸热

$Q_7=2\ 938.28$ kJ

(8) 脱水、脱 SO_2 后物料由 1 200℃至 1 400℃吸热

$Q_8=206.6$ kJ

(9) 形成液相吸热

$Q_9=209.00$ kJ

$\sum Q_{出}=13\ 241.44-3.420\ 8t_4$

(二) 带入热

(1) 煤燃烧

$Q'_1=6\ 147.5$ kJ

(2) 生料显热

$Q'_2=1.216\times2.337\ 2t_4=2.842\ 5t_4$

(3) 煤显热

$Q'_3=Cmt=1.086\times50\times0.241\ 1=13.09$ kJ

（4）干空气带入

$$Q'_4 = 1.2961 \times 7.2226 \times 0.2411 \times 20 + 1.296 \times 0.2667 \times 20 = 52.05\ \text{kJ}$$

（5）空气水带入

$$Q'_5 = 0.09585 \times 1.4966 \times 0.2411 \times 20 + 0.003539 \times 1.4966 \times 20 = 0.80\ \text{kJ}$$

（6）余碳燃烧

$$Q'_6 = 978\ \text{kJ}$$

（7）熟料形成放热

$$Q'_7 = 392.11\ \text{kJ}$$

（8）生成偏高岭土放热

$$Q'_8 = 24\ \text{kJ}$$

（9）熟料由 1 400℃至 200℃放热

$$Q'_9 = 1 \times 1.091(1400 - 200) = 1309.2\ \text{kJ}$$

（10）生成 SO_2 气体放热

$$Q'_{10} = 2.187 \times 0.4206 \times \frac{64}{80} \times \frac{1}{2.85} \times 2.341(1200 - 880) = 193.43\ \text{kJ}$$

（11）生成 CO_2 气体放热

$$Q'_{11} = 2.187 \times 4.52\% \times \frac{44}{12} \times \frac{1}{1.965} \times 2.23(1000 - 880) = 49.36\ \text{kJ}$$

生成 SO_2 气体放热

$$\sum Q_入 = 9159.61 + 2.8425t_4$$

∴ 由 $\sum Q_入 = \sum Q'_出$ 得 $t_4 = 651.7℃$，即入窑物料温度 651.7℃，气体 880℃。

七、对预热器系统热量衡算

设旋风器漏风为煤用空气 31%，Ⅰ、Ⅱ、Ⅲ、Ⅳ漏风量为 27%、24%、20%、29%。

总漏风量：$6.6876 \times 0.2411 \times 0.31 = 0.4998\ \text{Nm}^3/\text{kg}$ 熟料

漏风带水：$0.4998 \times 0.010664 \times \frac{22.4}{18} = 0.0066\ \text{Nm}^3/\text{kg}$

则带入显热为(20℃时，C_{H_2O} = 1.496 6，$C_{气}$ = 1.296 1)

$$Q_{干气} = 1.2961 \times 0.4998 \times 20 = 12.96 \text{ kJ}$$

$$Q_{H_2O} = 1.4966 \times 0.0066 \times 20 = 0.2 \text{ kJ}$$

$\therefore Q = 13.16$ kJ/kg 熟料

漏空气：

$$V_{N_2} = 0.79 \times 0.4998 = 0.3948 \text{ Nm}^3/\text{kg}$$

$$V_{O_2} = 0.21 \times 0.4998 = 0.1050 \text{ Nm}^3/\text{kg}$$

$V_{气+水} = 0.5064$ Nm³/kg 熟料

(一) 对第Ⅳ级预热器热量衡算

收入热量：

(1) 出窑气体带入 $Q_1 = 3555.99$ kJ

(2) 出窑尘带入 $Q_2 = 350.91$ kJ

(3) 漏风带入 $Q_3 = 0.29 \times 13.62 = 3.82$ kJ

(4) 3# 旋下料带入

$$Q_4 = 7.4907 \times 1.1593 \times t_3 = 8.6840 t_3$$

$$\sum Q_{入} = 8.6840 t_3 + 3910.72$$

支出热量：

(1) 入 3＃旋风气体带出热(取 700℃数据)

在 700℃时，气体平均热容[kJ/(Nm³ · ℃)]见表 10-13。

表 10-13

CO_2	N_2	O_2	H_2O	SO_2
2.096 7	1.354 4	1.431 9	1.641 2	2.152 0

$V_{CO_2} = 0.4876$ Nm³　　18.62%

$V_{SO_2} = 0.2519$ Nm³　　9.62%

$V_{N_2} = 1.5874 + 0.3948 \times 0.29 = 1.7019$ Nm³　　64.99%

$V_{O_2} = 0.0271 + 0.1054 \times 0.29 = 0.0579$ Nm³　　2.20%

$V_{H_2O} = 0.1178 + 0.0066 \times 0.29 = 0.1191$ Nm³　　4.57%

$V_{总} = 2.6187$ Nm³，$C_{平均} = 1.5842$

$Q_1' = 1.5842 \times 2.6181 \times (t_4 + 65) = 4.1485t_4 + 269.66$

(2) 入 3# 旋风气体尘带出热

$Q_2' = 1.1593 \times 5.4535t_4 = 6.3222t_4$

(3) 4# 旋风器下料带出热

$Q_3' = 2.7953t_4$

(4) 热损失占 30%

$Q_4' = 312.75 \times 0.3 = 93.83\ \text{kJ}$

$\sum Q'_{出} = 13.266t_4 + 363.49$

$\because \sum Q_{入} = \sum Q'_{出}$

故 $13.266t_4 - 8.6840t_3 - 3547.23 = 0$ ①

(二) 对第Ⅲ级预热器热量衡算

带入热量：

(1) 入 3# 旋风器气体带入

$Q_1 = 4.1483t_4 + 269.66$

(2) 入 3# 旋风器气体尘带入

$Q_2 = 6.3222t_4$

(3) 漏风带入

$Q_3 = 0.2 \times 13.62 = 2.63\ \text{kJ}$

(4) 2# 旋下料带入

$Q_4 = 1.1227 \times 3.9567 \times t_2 = 4.4422t_2$

$\sum Q_{入} = 10.4707t_4 + 4.4422t_2 + 272.29$

支出热量：

(1) 入 2# 旋风气体带出热(取 600℃数据)

在 600℃时，气体平均热容为[kJ/(Nm³·℃)]见表 10-14。

表 10-14

CO_2	N_2	O_2	H_2O	SO_2
2.049 4	1.343 0	1.417 2	1.612 8	2.114 3

$V_{CO_2} = 0.4876\ \text{Nm}^3$　　17.55%

$V_{SO_2} = 0.2519\ \text{Nm}^3$　　9.07%

$V_{N_2} = 1.7019 + 0.3948 \times 0.2 = 1.7808\ \text{Nm}^3$　　64.10%

$V_{O_2} = 0.0576 + 0.1050 \times 0.2 = 0.0785\ \text{Nm}^3$　　2.83%

$V_{H_2O} = 0.1197 + 0.0066 \times 0.20 + 0.0468\frac{22.4}{18} = 0.1794\ \text{Nm}^3$　　6.46%

$V_{总} = 2.7782\ \text{Nm}^3$，$C_{平均} = 1.5543$

$Q_1' = 1.5543 \times 2.7782 \times (t_3 + 20) = 4.3182t_3 + 86.36$

（2）入 2# 旋风气体尘带出热

$Q_2' = 1.1593 \times 1.8727t_3 = 2.1710t_3$

（3）3# 旋风器下料带出热

$Q_3' = 8.6840t_3$

（4）散热损失占 25%

$Q_4' = 312.75 \times 0.25 = 78.19\ \text{kJ}$

（5）高岭土脱水

$Q_5' = 0.5 \times 86.03 = 43.02\ \text{kJ}$

（6）半水石膏脱水

$Q_6' = 223.71 \times 1/3 = 74.57\ \text{kJ}$

$\sum Q_{出}' = 15.1723t_3 + 282.14$

$\because \sum Q_{入} = \sum Q_{出}'$

故 $10.4707t_4 - 15.1732t_3 + 4.4422t_2 - 9.85 = 0$　　②

（三）对第Ⅱ级预热器热量衡算

带入热量：

（1）入 2# 旋风器气体带入

$Q_1 = 4.3182t_3 + 86.36$

（2）入 2# 旋风器气体尘带入

$Q_2 = 2.1710t_3$

（3）漏风带入：

$Q_3 = 0.24 \times 13.16 = 3.16\ \text{kJ}$

（4）1# 旋下料带入

$Q_4 = 1.1 \times 3.1084 \times t_1 = 3.4192t_1$

$\sum Q_{入} = 6.4892t_3 + 3.4192t_1 + 89.52$

支出热量：

(1) 入2#旋风气体带出热(取490℃数据)

在490℃时，气体平均热容为[kJ/(Nm³ · ℃)]见表10-15。

表10-15

CO_2	N_2	O_2	H_2O	SO_2
1.990 8	1.327 4	1.396 0	1.583 1	2.083 3

$V_{CO_2}=0.4876\ Nm^3$　　16.48%

$V_{SO_2}=0.2519\ Nm^3$　　8.52%

$V_{N_2}=1.7808+0.3948\times0.24=1.8756\ Nm^3$　　63.41%

$V_{O_2}=0.0785+0.1050\times0.24=0.1037\ Nm^3$　　3.51%

$V_{H_2O}=0.1794+0.0066\times0.24+0.0469\dfrac{22.4}{18}=0.2393\ Nm^3$　　8.09%

$V_{总}=2.9581\ Nm^3$，$C_{平均}=1.5244$

$Q_1'=1.5244\times2.9581\times(t_2+20)=4.5093t_2+90.19$

(2) 入1#旋风气体尘带出热

$Q_2'=1.1227\times0.9775t_2=1.0974t_2$

(3) 2#旋风器下料带出热

$Q_3'=4.4422t_2$

(4) 散热损失占20%

$Q_4'=312.75\times0.2=60.55\ kJ$

(5) 高岭土脱水

$Q_5'=43.02\ kJ$

(6) 半水石膏脱水

$Q_6'=223.71\times1/3=74.57\ kJ$

$\sum Q'_{出}=10.0489t_2+270.33$

$\because \sum Q_{入}=\sum Q'_{出}$

故 $6.4892t_3-10.0498t_2+3.4192t_1-180.81=0$　③

(四) 对第Ⅰ级预热器热量衡算

带入热量：

（1）入 1# 旋风器气体带入

$$Q_1 = 4.5093t_2 + 90.19$$

（2）入 1# 旋风器气体尘带入

$$Q_2 = 1.0974t_2$$

（3）漏风带入

$$Q_3 = 0.27 \times 13.16 = 3.53\ \text{kJ}$$

（4）生料带入

$$Q_4 = 121.05\ \text{kJ}$$

（5）入预热器回灰

$$Q_5 = 49.89\ \text{kJ}$$

$$\sum Q_{入} = 5.6067t_2 + 264.66$$

支出热量：

（1）出旋风气体带出热(取 340℃数据)

在 340℃时，气体平均热容为[kJ/(Nm³・℃)]见表 10-16。

表 10-16

CO_2	N_2	O_2	H_2O	SO_2
1.8977	1.3107	1.3651	1.5516	1.9828

$$C_{平均} = 1.4806\ \text{kj/Nm}^3 \cdot ℃$$

$$Q_1' = 1.4806 \times 3.1155 \times (t_1 + 20) = 4.6868t_1 + 93.74$$

（2）出口气体尘带出热

$$Q_2' = 1.1 \times 0.2702t_1 = 0.2972t_1$$

（3）1# 旋风器下料带出热

$$Q_3' = 3.4192t_1$$

（4）散热损失占 20%

$$Q_4' = 62.56\ \text{kJ}$$

（5）结晶水脱水

$$Q_5' = 74.57\ \text{kJ}$$

$$\sum Q_{出}' = 8.4032t_1 + 230.87$$

$$\because \sum Q_{入} = \sum Q_{出}'$$

故 $5.6067t_2 - 8.4032t_1 + 33.79 = 0$ ④

联合①②③④方程，解得：

$$t_1 = 316℃ \qquad t_1' = 336℃$$

$$t_2 = 467℃ \qquad t_2' = 487℃$$

$$t_3 = 585℃ \qquad t_3' = 605℃$$

$$t_4 = 650℃ \qquad t_4' = 715℃$$

图10-2为预热系统的温度、压力、流量平衡图，对设计和生产管理有很好的参考作用。此计算也在实际中得到验证。

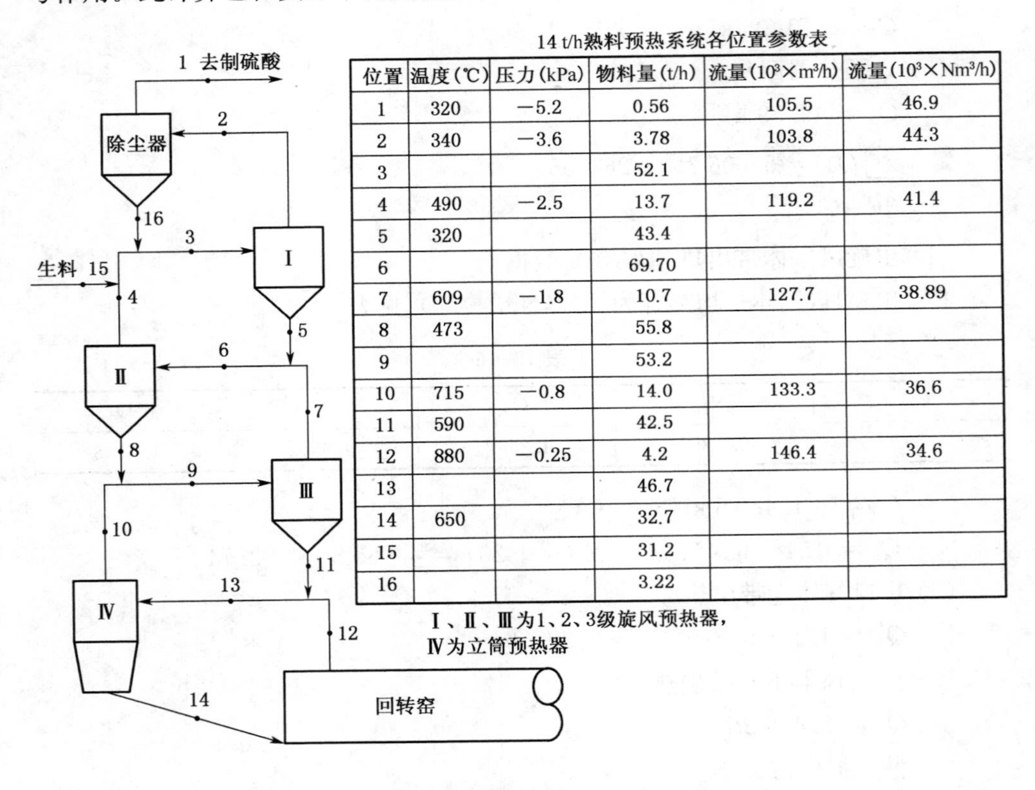

14 t/h熟料预热系统各位置参数表

位置	温度(℃)	压力(kPa)	物料量(t/h)	流量($10^3×m^3$/h)	流量($10^3×Nm^3$/h)
1	320	−5.2	0.56	105.5	46.9
2	340	−3.6	3.78	103.8	44.3
3			52.1		
4	490	−2.5	13.7	119.2	41.4
5	320		43.4		
6			69.70		
7	609	−1.8	10.7	127.7	38.89
8	473		55.8		
9			53.2		
10	715	−0.8	14.0	133.3	36.6
11	590		42.5		
12	880	−0.25	4.2	146.4	34.6
13			46.7		
14	650		32.7		
15			31.2		
16			3.22		

Ⅰ、Ⅱ、Ⅲ为1、2、3级旋风预热器，
Ⅳ为立筒预热器

图10-2 各部温度、压力、流量平衡图

第十一章

典型装置操作规程

本操作规程是以国内建成的几套年产 4 万 t 磷石膏制硫酸 6 万 t 水泥所采用的流程为依据。原料采用回转式烘干机单独烘干，配料集中粉磨，中空长窑煅烧，文—泡—文(开车时用)—电水洗净化，一转一吸，氨法尾气吸收。钢球磨制普通硅酸盐水泥。本规程实用性较强，但规模较小，扩大规模可参考。下一章的调试规程也以此为依据。

一、原料烘干

(一) 岗位任务

(1) 完成水泥生产所需各种原材料及辅助材料的烘干。
(2) 检查、保养所管辖范围内的一切设备、管道、仪表等。
(3) 正确、及时地填写各种原始记录。
(4) 搞好本岗位所有范围内的清洁工作。
(5) 负责烘干岗位的开、停车及不正常情况的处理。

(二) 工艺流程简述

磷石膏烘干采用顺流回转式干燥机，用煤粉炉提供热源，来自磷酸装置的副产品磷石膏经皮带输送机送至加料斗(不足部分从石膏堆场补充)，经双管螺旋加料机、皮带输送机送至转筒烘干机进行烘干。干燥后的物料经螺旋输送机、斗式提升机、仓上搅龙送入各个料仓。废烟气经旋风收尘器、文丘里洗涤器净化后排空。旋风收尘器收集下来的物料经提升机和出烘干机的干石膏混合送入料仓。

文丘里洗涤器的污水进入处理厂。

来自煤粉车间的煤粉由脉冲泵送入贮斗，经叶轮给料机、调速双管搅龙送入煤枪，用吹煤风机送至热风炉燃烧，煤渣由人工出渣后送至水泥粉磨岗位，如煤粉供应不足时，开启井式煤磨系统补充。

(三) 主要设备一览表(见表 11-1)

表 11-1 烘干设备一览表

序　号	设备名称	规格型号(mm)	单　位	数　量
1	皮带机	B400×36m	台	1
2	烘干机	ϕ3×25 m	台	1
3	螺旋输送机	GK400×25 m	台	3
4	竖井磨煤机	ϕ790×430	台	1
5	斗提机	HL400×22.5 m	台	1
6	引风机	4—72ND4.5	台	1
7	吹煤风机	9—19NO9D	台	2

(四) 开、停车及正常操作要点

1. 开停车操作规程

开车前的准备工作:

① 通知各岗位做好开车准备。

② 请仪表工检查仪表是否准确,并校正零点。

③ 请电工检查电器是否完好。

④ 检查各润滑位置的润滑情况并盘动所有运转设备有无阻卡现象。

⑤ 检查冷却系统的水压情况。

⑥ 准备好本岗位的原始记录和安全防护用品。

⑦ 准备好所需卫生工具。

2. 开车

(1) 接到开车指令后通知看火工点火。

(2) 热风炉点火。先往热风炉内放 200 kg 软材点燃,当炉内温度达到 400℃时依次开启吹煤风机、煤斗闸阀、给料机、调速搅龙,控制吹煤风机风量和加煤量,使热风炉内慢慢升温,同时开启尾气风机并定期转动烘干机以防变形。

(3) 逐渐增加风量及加煤量,当热风炉温度达到 600～900℃时,依次开启仓上搅龙、斗提机、烘干机、出口搅龙、烘干机、皮带输送机,当尾气温度达到 120℃时,通知加料工开启加料搅龙加料,加料量控制在正常下料量的 70%～

80%。

(4) 逐渐加大引风量、加煤量、吹煤风机风量，同时增大加料量和烘干机的转速，当窑头温度达到 850℃，尾气温度达到 120℃，物料温度 150℃左右时，生产转入正常。

3. 停车

(1) 计划停车。

① 接到停车指令后，通知上料岗位停料，贮料斗无料时停止加料，螺旋输送机。皮带机无料后，停皮带机。

② 待皮带机停车半小时后，烘干机电源到 50A 时，停止热风炉喂煤，停吹煤风机。

③ 烘干机内无料后，停烘干机。

④ 依次停出口螺旋输送机、提升机、仓上搅龙。

⑤ 全车间停车完毕，关闭仪表控制屏及电源。

⑥ 在烘干机温度降至正常温度前，每小时翻动两次，防止烘干机变形。

(2) 紧急停车。如遇故障需时停车，则需立即停料、停煤、停吹煤风机、引风机，并将烘干机调至低转速以防烘干机变形，故障排除后按开车顺序开车。

(3) 停电。如遇停电，则启动柴油机带动烘干机转动以防筒体变形，待窑头温度小于 200℃时停柴油机。

4. 正常操作要点

(1) 与各单位密切联系，注意进料量大小，控制好各项工艺指标，发现波动及时调整，防止指标忽高忽低、大起大落现象的发生，使生产处于稳定正常状态之中，使物料水分控制在规定范围之内。

(2) 经常检查烘干机冷却水，防止因断水烧毁轴承，影响生产。

(3) 转动部分应有足够的润滑油，保证润滑良好。

(4) 保持系统均衡生产，避免追求产量过高而使设备超负荷运行。

(5) 每小时做一次原始记录。

(6) 巡回检查各设备的运转情况，发现问题及时上报。

(五) 工艺指标

(1) 出口物料水分：4%～8%

(2) 机头温度：(850±50)℃

(3) 尾气温度：(120±10)℃

(4) 出口物料温度：(150±10)℃

(六) 不正常现象及处理办法(见表 11-2)

表 11-2 不正常现象及处理办法

不正常现象	原因分析	处理方法
1. 出口物料水分偏高	(1) 控制温度低 (2) 引风量小 (3) 加料量大 (4) 原料水分高	(1) 增加煤量提高温度 (2) 开启引风机阀门,加大风量 (3) 减少加料量 (4) 减少上料量
2. 出口物料水分偏低	与以上相反	与以上相反
3. 烘干机尾气温度低	(1) 加料量大 (2) 原料水分高 (3) 烘干机系统漏风大 (4) 热风炉温度低	(1) 减少加料量 (2) 减少料量 (3) 漏气堵漏 (4) 提高热风炉温度
4. 烘干机尾气温度高	(1) 加料量小 (2) 热风炉温度高	(1) 增加加料量 (2) 降低热风炉温度
5. 烘干机产量低	(1) 物料水分高 (2) 热风炉温度低	(1) 通知三万磷铵装置,设法降低原始水分 (2) 增加喂煤量,提高热风炉温度

二、生料配制与粉磨

(一) 岗位任务

(1) 完成烧成所需生料的配制工作。

(2) 配制稳定均匀的合格生料,提高生料合格率。

(3) 检查、保养所辖范围内的一切设备、仪表、管道等。

(4) 正确、及时填写各种原始记录。

(5) 搞好所辖范围内的清洁卫生。

(6) 负责生料配制岗位的开、停车及不正常情况的处理。

(二) 工艺流程简述

来自烘干岗位的磷石膏、粘土、焦炭及其他辅助材料,分别进入各个料仓或料斗。从大窑干法收尘器回来的回灰进入回灰仓,各个仓物料按给定的配比用微机进行配料,配合后的物料经螺旋输送机、斗提机送入球磨机进行粉磨,出磨物料经空气输送斜槽、斗提机和仓顶搅龙入生料贮库。

配料系统的粉尘和磨内废气一起进入电收尘器净化后由风机排空，电收尘器收集下来的物料与出磨物料一起送入生料贮库。

生料贮库的生料采用机械倒仓的办法进行均化，均化后的物料搭配送入烧成岗位料仓。

(三) 主要设备一览表(见表 11-3)

表 11-3　生料主要设备一览表

序　号	设备名称	规格型号(mm)	单　位	数　量
1	微机控制机		台	1
2	配料秤	ϕ300×1500	台	6
3	提升机	HL300 15 kW	台	1
4	球磨机	ϕ1.83×6.4 m	台	1
5	提升机	HL300 15 kW	台	1
6	仓底搅龙	ϕ300×38 000 双驱动电机二台	台	1
7	空气斜槽	F250×1 200	台	1
8	电收尘器	LK100	台	1

(四) 开停车及操作要点

1. 开停车前的准备工作

(1) 检查各料仓内有无异物。

(2) 检查电器、仪表是否灵敏可靠。

(3) 盘动各运转设备是否有阻卡现象。

(4) 微机和配料秤进行标定。

(5) 准备好记录纸及卫生安全用品。

(6) 球磨机加冷却水并检查是否畅通。

2. 开车

(1) 接到开车指令后通知各工序做好开车准备。

(2) 以此开启仓顶搅龙、磨机出口提升机、斜槽风机、球磨机、磨头提升机、配料搅龙。

(3) 开启磨机和尾气风机。

(4) 将电收尘器投入运行，并将电流、电压调整到规定值，同时开启电收尘器料斗叶轮给料机。

(5) 启动配料微机电源,将配料比输入计算机。

(6) 指令计算机下料,整个配料及粉磨系统转入运行。

(7) 均化工序开车规范:

① 待生料贮仓内有一定物料后,开启均化系统对生料进行均化。

② 以此开启仓顶均化搅龙、均化斗提机、仓底回料搅龙。

③ 开启各个仓底叶轮给料机,调整转速,控制下料量。

④ 根据出磨生料分析结果,对出磨生料进行均化,根据烧成岗位的要求将均化后的生料送至烧成岗位料仓内。

3. 停车

(1) 计划停车。

① 接到停车指令后或生料仓满时,指令微机停止下料。

② 依次停仓底配料搅龙、磨头提升机、球磨机、电收尘器料斗下料机。

③ 待斜槽内无料时,停斜槽吹风机、斗提机、仓顶搅龙。

④ 停磨机尾气风机。

⑤ 停电收尘器,关闭电收尘电源。

(2) 紧急停车。

如遇事故,应立即停止给料机,然后按从前到后的顺序停各运转设备,事故处理完后,按开车顺序开车。

4. 操作要点

(1) 经常检查各料仓内的料位情况,防止发生“喷仓”现象的发生。

(2) 经常检查各原料的质量,水分及下料情况。

(3) 定期校正微机计量的准确性。

(4) 保证生料 C_{Σ}、SiO_2 细度控制在规定范围内。

(5) 坚持生料的均化,杜绝出磨生料直接入烧成料仓。

(6) 经常观察球磨机轴承带油情况,保证瓦温小于 60℃。

(五) 工艺控制指标

(1) C/SO_3:0.65 ~ 0.75(C_{Σ} 4.8% ~ 5.4%)

(2) KH :0.97 ± 0.03(SiO_2 9.3 ± 0.3)

(3) 细度:≤ 10%(—100 目)

(4) P_2O_5 ≤ 0.3%

(六) 配料微机的开、停车规程(略)

（七）不正常现象及处理办法（见表 11-4）

表 11-4 不正常现象及处理办法

不正常现象	原因分析	处理方法
1. 出磨 C 高	(1) 焦炭质量好 (2) 原料带入炭多 (3) 焦炭称不准	(1) 降低焦炭配比 (2) 降低焦炭配比 (3) 标定焦炭秤
2. 出磨 C 低	(1) 同上相反 (2) 同上相反	(1)、(2)同上相反 (3) 同上相反
3. 出磨 SiO_2 高	(1) 粘土配比高 (2) 石膏含 SiO_2 高 (3) 称计量不准	(1) 降低粘土配比 (2) 同上 (3) 标定相反微机 K 值
4. 出磨 SiO_2 低	(1)、(2)同上相反 (2) 同上相反	(1)、(2)同上相反 (3) 相反
5. 细度过高	(1) 喂料量大 (2) 磨机机配不合理	(1) 降低喂料量 (2) 调整磨机机配
6. 细度过低	(1) 与上相反 (2) 相同	(1) 与上相反 (2) 相同
7. 生料 F、P_2O_5 过高	原料 F、P_2O_5 含量高	降低原料 F、P_2O_5 量
8. 生料中 SO_3 偏低	磷石膏品位降低	通知磷酸系统、调整磷矿配比，提高磷石膏中 SO_3 含量
9. 磨机声音低沉	(1) 进磨物料水分偏高 (2) 进料过多或粒度突然增大 (3) 引风量小，发生糊磨现象	(1) 降低物料水分 (2) 减少料量 (3) 增大引风量
10. 磨机声音尖锐	进料太少	加大进料量
11. 空心轴温度升高	(1) 油量不足，油变质 (2) 冷却水不足 (3) 带入异物	(1) 加油量或更换润滑油 (2) 加大水量 (3) 停车清洗
12. 电除尘器打开电源后调节输出按钮，跳闸报警	(1) 电场内阴极线短路 (2) 管壁和绝缘部分有粘灰或安装不合理	(1) 检查修理 (2) 检查修理、改装
13. 电压、电流逐渐降低	积尘过厚	停车清理
14. 微机报警	(1) 在工作周期内系统每完成上料—下料，全部工作时间越限，系统报警 (2) 线路发生短路，开路放大器电源，传感器损坏，而使输入模拟量达到或接近“O”时报警 (3) 传感器损坏，料仓满斗或有重物压在料仓上面产生模拟量达到或接近最大值时。	(1) 增加调速器转速，因螺旋绞刀堵塞所致时清理绞刀 (2) 检查线路修复，或更换传感器 (3) 换传感器或清理重物

三、熟料烧成

(一) 岗位任务

(1) 尽量提高烧成率。

(2) 分解出高浓度的 SO_2 窑气。

(3) 烧制出合格的水泥熟料。

(4) 检查、保养分管的一切设备、仪表、管道等。

(5) 搞好本岗位所辖范围内的清洁卫生。

(6) 正确及时填写各种原始记录。

(7) 负责本岗位的开、停车及不正常处理。

(二) 工艺流程简述

来自生料磨机岗位的生料经斗提机送入生料贮斗,用喂料秤计量后在窑尾部加入回转窑,通过大窑的转动向窑头方向运动,来自煤粉岗位的煤粉用三通道煤枪从窑头喷入并燃烧与生料进行换热,生料在窑内经过预热、分解、烧成三个过程形成熟料颗粒,经大窑冷却带进入冷却筒冷却并预热一次风,冷却后的熟料经链板输送机、斗提机、仓顶刮板输送机进入熟料库。

(三) 主要设备一览表(见表 11-5)

表 11-5 烧成设备一览表

序号	设备名称	规格型号(mm)	单位	数量
1	进料搅龙	GX400×32000	台	1
2	生料斗提机	HL400×17500	台	1
3	旋风收尘器	ϕ1200×4000	台	1
4	回转窑	ϕ3×88 m	台	1
5	冷却筒	ϕ2×20 m	台	1
6	链板输送机	13 500×400	台	1
7	熟料提升机	HL400×20 000	台	2
8	发电机组	50 kW	台	1

(四) 开、停车操作规程

1. 开车前的准备工作

(1) 首先，通知电工人员检查所有电器设备和控制电器是否正常、灵敏。

(2) 通知仪表工检查仪表的各测量位置是否准确，测量点的元件是否完好无损，各开关是否灵活好用，电源是否接通，带有自动记录的应加黑水，装好记录纸，各信号装置也接通电源，并检查是否完好。

(3) 窑外检查。

① 密封装置是否完整可靠，应严防漏风。

② 传动装置和支撑装置是否正常，车间照明是否正常。

③ 三通道煤枪是否完好，枪位置的调节装置是否灵活。

(4) 窑内检查。

① 窑内砖砌是否牢固，保证无损坏残缺，表面是否平整。

② 下料管是否牢固，位置是否正确，应无裂纹，检查窑内有无异物或人员。

(5) 通知煤粉岗位储备 4 h 以上煤量，并检查喂煤装置是否完好，密封要好。

(6) 与各单位联系的通讯工具是否完好。

(7) 准备足够的木材和燃油。

(8) 准备好本岗位的所用工具(看火镜、杆子等)、原始记录、劳保用品。

2. 试车

在新安装或大修后按以下程序进行试车。

(1) 目的。

① 检查各设备的安装和大修是否符合要求。

② 新安装的动力是否满足要求。

③ 检查各仪表、电器是否正常，连锁装置是否可靠。

④ 试车时所存在的问题，必须在点火前妥善处理，确保点火后设备安全运行，且不影响点火。

(2) 试车方法与时间。

① 方法：可单机试车和联合试车。

② 新投产的主机试车 2～7 d，附机 1～2 d，大修后一般试车 2～4 h。

(3) 试车时注意事项。

① 启动设备时，应注意电流指针，当有下列情况时，应停止启动，组织电器维修人员修理：如经过两次启动后，1 s 内表针没有摆动或启动后指针超出范围 2～3 s 内未回到正常位置。

② 设备正常时应认真检查各传动部件运转时有无震动、撞击摩擦等不正常声

音，齿轮啮合是否正常，检查轴承或轴瓦温度，是否超过允许范围。

③ 试车期间应详细做好记录，发现问题立即汇报，研究并妥善处理，各设备不得带病运转。

④ 最后再认真复查一次，确认无问题时，方可烘窑。

3. 烘窑

(1) 新建窑的烘窑。

① 先从窑尾烘，每隔 10 m 放堆木柴(先放一堆)。

② 点燃后每隔半小时转窑 1/4 圈，防止窑衬表面受热不均匀和窑体变形。

③ 烘干 2 h 后，向窑头方向 10 m 左右再点一堆，重复②程序。

④ 一直将大窑烘完，一般烘 48 h 即可。

(2) 大、中修的烘窑一般在烧成带中部，程序如下。

① 先打开窑门。

② 放上木柴并引燃。

③ 每半小时转动 1/4 窑体，可喷煤粉，烘 6～8 h 后，耐火砖表面发白，可转入点火操作(注意：升温要慢，严禁猛升温)。

4. 点火升温

(1) 在窑内烧成带多放些木柴，用柴油引燃后关闭窑门。

(2) 利用窑尾烟囱盖调节风量大小，当木柴达煤粉燃点时(约 400℃左右)启动吹煤高压风机和加煤机，风量控制在煤粉落在木柴上为宜，煤量控制烟囱不冒烟为止。

(3) 随着温度的升高，逐渐开启烟筒盖加风加煤，提高温度。

(4) 当火焰黑火头稳定，火焰发亮即可开动旋窑。

(5) 待窑头温度 700～800℃时烟气温度(窑尾 300～400℃时)，通知加料工加料，并启动熟料输送设备和冷却筒，并通知硫酸通气。加料量为正常的 2/3，进入挂窑皮阶段。

5. 挂窑皮

(1) 转窑控制在低速运转。

(2) 勤观察和估计来料的情况和时间。

(3) 控制烧成带的温度为正常生产的温度，并保持稳定，火焰形状完整、畅通，不出现局部高温。

(4) 进入烧成带的物料，因温度升高产生一定数量的液相，同时窑衬的表面也达到一定的温度产生微溶，随着窑体的转动和窑衬与物料间的温差及物料高温产生的液相，使粘附在窑衬上物料凝结，形成第一层窑皮，并逐渐把窑皮挂好。

(5) 待窑皮挂好后，逐渐加风、加料，生产转入正常。

6. 停车

(1) 计划停车。

① 接到停车后，先通知送料工停止送料。

设备停车次序为：生料库下料机、送料搅龙、生料斗提机。

② 待生料贮斗内无料时，停加料计量秤。

③ 将窑内物料基本烧好放出后停加煤机及高压吹煤风机，同时与硫酸联系调整引风量以适应窑内情况。

④ 当窑头温度降至 600℃时停回转窑，停机后要定时转动，防止窑体扭曲变形。

⑤ 当冷却机无料后，链板输送机、斗提机、仓顶刮板输送机。

⑥ 当冷却机温度降至 100℃以下时，停冷却机。

(2) 事故停车。

① 如果发生生产故障，应先停加煤及吹风机，同时，通知硫酸岗位减风量至最小。

② 大窑作低速转动。

③ 事故处理完后，按开车顺序开车。

④ 如遇停电，要迅速开启发电机，进行慢速转窑，防止大窑变形。

(五) 正常操作要点

(1) 稳定窑温，应先动风煤，后动窑速。

(2) 根据窑内情况及煤质情况，来调节三风道煤枪内外风。

(3) 注意跨圈及掉窑皮的操作。

(4) 及时与硫酸联系，保证 SO_2 浓度。

(5) 严格控制窑气中 O_2 量及 CO 量，保证电除雾的安全生产。

(6) 正常操作要注意保护窑皮，防止窑皮脱落。

(7) 正常操作要注意风、煤、料三同步。

(8) 注意观察。

① 注意观察生料黑影。在正常煅烧的情况下，“黑影”始终保持在火焰前部最亮区域(放热反应带)流动，亦即“黑影”，到此以后，随着窑的转动翻动一下就消失了，如果发现“黑影”向窑内退缩，说明窑温升高，烧成带增长。若看不到“黑影”则表示窑内温度太高，或者是来料太少，也可能是风量过大，因此可以及时找出原因进行调查，如果“黑影”向窑头涌来，但量不大可能是料有变化，也可能是风煤量不足造成，操作中如遇有类似情况，必须全面分析，及时调整，否则会有跑生料的

可能。

② 注意观察烧成带物料提升高度及冷却带熟料的粒度。看烧成带物料提升高度的目的在于判断烧成带温度的高低，因为从物料被带起高度，能判断出物料液相的多少，液相量多物料被带起的多，同时说明窑内温度比正常煅烧温度高，如果液相量少，物料被带起的高度低。

看熟料粒度情况，是为了判断熟料的质量，从而可以判断窑内温度（主要是烧成带温度）。经验证明，通过看物料粒度的大小及均匀程度，来推测烧成带温度是否正常，无仪表的情况下是较可靠的方法之一。它比通过看窑皮及火焰温度高低，来判断窑内温度要容易掌握且比较准确，因为看火焰及窑皮温度，很难使每个人的看法一致，但看熟料粒度大小及其外观情况，却会使看火工彼此间的看法趋向一致。当生料质量均匀时，烧出熟料的大小是与窑内各带温度的变化有直接关系的，在烧制普通硅酸盐水泥熟料时，保持冷却带熟料颗粒大小在 5～20 mm 时，表面较光滑而又近似小圆球状，当熟料颗粒大于 30 mm 以上时，则说明窑温较高，当熟料颗粒小得多而且其中还有细粉时，这说明窑内温度低了。

③ 注意观察窑尾温度。窑温正常时，窑尾温度波动是很小的，因此经常注意窑尾温度变化也能推断窑内温度的变化情况。

尾气温度的高低，一方面决定窑的煅烧情况，另一方面决定于燃烧物料的热耗量，生产中在保证物料烧熟的情况下，尾气温度应尽量控制的低一些，这样可降低热耗。此外，要求尾气温度波动的越小越好，波动小意味着窑内热工制度稳定，有利于熟料产量、质量的提高。

在正常操作中，风、煤不变的情况下，当发现窑尾温度下降时，说明来料量增大，或者因料成分变化使热耗增加而引起的（也可能是由于结圈的缘故）。但在正常情况下，物料化学成分是不会发生很大变化的，因此窑尾温度突然上升，其原因一是生料成分发生变化热量降低，二是因来料量变小（需热就小），一般多为后一原因。

④ 注意观察火焰与窑皮温度。在操作中看火工一般是通过观察火焰颜色来判断火焰温度。但前面已经说过，由于通过操作工看颜色来掌握火焰温度是比较困难的，那么究竟怎样才能通过观察火焰的颜色来较准确的判断火焰的温度呢？一方面始终使用颜色深浅度一样的看火镜，另一方面要以烧出的颗粒细小均齐，并具有一定立升重熟料的火焰，为正常的火焰颜色。以这时的火焰温度，作为最适宜的火焰温度。判断火焰温度一般按以下原则：火焰发亮就是温度高，微亮温度正常，发红则温度低。这样更易于掌握，同时操作起来也具有一定的灵活性。可根据物料耐火程度的不同，来控制合适的火焰颜色（间接地控制了火焰的温度），这样就可以防止单纯的控制火色，而忽视生料煅烧难易所引起的不良

后果。

(六) 工艺指标

f-CaO≤2.0%　　3 d 抗压强度≥25 MPa　　28 d 抗压强度≥52.5 MPa
CaS≤2.0%　　3 d 抗折强度≥5.0 MPa　　28 d 抗折强度≥7.1 MPa
SO_3≤2.0%　　烧成温度 1 450℃
C_3S　40%±5%　　窑头温度(1 000±50)℃
C_2S　25%±5%　　窑尾温度(550±50)℃
C_4AF　3%～6.0%

(七) 不正常现象及处理办法(见表 11-6)

表 11-6　不正常现象及处理办法

不正常现象	原 因 分 析	处 理 方 法
1. 结 SO_3 圈	氧化气氛造成	用火焰加热、降温处理
2. 结 CaS 圈	还原气氛造成	用火焰加热、降温处理
3. 冷却圈	(1) 引风量太大、火焰太长 (2) 煤质差、烧成不好 (3) 窑头温度太低	(1) 调整煤枪内外风,用火焰处理 (2) 人工处理
4. 窑皮脱落	局部超温所致	及时补挂
5. 窑皮烧红或耐 火砖脱落	局部超温所致	停车处理
6. f-CaO 超标	(1) 火焰温度低 (2) 生料 KH 高 (3) P_2O_5 含量过高	提高火焰温度 降生料 KH 降 P_2O_5 含量
7. CaS 超标	(1) 生料 C 高 (2) 窑内 O_2 偏低	(1) 降生料 C (2) 提高窑内 O_2 含量
8. SO_3 超标	(1) 生料 C 低 (2) 窑内 O_2 偏高	提高生料 C 降低窑内 O_2 含量

四、煤粉制备

(一) 岗位任务

(1) 为烘干和烧成岗位提供合格的煤粉。

(2) 检查、保养所辖范围内的一切设备、管道、仪表等。

(3) 正确、及时填写各种原始记录。

(4) 搞好本岗位所辖范围内的清洁卫生。

(5) 负责本岗位开、停车及不正常现象的处理。

(二) 工艺流程简述

均化后的煤由铲运机运至煤粉岗位,由斗提机送入贮煤斗,用圆盘喂料机喂料经计量后加入球磨机,用来自热风炉的烟道气烘干,出磨煤粉经粗粉分离器、细粉分离器进行分离,粗粉返回磨机,细粉进入煤斗,废气经布袋收尘净化后由风机排空,收集下来的煤粉卸入煤斗,煤斗的煤粉用脉冲输送至烘干岗位。

(三) 主要设备一览表(见表 11-7)

表 11-7 煤粉制备主要设备一览表

序号	设备名称	规格型号(m)	单位	数量
1	风扫磨	ϕ1.7×2.5	台	1
2	分离器	ϕ1.2×2.7	台	1
3	旋风除尘器	ϕ1.2×3	台	1
4	布袋除尘器	MDC52-4	台	1
5	引风机	9-19NO9D	台	1
6	布袋除尘控制屏	MDC52-4	台	1

(四) 开停车及正常操作要点

1. 开车前的准备工作

(1) 请电工、仪表工检查电器、仪表是否正常。

(2) 检查磨机循环水是否畅通。

(3) 检查各润滑部位是否缺油。

(4) 盘车检查所有设备运转是否灵活,有无阻卡或异常声音。

(5) 准备好本岗位的取样工具,劳动用品和原始记录。

(6) 同时上料工向煤斗内提料备用。

2. 开车

(1) 接到开车通知后,热风炉点火,当热风炉出口温度达 400℃时(注意磨机出口温度 70℃)启动引风机。

(2) 与(1)同时，输入布袋除尘器的所有参数，具体如下：

① 先接通电源。

② 将开关 K3 打到上位置。

③ 按 0.1 键，显示 0.1，接着输入清灰间隔时间，如需间隔 30 min，则按 3.0 键即可，接着按 NEXT 键，输入 1 室清灰时间，如需 10 s，则按 1.0 输入 1 室完毕。

④ 关掉 K3，再重复②③程序，把 2，3，4 室参数输入进去。

(3) 打开磨机冷却水、循环油泵，启动球磨机。

(4) 开启尾气风机，同时给布袋除尘器控制送电，具体如下：

① 先将集中机旁选择旋钮调到集位置。

② 再将自动手动选择键调至自动、系统自动正运转。

③ 开启布袋卸灰搅龙。

(5) 启动圆盘喂煤机喂煤(贮煤斗人工加煤保持满)。

(6) 启动细粉分离器下部给料机，煤粉进入贮煤斗，启动粗粉回料搅龙、粗粉返回磨头。

3. 停车

(1) 接到停车通知后，停止热风炉加煤，并停止圆盘喂煤机喂煤。

(2) 停球磨机、引风机。

(3) 与(2)同时布袋除尘控制，具体如下：

① 将手动调节旋钮和集中机旁选择旋钮调至中间位置。

② 切断电源。

(4) 关闭冷却水和循环泵及热风闸门。

(5) 停布袋及旋风底部螺旋绞刀。

(6) 停粗粉回料搅龙及细粉分离器底部给料机。

4. 正常操作要点

(1) 经常检查磨机轴瓦温度小于 60℃。

(2) 经常检查贮煤斗的料位。

(3) 密切注意布袋各控制点的温度和保证灰斗内有料防止漏风进氧造成煤自燃。

(五) 工艺操作指标

(1) 细度 <10%(—100 目)。

(2) 水分 <1.0%。

(六) 不正常现象及处理办法(见表 11-8)

表 11-8　不正常现象及处理办法

不正常现象	原因分析	处理办法
1. 磨机声音低沉	进料过多或粒度快大	减少加料量
2. 磨机声音尖锐	进料太少	加大进料量
3. 护板螺丝松动	磨碎震动	停车上紧或更换
4. 轴承温度高	① 油量不足或油变质	加大油量或更换油
	② 冷却水不足	加大水量
	③ 带入异物	停车清洗
5. 细度过低	加煤量过小	加大加煤量
6. 细度过高	① 加煤量过大	减少加煤量
	② 煤粒度过大	通知供煤岗位将煤粒粒度控制在规定值内
	③ 磨机机配不合理	停车重新机配
7. 水分过高	① 加煤量过高	减少加煤量
	② 热风炉温度低	提高热风炉温度
	③ 原煤水分高	减少加煤量
8. 水分过低	① 加煤量少	增加煤量
	② 热风炉温度高	减低热风炉温度
9. 布袋卸灰斗温度增高	煤灰自燃	停车处理

五、窑气净化

(一) 岗位任务

(1) 对从窑尾来的炉气进行降温、净化,除去酸雾、尘、氟等杂质,保证后面工序的正常操作。

(2) 检查、保养分管设备、仪表、管道等。

(3) 搞好本岗位所辖范围内的卫生。

(4) 正确、及时填写各种原始记录。

(5) 负责本岗位的开停车及不正常情况的处理。

(二) 工艺流程简述

从烧成岗位来的窑气首先进入旋风除尘器,大颗粒物料被除后和沉降室除下的物料作为回灰返回生料系统，净化后的炉气进入一文，泡沫塔进一步除尘、除雾并使炉气降温，然后进入电除雾进行除雾净化，净化后的炉气进入干吸工段。

一文的水由泡沫塔供给，泡沫塔的水循环使用并补充一次水，保证出口气温在正常范围以内。从一文出来的污水首先进脱吸塔，将污水中的SO_2脱吸出来后排至污水处理装置，脱吸出的含SO_2气体由泡沫塔进口进入净化系统。

（三）主要设备一览表（见表11-9）

表11-9　净化主要设备一览表

序　　号	名　　称	规　　格(mm)	单　　位	数　　量
1	旋风除尘器	X1400×4000	台	1
2	一文	X530×7740	台	1
3	泡沫塔	X2120×5863	台	1
4	二文	X218×3279	台	1
5	脱气塔	X1900×7553	台	1
6	电除雾器	216管	台	1
7	泡沫塔循环泵		台	2

（四）开停车及操作要点

1. 开车前的准备工作

（1）盘动所有的运转设备有无阻卡现象。

（2）检查所有电器、仪表是否灵敏可靠。

（3）检查泡沫塔孔板是否整齐、有无缝隙。

（4）检查文氏管所有喷嘴是否畅通、连接胶管是否有破裂。

（5）检查电除雾供电系统的所有设备和电除雾体的高压对地绝缘电阻是否合格。

（6）电除雾器绝缘箱在开车前24 h升温至100～120℃。

（7）关闭进电雾闸阀，开启旁路阀，准备投运二文。

2. 开车

（1）接到开车指令后，以此打开一文、泡沫器、二文加水阀，并开启泡沫塔循环水泵。

（2）通气后要注意检查净化各点的温度、压力变化情况，调节泡沫塔循环水量，保证泡沫层。

（3）待烧成岗位正常后，请示烧成岗位后把电雾投入运行。电雾运行前，先向电雾内喷水,使沉淀管壁湿润。

(4) 电雾投运后,系统转入正常生产。

3. 停车

(1) 接到停车通知后,通知各岗位做好停车准备。

(2) 系统停止通气后,停止向电除雾送电,并停止泡沫循环泵,停止向泡沫塔加水。

(3) 逐渐关小一文进水阀,在一文入口温度降至于60℃时,关闭加水阀。

(4) 短期停车,要把脱气塔补氧孔盖死。

(5) 如遇突然停电,要用储备水箱向一文加水。

4. 正常操作要点

(1) 随时注意观察各处温度、压力情况。

(2) 保证泡沫塔泡沫层控制在视镜1/2～1/3处。

(3) 保证水箱内水的储存量,防止停电后因断水造成净化设备烧毁。

(4) 每班两次疏通文氏管喷水孔。

(5) 注意电雾运行情况,保证电压、电流控制在正常范围以内。

(6) 随时注意泡沫塔水的颜色,出现升华硫及时与烧成岗位联系。

(7) 及时调整补氧量,保证氧硫化。

(8) 及时填写各种原始记录。

(9) 电除雾器的操作要点:

① 注意电除雾器的运行情况,如遇跳闸及时合上,如连续跳闸需及时通知电工检查。

② 经常检查安全封,若水被抽走,应立即加水并检查原因。

③ 在升压和运行时,要注意防止电除雾器各部有无放电现象。

④ 每小时巡回检查电除雾器一次,每次送电和停电操作必须做好记录。

⑤ 对整流设备不允许空载(未接电除雾器)运行。

⑥ 整流相组所有瓷瓶每月要停电擦净一次,半年停电取变压器油化验一次,并对35 kW电缆头加62号电缆油一次。

(五) 操作指标

(1) 一文出口温度	<60℃
(2) 泡沫塔出口温度	<35℃
(3) 一文水压	0.15～0.2 MPa
(4) 污水总酸度	<1.5g/l
(5) 风机出口酸雾	<0.03 g/Nm^3
(6) 脱吸率	>95%

（7）风机出口含尘　　　　<5 mg/Nm³

（8）一文压降　　　　1.6～2.5 kPa

（9）泡沫塔压降　　　　2.5～3.5 kPa

（六）不正常现象及处理办法（见表11-10）

表11-10　不正常现象及处理办法

现　　象	原　因　分　析	处　理　办　法
1. 一文出口温度高	（1）喷水量不够 （2）喷嘴堵塞	增加喷水量 捣通喷嘴
2. 一文进口负压增高	（1）旋风除尘器堵塞 （2）窑尾烟室堵塞	（1）人工清理 （2）人工清理
3. 泡沫塔阻力上涨	（1）淋水量过大 （2）塔板小孔被升华硫堵塞	（1）减少水量 （2）严重时要换篦子板
4. 泡沫塔出口温度过高	（1）淋撒水量过小 （2）进口气体温度过高	（1）增大水量 （2）检查一文喷水情况
5. 泡沫塔无泡沫层	（1）洒水量过小 （2）气量过小 （3）篦板被抽翻	（1）适当加大水量 （2）与烧成岗位联系适当增大风机抽气量 （3）减风处理
6. 脱吸率低	（1）进塔污水温度低 （2）补氧孔开的太小	（1）适当减小文式管，泡沫塔喷水量 （2）开大补氧孔
7. 电除雾器送不上电	（1）电晕板线断并与沉淀板管相接 （2）地线断落、接地不良 （3）电晕板与沉淀板由升华硫或其他杂物短接	（1）停车处理 （2）停车清理 （3）停车清理
8. 电除雾器电压太低	（1）电晕板线偏心度过大 （2）沉淀板管内杂物过多 （3）气体流量或压力瞬间波动过大、使电晕板线摆动 （4）进口气体含尘过多 （5）高压瓷瓶积尘太多 （6）石英管潮湿	（1）停车校正 （2）停车冲洗 （3）稳定流量和压力消除波动原因 （4）提高一文、泡沫塔除尘效率 （5）停电用无水酒精擦洗 （6）提高绝缘箱加热湿度

六、气体转化

（一）岗位任务

（1）负责把已经净化并干燥过的SO_2气体预热后通过钒触煤的作用转化成SO_3。

（2）尽量提高转化率。

(3) 检查、保养分管的各种设备、仪表、管道等。

(4) 搞好本岗位所辖范围内的清洁卫生。

(5) 正确、及时的填写各种原始记录。

(6) 负责本单位的开、停车及不正常现象的处理。

(二) 工艺流程简述

净化干燥后的炉气,经大焦炭过滤器进一步净化后进入风机,然后经过小焦炭过滤器进入第Ⅲb 换热器、Ⅲa 换热器、第Ⅱ换热器、第Ⅰ换热器的管外加热至 420℃左右进入转化器第一段触煤层进行转化反应。反应后的气体,温度上升至 580℃左右,被导出器外经第一换热器冷却至 440℃左右进入第二段触煤层。反应后的气体温度在 500℃,然后导出,再经第Ⅱ换热器冷却至 450℃左右进入第三、第四段触煤层进行转化。第三、四段触煤层之间设有内部冷却管换热,因此进入四段触煤层的窑气温度在 420℃左右。窑气自第四段触煤层出口被导出后,依次进入第Ⅲa. Ⅲb 换热器被冷却至 160℃,进入吸收塔。

在转化系统一段、三段触煤层的进口分别设有开车用的 720 kW 和 360 kW 大、小两组电炉,并且在二、三段分别设有内部热阀门,以便升温开车时能迅速将二、三段入口温度提上来,在一段、二段、三段、四段触媒层,入口设有冷激阀门,以便在温度超温时,能迅速调节以致正常,避免触煤过热降低活性。

(三) 主要设备一览表(见表 11-11)

表 11-11 转化主要设备一览表

序号	设备名称	规格型号(mm)	单位	数量
1	焦炭过滤器	X4500×4500	台	1
2	二氧化硫鼓风机	D700-13	台	2
3	第四热交换器	X2760×11276	台	1
4	第三热交换器	X2760×11276	台	1
5	转化器	X5200×15650	台	1
6	第二热交换器	X2960×8776	台	1
7	第一热交换器	X2960×8776	台	1
8	大电热炉	720 kW	台	1
9	小电热炉	360 kW	台	1

(四) 开、停车及正常操作要点

1. 开车前的准备工作

① 检查所有阀门是否在规定位置。

② 检查所有设备、电器、仪表是否正常。

③ 检查 SO_2 鼓风机、加油盘车。

④ 准备好所用记录纸及卫生工具。

2. 长期停车后装置的开车

(1) 接到开车指令后，首先对转化器进行升温：

① 启动干燥塔循环泵，待酸泵运转后，打开脱硫塔补氧孔(或一文盲板)，然后启动 SO_2 鼓风机抽入干燥空气进行升温，用进口阀及回流阀调节风量。干燥空气水分<0.1g/m³。

② 关闭所有的冷激阀门，并开启第二、三段触煤内部热阀门。

③ 鼓风机启动后即开一段大热炉和三段小热炉，控制电热炉出口温度<500℃。通气前升温主要控制第一段触煤层进口温度，开始时温升快，风量可大些，控制每小时温升<30℃，达 300℃逐渐关小风量，升温速度每小时升 10～15℃。

④ 当第一段触煤温度达 400℃左右，二、四段触煤分别达 350℃时，由生产调度长通知烧成岗位点火升温。

⑤ 当烧成岗位具备通气要求，转化一段达 420℃时即可通知烧成岗位通气，并通知净化岗位开车。

(2) 初通 SO_2 气体时，应尽量提高 SO_2 浓度，以便迅速甩掉电炉，同时严格控制一段触煤出口温度不得高于 600℃。

(3) 根据情况逐渐甩掉电炉(在不掉温的情况下)。

(4) 当一、二、四段触煤层开始反应(出口温度上升)后，逐渐加大风量，待各段触煤层温度和进口 SO_2 浓度以及酸雾水分合格后即进入正常生产。

3. 短期停车后的开车

(1) 通知焙烧、净化、干吸、尾吸等岗位准备开车。

(2) 检查各阀门的开关情况做到心中有数。

(3) 等净化设备和喷水，以及干吸岗位循环酸量正常后，SO_2 鼓风机开车生产。

(4) 根据各段触煤层温度情况，决定通气是否需要开电炉加热气体。

(5) 开始通气时，气量不可过大，以免带走热量，一般 400～500Pa，当一段触煤层达到 415～400℃开始反应后，逐渐加大风量至正常。

4. 长期停车

长期停车必须吹净触煤内的SO_2和SO_3，待<0.03%后将转化器进行降温，其步骤为：

(1) 停车前半小时关各冷激阀门，提高各段温度，干吸岗位提高酸度。

(2) 在生产调度统一指挥下，烧成岗位通知停止通气时，可关小SO_2鼓风机。

(3) 打开一文盲板或将脱吸塔补氧孔全部打开，开电热炉，用干燥热空气进行高温吹气。

(4) 在保证转化器第一段触煤层进口温度在430℃以上的条件可适当加大风量，尽快吹净转化器和触煤层内残留的SO_2和SO_3气体。

(5) 从第四段触煤层出口取样分析至$SO_2+SO_3<0.03\%$时尾气看不到白烟，表明残留与触煤层中的SO_2和SO_3已差不多被吹净，可以开始降温。

(6) 逐渐加大风量并停电炉，以每小时降低触煤层<30℃的速度进行降温，一直降至60℃，降温即结束，停SO_2鼓风机。

(7) 通知干吸岗位停酸泵，关闭各阀门。

(8) 在高温和低温吹气过程中，绝对不允许干吸酸循环泵系统停止运转。

5. 短期停车

(1) 逐渐升高转化器各段温度。

(2) 升温过程中，随时注意一段出口温度不超过600℃，二段进口温度不超过480℃。

(3) 停车前与烧成、净化、干吸等岗位联系好，做好停车准备工作。

(4) 通知烧成岗位停车，两车间应基本同时停车。

(5) 通知干吸岗位停干吸塔循环酸泵。

(6) 停车时要随时注意转化器各段触煤温度变化情况，按时记录。

6. 紧急停车

(1) 迅速通知各岗位停车。

(2) 停SO_2鼓风机。

(3) 关闭冷激阀门。

(4) 如遇停电停车，应迅速通知净化岗位打开备用水槽向一文送水，防止一文出口温度超标烧坏净化设备。

7. 正常操作要点

(1) 经常与烧成岗位联系，保持气浓的稳定。

(2) 根据气浓的变化情况，及时调整脱吸塔补氧量，保证氧化硫正常。

(3) 根据操作指标，分别对利用各段冷激阀门调节，严格控制转化器各段进口温度。

(4) 冷激阀门的调节范围不可突然变动太大，以免气浓和温度变化影响转化率。

(5) 岗位每小时测定转化器进口气浓和尾气 SO_2 含量各一次，注意转化率控制在合格范围内。

(6) 随时注意气浓变化情况，如分析超过指标范围，应及时与烧成联系，随时注意一段触煤出口温度绝对不能超出 600℃。

(7) 随时检查控制仪表，如发现异常情况，应及时通知仪表工检查。

(8) 经常注意检查设备，管线有无漏气现象防止水分超标。

(9) 按时填写记录纸。

(五) 操作指标

(1) 进转化器 SO_2 浓度　　4.5%～6.5%

(2) 转化率　　>96%

(3) 一段触煤进口温度　　(420+5)℃(新触煤)

(4) 三段触煤进口温度　　(440+5)℃

(5) 四段触煤进口温度　　(420+5)℃

(6) 换热器出口入吸收塔气温　　>160℃

(7) SO_2 鼓风机出口气体水分　　<0.1 g/Nm^3

(8) SO_2 鼓风机出口气体酸雾　　<0.03 g/Nm^3

(六) 不正常现象及处理办法(见表 11-12)

表 11-12　不正常现象及处理办法

现　　象	原　因　分　析	处　理　办　法
1. 转化器进口温度普遍缓慢下降	(1) 主鼓风机风量开得太大 (2) SO_2 浓度降低 (3) 副线闸开的太小	(1) 关小 SO_2 鼓风机 (2) 通知烧成岗位后提高 SO_2 浓度同时检查系统漏气 (3) 调节副线阀
2. 转化器进口温度突然下降	(1) SO_2 鼓风机前的管道或设备严重漏气造成 SO_2 浓度下降 (2) 烧成岗位断料 (3) 仪表故障	(1) 系统检查漏气 (2) 及时与烧成联系 (3) 检修
3. 转化率低	(1) 转化器进口温度不正常 (2) SO_2 浓度波动太大 (3) SO_2 浓度高 (4) 热交换器漏气 (5) 分析误差或仪器故障 (6) 触煤中毒或老化 (7) 触煤层气体短路	(1) 调节各段进口温度 (2) 通知烧成岗位稳定操作 (3) 与烧成联系适当调大补氧孔 (4) 停车检查 (5) 检查排除 (6) 查明原因后处理 (7) 停车处理

续 表

现　象	原 因 分 析	处 理 办 法
4. SO_2鼓风机进口负压高出口压力下降	鼓风机进口设备或管道堵塞严重	与净化干吸岗位联系查明原因后处理
5. SO_2鼓风机出口压力上升进口负压下降	(1) 鼓风机进口设备或管道漏气严重 (2) 鼓风机出口设备或管道堵塞严重	(1) 查漏并处理 (2) 检查小焦炭过滤器、各段换热器、转化器及吸收塔的下降情况作出判断并处理
6. 反应温度后移	(1) 进口温度过低 (2) SO_2浓度高	(1) 调节入口温度 (2) 通知烧成降低气浓，维持在操作范围内
7. 风机震动	(1) 地脚螺丝松动 (2) 主鼓风机内转子积尘较多或齿轮的故障 (3) 电动机与鼓风机轴不同心	(1) 紧固松动的螺丝 (2) 停机修理并启动备用风机 (3) 停机找正并启动备用风机

(七) 钒触煤的维护及保养

(1) 在装转化器前，要用转筒筛将粉尘及小颗粒筛出。

(2) 在装填或筛换时，要轻倒轻扒，并尽量缩短时间，禁止阴雨天气筛换触煤以防机械强度或活性降低。

(3) 长期停工筛换触煤之前，应用高于400℃的干燥空气，将残存在触煤微孔中的SO_2、SO_3尽可能吹净，通常要吹26 h以上，分析吹出气体中，$SO_2+SO_3<0.03\%$时，方可进行降温操作。

(4) 触煤的操作温度为400～600℃，不得在超过615℃的温度下长期操作。

(5) 新触煤使用半年后，起燃温度略有提高，应适当提高进口温度但一年内提高值不应超过5℃。

(6) 要严格控制净化指标，控制进入转化器的气体中的2 mg/Nm^3酸雾<0.03 g/Nm^3，水分<20.1 g/Nm^3，以免因触煤中毒、粉化或阻力上涨而影响转化率。

(7) 在筛换触煤时，要注意一个重要原则，只允许把在较低温度下用过的更换到将在较高温下使用的部位(即下一段向上一段逐渐向上移)，但是在每次筛换时反应了在第一段表面补充少量新触煤(一般不少于一段触煤量的1/5)，作为起燃用，每次筛换必须做好档案记录。

(八) SO_2鼓风机的使用及保养

1. 启动及运行

(1) 首先全面检查仪表(温度计、压力计)确保完好，灵敏可靠。

(2) 冷却水压力在运转时，应经常保持少于油压。

(3) 当向轴泵箱注油时，使润滑油充满润滑油系统，然后再将润滑油灌注油位指示器所规定的油位时为止。

(4) 启动电动机时，事先手摇油泵，当油压达到 0.12 MPa 后，开动电机，在电动机运转正常且油泵所产生油压经安全阀调整保持 0.75 kg 时，才停止手摇油泵。

(5) 风机出口阀门应按烧成车间要求逐渐加大同时密切注意机壳内部是否产生杂音及轴承箱的震动情况，如情况不正常应立即停车，查找原因。

(6) 轴承最高温度不能超过 65℃，进入轴承箱的油温度应保持在 25～40℃范围之内，必要时可调节冷却机进水量，但水压不得超过油压，也可开启吹风机降温。

(7) 当油压降低至 0.1 MPa 时，应立即开动手摇油泵，并停机处理。

(8) 在地基结实的情况下轴承振动不应超过 0.05 cm ，振动超过 0.07 cm 时必须停车及时找出原因。

(9) 停车时及时开动手摇泵约 20 min 内，直至鼓风机完全停止运转时，瓦温降至 30℃以下时才停止手摇泵。

(10) 停止手摇泵后，及时停止冷却水器。

(11) 必须紧急停车的条件是：零部件发生冒烟时；机体振动超过 0.07 cm 或有金属摩擦现象时；轴承油温超过 65℃时；润滑油量不足或产生燃烧现象时；用手摇泵增压而油压仍降低至 0.1 MPa 时；其他危险情况。

2. 维修及保养

(1) SO_2鼓风机无负荷运行不能超过 10 min。

(2) SO_2鼓风机停机后立即用碱水清洗叶轮及机壳。

(3) 停机后要清理过滤润滑油。

(4) 检修时要保证机壳到位，并检查各种间隙是否正常。

(5) 离开主机的转子要垂直存放，并对轴承部位进行保护。

(6) 检修时要严禁异物进入机体内。

七、干吸岗位

(一) 岗位任务

(1) 负责把从净化岗位来的湿空气进行干燥。

(2) 负责把从转化岗位来的 SO_3气体进行吸收。

(3) 尽量提高干燥效率和吸收率。

(4) 维修、保养所辖范围内的设备、仪表、管道等。

(5) 负责所辖范围内的卫生。

(6) 正确、及时填写各种原始记录。

(7) 负责本岗位的开、停车及不正常现象的处理。

(二) 工艺流程简述

由净化岗位来的湿空气进入干燥塔内，用93%的浓硫酸干燥气体中所含的水分，出塔的干窑气进入转化工序，将SO_2转化成SO_3，转化后的气体再通入吸收塔中，用98%的浓硫酸吸收气体中所含的SO_3，出吸收塔的尾气送尾吸岗位。

由干燥塔和吸收塔流出的循环酸，分别经冷排降温后送入各自的循环槽，然后在循环槽内由酸泵再送回塔内进行淋洒，由于进入干燥塔的浓硫酸吸收水分后，浓度降低，进入吸收塔的浓硫酸吸收SO_3后浓度提高，吸收酸或干燥酸要经常加水进行稀释，并进行串酸，串酸出多的93%酸作为成品酸，经计量槽计量后，送入成品槽贮藏供磷酸车间。

(三) 主要设备一览表(见表11-13)

表11-13　干吸主要设备一览表

序　号	设备名称	规格型号(mm)	单　位	数　量
1	干燥塔	ϕ3200×13670	台	1
2	吸收塔	ϕ3200×13670	台	1
3	干吸循环塔	D150yH-35A	台	4
4	循环酸槽	ϕ1300×3000	台	2
5	计量槽	ϕ3760×4000	台	2

(四) 开、停车及正常操作要点

1. 开车前的准备工作

(1) 盘动所有设备是否有阻卡现象。

(2) 检查所有阀门开关是否灵敏。

(3) 检查干吸塔分酸装置分酸是否均匀。

(4) 通知水泵房供水、打开冷排冷却水阀。

(5) 准备好开车用98%、93%酸各200 t，并向循环槽通酸。

（6）准备好各种记录纸及卫生工具。

2. 开车

（1）接到转化岗位的开车通知后，开启93%酸循环泵，调整出口阀门，使上酸量在正常范围内。

（2）系统通气半小时前开启98%酸循环泵，调节出口阀，使上酸量控制在正常范围内。

（3）根据93%酸的浓度情况，向干燥酸循环槽内补充新酸，保证干燥酸酸浓。

（4）系统通气后，根据情况进行串酸或加水，以保证93%酸、98%酸的酸浓。

（5）根据酸温情况，调节冷排加水量，保证酸温。

3. 停车

（1）接到停车通知后，应适当降低干吸循环槽的酸位，防止停泵后酸溢槽。

（2）SO_2鼓风机停止转动后，方可停止干燥塔循环酸泵。

（3）全关串酸阀、加水阀，停排管冷却水。

（4）如果其他岗位发生故障，需短时停车，而本岗位又不需要检修，此时间不停酸泵，仅关死各串酸阀、成品酸阀。

（5）小修停车前，将干燥酸浓度提高到94%以上。

（6）冬季停车时，将吸收酸浓度降低，一般维持在97% 。

（7）长期停车或检修排管时，可将管内的酸排至贮酸槽（地下槽）。

（8）停车后需清除各处积酸并清扫所属区域内的杂物，保持设备工具、分析仪器的清洁。

4. 正常操作要点

（1）根据技术指标，及时调节串酸阀门，控制干燥和吸收塔浓度并保持稳定。

（2）根据技术指标，经常注意干燥塔和吸收塔进口气体温度，异常时应及时与净化转化岗位联系。

（3）循环泵的酸位应维持在一定范围内，既要有足够的循环酸量，但不可过多，以防酸泵突然故障停车而发生溢酸事故。

（4）随时观察尾气情况，如发现烟囱冒烟过大，应立即查明原因，进行处理。

（5）操作时，应穿戴好规定的劳保用品。

（6）为了保证出厂成品酸质量，除每次打酸应取样分析外，应随时注意酸浓度和烟囱尾气排放情况，以便随时调整吸收酸浓度。

（7）每2 h分析测定干燥塔和吸收酸浓一次。

（8）每1 h填写操作记录，要求内容正确，字迹清楚。

(9) 随时注意冷排水酸度计,如显酸性应及时处理。

(五) 操作指标

1. 干燥塔

(1) 进塔气温　<35℃

(2) 进塔酸温　<45℃

(3) 淋洒酸浓度　93%～94%

(4) 淋洒密度　12～14 $m^3/(m^2 \cdot h)$

(5) 出塔气体含水分　<0.1 g/Nm^3

(6) 出塔气体含酸雾　<0.03 g/Nm^3

2. 吸收塔

(1) 进塔气温>160℃　进塔酸温<70℃

(2) 吸收酸浓度　98%～99%

(3) 淋洒密度　12～14$m^3/(m^2 \cdot h)$

(4) 吸收率　>99.95%

(六) 不正常现象及处理办法(见表 11-14)

表 11-14　不正常现象及处理办法

现　　象	原　　因	处理办法
1. 吸收塔烟囱冒大烟	① 干燥指标不合格	查明原因后处理
	② 吸收酸浓不合格	调节酸浓
	③ 塔淋酸量不足	查明原因后处理
	④ 分酸装置损坏	停车检修
2. 干燥酸浓维持不住	① 干燥塔入口气温高	联系净化岗位处理
	② 吸收酸向干燥塔串酸量小	加大吸收酸的串酸量
	③ 吸收酸浓度小	查明原因后提高吸收酸浓
	④ 仪表失灵或分析误差	查明原因处理
3. 吸收酸浓度维持不准	① SO_2浓度低	提高气浓(通知大窑)
	② 转化率太低	通知转化岗位提高转化率
	③ 干燥酸向吸收酸量大	调节串酸量
	④ 仪表失灵或分析误差	查明原因处理

续 表

现 象	原 因	处理办法
4. 产酸量过低	① 系统有漏酸处	查漏处理
	② 计量槽液位计失灵	检修
	③ 系统堵塞阻力增大	查明原因处理
	④ 转化率降低	查明原因处理
	⑤ 风量过小或气浓低	增大风量或提高气浓
5. 酸泵电流低打不上酸	① 循环槽液位低	停止产酸或串酸
	② 泵内漏入空气	查漏并处理
	③ 泵盘根漏气	换用备用泵或换盘根
	④ 泵内叶轮腐蚀或脱落	换用备用泵并检修
6. 泵跳闸	① 供电故障	换备用泵或停车
	② 电机超负荷	换备用泵
	③ 泵本身故障	换备用泵检修
7. 泵内嗡嗡响电流波动	循环酸量太小	增大循环酸量
8. 酸管线冻结	① 天冷，酸温低	提高酸温
	② 酸浓不符合指标	调节至正常

八、尾气吸收

(一) 岗位任务

(1) 负责用氨水吸收尾气中未被转化的 SO_2。

(2) 将吸收液进行分解，制得高浓度的 SO_2 气体。

(3) 维护、保养所辖范围内的设备、管道及仪表。

(4) 及时准确地填写各种原始记录。

(5) 负责所辖范围内的清洁卫生。

(6) 负责本岗位的开、停车及不正常现象的处理。

(二) 工艺流程简述

本工艺流程采用氨酸法回收工艺，由吸收塔排出的尾气进入尾吸收塔，经呈碱性的循环母液吸收后排空，自底部流出的母液进入母液循环槽。在母液循环槽中不断通入氨气，使母液呈一定碱度。母液由于吸收 SO_2 后比重增加。在槽内加水，使母液循环槽保持一定的比重，多出的循环母液打入母液高位槽。母液高位槽中的母液与硫酸高位槽中的硫酸以一定的比例一起通入混合槽中。在混合槽内母液和硫酸发生反应，放出的高浓度 SO_2气体，被导入液体 SO_2工序。在液体 SO_2不开车的情况下，可将该气体通入干燥塔入口，分解后的母液进入中和槽。为了分解完全，混合槽内的硫酸是过量的。过量的硫酸在中和槽内被通入的氨气中和，形成硫酸铵，硫酸铵液用泵打至硫铵储罐。

（三）主要设备一览表（见表 11-15）

表 11-15　尾吸主要设备一览表

序　　号	设备名称	规格型号(mm)	单　　位	数　　量
1	尾吸塔	ϕ2560×7200	台	1
2	母液循环槽	ϕ3000×3000	台	1
3	中和液循环槽	ϕ2260×3030	台	2
4	母液循环槽	HTB100/40	台	2
5	中和液循环塔	HTB50/30	台	2
6	分解塔	ϕ1162×7363	台	1
7	混合槽	ϕ1900×1200×940	台	1

（四）开、停车及正常操作要点

1. 开车前的准备工作

（1）盘动运转设备是否有阻卡现象。

（2）检查电器、仪表是否灵敏可靠。

（3）向高位槽压入一定量的硫酸。

（4）准备好分析仪器及药品。

（5）准备好各种记录纸及卫生工具。

（6）向母液循环槽内加入清水至正常液位并少量通氨。

2. 开车

（1）在系统通气半小时开动母液循环进行循环。

（2）通气后，当循环液比重达到工艺要求时，才能补充清水，并控制在规定的范围内。

（3）为了维持母液循环泵槽液位，将多余的母液压入高压槽。

（4）通知液体 SO_2 岗位开始开分解系统。首先，打开混合槽和分解塔，气体送入系统的冷门(或到液 SO_2 岗位的阀门),打开硫酸去混合槽的阀门,调节母液和硫酸需控制母液分解后的酸度 10～20 滴定之间,控制混合槽压力维持在 400 mm H_2O 左右。

(5) 当中和槽达到一定的液位后,打开中和槽的氨气阀,控制中和液碱度 3～5 滴度,调节加水量,控制母液比重在 1.2 左右。

(6) 打开分解塔底部空气入口提高分解率,使出分解槽母液的 SO_2 含量小于 5 g/l。

(7) 在每小时对母液进行分析的基础上,母液循环槽要注意加水补充,保持比重碱度不变。

3. 停车

(1) 接到停车指令后,先通知液体 SO_2 岗位停车,然后关闭混合槽到液体 SO_2 岗位阀门,同时开启混合槽同系统(干燥塔入口)的阀门。

(2) 待转化岗位停关风机后,再停母液循环槽,同时关闭混合槽和分解塔同系统阀门。

(3) 停车前停止向循环槽加氨和清水。

(4) 如长期停车,将循环母液全部分解完后,再用清水将设备、管道清洗干净。

4. 正常操作要点

(1) 经常观察母液循环槽的液位,以调整分解量大小,根据控制分析主要调节母液循环槽的加水量和氨量。

(2) 调节去混合槽的硫酸量,控制分解塔下来的酸度在 10～20 滴度,调节分解塔补氧孔进气,保证分解率大于 98%,分解后的铵盐含量在 5g/l 以下(以 SO_2 计)。

(3) 调节混合槽去液体 SO_2 工序的阀门和调节混合槽的母液硫酸量,维持混合槽压力在允许的范围内。

(4) 调节中和槽的加水阀使中和后的母液碱度在 3～5 滴度,比重在 1.195～1.205 之间。

(5) 调节母液循环泵的扬量,保证尾吸收塔有合适的喷淋量和输出量。

(6) 混合槽和压力调节。

① 用压缩机的容量调节器调节汽缸的工作数来调节。(SO_2 工段)

② 用分解量的大小调节。

③ 用压缩机出口附线阀调节(液体 SO_2 工段)。

(7) 母液的碱度用开启阀大小调节。

(8) 母液的比重,用加水多少调节及副线阀门开启大小调节,分解液的酸度用

H_2SO_4阀门启度的大小调节。

（五）工艺操作指标

（1）尾吸塔循环母液碱度　8～16 滴度
（2）尾吸塔循环母液比重　1.17～1.18
（3）尾吸率　＞85％
（4）分解率　＞98％
（5）中和液比重　1.195～1.205
（6）中和液碱度　3～5 滴度
（7）分解液酸度　10～20 滴度
（8）硫铵母液酸铵含量　400～420 g/t

（六）不正常现象及处理办法（见表 11-16）

表 11-16　不正常现象及处理办法

现　象	原　因	处理方法
1. 烟囱冒大烟	① 母液碱度过高	关小氨气阀
	② 吸收率低	通知吸收岗位查找原因
	③ 母液比重低	减少分解量提高比重
2. 尾吸率低	① 母液碱度低	开大氨阀
	② 母液比重过高	加大排水量，开打分解量，降低比重
	③ 母液循环泵电流低	开大母液泵或更换盘根
	④ 设备筛子板问题	停车检修
3. 尾气塔带母液	① 碱度大	关小氨气阀门
	② 比重过低	减小分解量，开大加水阀
	③ 上塔母液量大	减少上液量
	④ 篦子板堵塞严重	用清水冲洗或停车检查
	⑤ 烟囱回流管堵塞	用工具捣通
4. 泵电流低	① 盘根磨损老化	紧固盘根
	② 循环分液槽液位低	减少分解量提高浓度
	③ 泵叶轮间隙增大	停泵检修
5. 分解率低	① 酸阀开的小浓度低	提高酸浓
	② 进入分解率的空气少	打开补氧孔
6. 混合槽带液	分解的母液量开的太猛，H_2SO_4量加酸的较大，使反应激烈造成	开小分解量，然后逐渐开大

九、液体 SO_2 及充装

(一) 岗位任务

(1) 负责降尾吸来的高浓度 SO_2 气体制成液体 SO_2。
(2) 负责液体 SO_2 的充装及计量出厂。
(3) 负责所辖范围的清洁卫生。
(4) 维修、保养本岗位的设备、管道及仪表等。
(5) 准确及时填写各种原始记录。
(6) 负责本岗位的开、停车及不正常现象的处理。

(二) 工艺流程简述

从尾气吸收岗位来的高浓度 SO_2 气体,经聚丙烯换热器降温后,依次进入焦炭过滤器、小干燥塔、分子筛净化和干燥后,进入压缩机及排管冷却器,形成液体 SO_2,经计量罐计量后,送入液体 SO_2 贮罐。出厂时,由充装工将液体 SO_2 充入钢瓶,经计量后出厂。

(三) 主要设备一览表(见表 11-17)

表 11-17　主要设备一览表

序　　号	设备名称	规格型号(mm)	单　　位	数　　量
1	干燥塔	ϕ 500×4 300	台	1
2	焦炭过滤器	ϕ 1 428×2 040	台	1
3	分子筛	ϕ 600×2 800	台	1
4	压缩机	2AV-12.5	台	2
5	地磅	SGF3 型	台	1

(四) 开停车及不正常现象的处理

1. 开车前的准备工作

(1) 检查各管道、阀门是否完好。
(2) 盘动运转有无阻卡现象。
(3) 开车前 24 h,开电路烘干分子筛,保持烘干时分子筛进口温度控制 120～150℃烘干 12 h。

(4) 开车前半小时，将聚丙烯冷却器、冷排、压缩机冷却水阀门打开水。

(5) 打开干燥塔上酸阀进行酸循环。

(6) 检查压缩机进出口阀是否关闭。

(7) 准备好卫生工具及记录纸。

2. 开车

(1) 接到开车指令后，通知尾吸岗位、本岗位准备开车。

(2) 将压缩机盘车数周，启动压缩机，然后将油分离器阀门打开。

(3) 待压缩机入口出现正压缩时，将压缩机出口阀门打开，然后再慢慢打开压缩机的进口阀门，保持压缩机入口负压不超过 300 mmH_2O。

(4) 调节油压控制在正常范围内。

(5) 启动压缩机正常后，然后将进口罐的阀门打开。

(6) 经常注意压缩机出口压力、油压及入口负压，随时调节正常范围。

(7) 待交接班时记下计量罐的液位，打开出口阀门，打开成品贮罐入口门，放入成品贮罐，放净后，关闭计量罐出口和成品贮罐入口阀门。

3. 停车

(1) 接到停车指令后，通知尾吸岗位液体 SO_2 停车，先打开去系统的阀门，关闭去 SO_2 岗位阀门。

(2) 待压缩机入口负压时，关闭压缩机入口阀门，然后再关压缩机出阀门，最后停电。

(3) 压缩机停后，关闭油分离器和计量入口阀门。

(4) 将压缩机卸掉压力。

(5) 如长期停车，须将压缩机出口至计量罐入口的残留 SO_2 全部排出，并把干燥塔循环酸阀门关闭，所有冷却水阀门关闭。

4. 正常操作要点

(1) 经常检查温度压力变化情况，如压缩机超温必须查找原因处理。

(2) 经常注意压缩机油压，保持油压控制在范围内。

(3) 保证压缩机出口压力绝对不大于 0.6 MPa，负责及时排气处理。

(4) 每周排放一次油分离器和油过滤器。

(5) 定期换压缩机用油。

(6) 每小时准确填写一次操作记录。

(五) 工艺操作指标

(1) 出聚丙烯换热器温度 $<90℃$

(2) 压缩机入口 SO_2 浓度 $>98\%$

(3) 压缩机入口气体水分　　<0.1 g/N m^3

(4) 压缩机机体温度　　<140℃

(5) 压缩机油压　　0.15～0.3 MPa

(6) 压缩机油温　　<45℃

(7) 压缩机出口气体压力　夏天 4.5～5.5kg/cm^2，冬天 3.5～4.5 kg/cm^2

(8) 压缩机入口负压，不大于　　300 mmH_2O

(9) SO_2液体(产品)　　99.5%

(六) 不正常现象及处理办法(见表 11-18)

表 11-18　不正常现象及处理办法

现　　象	原因分析	处理办法
1. 聚丙烯冷却器出口温度高	(1) 冷却水量小 (2) 混合槽出口温度高	(1) 加大上水量 (2) 减少分体液酸度
2. 聚丙烯冷却器压降过高	聚丙烯管破裂	停车检修
3. 小干燥塔压降高	(1) 淋酸量大使入口气管道堵塞 (2) 填料堵塞	(1) 减少淋酸量 (2) 停车检修
4. 压缩机负压高	(1) 容量调节器大 (2) 混合槽出口压力低	(1) 降低容量调节器 (2) 增加分解槽，提高压力
5. 压缩机出口压力高	(1) 压缩机前系统管道漏气严重 (2) 压缩机系统管道堵塞 (3) 入计量罐阀门未打开	(1) 查漏气堵漏 (2) 检查治理 (3) 打开阀门
6. 压缩机机体超温	(1) 系统漏气严重 (2) 冷却水量少	(1) 查漏处理 (2) 加大冷却水量
7. 压缩机出口压力低	(1) 压缩机入口阀门未打开 (2) 压缩机出口管道漏气	(1) 打开入口阀门 (2) 检查治理
8. 成品残渣含量高	(1) 油分离器不除油 (2) 油过滤器堵塞	(1) 停车检查 (2) 停车清理

十、电除雾的操作维护规程

(一) 开车前的准备工作

(1) 检查电除雾各接地母线是否完好，对地电阻是否合乎要求。

(2) 检查电晕线是否断裂脱落，有无偏移现象，确认完好封上、下气室入孔。

(3) 检查电除雾器顶部防爆孔盖封闭是否正确。

(4) 检查绝缘箱、石英管及其他瓷瓶，确认完好，封闭绝缘箱手孔，提前一天烘干绝缘箱，设备控制在 80～100℃，可长期随机运行。

(5) 检查窑气 CO 测验仪表及其他测作仪器是否完好，检测是否准确，窑气氛是否合格。

(6) 检查高压开关是否灵活好用，连锁是否灵敏。

(7) 检查操作盘各旋钮是否有阻卡现象，各仪表及反应是否灵敏。

(8) 检查硅整流器输出、返回向电阻是否合乎要求。

(9) 与大窑的联系电话是否畅通。

(10) 以上完毕后，等待开车通知。

(二) 开车操作

1. 给电除雾通水接到通气通知后，先给电除雾器通水约 5 分钟（目的湿润电极限）后，停止加水

2. 给定电压

(1) 电压：转项电压开关置于移项电压位置。

(2) 试验：手动、自动开关置于试验位置。

(3) 将“给定升压”开关和闪路计数开关调到位置“1”的位置。

(4) 将上升率电位器调到中间位置“电流极限”和“火花颁率”电位器调到较大位置。

(5) 将“临界火花”“临界闪”和闭锁时间电位器调到中间位置。

3. 通电试验

(1) 给控制系统送电。

(2) 按下“电源开关”。

(3) 调整每圈电位：A9 表示指 80%处，电源电压在 380 V，然后按下闪路试验，这时指示表应迅速回到最低位置，然后再恢复正常，最后将每圈电位位置于“O”的位置。

(4) 电源电压旋到移项电压，再将试验自动开关置于手动位置，SW_4、SW_1 置于启动位置（而后自动恢复工作位置）则主回路合闸，调节每圈电位器，使移项电压迅速超过 75V 防止低压跳闸，然后慢慢增加给定值，同时观察各指示仪表是否有波动现象。

(5) 观察电场在投入运行后，电场发生火花与闪络各整定环节是否正常。

(6) 将“闪路开关”置于“3”的位置。

(7) 当一切就绪后，将回点开关合到电场位置。

(8) 通知净化工向二文加水，并打开泡沫塔出副线阀、电除雾出口主阀，关闭电除雾前副线阀。

(9) 各个环节调整应由电仪人员操作，电除雾运行时监护人员不可随时调节。

(10) 当停电时，应先将每圈升压器调到“O”，将开关 SW_2 置于电源电压位置，将 SW_1 扳向停止位置，将回点开关扳向接地。

(三) 停止操作

将每圈升压器调到“O”，待高压和移项电压降至最小时，拨动 SW_2 使主回路断开，再关闭电源开关，整机停止工作。

注意事项：

(1) 该高压硅整流器一般不得空载运行，若做通运行试验一定要将高压可靠接于电雾电场。单试电控柜，不接硅整流柜例外。

(2) 为防止刹车时过电压，停机时先按“闪路试验”按钮，待高压闪锁后，再将 SW 闸关至停止位置，切断电源整机停止工作。

(3) 高压输出瓷套，和所接的电压输出电阻 RN 应保持清洁。

(4) 由高压输出油箱 MA 或 KV 接地端引入控制柜的连线，为安全起见，应用截面不小于 4 mm^2 的屏蔽线。

(5) 在主电路保护可控硅的保险丝是快速保险，不得用普通的代替。

(6) 高压整流器油箱内主系 25# 变压器油，其绝缘强度不低于 40 kW/2.5 m，一般每两年对油进行一次检查。

(7) 电除雾器投入运行必须带班主任批准。

(四) 电除雾的维持制度

(1) 电除雾监视人员每小时巡视检查一次电除雾器运行情况(看表盘示孔)，不合格时应立即报告电仪人员，并将检查情况如实记录供有关人员分析判断。

(2) 整流室内需放入两箱石灰粉，一旦石灰粉化要及时更换。

(3) 如有停车机会，需冲洗电晕线与沉降管，检查或大修需检查电晕线沉降管污垢情况、绝缘箱石英管和瓷瓶完好情况，并予以处理。

(五) 不正常现象及处理办法(见表 11-19)

表 11-19　不正常现象及处理办法

序　号	现　　象	原因分析	处理办法
1	突然跳闸	(1) 石英管被击穿 (2) 电缆被击穿 (3) 开车硫大量集接地	(1) 停车检换石英管 (2) 停车处理 (3) 停车处理
2	电压正常二次电流值小	(1) 电晕线肥大、不放电 (2) 气体中尘浓度大	(1) 提高电压 (2) 降低除雾浓度

续 表

序 号	现 象	原因分析	处理办法
3	接地雾状、二次电压不稳主表针急剧变化	电晕线断或过松，在电场内波动	停车处理
4	除雾电阻大上涨	(1) 分节折堵塞 (2) 电晕线或沉降管结升华硫	(1) 停车处理 (2) 停车处理

(六) 安全规程

(1) 电除雾送电后，未送气前禁止攀登电雾框架，以免造成触电事故。

(2) 凡大窑停止运行时，电雾硅整流器停止工作，切断电源立即放电。

(3) 正常生产过程中，电雾监护人员登框架前须带检验笔，检验确认安全再巡视。

(4) 电雾正常进行时，整流室禁止入内。

(5) 进电除雾检查或检修必须先放电后检验再入内。

十一、水泥配料及粉磨

(一) 岗位任务

(1) 负责根据熟料质量情况及时调整水泥配料比。

(2) 磨制出合格的水泥。

(3) 负责对出磨水泥进行均化。

(4) 及时向水泥包装岗位送料。

(5) 负责散装水泥的生产及充装。

(6) 维护、保养分管范围的设备、管道、仪表等。

(7) 负责所辖范围内的卫生。

(8) 负责本岗位文件原始记录的填报。

(9) 负责本岗位的开、停车及不正常现象处理。

(二) 工艺流程简述

从料场来的混合材、石膏等，经破碎后进入各个料库备用。各个料仓的物料经微机配料后用皮带输送机送入球磨机，出磨水泥经螺旋输送机、斗提机、仓顶螺旋输送机送入各个水泥库。各个水泥库的物料用叶轮给料机下料并用调速电机调节下料量，经仓底回料搅龙、斗提机、仓顶螺旋输送机均化后进入散仓库或包装料仓。

配料岗位的粉尘用旋风收尘器净化后排空，除尘器收下来的物料用配料输送皮带送入磨机。磨机废气经电收尘净化后由风机排空，电收尘收下来的物料和出磨物料一起由出磨搅龙送入水泥库。

(三) 主要设备一览表(见表 11-20)

表 11-20　水泥设备一览表

序　号	设备名称	规格型号(mm)	单　位	数　量
1	配料皮带	B500×38 500	台	1
2	配料微机	N190	台	1
3	球磨机	ϕ2×9 m	台	1
4	电收尘器	LK100kW-10MA	台	1
5	风机	9-19NO9D	台	1
6	磨机出口搅龙	GK400×11 000	台	1
7	磨机出口斗提机	HL400×19 500	台	1
8	仓顶搅龙	GK400×33 500	台	1
9	均化斗提机	HL400×19 500	台	1
10	仓顶搅龙	GK400×33 500	台	1

(四) 开、停车及操作规程

1. 开车前的准备工作

(1) 对所有运转设备进行盘车，检查是否有阻卡现象。

(2) 对微机进行标定(同生料)。

(3) 打开磨机冷却水管阀，并检查是否畅通。

(4) 检查各仓有无异物。

(5) 将各种辅助材料提入仓内备用。

(6) 准备卫生工具及记录纸。

2. 开车

(1) 接到开车指标后通知各岗位准备开车。

(2) 依次开启仓顶搅龙、磨机出口斗提机、磨机出口搅龙。

(3) 开启磨机尾气风机，同时开启电收尘器。

(4) 开启球磨机、配料皮带。

(5) 开启配料除尘风机。

(6) 开启配料系统所用电器,并将配比输入微机。指令微机下料,生产转入正常运行。

(7) 待贮库内有一定物料后,开启仓顶均化搅龙、均化斗提机、库底均化搅龙。

(8) 开启库底叶轮给料机,并依据各仓料位及质量情况调整各库下料量对出磨水泥进行均化。

(9) 根据包装岗位需要,向包装库或散装库送料。

3. 停车

(1) 接到停车通知后,通知各岗位做好停车准备。

(2) 停微机,通知配料系统下料。

(3) 待配料皮带无料后,停配料皮带。

(4) 停配料系统除尘风机。

(5) 待磨机运行 5 min 后,停球磨机、电收尘器磨机、尾气风机。

(6) 待搅龙内无料后,停磨机出口搅龙、磨机出口斗提机、仓顶搅龙。

(7) 如长期停车,需将各仓内物料用完后停车,以便检修。

4. 正常操作要点

(1) 经常检查各熟料和辅助材料的料位情况。

(2) 经常检查熟料质量情况,以便及时调整配比。

(3) 经常与烧成岗位联系,发现熟料质量有变化时及时进行拔仓。

(4) 经常检查带磨机轴瓦带油及温度情况。

(5) 经常检查水泥各库料位情况,根据料位情况及时拔仓。

(6) 注意观察磨机声音,根据声音来判断下料量是否合理。

(7) 按时对出磨水泥进行取样分析,以便进行取样分析,以便及时调整配比及下料量。

(五) 操作指标

(1) $SO_3 \leqslant 3.0\%$

(2) $CaS \leqslant 2.0\%$

(3) f-CaO $\leqslant 2.0\%$

(4) 细度 $\leqslant 8\%$(—100 目)

(5) 出磨水泥 3 天抗压强度 $\geqslant$ 23 MPa,抗折强度 $\geqslant$ 5.0 MPa

(6) 凝结时间:初凝 $>$ 45 min,终凝 $<$ 8 h

(7) 安定性:合格

(六) 不正常现象及处理办法(见表 11-21)

表 11-21　不正常现象及处理办法

现　　象	原　　因	处理方法
1. SO_3高	①石膏量多 ②熟料 SO_3高 ③石膏称不准确	减少石膏量 调整熟料配比 标定微机 K 值
2. SO_3低	①②与上相反，③相同	①②与上相反，③相同
3. 细度过高	①喂料量大 ②磨机机配不合理	降低喂料量 调整磨机机配
4. 细度过低	加料量少	增加投料量
5. 凝结时间长	石膏量多	减少石膏量
6. 凝结时间短	①石膏量少 ②石膏质量下降	①增加石膏量 ②调整石膏量
7. 水泥强度高	①配比不合理 ②熟料强度高	加大混合材用量
8. 水泥强度低	①配比不合理 ②熟料强度低	减少混合材用量
9. 磨机声音低沉	进料过多或粒度突然增大	暂停加料或减少加料量
10. 磨机声音尖锐	进料太少	加大进料量
11. 护板螺丝松动或脱落	磨损、震动	停车紧固或更换

十二、“四六”装置设备表

(一) 辅助原料烘干设备(见表 11-22)

表 11-22　辅助原料烘干设备一览表

序　号	名　　称	规格型号(mm)	附　机	功　率	数　量	生产能力
1	上料搅龙	GX300×3 000		7.5 kW	1 台	16 t/h
2	皮带机	B500×1 700		5.2 kW	1 台	50 t/h
3	沸腾炉	2 500×2 500 4 000×4 000×3 700			1 台	
4	热风炉鼓风机	HTD50-12		2.3 kW	1 台	50 m^3/h
5	烘干机	ϕ1.2×11 m		7.5 kW	1 台	12 t/h
6	出口绞笼	GX400×4 000		5.2 kW	1 台	28 t/h

续 表

序　号	名　　称	规格型号(mm)	附　机	功　率	数　量	生产能力
7	中间绞笼	GX300×14 000		5.2 kW	1台	16 t/h
8	提升机	HL300×24 200		5.5 kW	1台	30 t/h
9	卸灰器	ϕ200×200		2.2 kW	1台	20 t/h
10	引风机	9-14NO11.2D右		37 kW	1台	
11	除尘器	ϕ800×5 200			1台	
12	布袋吸尘器	3 000×4 000×7 000		22 kW	1台	
13	单管绞笼	ϕ219×8 000		5.4 kW	1台	

(二) 石膏烘干设备(见表11-23)

表11-23　石膏烘干设备一览表

序　号	名　　称	规格型号(mm)	附　机	功　率	数　量	生产能力
1	尾气风机	Y4-73.12D		130 kW	1台	8万～10万
2	卸灰器	ϕ300×300		2.8 kW	1台	18 t/h
3	卸灰绞笼	ED300×25 000		2.8 kW	1台	30 t/h
4	回灰提升机	D160×8 000			1台	16 t/h
5	回料绞笼	300×2 500			1台	30 t/h
6	西送料小绞笼	500×1 600			1台	50 t/h
7	文丘里水除尘			11 kW	1台	
8	水槽搅拌浆	Y160M-4			1台	
9	清水泵1	Y200 L_1-2Fu_1H-40-K		30 kW	1台	80 m^3/h
10	清水泵2	Y200 L_1-2 100Fu_1H-40-K		30 kW	1台	80 m^3/h
11	稠浆泵	Y 160M_1-2 80FUH-30-K		11 kW	1台	80 t/h
12	上料皮带机	D800×13 000		5.2 kW	1台	80 t/h
13	上料绞笼	D400×3 000			1台	40 t/h
14	上料大皮带	D800×20 000		7.5 kW	1台	80 t/h
15	烘干机	ϕ3 000×25 000		30～75 kW	1台	25 t/h
16	出口绞笼	DX400×1 400		13.2 kW	1台	40 t/h
17	出口提升机	HL400×18 600		11 kW	1台	30 t/h
18	煤粉绞笼	ϕ159×3 000		11 kW	1台	10 t/h
19	吹煤风机	9-19N090右90°		30 kW	2台	

续　表

序　号	名　　称	规格型号(mm)	附　机	功　率	数　量	生产能力
20	吹煤风机	9-19N090 左 90°		13 kW	1台	
21	井式磨煤机	ϕ790×430		7.5 kW	1台	8 t/h
22	仓上送料绞笼	GX400×43 000			1台	28 t/h
23	仓上备用送料绞笼	GX400×43 000			1台	28 t/h
24	仓上吸尘风机	Y4－7.5C			1台	
25	圆盘喂煤机	DB800		1.1 kW	1台	
26	送煤提升机	HL300×8 000			1台	
27	煤粉卸灰器	300×300		1.5 kW	1台	
28	除尘器	ϕ1 200×600			1台	

(三) 生料制备(见表 11-24)

表 11-24　生料制备设备一览表

序号	名　　称	规格型号(mm)	附　机	功　率	数　量	生产能力
1	球磨机	ϕ1.83×6.4 m	ID60 i=4.5	155 kW	1台	20 t/h
2	电机减速机				1台	
3	高压静电除尘	4-72.6B	4-72-6C	11 kW	1台	Q15250-17 600m^3/h
4	出磨风机送料槽	300×1 000		6～23.5A	1台	
5	出磨斗提机	HL300×1 800	DG400 i=23.34	5.5 kW	1台	30 t/h
6	出磨仓上绞刀	DX300×40 000	i=48	7.5 kW	1台	20 t/h
7	均化提升机	HL400×1 800	DQ400 i=23.34	7.5 kW	1台	30 t/h
8	均化库底绞笼	DX400×40 000	i=48	7.5 kW	1台	30 t/h
9	均化仓上绞笼	DX400×40 000	i=48	7.5 kW	1台	30 t/h
10	库底 1# 卸灰器	ϕ300×300	i=48	2.2 kW	1台	16 t/h
11	库底 2# 振煤斗	ϕ1 200×500		1.1 kW	1台	25 t/h
12	库底 3# 卸灰器	ϕ300×300	i=48	2.3 kW	1台	25 t/h
13	微机配料监视器	PC-51-3			1台	
14	1# 电子秤绞刀	DX300×1 500	PM250	2.2 kW	1台	双管
15	2# 电子秤	DX300×1 500	PM250	2.2 kW	1台	双管
16	3# 电子秤	DX300×1 500	PM250	2.2 kW	1台	
17	4# 电子秤	DX300×1 500	PM250	2.2 kW	1台	
18	5# 电子秤	DX300×1 500	PM250	2.2 kW	1台	

续 表

序号	名　称	规格型号(mm)	附　机	功　率	数　量	生产能力
19	6# 电子秤	DX300×1 500	PM250	2.2 kW	1台	
20	旋风除尘器	ϕ1 410			1台	
21	库底大绞笼	DX400×42 m	7.5 kW×2		1台	
22	入磨斗提机	HL300×9 000	YB212－6LQ 40－6 i=23.3	5.5 kW	1台	40 t/h

(四) 烧成车间设备(见表 11-25)

表 11-25　烧成车间设备一览表

序号	名　称	规格型号(mm)	附　机	功率	数量	生产能力
1	生料提升机 1	HL300×2 700	LQ400 减速机	7.5 kW	1台	18 t/h
2	生料提升机 2	HL300×2 700	LQ400 减速机	7.5 kW	1台	
3	烟室 1# 2# 3# 4# 卸灰器	ϕ300	JTC2561 减速机	2 kW	4台	
4	回灰提升机	HL300×16 000	LQ400 减速机	5.5 kW	1台	
5	脉冲泵	CMB－50			1台	
6	送料绞笼 1	LS300×22 000		5.5 kW	1台	18 t/h
7	送料卸灰器	JTC2S61			1台	
8	送料绞笼 2	LS400×25 000		5.5 kW	1台	
9	加料上绞笼	ϕ300×3 000			1台	
10	加料中间计量绞笼	ϕ300×2 000			1台	
11	加料下绞笼				1台	
12	回转窑	ϕ3 000×88 000	n=0.32－1.73 r/min i=3.5%		1台	8 t/h
13	发电机	S-O-40		300 kW	1台	
14	离心式清水泵	IS50-32-125			1台	
15	冷却机	ϕ2 000×22 000	i=3.5%　n=2.97	22 kW	1台	8 t/h
16	清水泵	LBT			1台	
17	链斗输送机	BX-400	a=45°	5.5 kW	1台	10 t/h
18	熟料提升机 1	HL400×26 000			1台	40 t/h
19	熟料提升机 2	HL300×2 000			1台	30 t/h
20	加煤风机	θ=35 $m^3/m\theta$ ΔH=1 200mm H_2O			1台	

续　表

序号	名　　称	规格型号(mm)	附　机	功率	数量	生产能力
21	加煤绞笼 1				1 台	
22	加煤卸灰器 1	ϕ300			1 台	
23	加煤绞笼 2	ϕ300×2 000			1 台	
24	加煤卸灰器 2	ϕ300			1 台	
25	吹煤外风机	θ=50 m^3/min H=1 200 mm H_2O			1 台	

(五) 煤粉车间设备(见表 11-26)

表 11-26　煤粉车间设备一览表

序　号	名　　称	规格型号(mm)	附　机	功　率	数　量	生产能力
1	球磨机	ϕ1 700×2 500		95 kW		3～5 t/h
2	油泵					
3	圆盘喂料机	YaOL－6	1.5	1.5 kW		3 t/h
4	布袋除尘	MDC52－4				
5	引风机			40 kW		
6	出料绞笼	ϕ250×400		4 kW		
7	绞笼	ϕ250×4 000		4 kW		
8	卸灰器	ϕ200		1.5 kW		
9	提升机	HL300×18 000	减速机 LQ400 i=23	5.5 kW		
10	脉冲泵	CMB－50				30 t/h
11	热风炉	3×2.5 m		1.5 kW		
12	选粉器	ϕ1.5 m				
13	旋风除尘	ϕ1×3 m				

(六) 水泥车间设备(见表 11-27)

表 11-27　水泥车间设备一览表

序　号	名　　称	规格型号	附　机	功　率	数　量	生产能力
1	刮板机	SK-Ⅲ型		5.2 kW	1 台	15 t/h
2	刮板机	SK-Ⅲ型		5.5 kW	2 台	15 t/h
3	提升机	HL400			1 台	4 t/h

续 表

序 号	名 称	规格型号	附 机	功 率	数 量	生产能力
4	破碎机	250×400		17.5 kW	1台	28 t/h
5	小皮带减速机			2.2 kW	1台	
6	皮带减速机1	JTC752		7.5 kW	1台	
7	皮带减速机2	JTC752		7.5 kW	1台	
8	皮带高速风机	9-26.5A			1台	
9	磨机减速机	XJD-70p		280 kW	1台	
10	球磨机	ϕ2×9 m			1台	9.5 t/h
11	电除尘风机	4-72NO3.6A		3 kW	1台	
12	油泵	CB-B16		0.75 kW	1台	
13	清水泵				1台	
14	出磨绞笼减速机	JTC-752		7.5 kW	1台	15 t/h
15	均化提升机	HL300-18.16	ZQ400 i=23.32	7.5 kW		30 t/h
16	均化底绞笼	JTC752		7.5 kW	2台	40 t/h
17	1#均化卸灰器	Y11214-4			1台	16 t/h
18	2#均化卸灰器	YTcSB20			1台	16 t/h
19	3#均化卸灰器	YTCsB20			1台	19 t/h
20	4#均化卸灰器	YTCS20			1台	16 t/h
21	仓上绞笼减速机	XTC751		5.2 kW	1台	15 t/h
22	仓上绞笼减速机	JPL752		7.5 kW	3台	20 t/h
23	散装回灰绞笼	PM250			1台	25 t/h
24	散装卸灰器1#	ϕ400 mm		7.5 kW	1台	15 t/h
25	散装卸灰器2#	ϕ300 mm		2.2 kW	1台	16 t/h

（七）水泥包装车间设备（见表11-28）

表11-28 水泥包装车间设备一览表

序 号	名 称	规格型号(mm)	附 机	功 率	数 量	生产能力
1	提升机	HL300-10 M	i=23.34	7.5 kW	1台	30 t/h
2	螺旋式回转器	ϕ1 000 mm	YTC751	5.2 kW	1台	28 t/h
3	双嘴水泥包装机	G4201C	Y160L-6	11 kW	1台	30 t/h
4	皮带机	B800×15 M	i=960/31	4 kW	1台	80 t/h
5	螺旋输送机	GX400-6M		5.2 kW	1台	40 t/h

(八) 硫酸车间设备(见表 11-29)

表 11-29　硫酸车间设备一览表

序号	名　称	规格型号(mm)	附　机	功　率	数　量	生产能力
1	旋风除尘衬器	ϕ1 410×4 200X4			1 台	
2	泡沫塔	ϕ2 120×5 863			1 台	
3	泡沫塔循环槽	ϕ2 800×2 270			1 台	
4	文氏管	ϕ530×7 779	开 2ϕ218		2 台	
5	一文管道泵	Dg80		7.5 kW	1 台	25 m^3/h
6	耐酸陶瓷泵	ATBZK-10/35		18.5 kW	4 台	35 m^3/h
7	脱吸塔	ϕ1 900×7 553			1 台	
8	循环水槽	ϕ2 000×1 500			1 台	
9	复挡除沫器	ϕ2 120×4 453			1 台	
10	电除雾器	216 根塑料管束			1 台	
11	干燥塔	ϕ3 200×13 670			1 台	
12	干燥塔循环槽	ϕ4 300×3 000			1 台	
13	干燥循环泵	DB150M-35A		55 kW	1 台	35 m^3/h
14	干燥排管冷却器	C2L501 435 m^2ϕ100			1 台	
15	清水泵	IS150-125-250		18.5 kW	1 台	125 m^3/h
16	吸收塔	ϕ3 200×13 670			1 台	
17	吸收循环槽	ϕ4 300×3 000			1 台	
18	吸收循环酸泵	DB150YM-35A		55 kW	1 台	35 m^3/h
19	吸收塔排管冷却器	CZL-502			1 台	435 m^2
20	地下槽	ϕ3 202×2 000			2 台	
21	地下槽酸泵	DB65YM-25		7.5 kW	2 台	
22	尾吸塔	62 560×7 200			1 台	
23	混合槽	ϕ1 900×1 200×948			1 台	
24	中和槽	ϕ2 260×3 030			1 台	
25	分解塔	ϕ1 162×7 263			1 台	
26	母液循环槽	ϕ3 000×3 000			1 台	
27	硫铵泵	HTB-50/30		5.5 kW	1 台	50 m^3/h
28	母液循环泵	HTB-100/40		30 kW	2 台	100 m^3/h
29	SO_2压缩机	2AC-125		30 kW	2 台	125 m^3/h

续 表

序号	名 称	规格型号(mm)	附 机	功 率	数 量	生产能力
30	硫酸计量槽	ϕ3 760×4 000			2 台	
31	分子筛	ϕ300×2 500				800 kg
32	转化器	ϕ5 200×15 650			1 台	
33	1#电加热器	7 200×1 650×1 840		720 kW	1 台	
34	2#电加热器	5 400×1 650×840		360kW	1 台	
35	第一换热器	ϕ2 960×9 276			1 台	416 m^2
36	第二换热器	ϕ2 960×8 776			1 台	462 m^2
37	第三换热器	ϕ2 760×11 276			1 台	1 120 m^2
38	第四换热器	ϕ2 760×11 276			1 台	1 120 m^2
39	SO_2鼓风机 1	D700－13		500 kW	1 台	700 m^3/min
40	SO_2鼓风机 2	D700－13		500 kW	1 台	700 m^3/min
41	闸板阀	Z94ZW－11 221 mm			2 台	700 m^3/min
42	手动单梁起重机	SDQ－5			1 台	2t
43	清水泵(轴流)	300S－19A		30 kW	3 台	19 m^3/min
44	清水泵	IS150－125－315		30 kW	4 台	125 m^3
45	水冷却塔	BCD－300			1 台	50 m^3/h
46	大焦炭过滤器	ϕ4.5×4.5 m			1 台	量:83 t
47	小焦炭过滤器	ϕ2.5×1.5 m			1 台	量:43 t
48	硫酸卧式贮缸				1 台	
49	供冷水排离心清水泵	ISBD－125－250		18.5 kW	2 台	125 m^3/h
50	潜水泵	200QJ50－78/6		18.5 kW	1 台	50 m^3/h

第十二章

典型装置调试规程

本调试规程是以国内建成的几套年产 4 万 t 磷石膏制硫酸 6 万 t 水泥所采用的流程为依据。原料采用回转式烘干机单独烘干，配料集中粉磨，中空长窑煅烧，文一泡一文(开车时用)一电水洗净化，一转一吸，氨法尾气吸收；钢球磨制普通硅酸盐水泥。本规程实用性较强，但规模偏小，扩大规模可参考。

一、烘干车间调试规程

(一) 联动试车

1. 概述

(1) 联动试车目的。

① 检查本装置工艺流程的合理性，检查设备、电气、仪表以及调节装置的工作情况。

② 通过联动试车，检查各设备运转情况并对烘干机传动部件、润滑系统、除尘系统、沸腾炉及附属设备全面检查，使设备达到良好状态。

③ 使工段每个操作人员结合实物进一步地熟悉整个工艺，培养职工独立操作和处理过程偏差的能力。

④ 锻炼熟练的队伍，提高生产管理水平和实际操作水平，为一次性投料试车成功打下良好的基础。

(2) 联动试车原则。

① 尽可能地模拟正常生产状态进行操作、调试。

② 尽可能地使每台设备投入运行。

③ 尽可能地使所有设备调节装置投入使用，以便掌握和确定工艺参数。

(3) 试车范围。本车间所有运转设备、输送、喂料、除尘、通风装置。

(4) 联动试车应具备的条件：

① 本装置各工艺全部单试验收合格、验收资料齐全。

② 电器、仪表调节装置调试完毕可以投运。

③ 转动设备单机试车完毕并合格。

④ 公用工程满足供应。

⑤ 经考试合格的岗位操作人员、各专业人员、维修人员齐全。

2. 试车前准备工作

(1) 由电工检查所有电器、开关、电机、电流表、指示灯是否正常,联络信号是否灵敏。

(2) 由仪表工检查所有仪表灵敏度,检测点齐全程度。

(3) 对所有运转设备进行盘车,检查有无阻卡现象。

(4) 检查各部分冷却水是否畅通。

(5) 检查烘干筒、沸腾炉内有无异物。

(6) 各转动设备是否有润滑油,质量型号是否符合要求。

(7) 检查各种安全设施是否完善。

(8) 准备好岗位修理工具、记录本,卫生工具准备就绪,各岗位操作人员向车间主任汇报等待试车指令。

3. 试车程序

(1) 在车间主任的指挥下,会同系统各参试人员做好开车前准备工作。

(2) 各设备开车参照操作规程及单机试车规程。

(3) 开车时必须待后面设备运转至正常状态,方能启动前一设备。

(4) 在运行中严格检查各运转设备运行情况,做好记录,连续运转时间必须达到 16 h。

4. 系统的停车

(1) 计划停车。

计划停车一般是指试车期间所有目的均已达到或发生重大设备事故并接到上级试车停车指令后进行的。当车间接到停车指令后,通知各岗位准备停车,在车间主任的指挥下进行有计划、有步骤的停车。

(2) 事故停车。

在运转中发现传动部件发生震动,有杂音或运转不平稳,轴承的润滑系统供油不良,轴承温度过高,附机设备出现损坏可局部停车及时修理并做好记录。

5. 停车后的检修

(1) 试车运行期间的数据记录。

试车运行期间所有考核项目、所有数据必须认真记录并将试车中各种记录数据上报技术部门。

(2) 设备的检修。

当试车结束后,在试车过程中仔细观察所有设备运转情况由专业人员对所有设备进行全面细致的检查。

① 对转动设备检查其运行是否处于良好状态，有无异常现象。

② 对油管道、水管道、阀门、检查有无“跑、冒、滴、漏”现象。

③ 对试车过程中出现的设备故障、损坏认真进行检修，直至能正常运行。

④ 在检查中发现的问题存在隐患处理结果都应详细记录。

⑤ 检查完毕后必须做好相应密封、润滑工作。

（二）烘干车间投料试车

1. 概述

本装置为4万t/a硫酸提供合格的原料，其投料试车是在单机试车、联动试车合格并具备试车条件下进行的。通过试车考核装置的生产能力、工艺指标，锻炼职工队伍，检验装置的可行性、合理性。

（1）试车目的。

① 通过试车，检查本装置工艺流程的合理性，检查所有设备、电器、仪表的工作情况。

② 通过试车，对本装置的生产能力、工艺指标、控制参数、消耗定额、产品质量、经济效益进行全面考核。

③ 通过试车会同外方对在生产中出现的设备、电器等方面的问题和工艺参数的重要偏差进行研讨，根据合同的规定处理，以达到实际生产要求。

④ 在试车中摸索生产规律，完善各岗位的操作规程。

⑤ 锻炼职工队伍提高生产管理水平、实际操作水平、事故处理技能，为搞好以后的生产做好准备。

（2）试车要求。

① 使所有设备投入运行。

② 在规定范围内对本装置进行调试。

③ 探讨各种因素对装置运行的影响，寻求最佳工艺参数。

（3）试车应具备的条件。

① 本装置各工段全部竣工，验收合格、竣工资料齐全。

② 单机试车、联动试车合格。

③ 全部公用工程正常运行，能力达到设计负荷80%以上，质量符合要求。

④ 机修、电修、仪表等辅助工程全部竣工，形成了生产能力。

⑤ 分析化验准备工作就绪，包括项目、方法、频率、控制指标、采样点全部落实。

⑥ 各种型号润滑油齐全且数量、质量符合要求。

⑦ 原料（磷石膏）有一定储备，严格防止烘干机在运转中因断料而停车。

⑧ 车间已建立岗位责任制等各项生产制度。

⑨ 车间技术人员、操作人员已确定，操作人员已培训考试合格。

⑩ 车间各工段生产记录表齐全，印发到各操作岗位。

2. 试车方案的确定

本车间的投料联动试车，根据工艺流程的特点，首先将沸腾炉正常运行后，在已满足烘干物料的要求的情况下加料，烘干机逐渐转入正常运行状态，直至出烘干物料满足工艺要求，水分在控制范围内。

3. 试车组织领导

为加强对试车工作的领导，将设置车间试车领导小组，小组主要任务是：

(1) 合理地安排、组织参加试车的人员。

(2) 正确的指挥各项试车工作。

(3) 及时解决在试车期间发生的各方面问题。

(4) 做好思想教育工作，提高试车人员的政治觉悟，调动参试人员的积极性。

(5) 试车领导小组由生产技术部门、车间主任、各专业技术人员组成。

4. 试车期间原、燃料的数量及质量要求

(1) 磷石膏 200 t

质量：$P_2O_5 \leqslant 1.0\%$，$SiO_2 < 6.0\%$（二水基）

(2) 燃料：200 t

质量：适合沸腾炉燃烧的当地劣质煤或煤矿石。

5. 试车程序

(1) 投料试车步骤。本系统具备开车条件后，按工艺流程进行试车。

(2) 本车间任务。根据化验室控制指标，烘制出合格原料，满足生料配置要求。

(3) 内部联系。输送岗位、操作室、运转岗位、水洗岗位、加料岗位由车间主任统一指挥。

(4) 开车前准备工作。

① 检查各设备单机运转是否正常。

② 检查冷却系统水压情况。

③ 仪表工检查仪表是否准确并校正零点。

④ 电工检查运转设备绝缘及电气项目。

⑤ 掌握烘干前物料的性质及水分，根据指标要求，以便试车中保证实现。

⑥ 检查沸腾炉内风帽有无脱落、通风是否良好。

(5) 设备运转后的检查。

① 每小时填写一次记录。记录出烘干筒的物料温度、轴瓦温度、加料量等。

② 对系统所属运转和静止设备，按试车期间有关规定进行检查和维护。

③ 随时观察炉内情况及时调整炉温保证烘干筒内气体温度。

(6) 计划停车及事故紧急停车。

① 计划停车：试车期间缺少燃料或仓满，公用工程不足造成停车。停车时应按开车规程进行。

② 事故紧急停车：因设备、电力或公用工程故障必须停车应按停车程序停车并通知车间主任。

(7) 试车期间可能出现的故障及相应措施。

① 控制系统引起整个系统停车。

处理：在试车小组指挥下由专业人员处理。

② 公用工程不足由总厂尽快处理，按计划停车程序停车。

③ 因设备出现故障停车。

处理：立即停车然后向主任及技术部门汇报做好记录要求有关人员尽快处理。

6. 试车期间控制指标

(1) 产品：磷石膏，水分 4% ～ 8%

(2) 烘干机轴瓦温度 < 65℃

(3) 炉床温度(900 ± 50)℃

二、生料配制调试规程

(一) 联动试车

1. 概述

(1) 联动试车目的。

① 检查本装置工艺流程的合理性。检查设备、电器及微机调节工作情况。

② 通过联动试车检查设备运转情况，并对喂料系统、磨机传动部件、润滑系统、除尘系统及附属系统设备全面检查使以达到良好状态。

③ 使工段每个操作人员结合实物进一步地熟悉整个工艺，培养人员独立操作和处理过程偏差的能力。

④ 锻炼熟练的队伍提高生产管理水平，为一次性投料试车成功打下良好基础。

(2) 联动试车原则。

① 尽可能地模拟正常生产状态进行调试、操作。

② 尽可能地使每台设备投入运行。

③ 尽可能地使所有设备、电器、调节、除尘系统投入使用，以便掌握和确定工艺参数。

(3) 试车原因。

自原料仓下喂料设备、输送设备、磨机、磨尾及生料成品仓至输送设备、除尘设备。

(4) 联动试车应具备的条件。

① 本装置各工艺全部单试验收合格、验收资料齐全。

② 仪表安装一次调试完毕，可以投运。

③ 转动设备单机试车完毕并合格。

④ 全部公用工程满足供应。

⑤ 经考核合格的岗位操作人员，各专业人员及维修人员齐全。

2. 试车前准备工作

(1) 由电工检查电器是否完好。

(2) 对所有运转设备进行盘体，检查是否有阻卡现象。

(3) 检查各部分冷却水是否畅通。

(4) 检查磨机各仓内是否有异物，衬板、隔仓板是否紧固。

(5) 检查喂料装置是否完整、灵敏、磨机各转动部件是否有润滑油，质量是否符合要求。

(6) 排除磨机周围障碍物。

(7) 及时与前后工序取得联系，注意生产安全。

(8) 检查各种安全设施是否完善。

(9) 准备好岗位修理工具、生产记录，各岗位人员向车间主任汇报等待试车指令。

3. 试车程序

(1) 在试车小组及车间主任的指挥下，会同系统各参试人员，做好开车前准备工作。

(2) 参照操作规程及开车规程开车。

(3) 磨机正常的开车顺序是逆流程开机，在开动每一台设备时必须等到前一台设备运转正常后再开下一台设备，以防发生事故。

(4) 检查喂料系统的电动机、减速机的温度是否正常。

(5) 检查磨机传动大小齿轮或减速机以及传动轴、离合器的运转情况。

(6) 检查各轴承供油情况是否正常指示仪表是否灵敏轴承是否过热。

(7) 附属设备运转情况。

(8) 观察好电流表指示。

(9) 运转时间连续运转不少于 8 h。

4. 系统的停车

(1) 计划停车。计划停车一般是指试车期间所有的目的均已达到或发生重大事故并接到上级试车停车指令后进行的。

当车间接到停车指令后,通知各岗位准备停车,在主任指挥下按停车规程有计划有步骤的停车。

(2) 事故停车。由于电器控制系统原因必须停车,磨机中空轴瓦温度过高(超过 70℃)必须停磨机检查,齿轮和轴瓦震动或噪音过大应停车检查,电机、电流明显增大必须停车检查。

附属设备出现事故单机停车修理。

5. 停车后的检修

(1) 试车运行期间的数据记录。试车运行期间,所有考核项目、所有数据必须记录并将数据整理好上报技术部。

(2) 设备的检查。试车结束后,对所有设备进行全面细致的检查。

① 对运转设备根据运行情况处理完毕直至正常。

② 轴承大小齿轮和各个润滑点润滑油是否足量。

③ 对管道、阀门、减速设备检查有无“跑、冒、滴、漏”现象。

④ 检查衬板螺栓、地脚螺栓、附机螺栓是否紧固。

⑤ 在检查中出现的问题、存在隐患处理结果都应详细记录。

⑥ 检查完毕后必须做好相应的密封、润滑工作。

(二) 生料车间投料调试规程

1. 概述

本装置生产能力为 15 t/(台·h)生料,其投料试车是在单机试车、联动试车合格并具备试车条件下进行的,通过试车考核装置的生产能力、工艺指标,锻炼队伍,检查装置的可行性、合理性。

(1) 试车目的。

① 通过试车,检查本装置工艺流程的合理性。检查车间内所有设备、电器、仪表的工作情况。

② 通过试车,对本装置的生产能力、工艺指标、产品质量、经济效益进行全面考核。

③ 通过试车会同外方对在生产中出现的设备、电器等方面的问题和工艺参数的重要偏差进行研讨,根据合同的规定处理。

④ 在试车中摸索生产规律,完善各岗位的操作规程。

⑤ 锻炼职工队伍提高生产管理水平、实际操作水平、事故处理技能，为搞好以后的生产做准备。

(2) 试车要求。

① 使所有设备投入运转。

② 在规定范围内对装置进行调试、检测。

③ 探讨各种因素对装置运行的影响寻求最佳工艺参数。

(3) 试车应具备的条件。

① 本装置各工段验收合格、竣工资料齐全。

② 单机试车、联动试车合格。

③ 全部公用工程正常运行，能力达到设计负荷80%以上，质量符合要求。

④ 分析化验准备工作就绪，分析项目、方法、频率、采样点、仪器、药品、分析人员全部落实。

⑤ 车间技术人员和操作人员已确定，操作人员已经考试合格。

⑥ 车间已建立岗位责任制等各项生产制度。

⑦ 磷石膏、粘土、焦沫有一定的储量，严格防止磨机在运转中因断料而停磨。

⑧ 各项工艺指标配料方案由技术部在化验室下达到车间及有关技术人员。

⑨ 生产记录齐全，下发到操作岗位。

⑩ 整个车间安全设备密封设备照明系统以及各岗位间的联系信号完整良好。

⑪ 有足够规格齐全的研磨体。

⑫ 检查管道、阀门有无泄漏现象。

2. 试车方案的确定

本车间的投料联动试车根据工艺流程特点，试车程序为：向磨内加入规定数量1/3研磨体(给配总量)，运转20 h后再加入1/3，再运转40 h后将余下的研磨体全部加入，直至运转正常为止。再次加入研磨体时都应加入相应数量的物料并按分析频率取样化验，及时调查料比，保证试车期间生料能够达到控制要求并根据生料分析结果对出磨生料均化。

3. 试车组织领导

为加强对试车工作的领导，应设置车间试车领导小组，小组任务是：

① 合理地安排、组织参加试车的人员。

② 正确地指挥各项试车工作。

③ 及时地解决在试车期间发生的各方面问题。

④ 做好思想教育工作，提高参试人员的思想觉悟。

⑤ 一做好宣传鼓动工作，充分调动参试人员的积极性。

4. 试车期间物料的质量及数量要求

(1) 焦炭：$A_{ad} \leqslant 25\%$，$V_{ac} \leqslant 50\%$，$F_{cd} \geqslant 70\%$，200 t。

(2) 粘土：$SiO_2 \geqslant 60\%$，200 t。

(3) 磷石膏：$P_2O_5 \leqslant 0.80\%$(二水基)，$SiO_2 \leqslant 6\%$(二水基)，5 000 t。

5. 试车程序

(1) 联动试车步骤。本系统具备开车条件后按工艺流程开车顺序开车。

(2) 本车间任务。配制稳定均匀的合格生料，稳定回转窑正常生产。

(3) 内部联系。均化岗位、磨机操作岗位、微机操作岗位、物料输送岗位由车间主任统一指挥。

(4) 开车前准备工作。

① 每次填装研磨体后检查研磨体表面至篦板中心距。

② 电工检查运转设备的绝缘情况、电收尘电晕线、高压整流器、振打器是否处于良好状态。

③ 启动配料微机电源，将配料比输入计算机。

④ 工艺管理规程和操作规程控制指标完整无缺。

⑤ 掌握入磨物料性质(粒度、水分、湿度)以便在生产中实现最佳指标。

⑥ 整个车间各岗位均达到有关安全要求。

(5) 设备运转后的检查。

① 每小时填写一次运转记录(磨机电流、轴承温度、附机运行情况)。

② 对系统所属运转和静止设备按试车期间有关规定进行检查和维护。

(6) 计划停车及事故紧急停车。

① 计划停车是指试车期间缺少原料，生料成品仓满或公用工程造成停车，停车时按停车规程进行。

② 事故紧急停车：因车间内设备、电器或仪表出现故障，应按停车规程及时停车并通知车间主任。

(7) 试车期间可能出现的故障及相应措施。

① 控制系统引起停车。

处理：在试车小组指挥下由专业人员处理。

② 公用工程不足引起停车。

处理：向试车小组汇报并要求有关人员尽快处理，按计划停车程序停车。

③ 因设备事故引起停车。

处理：立即停车，做好记录，向试车小组汇报，要求有关人员尽快处理。

④ 因工艺事故引起停车。

处理：做好记录向试车小组汇报，要求有关人员对原料进行化验分析并要求仪表人员标定物料系统计量秤，根据化验室指令配比开车。

6. 试车期间控制指标

生料：C/SO_3 0.65～0.75（C_{Σ}4.8%～5.4%），pH 0.97±0.3，SiO_2 9.3%±0.3%。

细度：0.08 mm/n，方孔筛筛余≤10%，P_2O_5<0.8%。

三、烧成车间调试规程

(一) 联动试车

1. 概述

(1) 联动试车目的。

① 检查本装置工艺流程合理性，检查设备、仪表以及调节回路的工作情况。

② 通过联动试车，检查各设备运转情况并对喂料系统、加煤系统、回转窑系统、润滑系统及附属设备全面检查，使设备达到良好状态。

③ 通过联动试车检查回转窑、冷却机、耐火砖镶砌情况。

④ 使各岗位操作人员结合实物进一步地熟悉整个工艺，培养职工独立操作和处理过程偏差的能力。

⑤ 锻炼熟练的职工队伍，提高生产管理水平和实际操作水平，为一次性投料试车成功打下良好基础。

(2) 联动试车原则。

① 尽可能地模拟正常生产状态进行操作、调试。

② 尽可能地使每台设备投入运行。

③ 尽可能地使所有设备、调节回路投入使用，能测试的数据尽量测试，以便掌握和确定最佳工艺参数和操作指标。

(3) 试车范围。生料成品仓下螺旋输送机、提生机、喂料系统全套设备，回转窑、喂煤螺旋输送机、吹煤风机、内外风机、冷却机、链板输送机、提升机（发电机必须单试运行正常）。

(4) 联动试车应具备的条件。

① 本装置各工艺全部单试验收合格、验收资料齐全。

② 仪表全部安装一次调试完毕可以投运。

③ 转动设备单机试车完毕并合格。

④ 全部公用工程满足供应。

⑤ 经考核合格的岗位操作人员、各专业人员及维修人员齐全。

2. 试车前准备工作

（1）由电工检查本车间所有电器、开关、电动机、指示、联络是否正常。

（2）由仪表工检查所有仪表的灵敏度。

（3）由化验室准备好尾气分析药品及取样装置。

（4）对所有运转设备进行盘车，检查是否有阻卡现象。

（5）检查回转窑及冷却筒冷却水是否畅通。

（6）检查窑内有无杂物、冷却筒内有无异物。

（7）各传动部件是否有润滑油，质量、润滑剂牌号是否符合要求。

（8）检查物料装置计量是否准确灵敏，加煤装置是否准确、灵敏。

（9）喂煤粉的螺旋输送机应完好无损、调速灵活使喂煤量调节灵活。

（10）检查各种安全设施是否完善。

（11）准备好岗位修理工具、记录本、卫生工具，各岗位操作人员向车间主任汇报，等待试车指令。

3. 试车程序

回转窑经过检查确定无问题后即进行试车。试车时必须和各附属设备负责人联系好，然后再启动设备。

（1）鼓风机。

① 参照操作规程。

② 检查叶轮与机壳有无接触和松动，调查闸板是否灵活、闸板的位置和显示符合。

（2）回转窑。

① 参照操作规程。在启动前应先将调速器调整到零的位置，然后启动，逐渐加快窑速至正常窑速。

② 检查各转动部件运转情况，注意是否有震动、碰撞、摩擦等声音，齿轮啮合是否正确。当逐渐提高窑速时，应检查各轴瓦的温度。

（3）加煤机及喂料机。

① 参照操作规程。

② 在启动前将调速器调整零位，启动后逐渐加快转速。

③ 检查旋叶与外壳有无碰撞现象。检查完毕后，封好观察口。

④ 注意好电流表指示。

（4）冷却机。

① 参照操作规程。

② 检查轴承温度是否在允许范围，筒体有无上下窜动现象。

③ 注意好电流表指示。

(5) 熟料输送机。检查链斗有无阻卡现象,滚轮应当灵活。

回转窑试车时间为 3 d,辅机 1 d。

试运转情况应做详细记录,发现问题立即汇报,由试车小组研究并作妥善处理,各设备不得带病试运转。

4. 系统的停车

(1) 计划停车。计划停车是指试车期间所有目的均已达到或发生重大设备事故并接到上级停车指令后进行的。

当本车间接到停车指令后,通知各岗位准备停车,在主任指挥下进行有计划、有步骤的停车。

(2) 事故停车。在运转过程中传动部件产生震动、托轮受力不均、轴瓦过热、窑内镶砌耐火砖有脱落现象,都应停车进行处理。

其他附机如出现问题也应停车修理。

主机应连续运转 48 h,辅机应连续运转 16 h 不能间断。

5. 停车后的检查

当回转窑运转 48 h 后,可停车检查。

试车期间所有考核项目、数据必须有专人记录,整理后上报技术部。试车结束后,对所有设备进行全面检查。

① 对转动设备检查其运行情况是否良好,有无异常现象。

② 对水、油管道、阀门检查有无渗漏现象。

③ 回转窑齿轮传动系统啮合是否正常、齿有无坏损、滚圈上有无杂物及破裂现象。

④ 电器设备有无损坏现象。

⑤ 全系统检查完毕后必须做好相应密封、润滑。

(二) 烧成投料试车

1. 概述

本装置设计生产能力 4 万 t/a 熟料。其投料试车是在单机试车、联动试车合格并具备试车条件下进行的,通过试车考核装置的生产能力、工艺指标、锻炼队伍、检查装置的可行性、合理性。

(1) 试车目的。

① 通过试车,检查本装置工艺流程的合理性,检查所有设备、电器、仪表的工作情况。

② 通过试车对本装置的生产能力、工艺指标、消耗定额、产品质量、经济效益进行全面考核。

③ 通过试车会同外方对在生产中出现的设备电器仪表等方面的问题和工艺参数的重要偏差进行研讨，根据合同规定处理。

④ 在试车中摸索生产规律，寻求最佳工艺参数，完善各岗位的操作规程。

⑤ 锻炼职工队伍提高生产管理水平实际操作水平事故处理技能。

(2) 试车要求。

① 使所有设备投入运行。

② 在规定范围内对装置进行考核。

③ 探讨各种因素对装置的影响。

(3) 试车应具备的条件。

① 本装置各工段全部竣工验收合格竣工资料齐全。

② 单机试运联动试车合格。

③ 全部公用工程正常运行，能力达到设计负荷 80%以上，质量符合要求。

④ 机修电修仪表等辅助工程全部竣工，形成了生产能力。

⑤ 分析化验准备工作就绪，化验员熟悉分析规程分析方法分析步骤，项目由化验室主任制定实施。

⑥ 牌号相符的润滑油准备齐全，数量、质量符合要求。

⑦ 回转窑参照烘窑规程将窑烘好。

⑧ 生料库内存有足够的生料，严格防止在运转中因断料而停窑，本装置开车争取一次达到成功。

⑨ 煤粉仓准备好供 4 h 以上储量，煤粉粉磨系统运行正常。

⑩ 硫酸系统联动试车合格，转化温度已达到回转窑点火通气要求。

⑪ 车间建立健全岗位责任制等各项生产制度。

⑫ 车间技术人员和操作人员已确定，操作人员培训考试合格。

⑬ 各项工艺参数由技术部与化验室下达到车间及有关技术人员。

⑭ 生产记录、自动记录装置，装好记录纸并有专人管理。

2. 试车方案的确定

本车间的投料联动试车，根据工艺流程的特点，试车程序为：硫酸车间转化器温度已达到通气条件，烧成车间提前 4 h 点火并逐渐加入煤粉，火焰形成后根据窑头、窑尾温度投料并启动熟料输送设备和冷却机，并与硫酸车间联系通气，烧成车间按操作规程操作至生产正常。

3. 试车领导组织

为加强对试车工作的领导，设置试车领导小组，其主要任务是：

① 合理地安排组织参加试车的人员。

② 正确地指挥各项试车工作。

③ 及时解决在试车期间发生的各方面问题。

④ 做好思想教育工作，提高参试人员的思想觉悟。

⑤ 做好宣传鼓动工作，充分调动参试人员的积极性。

⑥ 做好后勤工作，安排好参试人员生活问题。

4. 试车期间物料的质量及数量要求

(1) 生料质量要求

SiO_2：9.3%±0.3%，C/SO_3 0.65～0.75，细度 0.08 mm，方空筛余≤10%，pH=0.97±0.03，$n=3.5\pm0.3$，$p=2.5\pm0.3$。

(2) 生料数量要求

生料库存 1 000 t(因要求开车转入正常，原燃料要符合正常生产要求)。

原煤质量要求：$Q_{ad}>26\ 000$ kJ/kg，$V_{ad}>25\%$，$A_{ac}<15\%$，煤粉细度 0.08 mm，方孔筛筛余≤12%，水分<1%

原煤数量要求：1 000 t。

5. 试车程序

(1) 联动试车步骤。本系统具备开车条件后，按工艺流程进行试车。

(2) 本车间任务。烧制出合格的水泥熟料，分解出高浓度的 SO_2 窑气。

(3) 内部联系。提料岗位、喂料岗位、窑气分析、运转岗位、熟料输送岗位、看火岗位由车间班长统一指挥。

(4) 开车前准备工作。

① 检查各设备单机运转是否正常。

② 窑内各密封表面平整、砖砌牢固、无损坏残缺。

③ 水冷却管道是否畅通、水源是否充足、排水系统有无堵塞。

④ 喷煤管道是否畅通，管道不得漏风、漏煤，调好喷煤管位置。

⑤ 准备好足够的木柴、废机油或柴油以及引火材料。

⑥ 准备好消防设备、看火镜、手套及清扫工具等。

(5) 设备运转后的检查。

① 经常检查电动机运行情况，看定子和轴承的温度是否在允许的范围内。

② 检查减速机供油是否正常，冷却性能是否良好，油温不应超过 45℃。

③ 带油齿轮或带油滚子转动是否灵活，齿轮上的油是否足够，粘度是否适合，有无不正常冒烟现象。

④ 每小时填写一次报表并将有关分析结果、仪表指示掌握清楚，当参数偏于正常值时找出原因，进行及时处理并依次校正。

⑤ 对系统所属运转和静止设备按试车期间有关规定进行检查和维护。

(6) 计划停车及事故紧急停车。

① 计划停车。一般是指试车期间缺少原燃料或公用工程事故造成停车。停车时,按停车规程有计划、有步骤的停车。

② 事故紧急停车。因断生料、断煤粉、停电或设备事故必须停车,回转窑局部耐火砖被烧掉或脱落而发生筒体烧红现象,必须停窑。

(7) 试车期间可能出现的故障及相应措施。

① 控制系统出现故障引起整个系统或部分设备停车。

处理:在试车小组的指挥下由专业技术人员处理。

② 公用工程不足引起停车。

处理:由车间负责人向试车小组汇报并要求有关人员尽快处理按停车规程停车。

③ 因设备出现故障停车。

处理:立即停车,做好记录,要求有关人员尽快解决。

6. 试车期间控制指标

熟料质量:f-CaO<2.0%,CaS<2.0%,SO_3<2.0%,C_3S>40%,C_2S>25%,C_3A 6%~8%,C_4AF 4%~6%

3 d 抗压强度>25 MPa,28 d 抗压强度≥52.5 MPa

3 d 抗折强度>5 MPa,28 d 抗折强度≥7.1 MPa

窑尾:SO_2>8.5%

熟料产量:5.5 t/h

7. 正常操作控制条件

在试车过程中,工艺参数起指导作用,在正常操作过程中,正确地控制工艺参数,对维护生产的连续性稳定性有极其重要的意义。

窑头温度:(1 000±50)℃

窑尾温度:(550±50)℃

窑气氧含量(窑尾测试):0.5%~1.5%

四、煤粉制备调试规程

(一) 联动试车

1. 概述

(1) 联动试车目的。

① 检查本装置工艺流程的合理性,检查设备仪表的工作情况。

② 通过联动试车,检查各设备运转情况,并对热风炉砌筑,除尘系统、润滑系

统及附属设备全面检查，使设备达到良好状态。

③ 使各岗位操作人员结合实物进一步地熟悉整个工艺，培养职工独立操作和处理过程偏差的能力。

④ 锻炼熟练的职工队伍，提高生产管理水平和实际操作水平为一次性投料试车成打下良好基础。

(2) 联动试车原则。

① 尽可能地模拟正常生产状态进行操作调试。

② 尽可能地使每台设备投入运行。

③ 尽可能地使所有设备、调节回路投入使用，能测试的数据尽量测试，以便掌握和确定最佳工艺参数和操作指标。

(3) 联动试车范围。自喂煤提升机至布袋收尘器后排风机。

(4) 联动试车应具备的条件。

① 本装置各工艺全部单试验收合格验收资料齐全。

② 一二次仪表全部安装，依次调试完毕可以投运。

③ 转动设备并单机试车完毕并合格。

④ 全部公用工程满足供应。

⑤ 经考核合格的岗位操作人员各专业人员及维修人员齐全。

2. 试车前准备工作

(1) 由电工检查本车间所有电器、开关、电动机、指示、联络是否正常。

(2) 由仪表工检查所有仪表的灵敏度、仪表指示是否准确。

(3) 检查袋收尘器反吹风机及各气缸是否动作(手动操作)。

(4) 对所有运转设备进行盘车，检查是否有阻卡现象。

(5) 检查磨机冷却水是否畅通。

(6) 检查磨机内有无异物、燃烧炉内有无杂物。

(7) 各转动部件是否有润滑油，质量是否符合要求。

(8) 检查各种安全设施是否完善。

(9) 准备好岗位修理工具、车间记录、卫生工具，各岗位操作人员向车间主任汇报，等待试车指令。

3. 试车程序

(1) 在车间主任指挥下，会同系统各参试人员，做好开车前的准备工作。

(2) 主机试车、附机试车、除尘系统试车按操作规程要求进行。

(3) 观察电动机温度是否正常、指示仪表是否灵敏、磨机衬板螺丝有无松动现象。

(4) 检查布袋除尘器有无漏风现象，手动、自动是否处于良好状态。

(5) 正确、按时填写试车记录。

(6) 磨机连续运转时间不少于 8 h。

4. 系统的停车

(1) 计划停车。计划停车是指试车期间所有目的均已达到或发生重大设备事故并接到上级停车指令后进行的。

当本车间接到停车指令后,通知各岗位准备停车,在主任指挥下进行有计划、有步骤的停车。

(2) 事故停车。

① 在运转中磨机传动部件产生震动、有杂音或运转不平稳,轴承的润滑系统供油不良、轴承温度过高(超过 60℃),必须停车及时修理并做好记录。

② 附属设备出现设备事故可停车修理,主机可继续运转试车。

5. 停车后的检修

试车运行期间,所有考核项目、所有数据必须记录,并将数据整理交技术部存档。

当试车结束后对所有设备进行全面细致的检查:

① 对管道、阀门、减速设备、布袋收尘器检查有无"跑、冒、滴、漏"现象。

② 对试车过程中出现的设备故障、坏损,认真检修,直至能正常运行。

③ 在检查中发现的问题、存在的隐患、处理结果都应详细记录。

④ 检查完毕后,必须做好相应密封、润滑工作。

(二) 投料试车规程

1. 概述

本装置设计能力 3.5 t/(台 · h)煤粉。其投料试车是在单机试车联动试车合格并具备试车条件下进行的,通过试车考核装置的生产能力、工艺指标、锻炼队伍、检验装置的可行性和合理性。

(1) 试车目的。

① 通过试车,检查本装置工艺流程的合理性,检查所有设备、电器、仪表的工作情况。

② 通过试车对本装置的生产能力、工艺指标、消耗定额、产品质量、经济效益进行全面考核。

③ 通过试车会同外方对在生产中出现的设备、电器、仪表等方面的问题和工艺参数的重要偏差进行研讨,根据合同规定处理。

④ 在试车中摸索生产规律,寻求最佳工艺参数,完善各岗位的操作规程。

⑤ 锻炼职工队伍提高生产管理水平、实际操作水平、事故处理技能。

(2) 试车要求。

① 使所有设备投入运转,所有仪表控制系统运转。

② 在规定范围内对装置进行调试。

③ 探讨各种因素对装置的影响及处理方法,寻求最佳工艺参数。

(3) 试车应具备的条件。

① 本装置各工段全部竣工验收合格、竣工资料齐全。

② 磨头仓原煤有一定的储备,满足 4 h 要求,防止磨机在运转中因断料而停磨。

③ 全部公用工程正常运行,能力达到设计负荷 80%以上,质量符合要求。

④ 分析化验准备就绪,分析项目、频率、指标、采样点全部落实。

⑤ 车间已建立岗位责任制等各项生产管理制度。

⑥ 车间操作人员已确定,经培训考试合格。

⑦ 生产记录齐全、消防设施、安全设施完善。

2. 试车方案的确定

本车间投料联动试车,根据工艺流程特点,试车方案为:加入规定数量 1/3 研磨体(按级配)。运行 20 h 后再加入 1/3,再运转 8 h 将余下的研磨体全部加入,直至运转正常为止。每次加入研磨体时,加入相应数量的煤,保证指标在控制范围内。

3. 试车组织领导

组织领导。为加强对试车工作的领导,设置试车领导小组,其主要任务是:

① 合理地安排、组织参加试车的人员。

② 正确地指挥各项试车工作。

③ 及时解决在试车期间发生的各方面问题。

④ 做好思想教育工作,提高参试人员的思想觉悟。

⑤ 做好宣传鼓动工作,充分调动参试人员的积极性。

⑥ 做好后勤工作,安排好参试人员生活问题。

4. 试车期间物料的质量及数量要求

(1) 原煤质量: $Q_{ad}>26\,000$ kJ/kg, $V_{ad}>25\%$, $A_{ad}<15\%$

(2) 原煤数量: 100 t

5. 试车程序

本车间具备开车条件后,按工艺流程特点进行试车。

(1) 本岗位的任务。为烧成车间提供合格的煤粉,确保回转窑正常运行。

(2) 内部联系。即负责加煤岗位、热风炉岗位、磨机岗位、收尘岗位(包括引风机)之间的联系。

(3) 开车前的准备工作。

① 检查冷却水是否畅通。

② 检查储煤斗煤量多少，圆盘调节闸板是否灵敏准确。

③ 检查各测点是否灵敏正常，仪表指示是否完整可靠。

④ 检查卸灰翻板阀、除尘器管道及壳体有无漏气现象。

(4) 开车程序。参照开车规程，注意温度及压降变化。

(5) 设备运转后的检查。

① 检查轴承温度、下煤量、热风炉出口温度、磨机出口温度、布袋除尘器入口、出口温度、灰斗温度。

② 对系统所属运转和静止设备按试车期间有关规定进行检查和维护。

③ 密切注意布袋各控制点的温度和保证灰斗内无积料，防止漏风进氧造成自燃。

④ 要检查风机排风情况，一旦发现黑烟应停车处理。

(6) 计划停车及事故紧急停车。

① 计划停车。因断煤或煤斗满、公用工程造成停车，停车时按停车操作规程进行。

② 事故紧急停车。因车间内设备、电器出现故障停车，应按停车程序及时停车并通知车间主任。

(7) 试车期间可能出现的故障及相应措施。

① 控制系统引起整个系统停车。

处理：在试车小组的指挥下由专业人员处理。

② 公用工程不足引起停车。

处理：向车间主任汇报并要求有关人员尽快处理按停车规程停车。

③ 布袋收尘器启动报警装置报警停车。

处理：立即停车，做好记录，要求有关人员尽快处理。

④ 因设备故障停车。

处理：立即停车，做好记录，要求有关人员尽快处理。

6. 试车期间控制指标

煤粉 0.08 mm，方空筛筛余$<10\%$，水分$<1.0\%$

正常操作控制条件：

(1) 磨机轴瓦温度<60℃

(2) 布袋除尘器　入口温度$\leqslant 75$℃

出口温度$\leqslant 70$℃

灰斗温度$\leqslant 70$℃

压缩空气气压不得小于0.35 MPa

报警温度70℃

(3) 入磨热风温度≤450℃

五、水泥制备

(一) 联动试车

1. 概述

(1) 联动试车的目的。

① 检查本装置工艺流程的合理性,检查设备、仪表以及调节回路的工作情况。

② 通过联动试车检查各设备运转情况并对喂料系统、研磨体和传动部件、润滑系统及附属设备全面检查使设备达到良好状态。

③ 使工段每个操作人员结合实物进一步地熟悉整个工艺,培养操作和处理偏差的能力。

④ 锻炼熟练的队伍(指挥人员、专业人员、操作人员),提高生产管理水平和实际操作水平,为一次性投料试车成功打下好的基础。

(2) 联动试车原则。

① 尽可能地模拟正常生产状态进行操作、调试。

② 尽可能地使每台设备投入运行。

③ 尽可能地使所有设备、调节回路投入使用,以便掌握和确定工艺参数。试车范围自熟料、混合材、石膏园仓至水泥成品园仓上绞龙以及各电子秤等。

(3) 联动试车应具备的条件。

① 本装置各工艺全部单试验收合格、验收资料齐全。

② 仪表全部安装一次调试完毕可以投运。

③ 转动设备单机试车完毕并合格。

④ 全部公用工程满足要求。

⑤ 经考核合格的岗位操作人员、各专业人员及维修人员齐全。

2. 试车前准备

(1) 由电工检查所有电器、开关、电动机、电流表、指示灯是否正常。

(2) 有仪表工检查所有仪表的灵敏度。

(3) 对所有运转设备进行盘车,检查是否有阻卡现象。

(4) 检查各部分冷却水是否畅通。

(5) 检查磨机有无异物,各传动部件是否有润滑油,质量是否符合要求。

（6）检查收尘系统、提升和输送设备单机运转是否正常。

（7）检查喂料装置是否完整、灵敏，微机控制系统全面标定完毕。

（8）检查各种安全设施是否完善。

（9）准备好岗位修理工具、记录本、卫生工具。各岗位操作人员向车间主任汇报，等待试车指令。

3. 试车程序

（1）磨尾附属设备开车。

① 在车间主任的指挥下，会同系统参试人员做好开车前准备工作。

② 仓上螺旋输送机开车。

a. 参照操作规程。

b. 检查地脚螺栓紧固情况并做好记录，运行一段时间后把地脚螺栓全部紧固一遍。

c. 螺旋叶不得与机壳相碰，联接轴及定位销不得松动。检查完毕后封好观察口。

d. 观察好电流表指示。

③ 提升机开车。

a. 参照操作规程。

b. 检查上下链轮间距，链条在运行中无拧环、不挂碰，链轮转动灵活，检查完毕后，封好观察口。

c. 观察好电流表指示。

④ 出磨机螺旋输送机开车。

（2）球磨机开车。

① 参照操作规程。

② 运转时间 8 h。

③ 检查电动机、减速机是否正常，各轴承供油情况是否正常，指示仪表是否灵敏，衬板螺丝和地脚螺栓松动情况。

④ 冷却水管道畅通，进水温度＜30℃，水压不低于 0.1MPa。

（3）磨头皮带输送机开车。

① 参照操作规程。

② 检查皮带有无打滑跑偏现象，检查装置灵活性防滑防偏装置灵活实用。

③ 各托辊灵活情况。

4. 系统的停车

（1）计划停车。计划停车一般是指试车期间所有的目的均已达到或发生重大事故并接到上级试车停车指令后进行的。

当车间接到停车指令后，通知各岗位准备停车，在主任指挥下进行有计划、有步骤的停车工作。

(2) 事故停车。在运转中发现传动部件产生震动或运转不平稳，轴承的润滑系统供油情况不良。轴承温度过高(超过 60℃)，衬板螺栓和地脚螺栓松动，必须及时停车修理并做好记录。

斗式提升机在运行中出现拧环、挂碰；皮带输送机跑偏严重；螺旋输送机螺旋叶与机壳相碰必须停车处理。

5. 停车后的检修

(1) 试车运行期间的数据记录。试车运行期间所有考核项目、所有数据必须记录，并在试车中要求将数据上报技术部。

(2) 设备的检修。当试车结束后，在试车过程中仔细观察所有设备运行情况对所有设备进行全面细致的检查。

① 对转动设备检查其运行是否良好及有无异常现象。

② 对管道、阀门、减速设备检查有无“跑、冒、滴、漏”现象。

③ 对试车过程中出现的设备故障坏损认真进行检修直至能正常运行。

④ 在检查中发现问题、存在的隐患、处理的结果都应详细记录。

⑤ 检查完毕后必须做好相应密封、润滑工作。

(二) 投料试车规程

1. 概述

本装置设计生产能力为 6 万 t/a，其投料试车是在单机试车、联动试车合格并具备试车条件下进行的。目的是考核装置的生产能力和工艺指标，锻炼队伍，检验装置的可行性、合理性。

(1) 试车目的。

① 通过试车检查本装置工艺流程的合理性，检查所有设备、电器、仪表的工作情况。

② 通过试车对本装置的生产能力、工艺指标、产品质量、经济效益进行全面考核。

③ 通过试车会同外方对在生产中出现的设备、电器等方面的问题和工艺参数的重要偏差进行研讨，根据合同的规定处理。

④ 在试车中摸索生产规律、完善各岗位的操作规程。

⑤ 锻炼职工队伍，提高生产管理水平、实际操作水平、事故处理技能，为搞好以后的生产做准备。

(2) 试车要求。

① 使所有设备投入运行。

② 在规定范围内对本装置进行调试。

③ 探讨各种因素对装置运行的影响，寻求最佳工艺参数。

(3) 试车应具备的条件。

① 本装置各工段全部竣工验收合格、竣工资料齐全。

② 单机试运联动试车合格。

③ 全部公用工程正常运行，能力达到设计负荷 80%以上，质量符合要求。

④ 机修、电修、仪表等辅助工程全部竣工形成了生产能力。

⑤ 分析化验准备工作就绪，包括项目、方法、频率，质量标准、采样点、仪器、药品全部落实。

⑥ 润滑油及化学药品准备齐全，品种、数量等符合要求。

⑦ 熟料、混合材、石膏有一定的储备量，严格防止磨机在运转中因断料而停磨。

⑧ 车间已建立岗位责任制等各项生产制度。

⑨ 车间技术人员和操作人员已确定，操作人员已经考试合格。

⑩ 各项工艺指标、配料方案由技术部与化验室下达到车间及有关技术人员。

⑪ 生产记录已经制作齐全，下发到操作岗位。

2. 试车方案的确定

本车间的投料联动试车，根据工艺流程的特点，试车程序为：加入 1/3 研磨体，运转 20 h 后再加入 1/3，运转 48 h 后将余下的研磨体全部加入，直至运转正常为止。

3. 试车组织领导

组织领导。为加强对试车工作的领导，特设置水泥车间试车领导小组，小组的主要任务是：

① 合理地安排、组织参加试车的人员。

② 正确的指挥各项试车工作。

③ 及时的解决在试车期间发生的各方面的问题。

④ 做好思想教育工作提高参试人员的政治觉悟。

⑤ 做好宣传鼓动工作，充分调动参试人员的积极性。

试车领导小组由技术部、车间主任及有关技术人员组成。

4. 试车期间物料的质量及数量要求

(1) 熟料：f-CaO<2.0%，CaS<2.0%，SO_3<2.0%，2000 t

(2) 石膏：SO_3>35%，符合国家标准 100 t

(3) 混合材：符合国家标准 500 t

5. 试车程序

(1) 联动试车步骤。

本系统具备开车条件后,按工艺流程进行试车。

(2) 本车间的任务。

根据化验室提供配比磨制符合国标的水泥成品。

(3) 内部联系。

均化岗位,磨机操作岗位,微机操作岗位由车间班长统一指挥。

(4) 开车前准备工作。

① 检查各设备单机运转是否正常。

② 检查各部分冷却水是否畅通、磨机喷水装置是否完整无缺。

③ 掌握入磨物料的性质,出磨水泥的细度要求,以便在生产中保证实现。

④ 通知电工检查运转设备的绝缘及电器完好情况。

⑤ 通知仪表工检查电子秤准确性并校秤完毕后,由配料工将配比及下料量输入微机。

(5) 设备运转后的检查。

① 每小时填写一次记录,记录磨机电流、轴承温度、下料量。

② 对系统所属运转和静止设备,按试车期间的有关规定进行检查和维护。

(6) 计划停车及事故紧急停车。

① 计划停车:一般是指试车期间缺少燃料或公用工程造成停车,停车时按开停车操作规程进行。

② 事故紧急停车:因车间内设备电器或公用工程故障必须停车应按停车程序及时停车并通知车间主任。

(7) 试车期间可能出现的故障及相应措施。

① 控制系统引起整个系统停车。

处理:在试车小组的指挥下由专业人员处理。

② 用工程不足引起的停车。

处理:向车间主任汇报并要求有关人员尽快处理,按计划停车程序进行停车。

③ 因设备出现故障停车。

处理:立即停车,然后向车间主任汇报做好记录,要求有关人员尽快处理。

6. 试车期间控制指标

(1) 产品:① $SO_3<3.0\%$,$CaS<2.0$,$f\text{-}CaO<2.0\%$

② 细度 0.08 mm,方空筛筛余<8%

③ 凝结时间:初凝>45 min　终凝<8 h

④ 安定性合格

⑤ 强度　符合 $325^{\#}$、$425^{\#}$ 水泥标准

(2) 磨机轴承温度<65℃。

(3) 冷却水温不超过 30℃，水压不低于 0.1 MPa。

六、水泥包装调试规程

(一) 联动试车

1. 概述

(1) 联动试车的目的。

① 检查本装置工艺流程的合理性，检查设备、电器，计量工作情况。

② 通过联动试车，检查各设备运转情况并对包装机附属设备、润滑系统全面检查使设备达到良好状态。

③ 使工段每个操作人员结合实物进一步地熟悉整个工艺，提高人员操作和处理计量偏差的能力。

(2) 试车范围。自均化库底螺旋输送机之后全部运转设备。

(3) 联动试车应具备条件。

① 本装置各设备单试验收合格，验收资料齐全。

② 全部公用工程满足供应。

③ 经培训考核合格的岗位操作人员、维修人员齐全。

2. 试车前准备

(1) 由电工检查所有电器是否正常无损。

(2) 对所有运转设备进行盘车，检查是否有阻卡现象。

(3) 检查各种安全设施是否完善。

(4) 准备好岗位修理工具、记录本、卫生工具等待试车指令。

3. 试车程序

(1) 螺旋输送机(供料、回灰)开车。

① 在车间主任指挥下，会同系统参试人员，做好开车前准备工作。

② 检查设备保持完好。

③ 观察电流表指示不得超标。

(2) 提升机开车。

① 参照操作规程执行。

② 检查提升机链轮间距，保证链轮转动灵活，链条在运行中无拧环，无挂碰，检查完毕后封好观察孔。

③ 观察电流表指示不得超标。

(3) 筛料机开车。

① 参照操作规程执行。

② 检查运转过程中有无震动、阻卡现象,润滑系统是否良好。

③ 排渣口是否畅通。

(4) 包装机开车。

① 参照操作规程执行。

② 检查进料装置、卸料室有无杂物,出料嘴有无堵塞现象。

③ 计量人员检查出料控制装置。

4. 系统的停车

(1) 计划停车。

试车期间所有目的均以达到或接到试车停车指令进行。当车间接到停车指令后通知各岗位准备停车,有计划、有步骤的逐个设备停止工作并做好试车停车记录。

(2) 事故停车。

斗式提升机在运行过程中出现拧环、挂碰;螺旋输送机出现故障;筛料机运转不平稳应立即停车处理。

5. 停车后的检修

(1) 试车运行期间的数据记录。试车运行期间所有考核项目、所有数据必须记录并要求把试车中的数据上报技术部门。

(2) 设备的检修。当试车结束后,在试车过程中仔细观察所有设备运行情况,对所有设备进行全面细致的检查。

① 对转动设备检查其运行是否良好及有无异常现象。

② 对试车过程中出现的设备故障、坏损认真进行检修完善。

③ 在检查中发现的问题、存在的隐患、处理的结果都应详细记录。

④ 检查完毕后,必须做好相应密封、润滑工作。

(二) 投料试车规程

1. 概述

本装置设计生产能力 6 万 t/a(包装车间两班制),其投料试车是在单机试车、联动试车合格并具备试车条件下进行的,通过试车考核装置的生产能力和工艺指标,锻炼队伍,检验装置的可行性、合理性。

(1) 试车目的。

① 通过试车检验本装置工艺流程的合理性,检查所有设备、电器的工作情况。

② 通过试车对本装置的生产能力、工艺指标、产品质量进行全面考核。

③ 通过试车会同外方对在生产中出现的设备、电器等方面的问题和工艺参数的重要偏差进行研讨，根据合同规定处理。

④ 在试车中摸索规律，完善各岗位操作规程。

⑤ 在试车中对袋重进行过磅标定，检验包装机计量装置的灵敏度。

⑥ 锻炼职工队伍，提高生产管理水平、实际操作水平、事故处理技能，为搞好以后的生产做准备。

(2) 试车要求。

① 使所有设备投入运转。

② 在规定范围内，对本装置进行调试。

③ 达到生产能力，袋重达到国家标准。

(3) 试车应具备条件。

① 本装置各工段全部竣工验收合格，竣工资料齐全。

② 单机试车、联动试车合格。

③ 机修、电修等辅助工程全部竣工，形成了生产能力。

④ 500 kg 磅秤 1 台，计量、称检人员齐全。

⑤ 成品园库水泥有一定库存，严防包装机在运行中因断料停机。

⑥ 车间已建立岗位责任制等各项生产制度。

2. 试车方案的确定

本车间的投料联动试车，根据工艺流程特点，包装成品水泥至少 50 t(平常以 100 t 为一个编号)。

3. 试车组织领导

组织领导。为加强对试车工作的领导，由生产技术部、化验室带头成立试车小组，小组主要任务是：

① 合理地安排、组织参加试车的人员。

② 正确的指挥各项试车工作。

③ 及时地解决在试车期间发生的各方面问题。

④ 做好宣传鼓动工作，充分调动参试人员的积极性。

⑤ 安排收检人员抽检并化验。

4. 试车期间物料的质量及数量要求

(1) 符合国家标准水泥(325 或 425)150 t。

(2) 符合国家标准水泥袋 3 000 条。

5. 试车程序

(1) 联动试车步骤。本系统具备开车条件后按工艺流程进行开车。

(2) 本车间的任务。包装出符合国家标准的水泥。

(3) 内部联系。推卸岗位、包装岗位、供料岗位由班长统一指挥。

(4) 开车前准备工作。

① 检查各设备单机运转是否正常。

② 通知电工检查运转设备的绝缘及电气项目。

(5) 计划停车及事故紧急停车。

① 计划停车:一般是指试车期间缺少水泥原料或公用工程造成停车,按开停车规程进行。

② 事故紧急停车:因车间内设备、电器或公用工程故障必须停车,袋重偏差太大必须停车。

(6) 试车期间可能出现的故障及相应措施。

① 控制系统引起系统停车。

处理:在试车小组的指挥下由专业人员处理。

② 因设备出现故障停车。

处理:立即停车,由专业人员处理。

③ 因袋重不合格停车。

处理:立即停车由专业人员调查自动定量装置直至袋重合格。

6. 试车期间控制指标

水泥袋重:每袋净重 50 kg 且不少于标态重量 98%,机抽取 20 袋总重量不少于 1 000 kg。

七、净化岗位调试规程

(一) 空气联动试车

1. 概述

(1) 空气联动试车目的。

① 检验本装置工艺流程的合理性,检查设备,仪表以及调节回路的工作情况。

② 通过联动空气试车,检查各贮槽、贮罐、受压设备泵的密封,各气、液体管线的"跑、冒、滴、漏"情况。

③ 使每个操作工结合实践进一步地熟悉整个工艺及独立操作的能力。

④ 锻炼熟练的队伍(指挥人员、生产调度、操作人员等),提高生产管理水平和实际操作水平,为一次性化工投料试车成功打下良好的基础。

(2) 空气联动试车原则。

① 尽可能的模拟正常生产进行操作、调试。

② 尽可能地使每台设备投入运行。

③ 尽可能使所有设备、仪器、仪表、调节回路投入运行，以便掌握和确定工艺参数。

(3) 试车范围及所用介质。

① 净化部分：自旋风至干塔入口范围的一切设备、管线、阀门、仪表等。

② 试车介质：空气。

(4) 空气联动试车应具备的条件。

① 本装置各工艺全部单机试车验收合格、验收资料齐全。

② 设备管道经过清洗、吹扫、试漏合格及设备喷淋情况效果最佳。

③ 仪表全部安装一次调试完毕，可以投运。

④ 全部公用工程满足要求。

⑤ 经考核后合格的岗位操作人员、各专业人员及修理人员配齐。

2. 试车前准备

(1) 由电工对所有电器设备进行全面检查是否正常。

(2) 由仪表工检查所有仪表的灵敏度。

(3) 检查所有容器内是否有杂物。

(4) 盘动所有传动设备数转，试其是否灵活，有无阻卡和异常现象，检查防护罩是否齐全。

(5) 对需加润滑油的设备进行加油。

(6) 打开泡沫塔人孔或电雾入孔抽气用。

(7) 净化工序泡沫塔、一文、二文全部供水正常。

(8) 准备好修理工具、记录本、记录表。

(9) 完毕后向领导汇报，等待空气联动试车指令。

3. 试车程序

(1) 在车间主任的指挥下，会用硫酸系统各参试人员，做好开车前的准备工作。

(2) 一文、二文、泡沫塔进行开泵供水。

(3) 密切观察各设备上水压力及电流指示情况。

电除雾的开车：

(1) 提前 8 h 给电除雾预热器送电。

(2) 联系电工仪表工给电除雾送电，待全系统开车后电除雾电压>5 万 V 为最好。

开车初期的操作：

(1) 在全系统空气联动试车之前，净化岗位各设备已作循环水试验，以后根据工艺操作指标的需要进行适当调节。

(2) 各阀门开度、泵电流、电压、根据工艺操作指标进行调节。

4. 投运后系统的调节

所有的控制仪表在投运之前必须经过校验并有校验人员认可方可使用。校验过程中如发现仪表精度达不到要求应及时调整。对仪表调试的要求如下:

(1) 尽量将所有的仪表投入使用,并在其变化范围内调试。

(2) 对所有调节仪表进行调试,看其是否灵敏、指示是否可靠。

(3) 对所有显示仪表看其读数是否精确。

在空气联动试车过程中,所有仪表尽量投入使用,尽可能最近似地模拟正常开车状态。

5. 系统的停车

计划停车:计划停车一般是指试车期间所有目的均已达到或发生设备事故,并接到上级试车停车指令后进行的。

6. 停车后的检修

试车期间的数据记录:试车期间所有考核项目所有数据必须进行记录,并在试车中要求将数据上报车间。这些数据包括显示仪表的指示数据,根据数字在操作报表的项目要求上认真填写。

设备的检修:

(1) 当空气联动试车结束后,对所有设备进行全面细致的检查。

(2) 对试车过程中发现的设备问题要进行认真的检修。其空气联动试车时间6 h完成。

(二) 化工投料试车

1. 概述

本装置设计生产能力为4万 t/a 硫酸,其化工投料试车是在单体试车、空气联动试车合格并具备试车条件下进行的。

本方案本着高标准、严要求,按照单机试车要求、联动试车要求、化工投料试车要稳的原则组织实施。通过试车考核装置的生产能力和工艺指标,锻炼队伍,检验装置的可行性、合理性。

(1) 试车目的。

① 通过试车,检验本装置工艺流程的合理性,检查所有设备、电器仪表的工作情况。

② 通过试车,对本装置生产能力、工艺指标、消耗定额、产品质量、环境影响、经济效益进行全面考核。

③ 通过试车会同外方对在试车过程中出现的设备、仪表等方面的问题和工艺参数的重要偏差进行研讨，根据合同的规定处理。

④ 试车生产中，摸索生产规律，完善各岗位的操作规程。

⑤ 锻炼职工队伍，提高生产管理水平、实际操作水平、事故处理技能，为验收和“驯熟”本套装置搞好以后的生产做好准备。

(2) 试车要求。

① 使所有设备投入运行。

② 在规定的范围内，对本装置进行调试。

③ 探讨各种因素对装置运行的影响研究本装置对条件变化的适应性。

(3) 生产应具备的条件。

① 本装置应全部竣工验收合格，竣工资料齐全。

② 设备管道经过清洗、吮扫、试压试漏合格。

③ 仪表全部安装，一次调试完毕，可以投运。

④ 单机试运、空气联动试车合格。

⑤ 全部公用工程(水、电、仪表)正常运行能力达到设计负荷80%以上，质量符合要求。

⑥ 分析化验准备工作就绪，包括项目、方法、频率、质量标准、采样点、仪器、药品全部落实。

⑦ 设备、泵、管道、关键阀门、仪表、采样点均用汉字和代号把名称、介质、流向标记完毕。

⑧ 各种润滑油、化学药品已准备齐全，品种、数量、质量等符合要求。

⑨ 车间“三废”排放措施已落实。

⑩ 车间防毒、防护事故急救设施齐全，消防器材配备就位。

⑪ 车间已建立岗位责任制等各项生产制度。

⑫ 车间专职技术人员和操作工已确定，操作人员已经考试合格。

⑬ 配备一支由工种齐全技术过硬的专业人员、维修人员组成的试车“保镖队”。

⑭ 各项工艺指标、仪表报警的整定要求操作工人手一册。

⑮ 生产记录报表已经制作齐全，印发岗位。

2. 试车方案的确定

本岗位的化工投料联运试车，根据工艺流程的特点：一文水去脱吸塔，泡沫塔水部分循环，部分去脱吸塔，电除雾送电。

3. 试车组织领导

为加强对试车工作的领导，设置硫酸试车领导小组，其小组的主要任务是：

(1) 合理安排、组织参加试车的人员。

(2) 正确指挥各项试车工作。

(3) 及时解决在试车期间发生的各方面问题。

(4) 做好思想教育工作,提高参加人员的政治觉悟。

(5) 做好宣传鼓动工作,充分调动参加人员的积极性。

(6) 做好后勤工作,安排好参试人员的吃、住等生活问题。

试车领导小组由硫酸车间正副主任及各专业技术人员等人组成。

试车负责人由一名厂长或车间主任担任并实行在车间主任的领导下的专业技术分工负责制。

4. 试车程序

当本套装置具备开车条件后按其工艺流程特点依次进行各岗位的试车。

(1) 一文供水保证各喷嘴畅通、水压 0.15 MPa。

(2) 启动泡沫塔循环泵并维持液位在的 2/3 处,脱吸塔补氧孔盖好。

(3) 供二文喷水,保证喷嘴畅通,水压 0.18 MPa。

(4) 电雾在开车前 8 h 远红外线加热器送电,使其温度达到 100~140℃,其余在开车以后送电(待电雾没有人后送电),期间电雾要淋水。

(5) 本岗位的前后联系和开车前的准备。

① 与调度联系,随时汇报有关的工艺参数及生产中出现的异常,确保公用工程的正常供给。

② 同化验人员联系,以便调节好控制参数。

③ 与前后岗位联系以便处理正常生产中出现的各种机电事故。

④ 接到厂长或车间主任开车指令后,做好开车前的准备工作和检查工作。

⑤ 通知电工检查电源情况,以及自检泵运转情况。

⑥ 检查各仪表报警是否良好。

⑦ 检查各设备人孔、手孔是否封好。

⑧ 检查通过二文的插板是否在应处的位置。

⑨ 准备好记录用具和卫生用具。

⑩ 检查完毕向班长、厂长汇报待开车。

(6) 开车程序。本岗位操作工,接到开车通知后,在车间主任指挥下按本岗位操作规程进行有程序的正确开车。

所要说明的是在系统通气前本岗位各泵已运行,电雾预热已进行。

① 检查各喷头喷水情况,疏通一次,注意水压变化,观察其工作情况。

② 泡沫塔观察喷淋情况,人孔封死。

③ 二文检查各喷头喷水情况疏通一次注意水压变化。

④ 电除雾开车：参照电除雾操作规程。

⑤ 待系统窑气正常后，给电除雾送电。

(7) 开车初期的操作。

在全系统化工投料之前，净化岗位各设备已在操作循环之中，通气以后根据系统的条件变化，进行适当调节。

① 泡沫塔循环清水由 ϕ76 管线上的加水阀加入。

② 各阀门开度、压力根据工艺操作指标进行调节（其数据在空气联试以后定），依据喷淋密度为最佳状态。

③ 正常注意事项：参照操作规程。

④ 不正常现象的原因及处理方法（参照操作规程）。

⑤ 停车方法（参照操作规程）。

5. 试车期间本岗位的控制指标

(1) 一文进口温度：400℃，压力 235 Pa

(2) 一文出口温度：65℃，压力 500 Pa

(3) 泡沫塔出口温度：34℃，压力 805 Pa

(4) 二文作为开工用。

(5) 电雾出口压力：1 000 Pa，温度≤38℃

(6) 一文的清水温度＜65℃

(7) 泡沫塔清水温度＜45℃

(8) 电雾电压：5.5 万～6 万 V

(9) 电炉温度：100～140℃

(10) 清水中尘、氟含量：尘＜10 g/l，氟＜200 mg/l

(11) 脱气后污水中 SO_2 含量＜0.2 g/l

(12) 入转化系统酸雾含量＜0.005 g/Nm^3

(13) 净化收率＞99.0%

6. 正常操作控制条件

在试车过程中，工艺参数起指导作用，在正常操作过程中，正确地控制工艺参数，对维护生产的连续性、稳定性有着极其重要的意义。

(1) 一文上水压力 0.15 MPa

(2) 泡沫塔循环泵出口压力 0.32 MPa

(3) 清水总管压力 0.43 MPa，流量 140 m^3/h

7. 试车期间物料的质量及数量要求

(1) 一文进口 SO_2 8.8%，尘＜10 g/Nm^3，温度＜400℃

(2) 清水常温压力 0.43 MPa，流量 180 m^3/h

八、干吸调试规程

（一）空气联动试车

1. 概述

（1）空气联动试车目的。

① 检验本系统工艺流程的合理性，检查设备仪表以及各调节回路的工作情况。

② 通过空气联动试车，检查各塔、槽、受压设备泵的密封及各液体管线的“跑、冒、滴、漏”情况。

③ 使每个化工操作工结合实物进一步地熟悉整个工艺，培养独立操作和处理问题过程判断的能力。

④ 锻炼熟练的队伍（指挥员、生产调度、操作工等），提高生产管理水平和实际操作水平，为一次性化工投料试车打下良好基础。

（2）空气联动试车的原则。

① 尽可能模拟正常生产状态进行试车操作调试。

② 尽可能地使每台设备投入运行。

③ 尽可能地使所有设备、测试仪表投入使用。

（3）试车范围及所有介质。

① 整个干吸系统的所有设备都需投入空气联动试车。

② 试车介质：空气、98％H_2SO_4（试车期间遇低温气候则用93％酸）。

（4）空气联动试车应具备条件。

① 本系统各装置全部竣工验收合格，竣工验收资料齐全。

② 各塔、槽以及其他设备及管道经过清洗试压试漏合格。

③ 仪表全部安装调试完毕，可以投运。

④ 转动设备单机试车完毕合格。

⑤ 全部公用工程满足要求。

⑥ 经考核后合格的岗位操作人员，各专业人员及修理人员配齐。

2. 试车前的准备工作

（1）由电工检查所有电器、开关、电流表是否正常。

（2）由仪表工检查所有仪表的准确性灵敏度。

（3）检查各塔、槽内是否有杂物，封好各人孔。

（4）盘动所有传动设备数转，检查防护罩是否齐全。

(5) 对需加油的设备进行加油。

(6) 关好各串酸阀门、放酸阀、产酸阀。

(7) 通过调度室联系开车用98%硫酸300 t。

(8) 检查循环槽液位导杆是否灵敏好用。

(9) 检查各阀门是否灵活好用,酸泵盘车润滑油是否够用。

(10) 在每个酸管道法兰上包上塑料布用绳缚住(该项应特别注意实施)。

(11) 准备好岗位修理工具、记录本、卫生工具。准备就绪,岗位操作工向班长汇报,等待空气联动试车命令。

3. 试车程序

(1) 在调度长的指挥下同硫酸系统参试人员做好灌酸前的准备工作。

(2) 请求调度向98%、93%循环罐打酸。

(3) 当循环罐液位上升到1 900 mm时启动酸泵,开始进行酸循环。

(4) 当回酸管回酸时保持液位在1 500 mm以上停止灌酸。

(5) 开泵后应全面检查各设备是否漏酸,如果有漏酸立即停泵修好后重新开泵。

(6) 检查塔顶分酸情况,有无砂眼溢酸,酸位是否均匀,填料布酸是否均匀并予以记录以作为试车后的依据。

(7) 依次打开各串酸、放酸、产酸阀,进行试漏。

(8) 酸泵物量测试:启动酸泵至正常电流用秒表测定酸液面开始下降起至酸液返回循环槽时间并观察液位导杆的读数,由此可换算出每小时酸泵扬量,重复试验取平均值,予以记录。

(9) 转化岗位开车前,干吸塔正常循环。

(10) 系统刚开车时,干燥塔、吸收塔会由空气带来大量水分,酸浓下降,故每小时分析酸样一次,干燥塔酸浓度不准低于93%,吸收酸浓度不准低于98%,不足时按规定换酸。

4. 投运后系统的调节

控制仪表的调试:所有的控制仪表在投入运行使用之前,必须经过验校,并由校验员认可,方可使用。检验过程中如发现仪表精度达不到要求,应予以及时调整,对仪表的调试要求如下:

(1) 尽量将所有仪表投入使用,并在其变化范围内调试。

(2) 对所有仪表进行调试,看其是否灵敏,指示是否可靠。

5. 系统的停车

(1) 计划停车。

计划停车一般是指试车期间所有的目的均已达到或发生设备事故,并接到上级试车停车指令后进行的。

当干吸岗位接到停车指令后，并在车间主任指挥下进行有计划、有步骤的停车工作。

干吸岗位作长时间计划停车，必遵循停泵、放酸的原则进行。

(2) 事故停车。

密切注意各槽酸浓的变化，防止漏酸和造成循环槽酸浓度过稀事故发生。待本岗位按照规定的程序将本岗位各环节妥善处理好后向领导汇报。

6. 停车后的检修

(1) 试车运行的过程中数据记录。

试车过程中，所有考核项目的所有数据必须进行记录，并在试车中按要求将数据上报车间。这些数据包括:显示仪表的指示数据、电流表的读数，根据操作报表的项目要求用仿宋体认真填写。

(2) 设备的检修。

当空气联动试车后，在试车过程中仔细观察所有设备运行情况，对所有设备进行全面细致的检查。

① 对转动设备检查其运行是否良好及有无异常现象。

② 对管道、阀门、接头及槽罐等静止设备，检查有无“跑、冒、滴、漏”现象。

③ 对各塔检查密封情况，若泄漏，应找出所在，进行检修。

④ 对试车过程中出现的设备故障、坏损，认真进行检修，直至能正常运行。

⑤ 检查完毕，须做好相应密封、润滑工作。

⑥ 检修完毕，对有关设备进行功能恢复检查工作。

(二) 化工投料试车

1. 概述

(1) 试车目的。

① 通过试车检验本装置工艺流程的合理性，检查所有设备、电器、仪表的工作情况。

② 通过试车对本装置的生产能力、工艺指标、消耗定额、产品质量、环境影响、经济效益进行全面考核。

③ 通过试车会同外方对在生产中出现的设备、仪表等方面的问题进行研讨，根据合同规定处理。

④ 在试车中，摸索生产规律、完善本岗位的操作规程。

⑤ 锻炼职工队伍，提高生产管理水平、实际操作水平、事故处理技能，为验收和“驯熟”本套系统搞好以后的生产做好准备。

（2）试车要求。

① 使所有设备投入运转。

② 在规定的范围内，对本系统进行调试。

③ 摸索各种因素对系统运行的影响，研究本系统对条件变化的适应性。

（3）试车应具备的条件。

① 本系统各设备全部验收合格，中间验收资料齐全。

② 设备管道经过清洗、试压试漏合格。

③ 仪表全部安装，一次调试完毕可以投运。

④ 单机试车、空气联动试车合格。

⑤ 全部公用工程正常运行能力达到设计负荷 80%以上，质量符合要求。

⑥ 机修、电修、仪表等辅助工程全部竣工，形成了生产能力。

⑦ 分析化验准备工作就绪，包括项目、方法、频率、质量标准、采样点、仪器、药品全部落实。

⑧ 设备、泵、管道、阀门、仪表均采用汉字和代号将位置、名称、介质、流向标记完毕。

⑨ 润滑油及化学药品准备齐全，品种、数量、质量等符合要求。

⑩ 本岗位“三废”排放措施已落实。

⑪ 车间防毒、防护、事故急救措施齐全，消防器材配备就位。

⑫ 车间专职技术人员和操作人员确定，操作人员已经考试合格。

⑬ 车间已建立岗位责任制等各项生产制度。

⑭ 配备一支由工种齐全、技术过硬的专业人员、维修人员组成的试车“保镖队”。

⑮ 各项工艺指标，操作工要做到心中有数。

⑯ 生产记录报表已经制作齐全，印发至岗位。

2. 试车方案的确定

根据本岗位的设备和工艺特点，选用 98%浓硫酸作为试车介质。

3. 试车组织领导

组织领导。加强对试车工作的领导，设置制酸车间试车领导小组，其小组的主要任务：

① 合理地安排组织参加试车的人员。

② 正确地指挥各项试车工作。

③ 及时地解决在试车期间发生的各方面问题。

④ 做好思想教育工作，提高参试人员的思想觉悟。

⑤ 做好后勤工作，安排好参试人员的吃、住等问题。

⑥ 做好宣传鼓动工作，充分调动参试人员的积极性。

4. 试车期间物料的质量及数量要求

(1) 硫酸(98%)300 t。

(2) 循环水温度<35℃。

5. 试车程序

(1) 联动试车步骤。当本系统具备开车条件后，按照工艺流程特点进行试车，根据循环槽液位正常后，然后开启98%、93%循环泵打循环。

(2) 本岗位的任务。用93%硫酸干燥由净化工段采来的潮湿炉气即SO_2气体，送到转化岗位进行转化成SO_3，再用98%的硫吸收由转化岗位来的SO_3气体。

通过对各塔循环酸浓度、温度进行调节，以达到规定的干燥效率和吸收率，确保产品质量符合标准。

(3) 本岗位的内外联系和开车前的准备。

① 本岗位的外部联系。

a. 与调度室联系，每班汇报一次产量和确保公用工程的正常供给，并通过调度室及时了解硫酸贮罐的库存情况。

b. 与车间化验、电气、仪表联系。

② 内部联系。

a. 与烧成岗位联系。

b. 与净化岗位联系。

c. 与转化岗位联系。

③ 开车前的准备工作。

a. 通过厂调度室联系酸罐准备300 t H_2SO_4(98%)。

b. 检查本岗位所属设备阀门、法兰是否检修完毕。

c. 关死放酸阀、各串酸阀、产酸阀。

d. 检查各酸循环液位导杆是否好用。

e. 检查塔内和酸罐是否有人和杂物。

f. 槽罐清理封门(干燥、吸收两塔人孔门不封以检查布酸情况)。

g. 通知电工检查运转设备的电机、绝缘及其电气项目。

h. 仪表电气等处于备用状态。

i. 检查各阀门使用是否灵活，酸泵盘车试车成功，润滑油足够。

(4) 开车程序。

① 在调度长的指挥下进行灌酸前的准备工作。

② 通知向98%、93%循环罐打酸。

③ 当循环槽液位到 1 900 mm 时启动酸泵，开始进行酸循环。

④ 当循环槽液位稳定在 1 700 mm，停止打酸。

⑤ 开泵后应全面检查各设备是否漏酸，如有漏酸立即解决。

⑥ 检查塔顶分酸情况，有无砂眼、溢酸，酸液面是否均匀，待正常后封闭顶部人孔。

⑦ 依次打开各串酸阀、产酸阀。

⑧ 转化开车前，干吸系统正常循环。

（5）设备运转后的检查。每小时填写一次报表并将有关的分析结果、仪表指示值掌握清楚，当参数偏于正常时找出原因，进行处理并依次校正。

① 要求对系统所属运转和静止设备，按试车期间的有关规定进行检查和维护。

② 检查各种电气仪表是否有故障，如有问题立即汇报，由班长安排处理。

（6）计划停车及事故紧急停车。

① 计划停车：一般是指试车期间缺少原料、因公用工程和一些计划检修时进行的，停车时应按试车期间计划停车程序进行。

② 事故紧急停车：在岗位设备、仪表故障或公用工程故障必须停车时，应及时停车并通知调度长。

（7）试车期间可能发现的故障及相应措施。

① 控制柜和设备供电线路电压下降，引起整系统停车。

处理：在班长和调度长的指挥下由专业人员处理。

② 公用工程不足引起停车。

处理：向调度长汇报，并要求有关人员尽快处理，按计划停车程序停车。

③ 管道漏酸。

如漏酸立即关死阀门抢修，其他地方漏酸要通知其他岗位按紧急事故停车程序停车。

④ 吸收塔冒大烟，找出原因进行处理。

6. 试车期间控制指标

（1）酸浓：干燥 98%～94%，吸收：97.5%～98.5%。

（2）淋酸温度≤50℃，干燥塔出口≤61℃

吸收塔≤73℃，出口≤84℃，冷排降温水 Q=190 m^3/h。

（3）鼓风机出口水分：≤0.18 g/Nm^3，出口酸雾≤0.006 g/Nm^3。

（4）入塔气体温度：干燥塔进口＜38℃，出口≤50℃

吸收塔进口≤210℃，出口≤88℃。

（5）吸收率≥99.95%。

(6) 尾吸 SO_2<400 ppm。

九、转化调试规程

(一) 空气联动试车

1. 概述

(1) 空气联动试车目的。

① 检验本系统工艺流程的合理性,检查设备仪表等各项工作情况。

② 通过空气联动试车,检查各换热器、转化器受压、设备阀门的密封及风机的运行状况。

③ 使每一个化工操作人员,结合实物进一步地熟悉整个工艺,培养独立操作和处理问题过程判断的能力。

④ 锻炼熟练的队伍(指挥人员、专业人员、生产调度、操作人员等),提高生产管理水平和实际操作水平,为一次化工投料试车成功打下良好的基础。

(2) 空气联动试车原则。

① 尽可能模拟正常生产状态进行试车操作、调试。

② 尽可能使所有设备、测试仪表投入使用,以便掌握和确定工艺参数。

(3) 试车范围及所用介质。

① 转化部分:自 SO_2风机进口(干燥塔出口)至吸收塔入口范围的一切设备、管线、阀门、仪表等。

② 试车介质:空气。

(4) 空气联动试车应具备条件。

① 本装置工艺单机试车合格、验收资料齐全。

② 装置全部竣工验收合格、竣工验收资料齐全。

③ 各换热器、转化器及 SO_2 风机进出口管道经过吹扫、试压、试漏合格。

④ 仪表全部安装完毕一次性调试完毕,可以投运。

⑤ SO_2风机单机试车完毕并合格。

⑥ 全部公用工程满足供应。

⑦ 经考核后合格的岗位操作人员、各专业人员及修理人员配齐。

2. 试车前的准备工作

(1) 由电工检查所有电器开关、SO_2风机、电流表是否正常。

(2) 由仪表工检查所有仪表的灵敏度。

(3) 检查所有容器是否有杂物。

(4) 检查 SO_2 风机油箱、油位。

(5) 打开进本车间公用工程管线阀门。

(6) 盘动 SO_2 风机数转有无异常现象,检查防护罩是否齐全。

(7) 电加热炉进行调试,保证正常使用。

(8) 检查转化器阀门是否灵活好用。

(9) 封闭所有人孔。

(10) 岗位修理工具、记录本、卫生工具准备就绪,操作工向调度汇报等待空气联动试车命令。

3. 试车程序

(1) 在车间主任的指挥下会同硫酸各参试人员,做好开车前的准备工作。

(2) 请求调度长通知净化打开进空气的人孔,干吸工段开启 93%、98%酸泵循环。

(3) SO_2 风机开车。

① 参照操作规程。

② 检查油压、水压、瓦温、回油情况、电流并做好记录。

4. 投运后系统的调节

控制仪表的调试:所有的控制仪表在投入运行使用之前必须经过校验并有校验人员认可方可使用,检验过程中如发现仪表精度达不到要求,应予以及时调整。对仪表的调试要求如下:

(1) 尽量将所有的仪表投入使用并在其变化范围内调试。

(2) 对所有显示、记录仪表进行调试,看其读数及记录是否精确。

(3) 转化器内耐火砖的烘干可在单机试车或联动试车开电炉进行。

在空气试车过程中,所有仪表尽量投入使用,尽可能最近似地模拟正常开车状态,SO_2 风机风量进行大小调节并做好显示记录。

5. 系统的停车

计划停车:计划停车一般是指试车期间所有的目的均已达到或发生设备事故并接到上级停车指令后进行的。

当转化岗位接到停车指令后,立即通知净化岗位、干吸岗位做好停车准备并进行有计划、有步骤的停车工作。

6. 停车后的检修

(1) 试车运行期间的数据记录。试车运行期间所有考核项目所有数据必须进行记录并在试车中要求将数据上报本车间,这些数据包括:显示仪表的指示数据、记录仪表的记录数据。

(2) 设备的检修。当空气联动试车结束后,在试车过程中仔细观察所有设备运行情况对所有设备进行全面细致的检查。

① 对SO_2风机检查其运行是否良好及有无异常现象。

② 对所有气体管道及风机油管道接头等设备，检查有无“跑、冒、滴、漏”现象。

③ 对试车过程中出现的设备坏损认真进行检修直至能正常运行。

（二）化工投料试车

1. 概述

（1）试车目的。

① 通过试车检验本装置工艺流程的合理性，检查所有设备、电器、仪表的工作情况。

② 通过试车对本装置的生产能力、工艺指标、消耗定额、经济效益进行全面考核。

③ 通过试车会同外方对在生产过程中出现的设备、仪表等方面问题进行研讨，根据合同规定处理。

④ 在试车中摸索生产规律，完善本岗位的操作规程。

⑤ 锻炼职工队伍，提高生产管理水平、实际操作水平、事故处理技能，为验收和“驯熟”本套装置搞好以后的生产做好准备。

（2）试车要求。

① 使所有设备投入运行。

② 在规定的范围内对本系统进行调试。

③ 探讨各种原因（因素）对系统的影响，研究本系统对条件变化的适应性。

（3）试车应具备的条件。

① 本系统各设备全部验收合格、中间验收资料齐全，本装置各工号全部竣工验收合格、竣工资料齐全。

② 设备管道经过清扫、试压、试漏合格。

③ 仪表全部安装，一次调试完毕可以投运。

④ 单机试车、空气联动试车合格。

⑤ 全部公用工程正常运行能力达到设计负荷80%以上，质量符合要求。

⑥ 分析化验准备工作就绪，包括项目、方法、频率、采样点、仪器、药品全部落实。

⑦ 设备、管道关键阀门均采用汉字和代号将名称、介质、流向标记完毕。

⑧ SO_2风机汽轮机油要符合标准要求。

⑨ 车间防毒、防护、设施齐全、消防器材配备就位。

⑩ 车间建立岗位责任制等各项生产制度。

⑪ 车间专职人员已定，已经考试合格。

⑫ 配备一支技术过硬的专业人员、维修人员组成的试车“保镖队”。

⑬ 各项工艺指标、仪表连锁和报警的整定值已经生产部门批准分布，操作工人手一册。

⑭ 生产记录报表已经齐全并印发岗位。

2. 试车方案的确定

根据本岗位的工艺特点干燥的 SO_2 气体经换热器、转化器进吸收塔，SO_2 风机可在满负荷或不满负荷下运行。

3. 试车组织领导

为加强对试车工作的领导，设置转化领导小组。其小组的主要任务是：

(1) 合理地安排组织参加试车的人员。

(2) 正确的指挥各项试车工作。

(3) 及时地解决在试车期间发生的各方面问题。

(4) 做好思想教育工作提高参试人员的思想觉悟。

(5) 做好后勤工作安排好参试人员的吃、住等生活问题。

(6) 做好宣传鼓动工作，充分调动参试人员的积极性。

4. 试车期间物料的质量及数量要求

风机出口：SO_2＞4.5%，尘＜6 mg/Nm^3

水分＜0.1%，酸雾＜6 mg/Nm^3

风机冷却水温＜32℃，压力 0.12 MPa

油压 0.15 MPa，油温＜35℃。

5. 试车程序

(1) 联动试车步骤。当本系统具备开车条件后，转化器按标准要求装填触煤，然后根据情况开风机升温。

(2) 转化室。转化室是硫酸车间的枢纽，整个生产流程的系统变化都在仪表盘上显示出来，因此转化室的工作必须掌握：

① 本车间的生产原理及工艺流程。

② 本岗位设备的全部连锁情况和所有指示测量、仪表及报警装置的使用。

③ 各工艺参数的控制范围和变化原因及调整措施。

④ 设备的工作原理和维护维修。

(3) 本岗位的任务。经干燥的 SO_2 气体由 SO_2 风机送到转化器转化成 SO_3，经吸收塔用 98%酸吸收成酸，通过调节各段温度以达到规定的转化率。

本岗位的内外联系和开车前的准备：

(1) 本岗位的外部联系。

① 与调度室联系：每班汇报一次生产情况。

② 与化验、仪表人员联系。

(2) 内部联系。

① 与烧成操作室联系。

② 与净化、电雾的联系。

③ 与制酸岗位联系。

(3) 开车前的准备工作。

① 通过调度联系净化、电雾、制酸是否具备开车要求。

② 检查本岗位所属阀门、法兰。

③ 关死转化器各管道的阀门、风机进口阀门。

④ 检查好风机油管道的阀门。

⑤ 检查各所有仪表是否准确好用。

⑥ 通知电工检查 SO_2 风机控制系统及电机绝缘情况。

⑦ 开启辅助油泵、风机。

⑧ 由电工检查好电炉。

(4) 开车程序。

① 在调度的指挥下通知净化、制酸做好开车准备工作。

② 转化器各环节细查一遍后开风机。

(5) 设备运转后的检查。

① 每小时填写一次报表并将有关的分析结果、仪表指示值掌握清楚，当参数偏于不正常时找出原因并依次校正。

② 要求对系统所属运转和静止设备，按试车期间的有关规定进行检查和维护。

③ 检查各仪表是否正常，如有问题立即汇报。

(6) 计划停车及事故紧急停车。

① 计划停车。一般是指工艺、设备或公用工程发现问题应按试车期间计划停车程序进行。

② 事故紧急停车。如净化断水或水泵跳闸、93％酸泵跳闸、风机故障，应紧急停车。

(7) 试车期间可能出现的故障及相应措施。

① 某控制柜和设备供电系统有问题引起系统停车。

处理：在班长和调度长的指挥下由专业人员处理。

② 控制仪表故障。应通知仪表工和电工紧急修理。

③ 风机油压突然下降应采取调节措施，否则必须停车处理。

④ 转化器温度较低应向烧成联系提高气浓，其次向领导汇报并用电炉加热补充。

⑤ 转化率低找出原因进行处理。

6. 试车期间控制指标

项目	指标
(1) 进转化器 SO_2 浓度	＞4.5％
(2) 转化率	＞96％
(3) 一段入口	(420±5)℃
(4) 二段入口	(460±5)℃
(5) 三段入口	(440±5)℃
(6) 四段入口	(420±5)℃
(7) 吸收塔入口	＞160℃
(8) SO_2 风机出口水分	＜0.1 g/Nm^3
(9) 出口酸雾	＜0.03 g/Nm^3
(10) SO_2 风机油压	0.13～0.15 MPa
(11) 瓦温	＜65℃

第十三章

石膏制硫酸与水泥技术创新及发展

美国佛罗里达磷酸盐研究所所长保罗·克利福德最近在2010年中国国际磷石膏堆放及综合利用技术开发与推广研讨会上透露，目前全世界工业副产磷石膏堆放总量已达56亿t，每年会新增1.1亿～1.5亿t，且新增数量在2025到2040年期间还会翻倍。只有实现磷石膏综合利用，才能消除磷石膏堆放给人类带来的威胁。目前至少有52个国家有庞大的磷石膏堆，包括澳大利亚、巴西、加拿大、中国、塞浦路斯、埃及、芬兰、法国、希腊、以色列、约旦、立陶宛、巴基斯坦、波兰、西班牙、南非、突尼斯、土耳其、美国等。磷石膏堆放占用了大量土地，并且通常堆放在高度敏感和人口密集的地区，给当地环境造成相当大的威胁。磷石膏堆放造成的经常性灾难包括泄漏引发地下水污染。据统计，每处理一加仑因磷石膏堆放产生的酸性废水需要25～45美元，而一座中型磷石膏堆所产生的酸性废水达350亿加仑左右。巨额的经济负担已让更多的国家将磷石膏综合利用列为重点攻关项目。据CCIN记者了解，在世界范围内磷石膏有超过50种的利用途径，综合利用前景可观。磷石膏制硫酸联产水泥可广泛应用；其次磷石膏中含作物生长所需的钙、硫等养分，有利于作物的生长，可作为土壤改良剂；磷石膏在建筑业的前景也很可观，应用途径达20多种。另据美国佛罗里达磷酸盐研究所提供的数据，磷石膏用于路基建设的消耗量为4 000 t/mile，仅美国每年就需1.4亿t磷石膏用于路基建设。目前，巴西和中国是世界利用磷石膏较早的国家，分别在农业和制造硫酸及建筑材料上取得了成功范例。

我国磷石膏年排放量已超过5 000万t、脱硫石膏年排放量已达3 000万t、盐石膏年排放量为500余万t。以上副产石膏将随着磷复肥、电力、海盐业的发展而增加。由于副产石膏含有有害物质，任意排放会造成严重的环境污染，设置堆场不仅占地多、投资大、堆渣费用高，而且对堆场的地质条件要求高，长期堆积会引起地表水及地下水的污染，其综合利用迫在眉睫。石膏制硫酸与水泥是解决上述问题关键技术，该技术于20世纪初，英国、德国、波兰、奥地利、南非等相继建成了以天然石膏和磷石膏为原料生产硫酸与水泥装置。但由于工艺复杂及技术落后等原因，生产装置已先后停产未取得新的突破。山东鲁北企业集团总公司自20世纪80年代以来一直从事石膏制硫酸联产水泥技术的研究和开发，在总结国内外技术的基础上，先后取得利用盐石膏、磷石膏、天然石膏、脱硫石膏制取硫酸与水泥攻关试验的成功，通过了国家技术鉴定，填补了国内空白。目前通过技术创新改造，达到“年产石膏制20万t硫酸联产30万t水泥”的生产能力，目前在该领域又有新的技术突破，成为世界石膏制酸史上技术最先进、规模最大的联产装置。荣获了国家科技进步奖。下面是该技术最新产业化情况介绍。

一、原有技术存在的问题

原有技术主要原料仅局限于天然石膏和磷石膏。石膏分解装置采用的是传统的中空长窑或简单的预热器窑，硫酸系统采用水洗流程。因工艺的局限存在着以下缺点：①原料要求高；②主要工艺指标控制范围窄，生产难以控制；③回转窑运行不稳定，易出现液相和结圈，难以保证连续生产；④石膏分解率低，SO_2 浓度低、波动大，影响制酸部分正常运转；⑤窑气净化效率低，有较多酸性废水产生；⑥SO_2 转化及吸收率低，尾气需要氨中和后才能达标排放；⑦热耗高，动力消耗大，经济效益差，难以实现大型化生产。现在对以上问题进行了较大改进和创新突破，克服了上述技术缺陷，提供了一种原料取材广泛，能有效处理磷复肥、电力及海盐业排放的废渣磷石膏、脱硫石膏和盐石膏，实现硫资源循环利用，生产控制易操作，易实现大型化，能耗低，效益高，无废水、废渣排放的低碳排放新工艺。

二、目前工艺技术创新内容

采用二水烘干石膏流程、单级粉磨、生料混化、悬浮复合预热器窑分解煅烧、窑尾静电除尘、封闭稀酸洗涤净化、两转两吸副产蒸汽工艺，经原料均化、烘游离水、生料制备、熟料烧成、窑气制酸和水泥磨制六个过程，制得硫酸和水泥产品。

1. 原料均化

符合工艺要求的石膏、还原剂、粘土等原料，按照批量要求进行均化，以确保原料组分的稳定性。

(1) 石膏

凡是以 $CaSO_4 \cdot 2H_2O$ 为主要成分的天然或工业副产石膏(包括盐石膏、磷石膏、天然石膏、脱硫石膏等)均可作为制取 SO_2 气体和水泥熟料的主要原料。要求 $SO_3 \geq 33\%$、$CaO \geq 30\%$、$SiO_2 \leq 8.5$；针对磷石膏因其中含有影响水泥质量的 P_2O_5 和 F，要求 $P_2O_5 < 2\%$、$F < 0.35\%$。

(2) 还原剂

主要成分是 C 或 S，同时还含有挥发性成分和 SiO_2、Al_2O_3 等灰分，在烧成过程中提供 $CaSO_4$ 的还原剂。这就要求 C(S)含量越高越好。一般要求 $C \geq 60\%$、

挥发性成分 $V_{ad}<5\%$。对还原剂的灰分则要求其熔点须高于 $CaSO_4$ 的分解温度。还原剂可用焦炭沫、无烟煤、硫黄等。

(3) 粘土

作为辅助原料，主要用来补充 SiO_2 等熟料形成所需成分，为满足配料要求 $SiO_2\geqslant 60\%$。

2. 烘干脱水

(1) 二水工艺流程的确定

原工艺使用半水石膏，将二水石膏烘至半水，热耗高、投资大、工艺复杂，SO_2 浓度低，硫酸热不平衡。新技术采用二水工艺流程。将石膏烘干至二水石膏(对天然石膏可不烘干)热源采用硫酸绝干尾气，二水石膏配制的生料不结仓、稳定、流动性好，易于煅烧。

(2) 烘干流程说明

石膏烘干采用新开发的适合粘性物料的新型快速烘干机。石膏在烘干机内与来自硫酸绝干烟气接触，使水分蒸发，石膏得到干燥、脱水，成为含游离水 0～5%的二水石膏。还原剂、粘土等辅助材料进辅料烘干机，与烧成散热气接触烘干至水分 $\leqslant 10\%$。石膏和辅料烘干机采用沸腾炉或烧成的余热提供热源，沸腾炉以煤为燃料，排出的灰渣用作水泥的添加剂;烘干机排出的尾气经除尘、脱氟净化后，达标排放。

石膏烘干采用二水工艺流程，烘干设备采用气流悬浮烘干机，热源采用硫酸吸收塔出来的 70～85℃的绝干尾气。较传统半水工艺流程设备体积小、节省投资、生产能力大，节约 30%总热耗及 20%的电耗。采用二水石膏为原料，二水石膏的稳定性好，不结块，只要将原料中所含的游离水烘干到 $<5\%$即可，不需像半水工艺一样加热到 160℃以上高温。由于每吨硫酸排出 3.2～3.6 t、70～85℃的绝干尾气，要消耗二水石膏 1.5 t，折合含游离水 20%石膏 1.8 t，如烘干至含游离水 5%时应去掉水分 0.22 t。用 3.2～3.6 t、70～85℃的绝干尾气在气流烘干机烘去 0.22 t 游离水。

3. 生料制备

生料制备采用微机配料、在线分析。经计量后的还原剂、粘土等辅助材料一起粉磨到细度要求 0.08 mm 方孔筛筛余 10%以下后，与经计量的半水石膏一起进入带机械搅拌的立式混化器均匀后成为用来分解、煅烧的生料，流程简单、投资低。生料中 CaO、SiO_2、Al_2O_3、Fe_2O_3 及杂质如 F 和 P 等的成分准确控制，生料添加 0.5%～3%的 $CaCl_2$ 或 Na_2SO_4 降低石膏分解温度 100～150℃，提高分解速度 20%～30%，从而使烧出的熟料满足水泥生产的要求;煤灰和还原剂在配料时，必须同时考虑，按比例配加。在实际生产中，通过率值来控制生料中各氧化物配比。

4. 分解、煅烧

石膏制硫酸联产水泥的关键设备是预热、分解、煅烧装置。采用带2～5级复合或旋风预热器的回转窑，一般用3级预热器较佳、三或四风道煤枪和静电收尘器等新工艺和设备的相互组合，有利于石膏脱水、生料煅烧，能够确保预热器回转窑所产生的窑气中SO_2浓度为10%～14.5%。如烧成用煤采用高硫煤，不但可降低成本，还有利于提高窑气SO_2浓度。

(1) 工艺简述

均化后的生料经计量后入回转窑窑尾预热器系统的第一级旋风预热器的进气管内，经撒料板分散后被热气流携带到第一级预热器内进行气固分离，气体由出风管经引风机排出、经电收尘器除尘后进入硫酸系统，固体则进入第二级预热器的进气管内，经撒料板分散后被热气流携带到第二级预热器内。这样，物料依次经过各级预热器，最后经末级预热器预热到550～750℃后，进入回转窑内分解、煅烧。

分解反应式为：

$$CaSO_4 \cdot 2H_2O \xrightarrow[700\sim1\ 050℃]{加热} CaSO_4 + 2H_2O(在预热器中完成)$$

$$2CaSO_4 + C \longrightarrow 2CaO + 2SO_2\uparrow + CO_2\uparrow$$

(在$CaCl_2$或Na_2SO_4作用下分解带完成)

生成的CaO与物料中的SiO_2、Al_2O_3、Fe_2O_3等进入烧成带，发生矿化反应，形成水泥熟料，煅烧反应式为：

$$12CaO + 2SiO_2 + 2Al_2O_3 + Fe_2O_3 \longrightarrow 3CaO \cdot SiO_2 + 2CaO \cdot SiO_2 + 3CaO \cdot Al_2O_3 + 4CaO \cdot Al_2O_3 \cdot Fe_2O_3(在烧成带完成)$$

水泥熟料经冷却机冷却后送水泥熟料库，生成的含SO_2为10%～14.5%的窑气自窑尾(700～900℃)进入末级预热器，依次经中间的预热器后到第一级旋风预热器与加入的生料逆流接触，进行热交换后，自第一级旋风预热器排出(220～280℃)，由热引风机经电收尘器送入硫酸系统。

水泥熟料中各氧化物并不是以单独的状态存在，而是以两种或两种以上的氧化物结合成化合物(通称矿物)存在。因此，在水泥生产过程中控制各氧化物之间的比例，比控制氧化物的含量更为重要，更能表示出水泥的性能及对煅烧的影响。水泥熟料控制指标要求如下：

① 石灰饱和系数

$$KH = (CaO - 0.35Fe_2O_3 - 1.65Al_2O_3 - 0.70SO_3 - 0.78CaS -$$

$f\text{-}CaO - 1.18P_2O_5)/2.8SiO_2 = 0.84 \pm 0.5$

② 硅酸率

$$n = SiO_2/(Al_2O_3 + Fe_2O_3) = 3.4 \pm 0.4$$

③ 铁率(或铝率)

$$P = Al_2O_3/Fe_2O_3 = 2.0 \pm 0.3$$

④ $CaS < 2\%$、$SO_3 < 2\%$、$f\text{-}CaO < 2\%$、$MgO < 2\%$。

SO_2 气体和水泥熟料都在回转窑内生成。既要制得 SO_2 含量高的窑气,又要制得符合水泥要求的熟料。除了严格控制生料的配比外,还必须严格控制窑内气氛。在窑内呈还原气氛时,低熔物、回转窑易出现结圈现象。所以,窑内气氛一般氧体积含量控制在 0.4%~1.5%,$CO \leqslant 0.5\%$。

未加添加剂的生料分解温度达 800~1 200℃,石膏在分解带未完全分解就进入烧成带,使分解带和烧成带重叠,因石膏熔点低在重叠处出现液相,极易造成回转窑在烧成带结圈,使运转率降低。生料添加 0.5%~3%的 $CaCl_2$ 或 Na_2SO_4 后降低了石膏分解温度 100~150℃,提高分解速度 20%~30%,使分解带和烧成带分开,在分解带石膏完全分解后再进入烧成带,防止了回转窑结圈,提高运转周期。该技术在回转窑操作中极为关键。

(2) 复合预热器介绍

石膏法水泥熟料的形成热为 2 800~3 000 kJ/kg,远比石灰石熟料 1 760 kJ/kg 高得多,而且回转窑单位容积产量是石灰石法的 20%~30%,设备规格大、投资高、热损失多。生料烧成热耗占总热耗的 70%~80%之多,降低本工序的能耗和投资极为关键,要选择复合预热器窑工艺。复合预热器回转窑长度减少 50%,窑尾高温气体从复合预热器底部进入,预热加入的生料,出口气体温度降低到 230℃,生料温度预热到 500~650℃,从底部进入回转窑,总散热损失降低 25%,尾气带走热降低 30%。烧成热耗为 6 000 kJ/kg,节约 20%左右,SO_2 浓度达到 9%~10.5%,投资降低 20%。目前是最先进可靠的工艺技术,投资低、节能效果显著,使用时上部可加一级旋风预热器效果更佳。图 13-1 是复合预热器简图,由偏锥立筒 1、喷腾室 2、下料撒料器 3、旋风式预热器 4、锁料阀 5、散料器组成 6。预热原理是通过偏锥在偏锥立筒内造成热物料多向悬浮旋转、喷腾,使高温物料不结疤、不堵塞,换热时间长,效率高。A-A 截面为椭圆形,偏心距为 e,椭圆半径 r_1,一般情况下:$h_1/h = 0.2 \sim 0.5$;$h_2/h = 0.5 \sim 0.8$;$e/r_1 = 0.5 \sim 3$;$h/r_1 = 3 \sim 6$;散料器位于偏锥立筒 1/2~3/4 高度处。偏锥立筒中心截面风速为 4~9 m/s,进口气速 8~14 m/s,出口气速 9~15 m/s。喷腾室中心截面风速为 6~13 m/s,进出口气速 9～15 m/s。B-B 截面为圆形，气体切向进入。物料的颗粒大小、密度不同其数值不同，偏锥立筒和喷腾室要求冷物料和热烟气在悬浮状态传热，要求阻力小、物料停留时间长、换热效率高。结构为钢制，内衬隔热材料和耐火材料，锁料阀要求下料流畅，不串风。散料器使预热物料均匀分散于偏锥立筒上部与热烟气悬浮热交换。下料撒料器要求加入的冷物料均匀分散于喷腾室出口部分进入旋风式预热器，部分进入喷腾室。旋风式预热器采用传统低阻高效预热器。

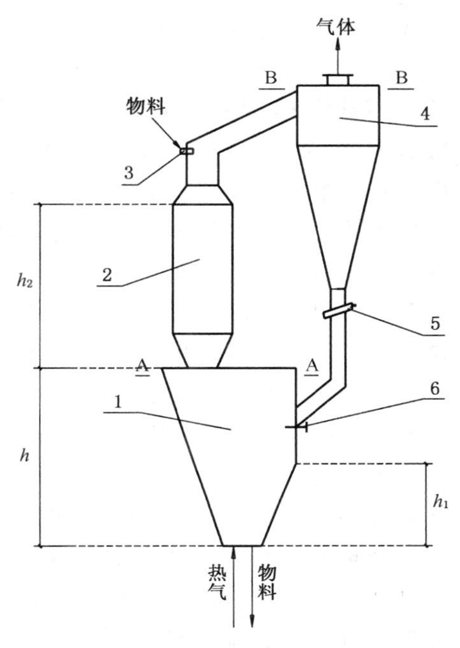

图 13-1　复合预热器简图

1—偏锥立筒；2—喷腾室；3—下料撒料器；4—旋风式预热器；5—锁料阀；6—散料器

5. 硫酸制取

(1) 窑气净化工段

由预热器窑尾的静电收尘器来的 240℃左右、含尘 < 0.15 g/Nm^3 的窑气进入冷却塔进行冷却洗涤。冷却塔内喷淋约质量浓度 8%～10%的稀硫酸，窑气在冷却塔中经绝热蒸发，然后进入洗涤塔内用约 1%～3%wt 的稀硫酸喷淋洗涤，以进一步除去窑气中的尘、氟等杂质并降低温度。出洗涤塔气体经电除雾器除去酸雾后进入干燥塔。多余的洗涤塔稀酸采用换热器冷却后去冷却塔。

生成的冷却塔循环稀酸经沉降器沉降后，过滤出酸渣加入到石膏中做原料。其清液和过滤液加入到干吸循环槽吸收 SO_3 成硫酸产品。整个过程中无废水、废渣排放。

(2) 干吸工段

由净化工段来的含 SO_2 气体，经补充一定量的空气后进入干燥塔。由干燥塔顶部喷淋 93%wt 浓度的硫酸，以吸收窑气中的水分，气体出干燥塔含水量小于 0.1 g/Nm^3，然后进入转化工段的 SO_2 鼓风机。干燥塔循环酸吸收水分后流入干燥塔酸循环槽。为了维持干燥塔循环酸的浓度，从中间吸收塔串来部分硫酸，使干燥塔酸循环槽中酸浓度维持在 93%wt，再经干燥塔酸循环泵、干燥塔酸冷却器后入干燥塔循环使用。循环系统中多余的 93%wt 的硫酸经 SO_2 吹出塔脱除其中的 SO_2 后，经吹出塔酸循环槽、吹出塔酸循环泵串至中吸塔酸循环槽。

由转化工段来的含 SO_3 的第一次转化气进入中间吸收塔，中间吸收塔是分两段吸收,下部是高温吸收,上部是低温吸收,都用98%wt浓度的硫酸循环喷淋吸收,制得硫酸。吸收后的气体回转化工段进行第二次转化。中间吸收塔酸高温段流入高温酸循环槽中,高温酸循环槽中硫酸经酸泵打入蒸汽发生器,然后进入高温吸收塔,多余硫酸经给水加热器到低温循环槽。中间吸收塔低温段硫酸流入低温酸循环槽中,低温段多余的硫酸分别串至干燥塔酸循环槽和中吸塔酸循环槽。循环槽中的酸浓度由干燥塔酸循环槽串来的93%wt硫酸与净化工段来的8%~10%wt的稀硫酸一起调节维持在98%wt,不足时可以加水。循环酸经中吸塔酸循环泵、中吸塔酸冷却器进入中间吸收塔顶部循环喷淋。软化水经给水加热器到蒸汽发生器产生蒸汽发电供热,每t硫酸副产0.4~0.48 t蒸汽。

由转化工段来的含SO_3的第二次转化气体进入最终吸收塔,塔顶部用98%wt浓度的硫酸循环喷淋吸收,吸收后的绝干尾气送石膏烘干机。吸收SO_3后的循环酸流入终吸塔酸循环槽,酸浓度由中间吸收塔串来的酸和加稀酸来维持在98%wt的浓度,循环酸经终吸塔酸循环泵、终吸塔酸冷却器后进入塔顶部循环喷淋。系统中多余的硫酸从终吸塔酸冷却器出口引出,经成品酸冷却器冷却后,送至硫酸储罐;也可进入干燥塔循环槽,系统中多余的硫酸从干燥塔酸冷却器出口引出,经成品酸冷却器冷却后,送至硫酸储罐。浓度93%wt、98%wt的硫酸都可做最终产品。

反应式为:

$$SO_3 + H_2O \longrightarrow H_2SO_4$$

(3) 转化工段

由干吸工段干燥塔来的SO_2窑气,经SO_2鼓风机加压后,经第Ⅲ换热器、第Ⅰ换热器加热到约410~420℃后,进入转化器一段进行反应,生成SO_3。一段反应出口气体经第Ⅰ换热器降温到450℃后进入转化器二段继续反应。二段出口气体经第Ⅱ换热器降温到415℃后,进入转化器第三段继续反应。三段反应转化率可达93%。转化器三段出口气体经第Ⅲ换热器降温至180℃后,进入干吸工段的中间吸收塔进行吸收。

由干吸工段中间吸收塔来的气体,经Ⅳ换热器、第Ⅱ换热器升温至410℃,进入转化器四段进行第二次转化。转化器四段出口气体经Ⅳ换热器降温至180℃后,至干吸工段的最终吸收塔进行第二次吸收。经二次转化后总转化率达99.5%,二次吸收后总吸收率达99.95%。

反应式为:

$$2SO_2 + O_2 \xrightarrow{\text{钒触媒}} 2SO_3$$

6. 水泥磨制

(1) 混合材和石膏的掺加量

工业锅炉排出的粉煤灰渣可作为水泥混合材,掺加量为5%~15%wt;生产普通水泥时二水基石膏掺加量为3%wt。

（2）工艺过程

水泥熟料、石膏、混合材按比例计量后，送入水泥磨粉磨。粉磨后的水泥由提升机送入选粉机选粉，选出的粗料返回磨内再粉磨，细料则作为成品送至水泥储库储存，包装或散装出厂。

以下结合具体实例来进一步的说明。在以下实例中，所用的二水基石膏都是使用的硫酸吸收塔出来的70～85℃的绝干尾气进行烘干，得到游离水含量<5%wt的二水石膏，然后与粘土和还原剂以及 $CaCl_2$ 或 Na_2SO_4 一起混合均化为生料。

三、实例1(以磷石膏做原料)

1. 主要原料磷石膏、粘土、焦炭、煤的成分

（1）磷石膏（二水基）主要化学成分（见表13-1）

表13-1

磷石膏	LOSS	SiO_2	Fe_2O_3	Al_2O_3	CaO	MgO	SO_3	P_2O_5	F^-	Σ
wt，%	19.13	4.41	0.30	0.28	30.23	0.34	43.21	0.62	0.17	98.69

（2）粘土主要化学成分（见表13-2）

表13-2

粘土	LOSS	SiO_2	Fe_2O_3	Al_2O_3	CaO	MgO	Σ
wt，%	9.08	63.19	4.06	12.39	6.48	2.08	97.28

（3）无烟煤工业分析、灰分分析（见表13-3）

表13-3

焦炭	工业分析（%）				灰分分析（%）					
	Wf	Vf	Af	Cf	SiO_2	Fe_2O_3	Al_2O_3	CaO	MgO	合计
wt，%	1.10	4.13	15.97	77.81	47.89	6.83	31.65	8.71	1.51	96.05

（4）烧成用煤工业分析、灰分分析（见表13-4）

表13-4

煤	工业分析（%）					灰分分析（%）					
	Wf	Vf	Af	Cf	Q_{dw} (kJ/kg)	SiO_2	Fe_2O_3	Al_2O_3	CaO	MgO	合计
wt，%	1.83	30.85	14.75	53.56	26 860	55.10	8.05	21.18	6.84	2.10	93.44

2. 生料的配比、主要成分及率值

(1) 生料的配比控制为:磷石膏87.5%;粘土7.0%;无烟煤5.5%。

(2) 生成的生料主要化学成分(见表13-5)

表13-5

生料	LOSS	SiO_2	Fe_2O_3	Al_2O_3	CaO	C	SO_3	P_2O_5	F	Σ
wt,%	17.29	8.67	0.61	1.52	26.82	4.26	37.59	0.56	0.15	97.75

(3) 生料的率值为:KH(石灰饱和系数) = 1.00;n(硅酸率) = 4.13;P(铁率) = 2.50。

(4) 固定碳C为4.27%;C/SO_3(摩尔比)为0.75。

3. 水泥回转窑主要操作指标(见表13-6)

表13-6

平均窑速(转/分)	煤粉		窑头温度(℃)	窑尾温度(℃)	烧成温度(℃)	窑尾负压(Pa)	窑气成分(V%)		
	细度(%)	水分(%)					SO_2	O_2	CO
2.5	6.0	1.0	1 250	625	1 450	−0.06	13.6	1.07	0.12

4. 熟料的主要成分、率值、矿物组成

(1) 生成的熟料的主要化学成分(见表13-7)

表13-7

熟料	LOSS	SiO_2	Fe_2O_3	Al_2O_3	CaO	SO_3	P_2O_5	F^-	Σ
wt,%	−0.41	21.83	1.95	3.96	65.49	0.80	1.80	0.29	95.70

(2) 熟料的率值为:KH(石灰饱和系数) = 0.86;n(硅酸率) = 3.69;P(铁率) = 2.0。

(3) 熟料的矿物组成:CaS为1.08%;f-CaO为0.92%;C_3S为45.64%;C_2S为29.06%;C_3A为7.81%;C_4AF为6.01%。

5. 硫酸装置主要操作指标(见表13-8)

表13-8

进转化器SO_2%	风机进口酸雾(mg/Nm³)	风机进口含尘(mg/Nm³)	风机进口水分(mg/Nm³)	总转化率(%)	总吸收率(%)	干燥酸浓度(%)	吸收酸浓度(%)
9.3	0.030	0.031	0.069	99.50	99.99	92.90	98.30

6. 水泥磨制混合材和石膏的配比: 混合材掺加量为15%;石膏(二水基)掺加量为3%

7. 产品质量

(1) 硫酸质量:浓度 92.60;灼烧残渣 0.049%。

(2) 水泥达到国标普通硅酸盐水泥标准。

8. 主要消耗指标(见表 13-9)

表 13-9

主要项目		单耗指标
硫酸	电耗(kWh/t)	65
水泥熟料	标煤(t/t)	0.23
	焦沫(t/t)	0.09
	电耗(kWh/t)	52
水泥	电耗(kWh/t)	28

四、实例 2(以脱硫石膏做原料)

1. 主要原料脱硫石膏、粘土、焦炭、煤的成分

(1) 脱硫石膏(二水基)主要化学成分(见表 13-10)

表 13-10

脱硫石膏	LOSS	SiO_2	Fe_2O_3	Al_2O_3	CaO	MgO	SO_3	Σ
wt, %	18.21	0.86	0.24	0.29	32.03	1.16	45.36	98.12

(2) 粘土主要化学成分(见表 13-11)

表 13-11

粘土	LOSS	SiO_2	Fe_2O_3	Al_2O_3	CaO	MgO	Σ
wt, %	7.00	71.10	3.10	10.05	5.39	1.56	98.20

(3) 焦炭工业分析、灰分分析(见表 13-12)

表 13-12

焦炭	工业分析(%)				灰分分析(%)					
	Wf	Vf	Af	Cf	SiO_2	Fe_2O_3	Al_2O_3	CaO	MgO	合计
wt, %	0.87	3.90	21.01	74.54	52.43	6.77	31.89	3.61	0.89	95.59

(4) 烧成用煤工业分析、灰分分析(见表 13-13)

表 13-13

煤	工业分析(%)					灰分分析(%)					
	Wf	Vf	Af	Cf	Q_{dw} (kJ/kg)	SiO_2	Fe_2O_3	Al_2O_3	CaO	MgO	合计
wt, %	2.10	31.03	11.99	54.29	26 400	49.40	6.37	22.10	11.91	1.55	91.20

2. 生料的配比、主要成分及率值

(1) 生料的配比控制为:脱硫石膏 84%;粘土 10%;焦炭 6.0%。

(2) 生成的生料主要化学成分(见表 13-14)

表 13-14

生料	LOSS	SiO_2	Fe_2O_3	Al_2O_3	CaO	MgO	SO_3	C	Σ
wt, %	15.72	8.47	0.74	1.90	27.47	0.91	38.10	4.46	97.78

(3) 生料的率值为:KH(石灰饱和系数) = 1.01;n(硅酸率) = 3.20;P(铁率) = 2.56。

(4) 固定碳 C 为 4.47%;C/SO_3(摩尔比)为 0.78。

3. 水泥回转窑主要操作指标(见表 13-15)

表 13-15

平均窑速(转/分)	煤粉		窑头温度(℃)	窑尾温度(℃)	烧成温度(℃)	窑尾负压(Pa)	窑气成分(V%)		
	细度(%)	水分(%)					SO_2	O_2	CO
2.5	6.9	1.0	1 200	673	1 450	−0.06	12.55	1.20	0.14

4. 熟料的主要成分、率值、矿物组成

(1) 生成的熟料的主要化学成分(见表 13-16)

表 13-16

熟料	LOSS	SiO_2	Fe_2O_3	Al_2O_3	CaO	MgO	SO_3	Σ
wt, %	−0.69	22.10	1.98	4.18	65.79	2.24	1.27	96.75

(2) 熟料的率值为:KH(石灰饱和系数) = 0.86;n(硅酸率) = 3.59;P(铁率) = 2.12。

(3) 熟料的矿物组成:CaS 为 1.86%;f-CaO 为 1.60%;C_3S 为 45.76%;C_2S 为 28.03%;C_3A 为 7.49%;C_4AF 为 6.19%。

5. 硫酸装置主要操作指标(见表 13-17)

表 13-17

进转化器 SO_2(%)	风机进口酸雾(mg/Nm^3)	风机进口含尘(mg/Nm^3)	风机进口水分(mg/Nm^3)	总转化率(%)	总吸收率(%)	干燥酸浓度(%)	吸收酸浓度(%)
8.80	0.028	0.030	0.070	99.54	99.99	92.80	98.10

6. 水泥磨制混合材和石膏的配比

混合材掺加量为 15%;石膏(二水基)掺加量为 3%。

7. 产品质量

(1) 硫酸质量:浓度 92.68;灼烧残渣 0.048%。

(2) 出磨水泥质量符合国标通用硅酸盐水泥标准。

8. 主要消耗指标(见表 13-18)

表 13-18

主 要 项 目		单耗指标
硫酸	电耗(kWh/t)	64
水泥熟料	标煤(t/t)	0.21
	焦沫(t/t)	0.1
	电耗(kWh/t)	50
水泥	电耗(kWh/t)	29

五、成本及经济效益分析

按照以上措施规划建设年产 20 万 t 石膏制硫酸联产 30 万 t 水泥装置,总投资 2.1 亿元,每年消耗 40 万 t 工业石膏废渣,硫酸水泥成本构成见下表,分别按每吨 450 元和 300 元价格计,年销售收入 2 亿元左右,除去财务费用年创利 4 000 多万元,实现经济效益、环境效益、社会效益的统一,达到废物资源化、效益化。

表 13-19　硫酸成本构成表

项　　目	单　　位	消耗数量	单价(元)	金额(元)	备　　注
一、原材料				52	
1. 石膏	t	2.10	5	10.5	
2. 焦炭沫	t	0.075	740	40.5	
3. 粘土	t	0.2	5	1.0	

续 表

项 目	单 位	消耗数量	单价(元)	金额(元)	备 注
二、燃料动力				290.7	
1. 煤	t	0.21	910	209.3	标煤
2. 电	kW·h	114	0.70	79.8	
3. 水	m^3	2	0.8	1.6	
三、工资及附加				12	
四、制造费用				35	
1. 折旧费用				20	
2. 大修费用				10	
3. 机物料消耗				5	
五、熟料扣除	t	−1.08	120	−129.6	
六、成本	t			260.1	

表 13-20　水泥成本构成表

项 目	单 位	消耗数量	单价(元)	金额(元)	备 注
一、原材料				112.5	
1. 熟料	t	0.82	120	98.4	
2. 石膏	t	0.03	40	1.2	
3. 灰渣	t	0.15	6	0.9	
4. 包装物	只	10	1.2	12	50%袋装
二、燃料动力				20.70	
1. 电	kW·h	29	0.70	20.30	
2. 水	m^3	0.5	0.8	0.4	
三、工资及附加				18	
四、制造费用				15	
1. 折旧费用				6	
2. 大修费用				5	
3. 机物消耗				4	
五、成本	t			166.24	

六、该技术的流程图及设备表

1. 流程图

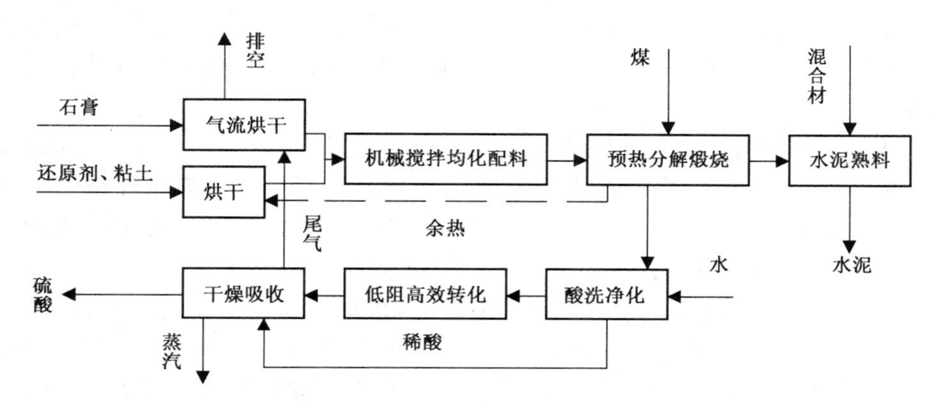

图 13-2　石膏制硫酸与水泥新技术流程图

2. 主要设备表（年产 20 万 t 硫酸 30 万 t 水泥）（见表 13-21）

表 13-21

序　号	名　称	规　格	台　数
1	石膏烘干机	直径 3.75 m，宽 2.4 m。闪速式烘干机	1
2	混化机	直径 4 m　高 18 m。底部带机械搅拌卸料	2
3	回转窑	直径 4.95 m，长 85 m。带复合预热器；熟料产量 28 t/h	1
4	冷却机	直径 4 m，长 45 m。单筒；产量 28 t/h	1
5	水泥磨	直径 3 m，长 11 m。配套高效选粉机。能力 46 t/h	1
6	水泥包装机	六咀，回转式能力 90～100 t/h	1
7	窑气冷却塔	直径 6.4 m，高 15.2 m。内衬铅、砖	1
8	干燥、吸收塔	内径 5.2 m，高 18 m。内装填料，衬砖	3
9	SO_2 风机	风量 2 600 m^3/min，风压 38 000 Pa	1
10	转化器	直径 9.8 m，高 18.6 m。内装催化剂，衬砖	1

七、最近报道的新技术

近几年报道了许多石膏制酸与水泥新技术，但未见工业化生产，简要介绍如下。

1. 将磷石膏与含 SiO_2、Fe_2O_3、Al_2O_3 的物质和煤按一定比例混合加水制成球状，采用隧道窑、轮窑、倒焰窑等块状烧结炉窑进行焙烧，得到水泥熟料，烟气制硫酸。特点是投资少、生产成本低。

2. 将磷石膏与含 SiO_2、Fe_2O_3、Al_2O_3 的物质加水制成球状，将料球在篦式烘干机烘干预热到小于 1 300℃，大部分分解后到回转窑烧成水泥熟料，尾气制造硫酸。

3. 在生料中加入复合催化剂，使生料分解温度降低到 700～750℃，提高分解效率和气浓，减少结圈，使分解带和烧成带不重合。复合催化剂成分是：氧化镁 9.4%～29.7%，氯化钠 6.7%～21.2%，二氧化硅 3.5%～11.1%，氧化铝 1.6%～50.8%，氧化铁 2.8%～45.5%。

4. 磷石膏中加入 10%～80%的钙质原料，再加入 5%～50%的粉煤灰，制成生料在回转窑分解煅烧，制出高贝利特水泥熟料，尾气制造硫酸。此发明生料灰分很高，生料 SO_3 含量低，尾气 SO_2 浓度低，在上面对此原料进行投资效益分析，不是很好的工艺方法。

5. 石膏窑外分解技术。工艺流程见图 13-3，石膏加入打撒烘干机与回转窑和分解炉热尾气混合烘干至半水石膏，进入分离器 7 分离后进入回转窑尾风管继续烘干预热，经预热器 6 预热分离进入分解炉，分解炉控制还原气氛，石膏分解为 CaS 和未分解 $CaSO_4$。它们经分离器 8 大部分返回分解炉。其余部分进入窑尾风管在三次风作用下 CaS 和 $CaSO_4$ 反应生成 CaO 与 SO_2。CaO 进入回转窑与辅助材料煅烧成水泥熟料，含 SO_2 的热气体经预热器进入打撒烘干机烘干石膏，降温后制造硫酸。该技术与前面第二章介绍的窑外分解法工艺有相似之处，此工艺分解高浓度 SO_2 烟气和回转窑尾气混合，使烟气 SO_2 浓度降低，硫酸制造投资增大，难以实现两转两吸制硫酸工艺。热耗及投资较高，分解炉控制困难，回转窑操作难度较大，很难实现工业化。

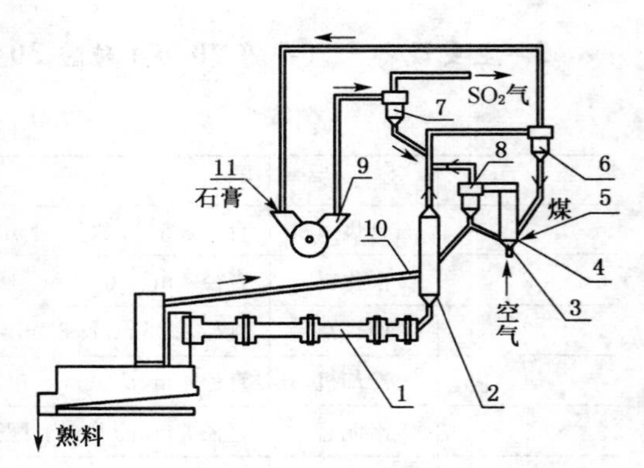

图 13-3　石膏窑外分解工艺流程

1—回转窑；2—窑尾风管；3—分解炉；4—10 三次风管；5—喷煤管；6—预热器；7、8—分离器；9—打撒烘干机；11—磷石膏加入口

6. 用一种静态还原法分解磷石膏制硫酸、发电联产水泥的方法及设备。它是

将磷石膏、煤和其他添加剂按：磷石膏 50%～80%、煤 5%～35%、其他添加剂余量的比例混好后，进行粉磨，然后成小料球送入专用的设备静态还原分解炉的上部低温还原区的还原气氛下煅烧分解磷石膏，在静态还原分解炉上部的还原区分解后的物料进入下部氧化气氛的煅烧区，形成水泥熟料；出炉高温气体先用于发电后，成为低温气体再吸收制得硫酸。本方法还原性强，分解效率高，有利于水泥熟料的形成，工艺流程简单，可操控性强，可一次性形成水泥熟料；提高了经济效益，形成制硫酸、发电联产水泥三合一工艺，并产出优质水泥。

7. 利用硬石膏制造硫酸，同时生产低热水泥，是对现有石膏制硫酸方法的改进，完全区别于目前的生产方法，两种产品均在一条生产线上生产。为解决我国硫酸资源的短缺，摆脱依靠进口硫黄生产硫酸，遏制硫酸价格上涨，提供了可靠的生产方法，同时还能生产建筑工程需要的低水化热的水泥，使混凝土的耐久性提高。使目前应用极少而资源丰富的硬石膏得到充分利用。

以往石膏法生产硫酸采用的磷石膏或天然二水石膏，都要经过预处理，将它们干燥成半水石膏（含结晶水 4%～6%）或烧僵成无水石膏，前者要消耗 3 000～3 800 kJ/kg 热量，后者耗热量更大，大于 5 000 kJ/kg。装置的建设费用大，生产成本高，生产环境容易造成污染。其生产方法对磷矿石的品位较低时难以达到要求，因此 $CaSO_4$ 分解率低，窑气中的 SO_2 浓度小，硫酸的产量得不到保证，而且水泥熟料中有大量剩余未分解的 $CaSO_4$，熟料标号不合格。即使是质量达到要求时也只能生产普通硅酸盐水泥熟料。硫酸生产工艺也存在缺陷，转化率和吸收率低，尾气中 SO_2 浓度超标，造成对环境的污染。

该项技术的目的是克服已有技术的缺陷，创造一项原料取材广泛、价格低廉、生产工艺简单、易于生产操作的新工艺，生产产品硫酸可以达到特种酸的质量要求，不仅可以在化肥工业使用，也可用于食品或医药行业。水泥熟料贝利特含量高水化热低，可以生产低热硅酸盐水泥，生产方法实现低温煅烧节约能源，大幅度提高产品的附加值。

8. 一种不需矾触媒的低温分解法石膏制硫酸工艺在江西研制成功。小试产出合格产品。该技术正在加紧建设中试装置。

此前，国内外硫黄制酸、硫铁矿制酸、冶炼烟气及磷石膏制酸，普遍采用先制得二氧化硫，通过矾触媒催化剂转化为三氧化硫，再制取硫酸的工艺路线。由硫黄或硫铁矿制二氧化硫较容易，但由磷石膏制二氧化硫非常困难，需经脱磷、脱氟、干燥，掺入焦炭，预热到 700～800℃后再进迴转炉，并且要在 1 400℃以上的高温下才能制得二氧化硫。因此，磷石膏按照硫黄或硫铁矿的工艺路线来制硫酸既不合理也不经济。由于传统的石膏制硫酸工艺复杂，所需投资很大，耗能很高，工艺过程中产生严重的二次污染，一直难以推广使用。如何充分合理地利用国内资源，生产出低能耗、低成本、投资少、无环境污染的高品质硫酸，成为业界人士关注的焦点。

低温分解法工艺以石膏(包括磷石膏或其他副产石膏)、二氧化碳为原料，采取较低的温度，比传统磷石膏制硫酸工艺低 1 000℃以上分解石膏，不需矾触媒。这种新工艺反应温度低，耗能少，工艺流程简短，投资少，实施容易，能使硫资源得到有效循环利用。工艺全流程没有“三废”产生和排出，是无污染的绿色工艺。

据介绍，以磷石膏为原料建设年产 10 万 t 硫酸(98%)的生产装置仅需投资约 2 200 万元。生产 1 t 硫酸(98%)副产 1 t 碳酸钙，吨硫酸(98%)实际生产成本仅 97 元。以白色石膏粉为原料，还可产出超微(纳米或微米级)碳酸钙。对于以硫酸为主要原料的磷酸生产工艺，每生产 1 t 100%的磷酸耗 98%硫酸 2. 8 t，硫酸消耗的成本高达 4 200 多元。采用低温分解法磷石膏制硫酸工艺以后，硫酸消耗的成本仅 272 元，一套年产 10 万 t 100%的磷酸装置年可获利 3. 928 亿元。

总之，近几年由于工业副产石膏数量急剧增多、占地加大、污染环境、处理费用高。科技人员对其再利用的研究极为兴趣，取得较多的科技新成果。但是用石膏生产硫酸与水泥技术是变废为宝、资源综合利用、循环经济、低碳经济的典范。我国在该技术领域处于世界领先水平，相信不久的将来还会有新的突破与发展。

第十四章

工业副产石膏综合利用的迫切性及有关政策

一、我国工业副产石膏总量和区域分布分析

近30年，随着我国经济的高速发展，工业副产石膏的排放量也极大地增加，基本上各种工业副产石膏都有。有些工业副产石膏经历了从无到有、从少到多、从一般数量到世界第一的巨大变化。现已有很多种工业副产石膏排放量达到了世界第一的水平，工业副产石膏的有效利用迫在眉睫。本节列出我国各种工业副产石膏的排放量及其地域分布特点。表14-1为我国各种工业副产石膏的年排放量。

表14-1　我国各种工业副产石膏的年排放量

序号	名称	排放量(万t)	备注
1	磷石膏	4 615	2010年达6 000万t，世界第一
2	脱硫石膏	1 282	2010年达4 000万t
3	钛石膏	715	2010年达900万t
4	陶瓷废模石膏	458	世界第一
5	芒硝石膏	<337	
6	盐石膏	215	世界第一
7	氟石膏	211	
8	废纸面石膏板	110	
9	柠檬酸石膏	105	世界第一，占世界的65%
10	硼石膏	<7	
11	污水处理石膏		逐年增加

其中，钛石膏的年排放量依据2005年规模企业钛白粉产量推算而得，近几年增长速度在6%左右。氟石膏的年排放量依据2005年规模企业氟化氢产量推算而得，磷石膏的年排放量依据2006年规模企业磷肥产量推算而得，芒硝石膏的年排放量依据2006年全国芒硝产量推算而得，盐石膏的年排放量依据2006年各省盐产量推算而得，废纸面石膏板的年排放量依据2006年主要产地纸面石膏板产量

推算而得，脱硫石膏的年排放量依据2006年火电厂脱硫机组能力推算而得，陶瓷废模石膏的年排放量由2007年我国规模企业陶瓷产量推算而得，柠檬酸石膏的年排放量由2008年我国柠檬酸产量推算而得。以上产品产能都在逐年增加。

工业副产石膏和天然石膏资源在我国各省、各大区的分布情况见表14-2、表14-3和图14-1。

表14-2　我国各省主要石膏资源分布情况　　万t

区名	省市自治区	天然石膏（2007年）	脱硫石膏（2006年）	磷石膏（2006年）	钛石膏（2005年）	盐石膏（2006年）	陶瓷废模（2008年）	废纸面石膏板（2006年）	氟石膏（2005年）
全国		4 865	1 282	4 615	715	215	458	110	211
华东区	山东	1 500	101.53	604	95.612	86.3	15	44	23
	江苏	690	177.26	46	97.226	26.4	3	7	32
	上海	0	9.89		14.4		5	3	
	安徽	55	30.09	167	30.339	1.1			
	浙江		110.96		10	0.1	1		81
	江西	90	5.94	55	11.19	1.8	3		
	福建		22.29		0	1.6	5		36
西北区	陕西	40	17.81		0	1.5			
	甘肃	24.6	5.94		38.884	0.2			
	宁夏	60			0				
	青海	50	2.97			7.2			
	新疆	30				4.7			
华南区	湖北	450	11.87	646	13.456	7.0	14		
	湖南	369.38	35.97		62.802	2.1	24		
	河南	5	70.87	39	35.846	2.8	101	8	
	广东	20	122.8	51	17.227	0.9	202		
	广西	85	18.15	65	133.239	0.6	12		
	海南		3.26			0.9			
西南区	四川	105	63.00	256	46.103	9.9	1		
	重庆	45	82.97	163	38.52	1.1	4		
	云南	90	19.78	985	21.402	1.3			
	贵州		66.38	1500					
	西藏								

续　表

区名	省市自治区	天然石膏(2007年)	脱硫石膏(2006年)	磷石膏(2006年)	钛石膏(2005年)	盐石膏(2006年)	陶瓷废模(2008年)	废纸面石膏板(2006年)	氟石膏(2005年)
华北区	北京		12.21				5	7	
	天津		21.70			11.8	2		
	河北	117	82.36	38	6.2	20.1	59	21	
	山西	600	76.85		4.3		1		
	内蒙古	350	98.96			10.7			
东北区	黑龙江		2.97		3.5				
	吉林	29	6.53						
	辽宁	60			23.715	12.6			
其余					11			25	39

表 14-3　我国各大区工业副产石膏和天然石膏量　　万 t

	华东区	西北区	华南区	西南区	华北区	东北区	其余
脱硫石膏	458	28	263	232	292	10	
磷石膏	872	0	801	2 904	38	0	
钛石膏	259	39	263	106	11	27	11
盐石膏	117	14	14	12	32	13	
陶瓷废模	33	0	353	5	67	0	
氟石膏	172						39
柠檬酸石膏	84						
废纸面石膏板	56		8		28		26
工业副产石膏排放量小计	2 051	81	1 694	1 959	468	50	
天然石膏产量	2 335	205	929	240	1 067	89	
石膏资源合计	4 386	286	2 623	2 199	1 535	139	

*　不包括芒硝石膏、硼石膏和铬石膏

由表 14-2、表 14-3 和图 14-1 可知，我国工业副产石膏排放量和分布有如下特点：

(1) 工业副产石膏种类较多，有磷石膏、脱硫石膏、钛石膏、陶瓷废模石膏、芒硝石膏、盐石膏、氟石膏、废纸面石膏板、柠檬酸石膏等。

(2) 年排放量大，各种工业副产石膏的总年排放量已达 6 303 万 t(我国天然石膏年产量约 4 865 万 t)。工业副产石膏的年排放量已高于天然石膏产量。

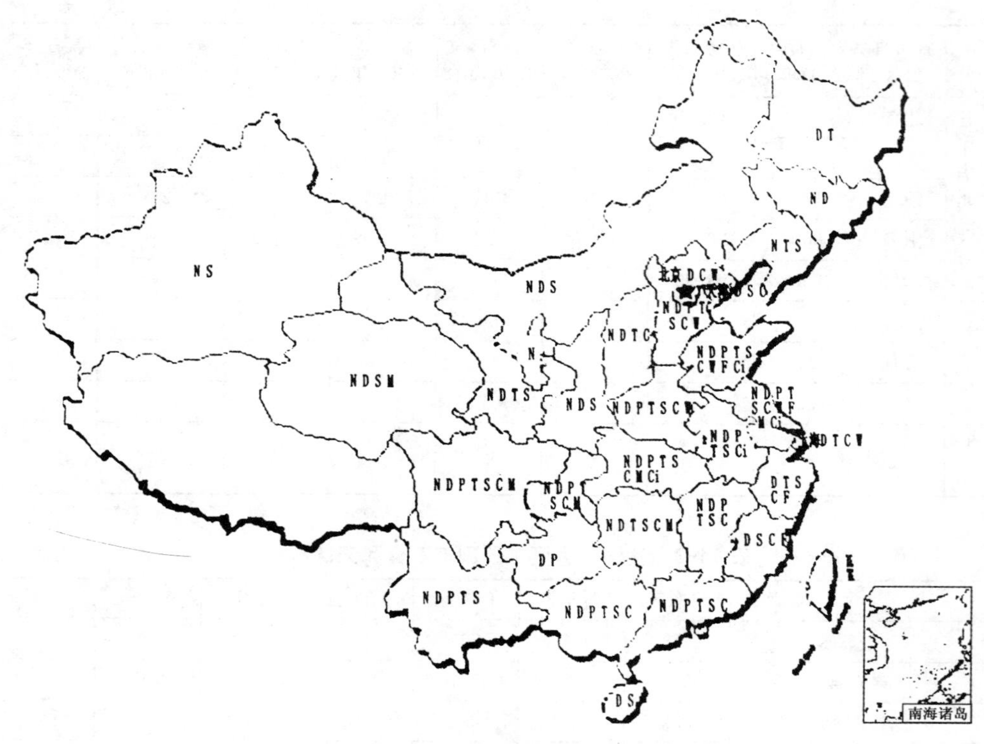

图 14-1　我国石膏资源分布图

注:图中各字母的意思为:N—天然石膏;D—脱硫石膏;P—磷石膏;T—钛石膏;S—盐石膏;C—陶瓷废模石膏;W—废纸面石膏板;F—氟石膏;M—芒硝石膏;Ci—柠檬酸石膏

随着高浓度磷复肥产量的增加和低品位磷矿用量的增多,磷石膏的排放量将越来越大,到 2010 年全国磷石膏的年排放量达到 5 000 万 t。由于新装脱硫机组的逐步竣工,脱硫石膏年排放量到 2010 年达 4 720 万 t,届时我国工业副产石膏的年排放量将超亿吨!

(3) 排放量最大的前四种工业副产石膏依次为:磷石膏、脱硫石膏、钛石膏、陶瓷废模石膏。

(4) 各种工业副产石膏的分布特点是:

① 脱硫石膏分布较均匀,基本上各省都有,华东区最多,华北、华南、西南区次之,西北和东北区最少。

② 磷石膏主要排放区域为西南区,其次为华东和华南区,华北区为少量,西北和东北区无。

③ 钛石膏分布较分散,主要为华南和华东区,其余各区有少量分布。

④ 盐石膏主要为华东沿海区，其余各区均有少量。

⑤ 陶瓷废模主要排放区为华南区，其次为华北、华东、西南区，西北和东北无。

⑥ 氟石膏和柠檬酸石膏主要为华东区。

⑦ 废纸面石膏板主要为华东和华北区。

⑧ 芒硝矿主要分布于青海、四川、湖南、云南四省，再加上湖北、江苏省，这六省保有储量占全国芒硝总量的98.98%，因此芒硝石膏产地也只有这几个省。

(5) 各区域的工业副产石膏排放量从大到小依次为：华东、西南、华南、华北、西北、东北。

(6) 各区域的天然石膏产量从大到小依次为：华东、华北、华南、西南、西北、东北。

(7) 东北地区无论是天然石膏还是工业副产石膏量都小，石膏资源最欠缺。

二、利用工业副产石膏的必要性

利用工业副产石膏既可以减少环境污染，减少工业副产石膏堆场占地、投资和维护费用，又可以节约宝贵的石膏资源，下面分别叙述。

(一) 减少环境污染

工业副产石膏如果处置不当，极易污染环境。

以磷石膏为例，磷石膏中含有磷酸盐、硫酸盐、氟化物、重金属锰和镉，有些磷石膏中还有镭。如果不按规范堆放或堆场出现问题，磷石膏中的某些物质可溶于水而被排入环境，例如PO_4^{3-}、SO_4^{2-}、F^-及重金属离子等，溶出的水溶液明显呈酸性。当大气降水时，磷石膏受到雨水的淋溶，其有害物质极易溶出，这些淋溶水可能流到农田、湖泊、河流中去，还可能渗到地下，因此土壤、地面水、地下水都会被污染。在长期堆放过程中，磷石膏堆的表面部分由于被日晒而脱水，这样使一些有毒、有害物质被蒸发到空气中，当风速足够大时，细小的磷石膏颗粒还会造成粉尘污染。

实际工作中就有因磷石膏未按规定堆存或堆场出现问题而引起污染的案例。如贵州某磷石膏堆场由于位于岩溶地区，同时防渗处理不彻底，造成库中含磷、氟的废水通过岩溶管道、裂隙进入地下含水系统，使大干沟地区地下水和地表水遭受严重污染，并威胁到乌江渡水库水环境。

我国国家标准将工业固体废物分为危险废物和一般工业固体废物两大类，对这两类工业固体废物的处置和堆场均有不同要求。即使按一般工业固体废物处理，其堆场投资也很大。

2006年，国家环保总局派出检查组对云南三环化工有限公司120万t/a磷铵工程和云南富瑞化工有限公司30万t/a磷酸及60万t/a磷铵装置国产化示范工程项目进行了环境风险排查。在发布的对包括云南三环、富瑞两个磷肥项目在内的20个化工、石化建设项目环境风险排查结果报告中，将磷石膏渣定性为危险废物。通报中指出，云南三环化工有限公司120万t/a磷铵项目主要存在的问题：渣场贮存危险废物，下游即为村庄和新建企业，存在重大环境隐患。云南富瑞化工有限公司年产30万t磷酸及年产60万t磷铵装置国产化示范工程主要存在问题：渣场贮存危险废物，距离长江支流、滇池出水河道螳螂川200 m，存在重大环境隐患。要求重新识别生产过程中的重大危险源，重新进行渣场环境影响评价，尽快实施两个村庄的搬迁。

国家环保总局的这一通报对整个磷肥行业不啻是平地一声惊雷。因为几乎每个磷肥生产企业都有大致相同的磷石膏渣场，既然三环、富瑞两企业磷石膏渣定性为危险废物，那么其他企业的磷石膏渣也难逃同样的命运。而对危险废物的处置所花费用要比一般废物大得多，对其进行利用也有很多限制。不少磷肥企业的负责人表示，他们根本无法承担磷石膏渣作为危险废物的治理费用，非要如此企业只有关门。

这次排查超标的数据是国家危险废物目录中控制的pH值和无机氟化物浸出浓度（不包括氟化钙）两项指标，按GB 5085.3—1996《危险废物鉴别标准浸出毒性鉴别》规定：pH值≤2.0，无机氟化物浸出浓度（不包括氟化钙）＞50 mg/L为危险废物。排查采用的数据是企业取自磷石膏渣场回水的例行分析数据。这里有一个情况没有排除，就是企业为提高水的利用率对磷石膏渣场回水实行了封闭循环，由于循环使用水分蒸发，其中水溶性P_2O_5和氟化物含量有很大的浓缩，直接会导致pH值和无机氟化物浸出浓度这两项指标升高。因此，两企业认为，该数据并不能说就是磷石膏渣这两项指标的实际数据。另外，新公布的国家标准GB 5085.3—2007《危险废物鉴别标准浸出毒性鉴别》已将原标准中无机氟化物浸出浓度（不包括氟化钙）＞50 mg/L放宽为无机氟化物浸出浓度（不包括氟化钙）＞100 mg/L。

尽管如此，以上事实仍然足以说明磷石膏利用对于环境保护和磷肥企业的可持续发展的必要性和迫切性。

又如脱硫石膏中的亚硫酸钙、过量的氯离子等都会对空气和地下水造成污染。在太阳暴晒后，挥发的酸性物质会加重酸雨的威胁；脱硫石膏微粒会造成粉尘污染，直径10 μm以下的悬浮颗粒会影响人的呼吸系统，有些脱硫石膏还有臭味。为此中国科协中国科学技术咨询服务中心系统工程专家委员会在对我国烟气污染治理情况的调研报告中指出，如果脱硫石膏得不到及时利用将会造成二次污染。

氟石膏、柠檬酸石膏、芒硝石膏、硼石膏等与磷石膏一样都属于用硫酸酸解含钙物质而得到的副产石膏。钛石膏为用石灰中和废酸所得,这些副产石膏均会有不同程度的残留酸的存在,且都是含水率较高的泥浆,长时间堆放均会有废水渗透,干燥后均会有粉尘污染。

(二) 减少堆场投资和维护费用

工业副产石膏的堆场投资和维护费用也是其排放企业的沉重负担。

以国电北仑第一发电公司脱硫石膏堆场为例。该公司北仑电厂 5 台 60 万 kW 机组烟气脱硫工程总投资 11.5 亿元人民币,为其配套的脱硫石膏堆场按照石膏总量一半用于循环利用,一半放置石膏堆场,可满足堆放约 20 年计算,堆场占地 11 hm^2,静态投资超过 9 000 万元人民币。由此计算年排放量 30 万 t 脱硫石膏按 50%使用,另 50%存放 20 年的标准,每万吨脱硫石膏占地 0.37 hm^2。

如果按Ⅱ类一般工业固体废物堆存磷石膏,则 100 hm^2 的堆场,可有效堆存磷石膏约 2 500 万～3 000 万 m^3,接受年产 50 万 t 磷酸厂(即年排放磷石膏 250 万 t) 10～12 年或年产 80 万 t 磷酸厂(年排放磷石膏 400 万 t)6～8 年的磷石膏排放量。堆场防渗费用 6 750 万～8 150 万元,工程投资较大。另外,我国多数磷肥企业所处土地资源条件决定了以 100 hm^2 为单位的磷石膏堆场不可能选择在平地上。堆场一般以山谷地为主,在山谷中清基整坡,分层碾压,敷设防渗膜体等,工程的操作条件与质量保证、运行管理等都有一定的难度,投资更大。如按磷石膏存放 10～12 年计算,每万吨磷石膏堆场占地 0.4 hm^2,投资为 27 万～33 万元,还不包括维护费用。

全国工业副产石膏年排放量达 6 700 万 t,工业副产石膏的利用可以节约大量土地和堆场投资。

(三) 节约天然石膏资源,减少天然石膏开采

我国是世界上石膏消费量最大的国家,2007 年我国石膏消费量达到 4 865 万 t,居世界第一,而且随着纸面石膏板等石膏制品的推广,消费量还将继续增加。目前主要以消费天然石膏为主,而天然石膏属不可再生的资源,在很多应用领域工业副产石膏能够取代天然石膏,在某些应用领域某些工业副产石膏还有其优势。因此工业副产石膏的应用可以节约宝贵的天然石膏资源。

我国虽是天然石膏资源大国,但却是优质天然石膏贫乏的国家,优质的脱硫石膏在某些领域可以代替高品位优质天然石膏,而节约宝贵的高品位天然石膏意义更大。

另外,减少天然石膏的开采本身也有环保意义。

(四) 有利于石膏的就近使用,减少运输成本

根据经验,墙体材料生产厂家辐射范围一般不可超过 200 km,很多石膏产品

同样也不适于长距离销售。而我国大多数天然石膏矿山均离城市较远,离石膏消费市场较远,如我国的西北部天然石膏产量较大,但是苦于离消费市场较远,运输成本相对较高,在铁路运输紧张时甚至运不出来,而工业副产石膏大多数都在工业区,大多数离石膏消费市场较近,因此工业副产石膏的利用也有利于减轻交通运输压力,减少交通运输成本,具有节能意义。

我国天然石膏资源的分布并不是特别均匀,有些省市富产天然石膏,有些省市却并无天然石膏产出,如东北天然石膏就很少,北京市、上海市、海南省、浙江省、贵州省等均无天然石膏产出。而北京市、上海市却是纸面石膏板等石膏产品的消费大市场,同时也是脱硫石膏排放量较大的地区,因此在这两个市推广脱硫石膏的使用不仅有利于环境保护,而且有利于节约天然石膏资源,减少运输费用。浙江省脱硫石膏和氟石膏排放量均比较大,同样石膏消费量也不小。贵州省没有天然石膏,却是磷石膏排放大省。在这些省市利用工业副产石膏即可减少天然石膏的长距离运输,减少运输成本,不仅有利于环境保护,而且有利于石膏产品的低成本推广。

三、国家鼓励利用工业副产石膏的优惠政策

中央和地方各级政府对工业副产石膏的利用采取了很多鼓励措施,综合梳理后可简单概括为税收减免、补贴、其他政策鼓励三种,下面分别叙述。

(一) 减免增值税方面的政策

财政部、国家税务总局文件财税〔2008〕156 号《关于资源综合利用及其他产品增值税政策的通知》规定:对销售自产的生产原料中掺兑废渣比例不低于 30%的特定建材产品免征增值税。

特定建材产品是指:砖(不含烧结普通砖)、砌块、陶粒、墙板、管材、混凝土、砂浆、道路井盖、道路护栏、防火材料、耐火材料、保温材料、矿(岩)棉。废渣中即包括:脱硫石膏、磷石膏、柠檬酸石膏、氟石膏和废石膏模。详见财政部、国家税务总局文件财税〔2008〕156 号《关于资源综合利用及其他产品增值税政策的通知》中第一条第四款及其附件 2 中的第四条。下面是该通知的正文和附件:

为了进一步推动资源综合利用工作,促进节能减排,经国务院批准,决定调整和完善部分资源综合利用产品的增值税政策。同时,为了规范对资源综合利用产品的认定管理,需对现行相关政策进行整合。现将有关资源综合利用及其他产品增值税政策统一明确如下:

1) 对销售下列自产货物实行免征增值税政策:

(1) 再生水。再生水是指对污水处理厂出水、工业排水(矿井水)、生活污水、

垃圾处理厂渗透(滤)液等水源进行回收,经适当处理后达到一定水质标准,并在一定范围内重复利用的水资源。再生水应当符合水利部《再生水水质标准》(SL 368—2006)的有关规定。

(2) 以废旧轮胎为全部生产原料生产的胶粉。胶粉应当符合 GB/T 19208—2008 规定的性能指标。

(3) 翻新轮胎。翻新轮胎应当符合 GB 7037—2007、GB 14646—2007 或者 HG/T 3979—2007 规定的性能指标,并且翻新轮胎的胎体 100%来自废旧轮胎。

(4) 生产原料中掺兑废渣比例不低于 30%的特定建材产品。

特定建材产品,是指砖(不含烧结普通砖)、砌块、陶粒、墙板、管材、混凝土、砂浆、道路井盖、道路护栏、防火材料、耐火材料、保温材料、矿(岩)棉。

2) 对污水处理劳务免征增值税。污水处理是指将污水加工处理后符合 GB 18918—2002 有关规定的水质标准的业务。

3) 对销售下列自产货物实行增值税即征即退的政策:

(1) 以工业废气为原料生产的高纯度二氧化碳产品。高纯度二氧化碳产品,应当符合 GB 10621—2006 的有关规定。

(2) 以垃圾为燃料生产的电力或者热力。垃圾用量占发电燃料的比重不低于 80%,并且生产排放达到 GB 13223—2003 第 1 时段标准或者 GB 18485—2001 的有关规定。

所谓垃圾,是指城市生活垃圾、农作物秸秆、树皮废渣、污泥、医疗垃圾。

(3) 以煤炭开采过程中半生的舍弃物油母页岩为原料生产的页岩油。

(4) 以废旧沥青混凝土为原料生产的再生沥青混凝土。废旧沥青混凝土用量占生产原料的比重不低于 30%。

(5) 采用旋窑法工艺生产并且生产原料中掺兑废渣比例不低于 30%的水泥(包括水泥熟料)。

① 对经生料烧制和熟料研磨工艺生产水泥产品的企业,掺兑废渣比例计算公式为:

掺兑废渣比例=(生料烧制阶段掺兑废渣数量+熟料研磨阶段掺兑废渣数量)÷(生料数量+生料烧制和熟料研磨阶段掺兑废渣数量+其他材料数量)×100%

② 对外购熟料经研磨工艺生产水泥产品的企业,掺兑废渣比例计算公式为:

掺兑废渣比例=熟料研磨过程中掺兑废渣数量÷(熟料数量+熟料研磨过程中掺兑废渣数量+其他材料数量)×100%

4）销售下列自产货物实现的增值税实行即征即退 50%的政策：

（1）以退役军用发射药为原料生产的涂料硝化棉粉，退役军用发射药在生产原料中的比重不低于 90%。

（2）对燃煤发电厂及各类工业企业产生的烟气、高硫天然气进行脱硫生产的副产品。副产品，是指石膏（其二水硫酸钙含量不低于 85%）、硫酸（其浓度不低于 15%）、硫酸铵（其总氮含量不低于 18%）和硫黄。

（3）以废弃酒糟和酿酒底锅水为原料生产的蒸汽、活性炭、白炭黑、乳酸、乳酸钙、沼气。废弃酒糟和酿酒底锅水在生产原料中所占的比重不低于 80%。

（4）以煤矸石、煤泥、石煤、油母页岩为燃料生产的电力和热力。煤矸石、煤泥、石煤、油母页岩用量占发电燃料的比重不低于 60%。

（5）利用风力生产的电力。

（6）部分新型墙体材料产品。具体范围按本通知附件 1《享受增值税优惠政策的新型墙体材料目录》执行。

5）对销售自产的综合利用生物柴油实行增值税先征后退政策。

综合利用生物柴油，是指以废弃的动物油和植物油为原料生产的柴油。废弃的动物油和植物油用量占生产原料的比重不低于 70%。

6）对增值税一般纳税人生产的粘土实心砖、瓦，一律按适用税率征收增值税，不得采取简易办法征收增值税。2008 年 7 月 1 日起，以立窑法工艺生产的水泥（包括水泥熟料），一律不得享受本通知规定的增值税即征即退政策。

7）申请享受本通知第一条、第三条、第四条第一项至第四项、第五条规定的资源综合利用产品增值税优惠政策的纳税人，应当按照《国家发展改革委　财政部　国家税务总局关于印发〈国家鼓励的资源综合利用认定管理办法〉的通知》（发改环资〔2006〕1864 号）的有关规定，申请并取得《资源综合利用认定证书》，否则不得申请享受增值税优惠政策。

8）本通知规定的增值税免税和即征即退政策由税务机关，增值税先征后退政策由财政部驻各地财政监察专员办事处及相关财政机关分别按照现行有关规定办理。

9）本通知所称废渣，是指采矿选矿废渣、冶炼废渣、化工废渣和其他废渣。废渣的具体范围，按附件 2《享受增值税优惠政策的废渣目录》执行。

本通知所称废渣掺兑比例和利用原材料占生产原料的比重，一律以重量比例计算，不得以体积计算。

10）本通知第一条、第二条规定的政策自 2009 年 1 月 1 日起执行，第三条至第五条规定的政策自 2008 年 7 月 1 日起执行，《财政部　国家税务总局关于对部分资源产品免征增值税的通知》（财税字〔1995〕44 号）、《财政部　国家税务总局关于继续对部分资源综合利用产品等实行增值税优惠政策的通知》（财税〔1996〕20

号)、《财政部　国家税务总局关于部分资源综合利用及其他产品增值税政策问题的通知》(财税字〔2001〕198 号)、《财政部　国家税务总局关于部分资源综合利用产品增值税政策的补充通知》(财税〔2004〕25 号)、《国家税务总局关于建材产品征收增值税问题的批复》(国税函〔2003〕1151 号)、《国家税务总局对利用废渣生产的水泥熟料享受资源综合利用产品增值税政策的批复》(国税函〔2003〕1164 号)、《国家税务总局关于企业利用废渣生产的水泥中废渣比例计算办法的批复》(国税函〔2004〕45 号)、《国家税务总局关于明确资源综合利用建材产品和废渣范围的通知》(国税函〔2007〕446 号)、《国家税务总局关于利用废液(渣)生产白银增值税问题的批复》(国税函〔2008〕116 号)相应废止。

附件 1　享受增值税优惠政策的新型墙体材料目录

一、砖类

1. 非粘土烧结多孔砖(符合 GB 13544—2000 技术要求)和非粘土烧结空心砖(符合 GB 13545—2003 技术要求)。

2. 混凝土多孔砖(符合 JC 943—2004 技术要求)。

3. 蒸压粉煤灰砖(符合 JC 239—2001 技术要求)和蒸压灰砂空心砖(符合 JC/T 637—1996 技术要求)。

4. 烧结多孔砖(仅限西部地区,符合 GB 13544—2000 技术要求)和烧结空心砖(仅限西部地区,符合 GB 13545—2003 技术要求)。

二、砌块类

1. 普通混凝土小型空心砌块(符合 GB 8239—1997 技术要求)。

2. 轻集料混凝土小型空心砌块(符合 GB 15229—2002 技术要求)。

3. 烧结空心砌块(以煤矸石、江河湖淤泥、建筑垃圾、页岩为原料,符合 GB 13545—2003 技术要求)。

4. 蒸压加气混凝土砌块(符合 GB/T 11968—2006 技术要求)。

5. 石膏砌块(符合 JC/T 698—1998 技术要求)。

6. 粉煤灰小型空心砌块(符合 JC 862—2000 技术要求)。

三、板材类

1. 蒸压加气混凝土板(符合 GB 15762—1995 技术要求)。

2. 建筑隔墙用轻质条板(符合 JG/T 169—2005 技术要求)。

3. 钢丝网架聚苯乙烯夹芯板(符合 JC 623—1996 技术要求)。

4. 石膏空心条板(符合 JC/T 829—1998 技术要求)。

5. 玻璃纤维增强水泥轻质多孔隔墙条板(简称 GRC 板,符合 GB/T 19631—2005 技术要求)。

6. 金属面夹芯板。其中：金属面聚苯乙烯夹芯板（符合 JC 689—1998 技术要求）；金属面硬质聚氨酯夹芯板（符合 JC/T 868—2000 技术要求）；金属面岩棉、矿渣棉夹芯板（符合 JC/T 869—2000 技术要求）。

7. 建筑平板。其中：纸面石膏板（符合 GB/T 9775—1999 技术要求）；纤维增强低碱度水泥建筑平板（符合 JC/T 626—2008 技术要求）；维纶纤维增强水泥平板（符合 JC/T 671—2008 技术要求）；建筑用石棉水泥平板（符合 JC/T 412.1—2006 技术要求）。

附件 2　享受增值税优惠政策的废渣目录

本通知所述废渣，是指采矿选矿废渣、冶炼废渣、化工废渣和其他废渣。

1. 采矿选矿废渣，是指在矿产资源开采加工过程中产生的废石、煤矸石、碎屑、粉末、粉尘和污泥。

2. 冶炼废渣，是指转炉渣、电炉渣、铁合金炉渣、氧化铝赤泥和有色金属灰渣，但不包括高炉水渣。

3. 化工废渣，是指硫铁矿渣、硫铁矿煅烧渣、硫酸渣、硫石膏、磷石膏、磷矿煅烧渣、含氰废渣、电石渣、磷肥渣、硫黄渣、碱渣、含钡废渣、铬渣、盐泥、总溶剂渣、黄磷渣、柠檬酸渣、脱硫石膏、氟石膏和废石膏模。

4. 其他废渣，是指粉煤灰、江河（湖、海、渠）道淤泥、淤沙、建筑垃圾、城镇污水处理厂处理污水产生的污泥。

（二）减免所得税方面的政策

财政部、国家税务总局文件财税〔2008〕47 号《关于执行资源综合利用企业所得税优惠目录有关问题的通知》规定："企业自 2008 年 1 月 1 日起以《目录》中所列资源为主要原材料，生产《目录》内符合国家或行业相关标准的产品取得的收入，在计算应纳税所得额时，减按 90%计入当年收入总额。享受上述税收优惠时，《目录》内所列资源占产品原料的比例应符合《目录》规定的技术标准。"《目录》中序号 2 规定采用脱硫石膏、磷石膏 70%以上生产石膏类制品可享受此政策。表 14-4 是《目录》内容。

表 14-4　资源综合利用企业所得税优惠目录（2008 年版）

类别	序号	综合利用的资源	生产的产品	技术标准
一、共生、伴生矿产资源	1	煤系共生、伴生矿产资源、瓦斯	高岭岩、铝矾土、膨润土，电力、热力及燃气	1. 产品原料 100%来自所列资源 2. 煤炭开发中的废弃物 3. 产品符合国家和行业标准

续　表

类别	序号	综合利用的资源	生产的产品	技术标准
二、废水(液)、废气、废渣	2	煤矸石、石煤、粉煤灰、采矿和选矿废渣、冶炼废渣、工业炉渣、脱硫石膏、磷石膏、江河(渠)道的清淤(淤沙)、风积沙、建筑垃圾、生活垃圾焚烧余渣、化工废渣、工业废渣	砖(瓦)、砌块、墙板类产品、石膏类制品以及商品粉煤灰	产品原料70%以上来自所列资源
	3	转炉渣、电炉渣、铁合金炉渣、氧化铝赤泥、化工废渣、工业废渣	铁、铁合金料、精矿粉、稀土	产品原料100%来自所列资源
	4	化工、纺织、造纸工业废液及废渣	银、盐、锌、纤维、碱、羊毛脂、聚乙烯醇、硫化钠、亚硫酸钠、硫氰酸钠、硝酸、铁盐、铬盐、木素磺酸盐、乙酸、乙二酸、乙酸钠、盐酸、粘合剂、酒精、香兰素、饲料酵母、肥料、甘油、乙氰	产品原料70%以上来自所列资源
	5	制盐液(苦卤)及硼酸废液	氯化钾、硝酸钾、嗅素、氯化镁、氢氧化镁、无水硝、石膏、硫酸镁、硫酸钾、肥料	产品原料70%以上来自所列资源
	6	工矿废水、城市污水	再生水	1. 产品原料100%来自所列资源 2. 达到国家有关标准
	7	废生物质油,废弃润滑油	生物柴油及工业油料	产品原料100%来自所列资源
	8	焦炉煤气、化工、石油(炼油)化工废气、发酵废气、火炬气、炭黑尾气	硫黄、硫酸、磷铵、硫铵、脱硫石膏、可燃气、轻烃、氢气、硫酸亚铁、有色金属、二氧化碳、干冰、甲醇、合成氨	
	9	转炉煤气、高炉煤气、火炬气以及除焦炉煤气以外的工业炉气,工业过程中的余热、余压	电力、热力	
三、再生资源	10	废旧电池、电子电器产品	金属(包括稀贵金属)、非金属	产品原料100%来自所列资源
	11	废感光材料、废灯泡(管)	有色(稀贵)金属及其产品	产品原料100%来自所列资源
	12	锯末、树皮、枝丫材	人造板及其制品	1. 符合产品标准 2. 产品原料100%来自所列资源

续 表

类别	序号	综合利用的资源	生产的产品	技术标准
三、再生资源	13	废塑料	塑料制品	产品原料100%来自所列资源
	14	废、旧轮胎	翻新轮胎、胶粉	1. 产品符合GB 9037和GB 14646标准 2. 产品原料100%来自所列资源 3. 符合GB/T 19208等标准规定的性能指标
	15	废弃天然纤维;化学纤维及其制品	造纸原料、纤维纱及织物、无纺布、毡、粘合剂、再生聚酯	产品原料100%来自所列资源
	16	农作物秸秆及壳皮(包括粮食作物秸秆、农业经济作物秸秆、粮食壳皮、玉米芯)	代木产品,电力、热力及燃气	产品原料70%以上来自所列资源

(三) 资金补贴支持

除减免税方面的政策外,还有直接资金补贴支持类的政策。

例如2009年上海市政府出台《上海市脱硫石膏综合利用和安全处置实施方案》(沪府办〔2009〕56号)。《实施方案》规定上海市脱硫石膏综合利用目标为:2011年达到60%左右,2015年达到80%左右。

为了保证综合利用目标的实现,上海市政府制定了"上海市脱硫石膏综合利用专项扶持实施办法",对脱硫石膏的利用实施资金补贴支持。下面是该办法"第三条(支持年限和范围)及第四条(支持标准和方式)"的内容:

"第三条(支持年限和范围)

1. 支持年限:2009~2011年;

2. 支持范围:①利用本市脱硫石膏的本地企业;②对喂料系统改造,使用脱硫石膏替代天然石膏的本地水泥企业;③本市率先建成投运的前2条脱硫石膏煅烧示范线。

第四条(支持标准和方式)

1. 对直接综合利用本市脱硫石膏的本地企业,按照脱硫石膏利用量,给予每吨10元的资金补贴。对利用以本市脱硫石膏煅烧成的建筑石膏为原料的本地企业,将按照煅烧前二水石膏与煅烧后的建筑石膏的平均质量转换比例1.25∶1,折算为脱硫石膏的利用量,给予每吨10元的资金补贴。

2. 对进行喂料系统改造,使用本市脱硫石膏替代天然石膏的水泥企业,给予技改项目投资总额20%的一次性补贴,单个企业补贴总额最高不超过200万元。

补贴资金在项目竣工验收后一次性拨付。

3. 对率先建成的前2条脱硫石膏煅烧示范线项目，给予项目投资总额20%的一次性补贴，单个项目补贴总额最高不超过500万元。项目评审通过后，先拨付60%的补贴资金。待项目竣工验收合格后，根据经审计的决算报告拨付剩余补贴资金。”

(四) 利用工业石膏制硫酸与水泥技术优惠政策和其他鼓励政策

除以上减免税及直接补贴政策外，国务院还将有些工业副产石膏利用技术列入国家鼓励开发利用的技术，使工业副产石膏利用技术能够得到多方面多渠道的支持。

2005年10月28日国家发展改革委、科技部、国家环保总局颁发的公告《国家鼓励发展的资源节约综合利用和环境保护技术》公布了260项国家鼓励发展的资源节约综合利用和环境保护技术。其中：

综合利用部分第55项为“利用磷石膏废渣制硫酸联产水泥技术”。对该技术的描述和评价为“该技术将磷石膏废渣经处理与焦炭及辅助材料进行反应，生成的CaO与物料中的SiO_2、Al_2O_3、Fe_2O_3等发生矿化反应，生成水泥熟料，与石膏、混合材制得水泥。SO_2气体经处理，催化氧化成SO_3制得H_2SO_4。利用该技术每年可以综合治理50万t磷石膏废渣，消除了环境污染，减少CO_2温室气体的排放，避免了硫铁矿矿山和石灰石矿山的开采。该技术适用于磷铵、硫酸、水泥三产品的独立生产装置和联合生产装置，也适用于年产3万t、6万t、12万t、15万t、24万t、30万t的大型磷铵生产装置的配套。”本书介绍的就是此技术。此技术也是根本解决工业石膏最主要的途径。

综合利用部分第51项为“利用脱硫石膏、风积砂生产粉刷石膏系列技术”，对该技术的描述和评价为“该技术是利用火力发电厂烟气脱硫后的工业副产品二水脱硫石膏，经过预处理，然后在煅烧设备中煅烧脱水制成熟石膏粉，经冷却陈化后，再与溶解速度极快的保水剂、粘结剂、凝结时间调节剂及骨料等原料混合制成性能良好粉刷石膏。用脱硫石膏生产的粉刷石膏适用于各种基材建筑物墙面及顶棚抹灰。采用该技术后共消耗脱硫石膏及风积砂6 000余吨，减少了开采及运输天然石膏过程中对生态环境的破坏和污染”。

综合利用部分第61项为“磷石膏制水泥缓凝剂的工艺技术”。对该技术的描述和评价为“该技术是通过磷石膏与类硅酸盐废料成球造粒，在生产硫酸的废热、废气提供的湿热条件下，磷石膏中的游离酸与废料中的活性SiO_2、Al_2O_3、CaO、Fe_2O_3发生反应，使其中的有害物质变为对水泥有益的磷酸盐类、类硅酸盐物质，其制成品可替代天然石膏作水泥缓凝剂。该技术可消除磷石膏堆放对土地、水资源造成的污染，适用于有磷石膏排放的磷铵、磷酸盐生产企业，尤其是土地紧张、堆存困难地区和地处江、湖岸边易造成水质污染的企业”。

综合利用部分第64项为“工业石膏制水泥缓凝剂生产技术”。对该技术的描述和评价为“该技术是利用工业石膏替代天然石膏作水泥缓凝剂。工业石膏的主要成分为二水硫酸钙。选择一种廉价易得且对水泥无害的碱性添加剂，中和工业石膏中残存的酸性物质，消解其对水泥性能的影响，再经快速煅烧和粒化成型，制成水泥缓凝剂。该技术主要适用于化工磷复肥、柠檬酸及火力发电厂烟气脱硫行业副产的工业石膏，规模、适用地区不限”。

《2008年国家鼓励发展的环境保护技术目录》中第40项为“石灰石/石灰-石膏法烟气脱硫及关键设备制造技术”。对该技术的描述和评价为“该技术采用石灰石/石灰浆液洗涤烟气，SO_2与烟气中的碱性物质在不同结构形式的吸收塔中发生化学反应生成亚硫酸盐和硫酸盐；新鲜石灰石/石灰浆液不断加入，浆液中的固体(包括燃煤飞灰)连续地从浆液中分离出来并排往沉淀池，从而脱除烟气中的SO_2。主要工艺及技术参数：脱硫效率≥95%、钙硫比≤1.03、脱硫装置电耗<1.5%、石膏中$CaSO_4 \cdot 2H_2O$含量>95%、$CaCO_3$的含量≤3%”。适用范围为单台装机容量>300 MW的燃煤电站锅炉烟气脱硫。

《2008年国家鼓励发展的环境保护技术目录》中第100项为“磷石膏制水泥缓凝剂”。对该技术的描述和评价为“该技术包括原料磷石膏的预处理、煅烧、收尘和成球。磷石膏先经过洗涤净化、过滤等预处理，降低其中的有害杂质，并降低含湿量；加入一定比例的添加剂后，部分原料送去煅烧制半水石膏，煅烧烟气中的粉尘经布袋收尘后，与另一部分原料混合送去成球”。适用范围为磷肥企业。

除中央政策外有些省份也有专门鼓励工业副产石膏利用的政策，如磷石膏排放大省贵州省于2008年专门下文在全省推广使用磷石膏砖。

下面是《贵州省人民政府办公厅关于在全省推广使用磷石膏砖的通知》(黔府办发〔2008〕66号)的摘要：

1. 充分认识推广使用磷石膏砖的重要意义

(1) 推广使用磷石膏砖是推进我省墙体材料革新，保护耕地和节约能源的迫切需要。我省山多、石多，可耕地少，一些地区石漠化严重，土地资源十分匮乏。由于长期以来全省建筑墙体材料以实心粘土砖和实心页岩砖为主，毁田毁土现象十分严重，不仅破坏了耕地和山林植被，而且消耗了大量煤炭资源。为保护耕地和节约能源，必须坚决遏制实心粘土砖和实心页岩砖的生产和使用。

(2) 推广使用磷石膏砖是提高资源利用效率和有效保护环境的重要举措。随着我省磷化工、电力工业加快发展，每年产生的磷石膏废弃物逐年增加，目前磷石膏废弃物年排放量达到1 500万t，既占用了大量的土地，又对堆放地区的土壤、水体和大气环境造成严重污染，极大危害了自然环境。磷石膏砖生产的成功开发，为我省利用磷石膏生产新型节能墙体建筑材料开辟了一条新的途径。利用磷石膏生产建筑节能用砖，不但减少了工业废渣对环境造成的污染，而且带动了物流运输等相关产业和地方经济的发展，能够有效节约天然矿产资源量。加快磷石膏砖的推广应用，有利于进一步加大资源保护和开发力度，合理开采、有效利用矿产资源，有利于节约能源、节省耕地、保护环境和改善建筑功能，对于提高资源利用率，改善生态环境，促进循环经济发展具有重要作用。因此，必须加快发展磷石膏为主要原料的新型墙体材料，提高资源利用效率，改善生态环境，促进循环经济健康发展。

各地、各有关部门和单位要从建设生态文明，实现资源科学、有效开发和利用的高度，深刻认识推广使用磷石膏砖工作的重要性和紧迫性，采取切实可行的措施，下大力解决磷石膏砖推广应用工作中存在的突出矛盾和问题，确保取得实质性进展。

2. 推广使用磷石膏砖的重点

开磷集团生产的磷石膏砖，产品强度高，耐水性好，通过法定机构检测，完全能够应用于建筑工程。

（1）我省第一批和第二批禁止使用实心粘土砖和实心页岩砖的贵阳市、遵义市以及磷石膏砖生产基地周边的城市（开阳、息烽、修文、瓮安及福泉）和农村建筑，要积极推广使用磷石膏砖等新型环保节能建筑材料，替代实心粘土砖和实心页岩砖。

（2）凡政府投资工程应优先采用磷石膏砖、其他磷石膏墙体材料或其他新型节能墙体材料。

（3）各级建设主管部门要采取有效措施，积极组织推广使用磷石膏砖，建筑设计单位在新建建筑工程中，也要积极推广使用磷石膏砖。

3. 推广使用磷石膏砖的政策措施

各地、各有关部门要按照国家和省的有关规定，充分发挥投资、税收、价格等经济政策的引导和调控作用，在安排使用预算内基建投资（含国债项目资金）和中小企业发展专项资金时，加大对磷石膏砖推广使用的支持力度；要积极落实国家鼓励企业利用磷石膏等工业废渣生产符合资源综合利用政策的建材产品的税收政策，研究推广使用磷石膏砖的扶持政策，鼓励建设单位采购磷石膏砖，引导房地产开发商自觉使用磷石膏等建筑节能材料建造节能建筑。各项具体政策措施由省建设厅会同省各有关部门研究制定。

四、工业和信息化部关于工业副产石膏综合利用的指导意见

《工业和信息化部关于工业副产石膏综合利用的指导意见》（工信部节〔2011〕73号）文件全文如下：

各省、自治区、直辖市及计划单列市、新疆生产建设兵团工业和信息化主管部门，相

关行业协会,中央企业:

为贯彻十七届五中全会精神,落实节约资源和保护环境基本国策,加快发展循环经济,提高工业副产石膏综合利用水平,促进工业副产石膏综合利用产业发展,提出如下指导意见:

一、充分认识工业副产石膏综合利用的重要意义

工业副产石膏是指工业生产中因化学反应生成的以硫酸钙为主要成分的副产品或废渣,也称化学石膏或工业废石膏。主要包括脱硫石膏、磷石膏、柠檬酸石膏、氟石膏、盐石膏、味精石膏、铜石膏、钛石膏等,其中脱硫石膏和磷石膏的产生量约占全部工业副产石膏总量的85%。

2009年,我国工业副产石膏产生量约1.18亿t,综合利用率仅为38%。其中,脱硫石膏约4 300万t,综合利用率约56%;磷石膏约5 000万t,综合利用率约20%;其他副产石膏约2 500万t,综合利用率约40%。目前工业副产石膏累积堆存量已超过3亿t,其中,脱硫石膏5 000万t以上,磷石膏2亿t以上。工业副产石膏大量堆存,既占用土地,又浪费资源,含有的酸性及其他有害物质容易对周边环境造成污染,已经成为制约我国燃煤机组烟气脱硫和磷肥企业可持续发展的重要因素。

工业副产石膏经过适当处理,完全可以替代天然石膏。当前,工业副产石膏综合利用主要有两个途径:一是用作水泥缓(调)凝剂,约占工业副产石膏综合利用量的70%;二是生产石膏建材制品,包括纸面石膏板、石膏砌块、石膏空心条板、干混砂浆、石膏砖等。

近年来,尽管我国工业副产石膏的利用途径不断拓宽、规模不断扩大、技术水平不断提高,但随着工业副产石膏产生量的逐年增大,综合利用仍存在一些问题。

一是区域之间不平衡。受地域资源禀赋和经济发展水平影响,不同地区工业副产石膏产生、堆存及综合利用情况差异较大。北京、河北、珠三角及长三角等地区脱硫石膏产生量小、综合利用率高;而山西、内蒙古等燃煤电厂集中的地区脱硫石膏产生量大、综合利用率较低。我国磷矿资源主要集中在云南、贵州、四川、湖北、安徽等地区,决定了我国磷肥工业布局及磷石膏的产生、堆存主要集中在这些地区。受运输半径影响,磷石膏综合利用长期处于较低水平。使用量大的地区供不应求,而产生量集中的地区却大量堆存。

二是工业副产石膏品质不稳定。尽管理论上工业副产石膏品质要高于天然石膏,但由于我国部分燃煤电厂除尘脱硫装置运行效率不高,加之电煤的来源不固定,导致脱硫石膏品质不稳定;由于磷矿资源不同,导致磷石膏含有不同的杂质,品质差异较大。因此,石膏制品企业更愿意使用品质稳定的天然石膏。同时,由于当前我国天然石膏开采成本(包括资源成本和开采成本)较低,也不利于工业副产石

膏替代天然石膏。

三是标准体系不完善。一方面缺乏用于生产不同建材的工业副产石膏标准，不利于工业副产石膏在不同建材领域的应用。另一方面缺乏工业副产石膏综合利用产品相关标准，只能参照其他同类标准，市场认可度低，造成工业副产石膏难以被大规模利用。

四是缺乏共性关键技术。由于缺乏先进的在线质量控制技术、低成本预处理技术及大规模、高附加值利用关键共性技术，制约了工业副产石膏综合利用产业发展。现有的一些成熟的先进适用技术，如副产石膏生产纸面石膏板、石膏砖、石膏砌块、水泥缓凝剂技术等，在部分地区也没有得到很好的推广应用。

开展工业副产石膏综合利用，是落实科学发展观，转变工业经济发展方式，构建资源节约型和环境友好型工业体系的重要措施，也是解决工业副产石膏堆存造成的环境污染和安全隐患的治本之策，各级工业和信息化主管部门和相关企业必须充分认识工业副产石膏综合利用的重要意义，大力推进工业副产石膏综合利用工作。

二、指导思想和目标

（一）指导思想

深入贯彻落实科学发展观，坚持节约资源和保护环境基本国策，以工业副产石膏大规模利用和高附加值利用为方向，以工业副产石膏资源综合利用产业链上下游相关企业为实施主体，健全政策机制，提升技术水平，完善标准体系，提高资源综合利用水平和效率，促进工业副产石膏综合利用产业化发展。

（二）发展目标

到 2015 年底，磷石膏综合利用率由 2009 年的 20%提高到 40%；脱硫石膏综合利用率由 2009 年的 56%提高到 80%；攻克一批具有自主知识产权的重大关键共性技术；建成一批大规模、高附加值利用的产业化示范项目；形成较为完整的工业副产石膏综合利用产品标准体系；引导工业副产石膏综合利用企业向多途径、大规模、高附加值综合利用方向发展。

三、工业副产石膏综合利用重点任务

（一）加快先进适用技术推广应用

鼓励大掺量利用工业副产石膏技术产业化，包括纸面石膏板、石膏基干混砂浆、石膏砌块、石膏砖等。大力推进工业副产石膏用作水泥缓凝剂，鼓励工业副产石膏产生企业对石膏进行预加工。支持改造现有水泥生产喂料系统，推进水泥生产直接利用原状散料工业副产石膏。加快工业副产石膏生产胶凝材料产业化，包括粉刷石膏、腻子石膏、模具石膏和高强石膏粉等。加快磷石膏制硫酸铵技术推广应用。

（二）大力推进先进产能建设

重点鼓励符合以下条件的工业副产石膏综合利用项目建设，包括：全部使用工业副产石膏作为原料，单线能力在 3 000 万 m^2 及以上的纸面石膏板生产线项目，单线能力在 30 万 m^2 及以上的石膏砌块生产线建设或者改造项目，单线能力在 10 万 t 及以上的粉刷石膏、粘接石膏等石膏干混建材生产线建设或者改造项目，单线生产能力在 5 万 t 及以上的高强石膏粉生产线建设项目，单线生产能力在 100 万 t 及以上的建筑石膏粉生产线建设项目；采用经济适用的化学法处理磷石膏，生产其他产品（如硫酸联产水泥、硫酸铵、硫酸钾副产氯化铵等）的建设项目；采用磷石膏作为主要填充材料的井下采空区充填项目。

（三）加快推进集约经营模式

根据工业副产石膏分布和堆存情况，结合工业副产石膏综合利用示范企业和基地建设试点工作，通过政策引导，培育一批工业副产石膏综合利用骨干企业。鼓励专业性的工业副产石膏综合利用企业通过兼并重组等措施，形成工业副产石膏综合利用集约化生产模式。促进建材生产企业与工业副产石膏产生企业合作，重点扶持消纳工业副产石膏能力强、潜力大、见效快的项目，形成若干个在国际上具有市场竞争力的产品品牌和企业品牌。

（四）加强关键共性技术研发

研发脱硫石膏质量在线监测技术和低成本在线调整技术，改进、优化操作工艺，提高脱硫石膏品质的稳定性；加快利用余热余压对工业副产石膏进行烘干、煅烧的先进工艺及大型成套装备的科技攻关；开发超高强 α 石膏粉、石膏晶须、预铸式玻璃纤维增强石膏成型品、高档模具石膏粉等高附加值产品生产技术及装备；开发低能耗磷石膏制硫酸联产水泥、制硫酸钾副产氯化铵等技术；开发低成本、高性能、环保型磷石膏净化技术；加快研发磷石膏转化法生产硫酸钾技术工艺；研发利用低品质磷石膏生产低成本高性能的矿井充填专用胶凝材料；开发利用工业副产石膏改良土壤的关键技术。

四、保障措施

（一）加强组织领导

各级工业和信息化主管部门要切实加强工业副产石膏综合利用工作的组织领导，严格执行国家有关政策措施，加强部门间的协调、配合，落实好国家对工业副产石膏综合利用的鼓励和扶持政策。工业副产石膏集中地区的各级工业和信息化主管部门应在本行政区域经济发展规划的基础上，编制工业副产石膏综合利用专项规划，或在有关规划中对工业副产石膏综合利用提出明确要求，并认真抓好落实，促进工业副产石膏综合利用。

（二）健全标准体系

进一步完善工业副产石膏综合利用标准体系，加快工业副产石膏综合利用产品标准和应用标准制修订工作。充分发挥行业协会、科研院所和专业标准化机构的作用，适时制修订生产建材的脱硫石膏、磷石膏标准；加快工业副产石膏综合利用相关产品标准、检测标准、应用标准制修订，推进建立工业副产石膏综合利用产品检测中心；会同建设主管部门研究制定工业副产石膏综合利用建材产品施工标准或规范；强化标准实施，引导建筑行业提高使用工业副产石膏综合利用产品比重。

（三）加强技术改造

把工业副产石膏综合利用列为企业技术改造项目重点支持范围，加大中央和地方财政资金对工业副产石膏综合利用技术改造支持力度，提升工业副产石膏综合利用技术水平。从源头控制脱硫石膏的产生与排放，加强脱硫装置运行的可靠性管理，强化脱硫系统优化调整，确保脱硫石膏品质的稳定性，为下游综合利用提供保障。

（四）完善配套政策

工业副产石膏产生量集中地区应依法限制天然石膏的开采，提高天然石膏的开采成本和工业副产石膏的堆存处置成本。促进工业副产石膏产生企业与利用企业上下游之间的衔接，保障工业副产石膏利用企业的质量要求。在石膏资源短缺的地区，本着利于综合利用的原则，控制好工业副产石膏价格。完善工业副产石膏用于水泥缓凝剂生产水泥的税收优惠政策，引导企业将工业副产石膏用于水泥缓凝剂。积极制定引导、扩大工业副产石膏应用市场的鼓励政策。有条件的地区应对工业副产石膏综合利用产品使用单位给予适当补贴，引导人们利用和消费工业副产石膏综合利用产品。

（五）建设示范基地

选择工业副产石膏集中的区域建设工业副产石膏综合利用示范基地，探索工业副产石膏综合利用管理模式和有效途径，支持一批工业副产石膏综合利用重点工程项目。推进工业副产石膏综合利用技术进步，提高工业副产石膏综合利用产品附加值，扩大工业副产石膏综合利用产品运输半径，解决工业副产石膏产生、堆存区域集中和综合利用不平衡问题。引导石膏建材企业与工业副产石膏产生企业密切合作，培育一批工业副产石膏综合利用规模化、集约化的龙头企业。充分发挥基地的示范和辐射效应，带动和促进工业副产石膏综合利用。

工业和信息化部

二〇一一年二月二十一日

第十五章

磷石膏制10万t硫酸与石灰热平衡计算

本章是用磷石膏分解制硫酸与石灰的试验工艺计算书，该试验在本领域影响较大，工程技术人员做出了许多工作，并且有较大突破，相信不久会工业化。

一、工艺流程

1. 工艺流程说明

石膏经计量加入到一级旋风预热器中，依次经过一、二、三、四级旋风预热器与来自分解炉的高温含 SO_2 烟气悬浮热交换，加热的石膏进入分解炉底部，在流化风（一次风）作用下与加入的煤粉加热分解，控制还原气氛石膏主要生成 CaO 和 CaS，当进入分解炉上部在二次风的加入下，CaS 和石膏进一步反应生成 CaO 和 SO_2，分解后的烟气进入四级预热器，分解的石灰排出分解炉进入冷却机，在空气中冷却排出，加热的空气作为二次风。出一级预热器的含 SO_2 烟气进入硫酸制备系统生成硫酸。

2. 工艺流程图

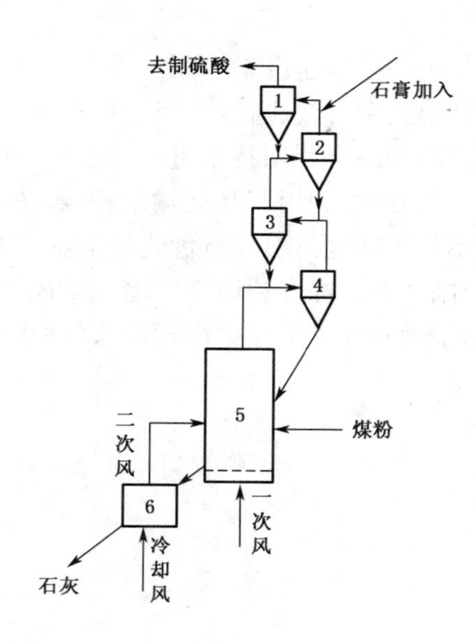

二、原始数据

1. 渣场新鲜磷石膏化学成分分析(w)　　%

SO_3	CaO	SiO_2	Fe_2O_3	Al_2O_3	MgO	P_2O_5	F	结晶水	其他
39.36	29.04	9.45	0.082	0.133	0.02	1.41	0.26	16.55	3.695

2. 无水磷石膏化学成分分析(w)　　%

SO_3	CaO	SiO_2	Fe_2O_3	Al_2O_3	MgO	P_2O_5	F	其他
47.16	34.80	11.32	0.098	0.159	0.024	1.69	0.32	4.43

3. 煤粉元素分析(w)　　%

Car	Har	Sar	Nar	Oar	Aar	War
59.74	4.21	0.35	1.37	13.72	21.59	2.02

4. 煤粉工业分析及发热量(w)　　%

Wr	Ar	F.Cr	Vr	Q_{Rr}(kJ/kg)
2.02	21.59	24.81	45.81	22 891.92

5. 温度

a. 物料入预热器温度:50℃，b. 回灰温度:50℃，c. 四级筒下料温度:820℃，d. 石灰渣出冷却机温度:150℃，e. 分解炉底部鼓入空气温度:30℃，f. 进分解炉二次空气温度:300℃，g. 入分解炉煤粉温度:40℃，h. 一级筒出口烟气温度:400℃，i. 一级筒出口飞灰温度:370℃，j. 系统漏风温度:30℃，k. 喂料引入空气温度:50℃。

6. 一级筒飞灰量为0.10 kg/kg(物料)。

7. 收尘器和冷却塔综合收尘效率η=99.2%。

8. 分解炉底部鼓入冷空气量占煤粉燃烧用理论空气量的比例系数为k_1=0.1。

9. 物料带入空气量占煤粉燃烧理论空气量的比例系数为k_2=0.09。

10. 石灰渣中燃料灰分掺入百分比δ=100%。

11. 系统漏风占煤粉燃烧用理论空气量的比例系数为k_3=0.16。

12. 出预热器过剩空气系数为ε=1.20。

13. 系统散热为600 kJ/kg 物料。

14. 磷石膏分解耗热为 4 600 kJ/kg 物料。
15. 磷石膏分解率 $\alpha=95\%$，脱硫率 $\beta=85\%$。
16. 燃料燃烧气氛中 CO 容积比例为 4%。
17. 分解炉温度控制：1 000～1 100℃。
18. C/S 物质的量之比 0.65。
19. 产量为：10 万 t 硫酸联产 10 万 t 石灰渣。

三、物料平衡计算

基准：1 kg 无水磷石膏，温度为 0℃，分解炉＋预热器。

1. 收入项目

(1) 燃料消耗量

$$m_r = m_r^{CO} + m_r^{CO_2}$$（m_r^{CO} 为不完全消耗量，$m_r^{CO_2}$ 为完全燃烧消耗量）

(2) 焦炭消耗量

根据 $\dfrac{n(C)}{n(SO_3)} = 0.65$，$m_c = \dfrac{12}{80} \cdot 0.65 \cdot w(SO_3) = 0.10w(SO_3) = 0.047$ kg/kg 物料

其中 $w(SO_3)$ 为无水磷石膏中 SO_3 的比例。

(3) 无水基磷石膏消耗量，入预热器物料量

a. 1 kg 无水基磷石膏

b. 出除尘器和冷却塔飞损量及回灰量

$$m_{Fh} = m_{fh}(1-\eta) = 0.10 \times (1-0.992) = 0.000\,8 \text{ kg/kg 物料}$$

$$m_{yh} = m_{fh} - m_{Fh} = 0.10 - 0.000\,8 = 0.10 \text{ kg/kg 物料}$$

c. 入预热器物料量

$$m_s + m_{yh} = 1 + 0.10 = 1.1 \text{ kg/kg 物料}$$

(4) 燃料燃烧理论用空气量

a. 不完全燃烧理论用空气量

$$V_{1K}^{CO} = 0.045Car + 0.267Har + 0.033(Sar - Oar) = 3.37\, m_r^{CO} \text{ m}^3\text{/kg 煤}$$

b. 完全燃烧理论用空气量

$$V_{1k}^{CO_2} = 0.089Car + 0.267Har + 0.033(Sar - Oar) = 6.00 m_r^{CO_2} \text{ Nm}^3\text{/kg 煤}$$

燃料燃烧总消耗理论空气

$$V_k = m_r^{CO} \cdot V_{1k}^{CO} + m_r^{CO_2} \cdot V_{1k}^{CO_2} = (3.37m_r^{CO} + 6.00m_r^{CO_2})\text{Nm}^3/\text{kg 物料}$$

(5) 分解炉底部鼓入空气量

$$V_{1k} = k_1 \cdot V_k = (0.34m_r^{CO} + 0.6m_r^{CO_2})\text{N m}^3/\text{kg 物料} \qquad k_1 = 0.1$$

分解炉从冷却机抽入空气量

$$V_{F2k} = V_k - V_1 = (3.03m_r^{CO} + 5.40m_r^{CO_2})\text{N m}^3/\text{kg 物料}$$

(6) 预热器投物料带入空气量

$$V_{SK} = k_2 \cdot V_k = (0.30m_r^{CO} + 0.54m_r^{CO_2})\text{Nm}^3/\text{kg 物料} \qquad k_2 = 0.09$$

(7) 预热分解系统漏入空气量

$$V_{lok} = k_3 \cdot V_k = (0.54m_r^{CO} + 0.96m_r^{CO_2})\text{Nm}^3/\text{kg 物料} \qquad k_3 = 0.16$$

2. 支出项目

(1) 石灰渣

根据分解率 α=95%,脱硫率 β=85%

$$m_z = 1 - w(SO_2)\alpha \cdot \beta = 0.62\ \text{kg/kg 物料}$$

(2) 生料分解释放出的气体量(标准状态下)

a. 焦炭还原分解磷石膏

$$C + 2CaSO_4 = 2CaO + 2SO_2 + CO_2$$

12 kg		44.8m³	22.4m³
1 kg		$\frac{44.8}{12}$ m³	$\frac{22.4}{12}$ m³

m_C=0.10$w(SO_3)$,求得:

$$V_{CO_2}^{C} = m_C \cdot \frac{22.4}{12} = 0.187w(SO_3) = 0.09\ \text{Nm}^3/\text{kg 物料}$$

$$V_{SO_2}^{C} = m_C \cdot \frac{44.8}{12} = 0.373w(SO_3) = 0.18\ \text{Nm}^3/\text{kg 物料}$$

b. 煤粉燃烧生成 CO 还原分解磷石膏

$$CO + CaSO_4 = CaO + SO_2 + CO_2$$

22.4 m³		22.4 m³	22.4 m³

$$V^{CO} = \frac{22.4}{12} \cdot \frac{Car}{100} \cdot m_r^{CO} = 1.12\, m_r^{CO} \text{N m}^3/\text{kg},$$

求得：

$$V_{CO_2}^{CO} = 1.12\, m_r^{CO} \text{m}^3/\text{kg 物料}, V_{SO_2}^{CO} = 1.12\, m_r^{CO} \text{Nm}^3/\text{kg 物料}$$

c. 燃料燃烧产生的烟气

$$V_r^{CO} = \frac{22.4}{12} \cdot \frac{Car}{100} \cdot m_r^{CO} = 1.12\, m_r^{CO} \text{Nm}^3/\text{kg 物料}$$

$$V_r^{CO_2} = \frac{22.4}{12} \cdot \frac{Car}{100} \cdot m_r^{CO_2} = 1.12\, m_r^{CO_2} \text{Nm}^3/\text{kg 物料}$$

$$V_r^{N_2} = \frac{22.4}{28} \cdot \frac{Nar}{100} \cdot (m_r^{CO} + m_r^{CO_2}) + 0.79 V_k (m_r^{CO} + m_r^{CO_2})$$

$$= (2.67 m_r^{CO} + 4.75 m_r^{CO_2}) \text{Nm}^3/\text{kg 物料}$$

$$V_r^{H_2O} = \frac{22.4}{2} \cdot \frac{Har}{100} \cdot (m_r^{CO} + m_r^{CO_2}) + \frac{22.4}{18} \cdot \frac{War}{100} \cdot (m_r^{CO} + m_r^{CO_2})$$

$$= (0.50 m_r^{CO} + 0.50 m_r^{CO_2}) \text{Nm}^3/\text{kg 物料}$$

$$V_r^{SO_2} = \frac{22.4}{32} \cdot \frac{Sar}{100} \cdot (m_r^{CO} + m_r^{CO_2})$$

$$= (0.002 m_r^{CO} + 0.002 m_r^{CO_2}) \text{Nm}^3/\text{kg 物料}$$

燃料燃烧总烟气量(除还原气体 CO 外)，求得：

$$V_r^y = V_r^{CO_2} + V_r^{N_2} + V_r^{H_2O} + V_r^{SO_2}$$

$$= (3.17 m_r^{CO} + 6.37 m_r^{CO_2}) \text{Nm}^3/\text{kg 物料}$$

d. 烟气过剩空气量

$$V_y^k = (\varepsilon - 1) V_k = (1.20 - 1) \times (3.37 m_r^{CO} + 6.00 m_r^{CO_2})$$
$$= (0.67 m_r^{CO} + 1.2 m_r^{CO_2}) \text{Nm}^3/\text{kg 物料}$$

其中，

$$V_{N_2}^k = 0.79 \cdot V_y^k = 0.79 \times (0.67 m_r^{CO} + 1.2 m_r^{CO_2})$$

$$= (0.53 m_r^{CO} + 0.95 m_r^{CO_2}) \text{Nm}^3/\text{kg 物料}$$

$$V_{O_2}^k = 0.21 \cdot V_y^k = 0.21 \times (0.67 m_r^{CO} + 1.2 m_r^{CO_2})$$

$$= (0.14 m_r^{CO} + 0.25 m_r^{CO_2}) \text{Nm}^3/\text{kg 物料}$$

e. 出预热器总废气量

$$V_f = V_r^y + V_y^k + V_{CO_2}^C + V_{SO_2}^C + V_{CO_2}^{CO} + V_{SO_2}^{CO}$$

$$= (3.17m_r^{CO} + 6.37m_r^{CO_2}) + (0.67m_r^{CO} + 1.2m_r^{CO_2}) +$$

$$0.187w(SO_3) + 0.373w(SO_3) + 1.12m_r^{CO} + 1.12m_r^{CO}$$

$$= (6.09m_r^{CO} + 7.57m_r^{CO_2} + 0.27)\ \text{Nm}^3/\text{kg 物料}$$

f. 出预热器飞灰量

$$m_{fh} = 0.10\ \text{kg/kg 物料}$$

四、热平衡计算

1. 收入项目

(1) 燃料燃烧生成热

$$Q_{rR} = m_r \cdot Q_{net,ar} = (m_r^{CO} + m_r^{CO_2}) \cdot Q_{net,ar}$$

$$= 22\,891.92(m_r^{CO} + m_r^{CO_2})\ \text{kJ/kg 物料}$$

(2) 燃料显热

$$Q_r = m_r \cdot C_r \cdot T_r = (m_r^{CO} + m_r^{CO_2}) \times 1.154 \times 40$$

$$= (46.16m_r^{CO} + 46.16m_r^{CO_2})\ \text{kJ/kg 物料}$$

0～40℃煤粉平均比热容 $C_r=1.154$ kJ/kg·℃，$T_r=40$℃

(3) 焦炭显热

$$Q_c = m_c \cdot C_c \cdot T_c = 0.10w(SO_3) \times 0.808 \times 40 = 15.24\ \text{kJ/kg 物料}$$

0～40℃焦炭平均比热容 $C_r=0.808$ kJ/kg·℃，$T_c=40$℃

(4) 物料显热

$$Q_s = m_s \cdot C_s \cdot T_s = 1 \times 0.899 \times 50 = 44.95\ \text{kJ/kg 物料}$$

0～50℃磷石膏平均比热容 $C_r=0.899$ kJ/kg·℃，$T_r=50$℃

(5) 回灰显热

$$Q_{yh} = m_{yh} \cdot C_{yh} \cdot T_{yh} = 0.10 \times 0.899 \times 50 = 4.50\ \text{kJ/kg 物料}$$

0～50℃磷石膏平均比热容 $C_{yh}=0.899$ kJ/kg·℃，$T_{yh}=50$℃

(6) 空气带入显热

a. 分解炉底部鼓入空气显热

$$Q_{1k}=V_{1k}\cdot C_{1k}\cdot T_{1k}=(0.34m_r^{CO}+0.60m_r^{CO_2})\times 1.298\times 30$$

$$=(13.24m_r^{CO}+23.36m_r^{CO_2})\ \text{kJ/kg 物料}$$

0～30℃空气平均比热容 $C_{1k}=1.298\ kJ/Nm^3\cdot$℃，$T_{1k}=30$℃

b. 入分解炉二次空气显热

$$Q_{F2k}=V_{F2k}\cdot C_{F2k}\cdot T_{F2k}=(3.03m_r^{CO}+5.40m_r^{CO_2})\times 1.377\times 330$$

$$=(1\,395.04m_r^{CO}+2\,453.81m_r^{CO_2})\ \text{kJ/kg 物料}$$

0～330℃空气平均比热容 $C_{F2k}=1.377\ kJ/Nm^3\cdot$℃，$T_{F2k}=330$℃

c. 物料带入空气显热

$$Q_{SK}=V_{SK}\cdot C_{SK}\cdot T_{SK}=(0.30m_r^{CO}+0.54m_r^{CO_2})\times 1.299\times 50$$

$$=(19.49m_r^{CO}+35.07m_r^{CO_2})\ \text{kJ/kg 物料}$$

0～50℃空气平均比热容 $C_{SK}=1.299\ kJ/Nm^3\cdot$℃，$T_{SK}=50$℃

d. 系统漏风空气显热

$$Q_{lok}=V_{lok}\cdot C_{lok}\cdot T_{lok}=(0.54m_r^{CO}+0.96m_r^{CO_2})\times 1.298\times 30$$

$$=(21.03m_r^{CO}+37.38m_r^{CO_2})\ \text{kJ/kg 物料}$$

0～30℃空气平均比热容 $C_{lok}=1.298\ kJ/m^3\cdot$℃，$T_{lok}=30$℃

总收入热量

$$Q_{ZS}=Q_{rR}+Q_r+Q_c+Q_s+Q_{yh}+Q_{1k}+Q_{F2k}+Q_{SK}+Q_{lok}$$

$$=22\,891.92(m_r^{CO}+m_r^{CO_2})+46.16m_r^{CO}+46.16m_r^{CO_2}+15.24+44.95+4.5+13.24m_r^{CO}+23.36m_r^{CO_2}+1\,395.04m_r^{CO}+2\,453.81m_r^{CO_2}+19.49m_r^{CO}+35.07m_r^{CO_2}+21.03m_r^{CO}+37.38m_r^{CO_2}$$

$$=(24\,386.88m_r^{CO}+25\,487.70m_r^{CO_2}+64.69)\ \text{kJ/kg 物料}$$

2. 支出项目

(1) 磷石膏分解耗热

$$Q=4.18\times 795\ \text{kJ/kg}=3\,323\ \text{kJ/kg 物料}$$

(2) 废气带走热

$$Q_{CO_2}=V_{CO_2}\cdot C_{CO_2}\cdot T_{CO_2}$$

$$=(V_{CO_2}^{C}+V_{CO_2}^{CO}+V_r^{CO_2})\cdot C_{CO_2}\cdot T_{CO_2}$$

$= [0.187w(SO_3) + 1.12m_r^{CO} + 1.12m_r^{CO_2}] \times 1.921 \times 400$

$= (67.76 + 860.61m_r^{CO} + 860.61m_r^{CO_2})$ kJ/kg 物料

0～400℃二氧化碳平均比热容 $C_{CO_2} = 1.298$ kJ/Nm³·℃，$T_{CO_2} = 400$℃

$Q_{N_2} = V_{N_2} \cdot C_{N_2} \cdot T_{N_2}$

$= (V_{N_2}^k + V_r^{N_2}) \cdot C_{N_2} \cdot T_{N_2}$

$= [(0.53m_r^{CO} + 0.95m_r^{CO_2}) + (2.67m_r^{CO} + 4.75m_r^{CO_2})] \times 1.319 \times 400$

$= (1\,688.32m_r^{CO} + 3\,007.32m_r^{CO_2})$ kJ/kg 物料

0～400℃氮气平均比热容 $C_{N_2} = 1.319$ kJ/Nm³·℃，$T_{N_2} = 400$℃

$Q_{H_2O} = V_{H_2O} \cdot C_{H_2O} \cdot T_{H_2O}$

$= (0.50m_r^{CO} + 0.50m_r^{CO_2}) \times 1.550 \times 400$

$= (310m_r^{CO} + 310m_r^{CO_2})$ kJ/kg 物料

0～400℃水蒸气平均比热容 $C_{H_2O} = 1.550$ kJ/Nm³·℃，$T_{H_2O} = 400$℃

$Q_{SO_2} = V_{O_2} \cdot C_{SO_2} \cdot T_{SO_2}$

$= (V_{SO_2}^C + V_{SO_2}^{CO} + V_r^{SO_2}) \cdot C_{SO_2} \cdot T_{SO_2}$

$= [0.373w(SO_3) + 1.12m_r^{CO} + (0.002m_r^{CO} + 0.002m_r^{CO_2})] \times 1.965 \times 400$

$= (141.48 + 880.32m_r^{CO} + 1.57\,m_r^{CO_2})$ kJ/kg 物料

0～400℃二氧化硫平均比热容 $C_{SO_2} = 1.965$ kJ/m³·℃，$T_{SO_2} = 400$℃

$Q_{O_2} = V_{O_2} \cdot C_{O_2} \cdot T_{O_2}$

$= V_{O_2}^k \cdot C_{SO_2} \cdot T_{SO_2}$

$= (0.14m_r^{CO} + 0.25m_r^{CO_2}) \times 1.370 \times 400$

$= (76.72m_r^{CO} + 137.00m_r^{CO_2})$ kJ/kg 物料

0～400℃氧气平均比热容 $C_{O_2} = 1.370$ kJ/m³·℃，$T_{O_2} = 400$℃

$Q_f = Q_{CO_2} + Q_{N_2} + Q_{H_2O} + Q_{SO_2} + Q_{O_2}$

$= 67.76 + 860.61m_r^{CO} + 860.61m_r^{CO_2} + 1\,688.32m_r^{CO} + 3\,007.32m_r^{CO_2} + 310m_r^{CO} + 310m_r^{CO_2} + 141.48 + 880.32m_r^{CO} + 1.57m_r^{CO_2} + 76.72m_r^{CO} + 137.00m_r^{CO_2}$

$= (209.24 + 3\,815.97 m_r^{CO} + 4\,314.93 m_r^{CO_2})$ kJ/kg 物料

(3) 进冷却机石灰渣带走热量

$$Q_Z = m_Z \cdot C_Z \cdot T_Z = [1 - w(SO_3)\alpha \cdot \beta] \times 0.878 \times 820$$

$$= 447.79 \text{ kJ/kg 物料}$$

0～820℃石灰渣平均比热容 C_Z=0.878 kJ/Nm³ · ℃，T_Z=820℃

(4) 系统散热量

Q_B=600 kJ/kg 物料

(5) 煤灰带走热量

$$Q_{Ar} = m_{Ar} \cdot C_{Ar} \cdot T_{Ar} = (m_r^{CO} + m_r^{CO_2}) \cdot Aar \cdot C_{Ar} \cdot T_{Ar}$$

$$= (m_r^{CO} + m_r^{CO_2}) \frac{Aar}{100} \cdot 1.078 \cdot 820$$

$$= (190.85 m_r^{CO} + 190.85 m_r^{CO_2}) \text{ kJ/kg 物料}$$

0～820℃煤灰平均比热容 C_{Ar}=1.078kJ/Nm³ · ℃，T_{Ar}=820℃

总支出热量

$$Q_{ZC} = Q + Q_f + Q_Z + Q_B + Q_{Ar}$$

$$= 3\,323 + 209.24 + 3\,815.97 m_r^{CO} + 4\,314.93 m_r^{CO_2} + 447.79 + 600 + 190.85 m_r^{CO} + 190.85 m_r^{CO_2}$$

$$= (4\,006.82 m_r^{CO} + 4\,505.78 m_r^{CO_2} + 4\,429.65) \text{ kJ/kg 物料}$$

列出收支热平衡方程式

$$Q_{ZS} = Q_{ZC}$$

$$24\,386.88 m_r^{CO} + 25\,487.70 m_r^{CO_2} + 64.69 = 4\,006.82 m_r^{CO} + 4\,505.78 m_r^{CO_2} + 4\,429.65$$

简化后，

$$20\,380.06 m_r^{CO} + 20\,981.92 m_r^{CO_2} = 4\,364.96 \qquad (15.1)$$

根据煤粉燃烧产生的烟气中 CO 的容积比例为 4%列出计算式，

$$\frac{V_r^{CO}}{V_{ry} + V_r^{CO}} = 0.04 \text{，代入得}$$

$$\frac{1.12m_r^{CO}}{1.12m_r^{CO}+3.17m_r^{CO}+6.37m_r^{CO_2}}=0.04 \tag{15.2}$$

联合(15.1)和(15.2),可求得

$m_r^{CO}=0.045$ kg/kg 物料，$m_r^{CO_2}=0.165$ kg/kg 物料

$$m_r=0.045+0.165=0.210 \text{ kg/kg}$$

即分解 1 kg 无水磷石膏物料需要消耗 0.210 kg 燃料。热平衡表如下：

热平衡表　　单位:kJ

收入项目	数量	%	支出项目	数量	%
燃料燃烧热	4 794.47	89.6	分解热耗	3 172.00	59.3
燃料显热	9.67	0.2	废气带走热	1 090.74	20.4
焦炭显热	15.25	0.23	石灰渣带走热	447.79	8.4
物料显热	44.95	0.8	煤灰带走热	45.42	0.7
回灰显热	4.50	0.1	系统散热	600	11.2
空气显热	484.98	9.1			
总量	5 353.80	100	总量	5 350.50	100

五、计算小时物料烟气量

(一) 计算小时产生烟气量

1. 出一级筒烟气的量（1 kg 物料）

$$V_f=6.09m_r^{CO}+7.57m_r^{CO_2}+0.26(m_r^{CO}=0.045,\ m_r^{CO_2}=0.165)$$

$$=6.09\times0.045+7.57\times0.165+0.26$$

$$=1.79 \text{ m}^3/\text{kg 物料}$$

年产硫酸 10 万 t,按运转率 310 天,分解率 $\alpha=95\%$,脱硫率 $\beta=85\%$计算：

SO_3　　～　　H_2SO_4

80　　　　98

$x\cdot w(SO_3)\alpha\cdot\beta$　　10 万 t

$x=(10\text{ 万 t}\times80)/(98\times w(SO_3)\alpha\cdot\beta)=21.43$ 万 t(物料)

则每小时物料消耗量为：

$$21.43\times10^4/(310\times24)=28.8\ \text{t}$$

每小时产生烟气量为：

$$V_{f/h}=28.8\times10^3\times1.79=5.16\times10^4\ \text{m}^3/\text{h}$$

2. 烟气中 SO_2 的容积比例

$$V_{SO_2}=V_{SO_2}^{C}+V_{SO_2}^{CO}+V_r^{SO_2}$$

$$=0.18+1.12m_r^{CO}+(0.002m_r^{CO}+0.002m_r^{CO_2})=0.23\ \text{m}^3/\text{kg}\ 物料$$

$$\varphi(SO_2)=\frac{V_{SO_2}}{V_f}\cdot100\%=\frac{0.23}{1.79}\times100\%=12.87\%$$

3. 烟气中 O_2 的容积比例

$$V_{O_2}=V_{O_2}^{k}=0.14m_r^{CO}+0.25m_r^{CO_2}=0.048\ \text{m}^3/\text{kg}\ 物料$$

$$\varphi(O_2)=\frac{V_{O_2}}{V_f}\cdot100\%=\frac{0.048}{1.79}\times100\%=2.66\%$$

（二）每小时煤消耗量

$28.8\times0.210=6.04$ t

（三）冷却机所需冷空气量

热平衡计算：

1. 1 kg 物料(折合石灰渣量为 0.62 kg)
2. 温度
   物料：进冷却机石灰渣温度为 820℃，出冷却机温度为 85℃；
   空气：进冷却机冷空气温度为 30℃，出冷却机热交换空气温度为 250℃。
3. 冷却机散热量 50 kJ/kg

收入项目：

1. 石灰渣入冷却机显热

$$Q_{zr}=m_{zr}\cdot C_{zr}\cdot T_{Zr}=0.65\times0.878\times820=467.79\ \text{kJ/kg}\ 物料$$

0～820℃石灰渣平均比热容 $C_{zr}=0.878\ \text{kJ/m}^3\cdot℃$，$T_{zr}=820℃$

2. 煤灰入冷却机显热

$$Q_{Ar} = m_{Ar} \cdot C_{Ar} \cdot T_{Ar} = 0.272 \times 21.59\% \times 1.078 \times 820$$
$$= 51.91 \text{ kJ/kg 物料}$$

0～820℃煤灰平均比热容 C_{Ar}=1.078 kJ/m^3 · ℃，T_{Ar}=820℃

3. 入冷却机冷空气显热

$$Q_{1kr} = V_{1kr} \cdot C_{1kr} \cdot T_{1kr} = 38.94V_{1kr} \text{ kJ/kg 物料}$$

0～30℃空气平均比热容 C_{1kr}=1.298 kJ/m^3 · ℃，T_{1kr}=30℃

总收支热量

$$Q_{ZS} = 467.79 + 51.91 + 38.94V_{1kr} = (519.70 + 38.94V_{1kr}) \text{ kJ/kg 物料}$$

支出项目：

1. 出冷却机石灰渣显热

$$Q_{zc} = m_{zc} \cdot C_{zc} \cdot T_{zc} = 0.65 \times 0.747 \times 65 = 31.56 \text{ kJ/kg 物料}$$

0～65℃石灰渣平均比热容 C_{zc}=0.747 kJ/m^3 · ℃，T_{zc}=65℃

2. 出冷却机热交换空气显热

$$Q_{2k} = V_{2k} \cdot C_{2k} \cdot T_{2k} = V_{2k} \times 1.325 \times 330 = 437.25V_{2k} \text{ kJ/kg 物料}$$

0～330℃空气平均比热容 C_{2k}=1.325kJ/m^3 · ℃，T_{2k}=330℃

3. 冷却机散热

$$Q_s = 50 \text{ kJ/kg 物料}$$

总支出

$$Q_{ZC} = 31.56 + 50 + 437.25V_{2k} = 81.56 + 437.25V_{2k} \text{ kJ/kg 物料}$$

列出收支热平衡方程式

$$Q_{ZS} = Q_{ZC}$$

带入 $519.70 + 38.94V_{1kr} = 81.56 + 437.25V_{2k}$（其中 $V_{1kr} = V_{2k}$）

求得

$$V_{2k} = V_{1kr} = 1.09 \text{ m}^3\text{/kg 物料}$$

经计算，分解炉从冷却机抽入冷空气的体积为

$$V_{F2k} = V_k - V_1 = 3.03m_r^{CO} + 5.40m_r^{CO_2} = 1.03\ m^3/kg\ 物料$$

出冷却机热交换空气量略大于分解炉抽二次空气的量，在本设计方案中，分解炉中上部需形成弱氧化气氛，其目的在于把C与磷石膏低温分解产生的CaS进一步氧化产生SO_2。其剩下这部分二次空气可以转入分解炉中上部形成弱氧化区，同时回收二次空气的余热。如果直接在该部位鼓入冷空气，必然增加额外的热量对冷空气加热升温。

总之，该技术的实现比目前石膏制硫酸与水泥技术更有意义，它不但将石膏中的硫转变为硫酸，副产的石灰使用范围更广泛、价值更高、效益更好。在脱硫石膏的应用中可将分解的石灰返回再脱硫，循环使用。该技术目前正在中试阶段，还需要突破石膏分解率、运转连续性、操作指标优化、分解炉操作等许多难题。

附录：年产20万t石膏制硫酸联产30万t水泥装置设备表

山东鲁北年产20万t石膏制硫酸联产30万t水泥装置于1997年动工，1999年投产，是目前世界上最大的石膏制硫酸与水泥单套装置，整套设备全部国产化。随着我国对工业石膏的处理要求加强，相信石膏制硫酸装置上马更多，规模更大，下面是该装置的设备表。

1. 原料烘干

序号	设备名称	规格型号	单位	数量	生产厂家
1	石膏料斗	4000×3000×3000	台	1	自制
2	胶带输送机	B800×18m	台	1	
3	胶带输送机	B800×28500	台	1	
4	胶带输送机	B800×37000	台	1	海川安装工程有限公司
5	胶带输送机	B650×11000	台	1	海川安装工程有限公司
6	上料煤斗	6800×2800×3000	台	2	海川安装工程有限公司
7	螺旋输送机	GX400×73500	台	1	海川安装工程有限公司
8	上煤提升机	Th400×17m	台	1	唐山胜达机械有限公司
9	FU输送机	FU270×37m	台	2	淄博水泥机械厂
10	破碎机	PC－600×400	台	1	博山矿山设备厂
11	上料铰龙	400×3m	台	2	海川安装工程有限公司
12	原煤铰龙	350×4m	台	1	海川安装工程有限公司
13	储煤仓	ϕ2500×3500	台	2	海川安装工程有限公司

续　表

序号	设备名称	规格型号	单位	数量	生产厂家
14	螺旋输送机	GX300×2000	台	2	海川安装工程有限公司
15	热风炉	9.0×10^8 kJ/h	台	2	
16	鼓风机	9-26NO.11.2D	台	2	济南鼓风机厂
17	烘干机	ϕ4×32m	台	2	唐山水泥机械厂
18	FU输送机	FU410×59500	台	1	杭州合纵输送机械厂
19	旋风除尘器	ϕ3 800×7000m	台	1	河北献县除尘设备厂
20	收尘器	GKD2500	台	2	河北宣化电收尘器厂
21	尾气引风机	2240DIBB24	台	2	四平鼓风机厂
22	排气烟筒	ϕ1.6×28m	台	2	无棣海川安装工程有限公司
23	提升机	GTD500×30.38	台	2	北京晨光机械厂
24	FU输送机	FU410×9.5m	台	1	
25	FU输送机	FU410×18.5m	台	1	
26	胶带输送机	B650×39m	台	2	
27	储煤仓	ϕ2 500×3000	台	1	海川安装工程有限公司
28	热风炉	9.7×10^6kJ/h	台	1	济南鼓风机厂
29	烘干机	ϕ2.2×14m	台	1	唐山水泥机械厂
30	螺旋输送机	GX400×3000	台	1	海川安装工程有限公司
31	提升机	GTD300×23000	台	1	北京晨光机械厂
32	旋风除尘器	ϕ2000×7000	台	1	河北献县除尘设备厂
33	布袋收尘器	ZC-Ⅱ-144左570m^2	台	1	河北献县除尘设备厂
34	加煤铰刀	GX200×1500	台	1	海川安装工程有限公司
35	尾式引风机	1340SIBB2445/135	台	1	济南鼓风机厂
36	热风炉鼓风机	9-26NO.5.6A	台	1	济南鼓风机厂
37	上料提升机	400×17000	台	1	吉林市兆云输送机厂
38	上料铰刀	400×2000	台	1	海川安装工程有限公司
39	仓上铰刀	400×9000	台	1	海川安装工程有限公司
40	仓上皮带机	650×26m	台	1	海川安装工程有限公司

2. 生料制备

序号	设备名称	规格型号	单位	数量	生产厂家
1	计量皮带秤	DEL0820 型	台	1	承德市自动化计量仪器厂
2	计量皮带秤	DEL0620 型	台	3	承德市自动化计量仪器厂
3	提升机	TH300×6.85M	台	1	淄博水泥机械厂
4	辅料库底 FU270	270×25.5m	台	1	淄博水泥机械厂
5	辅料磨机	ϕ1.83×6.4m	台	1	北京水泥机械厂
6	引风机	4-72-6A	台	1	济南鼓风机厂
7	皮带提升机	TGD400×10.5m	台	1	杭州合纵输送机械厂
8	混化机	ϕ3.5×15m	台	1	上海新建机器厂
9	提升机	TGD400×28m	台	1	杭州合纵输送机械厂
10	高压静电除尘器	ϕ2.2×11.38m	台	1	临朐高压静电设备厂
11	上料铰龙	GX400×2500	台	4	海川安装工程有限公司
12	计量皮带秤	DEM1227 型	台	3	承德市自动化计量仪器厂
13	计量皮带秤	DEL0627 型	台	1	承德市自动化计量仪器厂
14	FU 输送机	FU410×45.7m	台	1	杭州合纵输送机械厂
15	FU 输送机	FU410×38m	台	1	杭州合纵输送机械厂
16	电除尘器	ϕ2.0×12m	台	1	临朐高压静电设备厂
17	除尘风机	4-72	台	1	临朐高压静电设备厂
18	电除尘器	ZF55-50	台	1	临朐高压静电设备厂
19	出口风机	4-72-NO8D	台	1	文登风机厂

3. 水泥烧成

序号	设备名称	规格型号	单位	数量	生产厂家
1	给料机	ϕ500×500	台	3	海川安装工程有限公司
2	给料机	ϕ400×400	台	1	海川安装工程有限公司
3	FU 输送链钩机	FU350×34m	台	2	杭州合纵输送机械厂
4	提升机	TH400×26.5m	台	2	石家庄长安输送机厂
5	FU 输送机	FU350×36.7m	台	2	杭州合纵输送机械厂
6	钢丝皮带提升机	TGD400×23.2m	台	2	北京晨光机械厂
7	螺旋输送机	ϕ400×5.5m	台	2	海川安装工程有限公司
8	给料机	ϕ300×200m	台	2	淄川区西河建材机械厂

续 表

序号	设备名称	规格型号	单位	数量	生产厂家
9	提升机	TGD400×23.2m	台	2	北京晨光机械厂
10	螺旋输送机	GX500×7.5m	台	2	无棣海川安装工程有限公司
11	收尘器	GKD5000	台	1	河北宣化电收尘器厂
12	收尘器	GKD8500	台	1	河北宣化电收尘器厂
13	预热器	ϕ3800×9980	台	1	海川安装工程有限公司
14	预热器	ϕ4100×9610	台	1	海川安装工程有限公司
15	罗茨鼓风机	WL32-15/620	台	4	天津鼓风机厂
16	加油泵	JW6324	台	1	
17	加油泵	LB200B	台	2	
18	翻板阀	716×1300	台	4	海川安装工程有限公司
19	罗茨风机	L6310	台	1	天津鼓风机厂
20	钢丝绳电动葫芦	轻小型起重设备 3t	台	1	山东省裕兴华泰起重机械有限公司
21	加煤螺旋泵	200×3000	台	2	江苏琼花水泥机械厂
22	加煤铰刀	ϕ300×3000	台	2	海川安装工程有限公司
23	冷却机	ϕ3m×28m	台	2	上海新建机器厂
24	链板机	SDB400mm×34.5m	台	2	上海新建机器厂
25	返料链板机	ϕ600×6m	台	1	上海新建机器厂
26	熟料库顶皮带机	SMS400×15.5m	台	2	海川安装工程有限公司
27	窑尾热风机	2150SIBB24	台	2	四平鼓风机厂
28	煤枪		台	2	兴化市扬州润源水泥机械厂
29	链斗输送机	SDB400mm	台	2	上海新建机器厂
30	预热器	ϕ4100×9870	台	1	海川安装工程有限公司
31	预热器	ϕ5160×6980	台	1	海川安装工程有限公司
32	回转窑	YS4.75 ϕ4m×75m	台	2	上海新建机器厂
33	稀油泵	XYZ-63G	台	1	上海润滑设备厂
34	变压挡轮油泵	CLC-1	台	1	上海润滑设备厂
35	清水泵	ISR100-65-200	台	2	博山节能水泵厂
36	清水泵	ISR80-50-250	台	1	博山节能水泵厂
37	链斗输送机	SDB400mm	台	1	上海新建机器厂

4. 煤粉制备

序号	设备名称	规格型号	单位	数量	生产厂家
1	原煤储斗	ϕ4000 * 4000 * 3500	台	1	海川安装工程有限公司
2	上煤皮带机	B800×11500	台	1	海川安装工程有限公司
3	园盘喂料机	BJ1000-Ⅱ	台	1	北京水泥机械厂
4	热风炉	2.5×3×4m	台	1	
5	球磨机	ϕ2.4×4.75m	台	1	北京水泥机械厂
6	提升机	NE100×19m	台	1	北京晨光机械厂
7	粗煤分离器	ϕ2500×4500	台	1	山东建材机械厂
8	细煤分离器	N-1000	台	1	山东建材机械厂
9	布袋除尘器	MDC77-7	台	1	河北献县除尘设备厂
10	加煤绞刀	ϕ300×8.5m	台		海川安装工程有限公司
11	引风机	M9/2614D	台		四平鼓风机厂
12	绞刀	ϕ200×7000	台		海川安装工程有限公司

5. 水泥粉磨

序号	设备名称	规格型号	单位	数量	生产厂家
1	入磨皮带机	800×23m	台	1	海川安装工程有限公司
2	电除尘器	FMQD96-2×6	台	1	河北献县除尘设备厂
3	计量皮带秤	pt-800-15	台	6	承德市自动化计量仪器厂
4	计量皮带秤	pt-650-6	台	6	承德市自动化计量仪器厂
5	皮带刮板机	650×60m	台	1	海川安装工程有限公司
6	提升机	GTD400×9m	台	1	淄博运输设备厂
7	提升机	GTD500×9m	台	1	北京晨光机械厂
8	熟料库底皮带机	650×28m	台	1	无棣海川安装工程有限公司
9	辅料仓顶提升机	650×26m	台	1	唐山胜达机械有限公司
10	链板式提升机	Y160L-4H28m		1	唐山胜达机械有限公司
11	布袋除尘器	HDQ64LB		20	河北献县除尘设备厂
12	料斗	2m×2m×3m		1	海川安装工程有限公司
13	皮带机	800×23m	台	1	海川安装工程有限公司
14	球磨机	ϕ3×11m	台	1	山东恒成机械厂
15	球磨机	ϕ3×4m	台	1	山东恒成机械厂
16	刮板机	400×28m	台	1	新泰市立平机械厂

续　表

序号	设备名称	规格型号	单位	数量	生产厂家
17	提升机	TGD500×26M	台	1	北京晨光机器厂
18	清水泵	IS65-40-200	台	2	博山节能水泵厂
19	高效选粉机		台	1	山东建筑材料机械厂
20	磁过滤器	CLQ-50	台	1	西安润滑设备厂
21	收尘器	DT700-4	台	1	山东临朐除尘器厂
22	绞刀	GX300×6m	台	1	海川安装工程有限公司
23	NE100 提升机	NE100-33500mm	台	1	安徽省巢湖市强坤机械公司
24	矿渣罐	100t	台	1	博兴县曹王容器厂
25	引风机		台	1	四平鼓风机厂
26	罗茨风机	L42LD	台	2	山东章丘鼓风机厂
27	副机减速机	ZQ50	台	1	博山减速机机械制造厂
28	高压油泵	2. 522B4uW	台	2	天津高压泵阀厂
29	链钩机	FU270×17m	台	1	杭州合众机械有限公司
30	链钩机	FU41O×55m	台	1	杭州合众机械有限公司
31	低压油泵	Y802-4	台	4	天津高压泵阀厂
32	斜槽风机		台	1	天津鼓风机厂
33	稀有站仪表盘	XYP-16	台	1	山东建筑材料机械厂
34	提升机	TGD500	台	1	北京晨光机器厂
35	离心通风机	g-19N0	台	1	四平鼓风机厂
36	FU 输送机	410×43m	台	1	杭州合众机械有限公司
37	水冷式空压机	3L-10/8	台	1	山东昌维生建机械厂
38	收尘器	HD64L(B)	台	1	淄博环保设备厂

6. 水泥包装

序号	设备名称	规格型号	单位	数量	生产厂家
1	六嘴包装机	BX-6WY	台	1	唐山任氏包装设备公司
2	提升机	TGD-500	台	1	北京晨光机器厂
3	袋装汽车装车机		台	1	安丘市华星机械设备公司
4	振动筛	RZSⅡ-120	台	1	唐山任氏包装设备公司
5	离心通风机	A-72	台	1	四平鼓风机厂
6	皮带输送机	800×7m	台	1	海川安装工程有限公司
7	绞刀	GX400×17m	台	1	海川安装工程有限公司
8	电除尘器	ϕ2. 2×11. 38m	台	1	临朐高压静电设备厂

7. 硫酸制造

序号	设备名称	规格型号	单位	数量	生产厂家
1	提升机	HL-A00	台	1	张家港市起重运输机械厂
2	电除尘平台		座	1	海川安装工程有限公司
3	硫酸平台		座	1	海川安装工程有限公司
4	车间高压开关柜		组	9	
5	车间低压开关柜		面	16	
6	高温蝶阀	DG1200	台	1	
7	蝶阀	DG1000	台	3	
8	蝶阀	DG400	台	8	
9	螺旋绞龙	LS	台	1	张家港市起重运输机械厂
10	刮板机	tms200　200×11000	台	2	张家港市起重运输机械厂
11	卸灰器	XLD4-1.5-5.9	台	6	青岛震动器厂
12	电振机	B-11　PL=2850 次/分	台	5	青岛震动器厂
13	阴阳极振打	BIJAO207114	台	12	常州减速机总厂
14	除尘器	GPS-50	台	2	河北宣化电收尘器厂
15	电热器烟囱	ϕ1000×18000	座	1	海川安装工程有限公司
16	冷却塔	非标	台	1	扬州化工设备厂
17	洗涤塔(衬铅)	非标	座	1	扬州化工设备厂
18	板式换热器	Sm0654	台	1	阿法拉伐(上海)技术有限公司
19	板式换热器	HastG30	台	2	阿法拉伐(上海)技术有限公司
20	稀酸泵	HTB 250-200-400u	台	4	江苏宜兴非金属化工机械厂
21	干燥塔	ϕ5760×164000	台	1	莱钢建安公司。填料 186m³
22	第一吸收塔	ϕ5760×164000	座	1	莱钢建安公司。填料 186m³
23	第二吸收塔	ϕ5760×164000	座	1	莱钢建安公司。填料 186m³
24	干燥循环槽	非标 ϕ7800h2400	套	1	
25	二氧化硫吹出塔	非标 ϕ2000h8527	座	1	莱钢建安公司
26	第一循环槽	非标	套	1	莱钢建安公司
27	第二循环槽	非标	套	1	莱钢建安公司
28	干燥泵槽	非标	套	1	
29	第一吸泵槽	非标 Φ2000h2400	套	1	
30	第二吸泵槽	非标 Φ2000h2400	套	1	

续　表

序号	设备名称	规格型号	单位	数量	生产厂家
31	浓酸板式换热器	M20-MWFM	台	3	阿法拉伐(上海)技术有限公司
32	浓酸液下泵	LSB600-30；600m^3/h	台	3	大连旅顺长城有限公司
33	成品酸地下槽	非标 ϕ42000h2200	套	1	
34	地下槽酸泵	LSB80-30	台	1	大连旅顺长城不锈钢有限公司
35	SO_2 鼓风机	S2600-11	台	1	沈阳鼓风机厂
36	风机进口	ϕ1600h48000	套	1	沈阳鼓风机厂
37	风机出口	ϕ1600h31600	套	1	沈阳鼓风机厂
38	变速器	CYD-350-2500/1.361	台	1	沈阳鼓风机厂
39	液力偶合器	YOTFc580	台	1	大连液力偶合器机械总厂
40	风机电机	YKOS2500-2	台	1	上海电机厂
41	齿轮油泵辅油泵	CB-B63	台	1	阜新液压件三厂
42	油站	YZ300	台	1	沈阳鼓风机厂
43	螺杆泵	CTPR　36R×2N21	台	2	天津液压件三厂
44	微机控制系统		台	1	自开
45	行程吊车	3 t	台	1	
46	预热炉	非标	台	1	
47	第一预热炉	非标	台	1	
48	第二预热炉	非标	台	1	
49	柴油站	非标	处	1	天津管道安装公司
50	柴油站	非标	处	1	天津管道安装公司
51	滤油机		台	1	
52	蝶阀	DG350	台	4	宣达实业集团有限公司
53	仓式气力输送泵		台	1	
54	储气罐		台	1	
55	一次鼓风机	非标 Y1-72-80	台	1	
56	二次通风机	G4-32-7.7A	台	1	山东文登风机厂
57	通风机	Y4-73-14D	台	1	山东文登风机厂
58	转化器	ϕ10500×192000	座	1	莱钢建安公司
59	第一换热器	ϕ5700×133000	台	1	换热面积 1 760 m^2
60	第二换热器	ϕ5700×136000	台	1	换热面积 1 802 m^2
61	第三 a 换热器	ϕ6430×124000	台	1	换热面积 2 634 m^2

续 表

序号	设备名称	规格型号	单位	数量	生产厂家
62	第三 b 换热器	ϕ6430×124000	台	1	换热面积 2 634 m^2
63	第四 a 换热器	ϕ5530×138000	台	1	换热面积 3 637 m^2
64	第四 b 换热器	ϕ5530×138000	台	1	换热面积 3 637 m^2
65	二吸尾气烟囱	非标 ϕ1600×12	座	1	莱钢建安公司
66	单梁行程起重机	10 t	台	1	青州起重机械厂
67	南电除雾器		套	1	扬州化工设备厂
68	北电除雾器		套	1	扬州化工设备厂
69	阳极保护油冷却器	250 m^2	台	1	江苏吉大轻化机械厂
70	转化电炉		台	1	青岛海纳环保设备有限公司

第十六章

工业硫酸、水泥及各种石膏的国家标准

一、通用硅酸盐水泥国家标准(GB 175—2007)

1　范围

本标准规定了通用硅酸盐水泥的定义与分类、组分与材料、强度等级、技术要求、试验方法、检验规则和包装、标志、运输与贮存等。

本标准适用于通用硅酸盐水泥。

2　规范性引用文件

下列文件中的条款通过本标准的引用而成为本标准的条款。凡是注日期的引用文件,其随后所有的修改单(不包括勘误的内容)或修订版均不适用于本标准,然而,鼓励根据本标准达成协议的各方研究是否可使用这些文件的最新版本。凡是不注日期的引用文件,其最新版本适用于本标准。

GB/T 176　水泥化学分析方法(GB/T 176—1996,eqv ISO680:1990)

GB/T 203　用于水泥中的粒化高炉矿渣

GB/T 750　水泥压蒸安定性试验方法

GB/T 1345　水泥细度检验方法(筛析法)

GB/T 1346　水泥标准稠度用水量、凝结时间、安定性检验方法(GB/T 1346—2001,eqv ISO9597:1989)

GB/T 1596　用于水泥和混凝土中的粉煤灰

GB/T 2419　水泥胶砂流动度测定方法

GB/T 2847　用于水泥中的火山灰质混合材料

GB/T 5483　石膏和硬石膏

GB/T 8074　水泥比表面积测定方法(勃氏法)

GB 9774　水泥包装袋

GB 12573　水泥取样方法

GB/T 12960　水泥组分的定量测定

GB/T 17671　水泥胶砂强度检验方法(ISO 法)(GB/T 17671—1999,idt ISO679:1989)

GB/T 18046　用于水泥和混凝土中的粒化高炉矿渣粉

JC/T420　水泥原料中氯离子的化学分析方法

JC/T667　水泥助磨剂

JC/T742　掺入水泥中的回转窑窑灰

3　定义与分类

下列术语和定义适用于本标准。

通用硅酸盐水泥 Common Portland Cement

以硅酸盐水泥熟料和适量的石膏及规定的混合材料制成的水硬性胶凝材料。

4　分类

本标准规定的通用硅酸盐水泥按混合材料的品种和掺量分为硅酸盐水泥、普通硅酸盐水泥、矿渣硅酸盐水泥、火山灰质硅酸盐水泥、粉煤灰硅酸盐水泥和复合硅酸盐水泥。各品种的组分和代号应符合 5.1 的规定。

5　组分与材料

5.1　组分

通用硅酸盐水泥的组分应符合表 1 的规定。

表 1　　%

品种	代号	组分				
		熟料+石膏	粒化高炉矿渣	火山灰质混合材料	粉煤灰	石灰石
硅酸盐水泥	P·I	100	—	—	—	—
	P·Ⅱ	≥95	≤5	—	—	—
		≥95	—	—	—	≤5
普通硅酸盐水泥	P·O	≥80 且<95	>5 且≤20[a]			—
矿渣硅酸盐水泥	P·S·A	≥50 且<80	>20 且≤50[b]	—	—	—
	P·S·B	≥30 且<50	>50 且≤70[b]	—	—	—
火山灰质硅酸盐水泥	P·P	≥60 且<80	—	>20 且≤40[c]	—	—
粉煤灰硅酸盐水泥	P·F	≥60 且<80	—	—	>20 且≤40[d]	—
复合硅酸盐水泥	P·C	≥50 且<80	>20 且≤50[e]			

[a]本组分材料为符合本标准 5.2.3 的活性混合材料，其中允许用不超过水泥质量 8%且符合本标准 5.2.4 的非活性混合材料或不超过水泥质量 5%且符合本标准 5.2.5 的窑灰代替。

[b]本组分材料为符合 GB/T 203 或 GB/T 18046 的活性混合材料，其中允许用不超过水泥质量 8%且符合本标准第 5.2.3 条的活性混合材料或符合本标准第 5.2.4 条的非活性混合材料或符合本标准第 5.2.5条的窑灰中的任一种材料代替。

[c]本组分材料为符合 GB/T 2847 的活性混合材料。

[d]本组分材料为符合 GB/T 1596 的活性混合材料。

[e]本组分材料为由两种(含)以上符合本标准第 5.2.3 条的活性混合材料或/和符合本标准第 5.2.4 条的非活性混合材料组成，其中允许用不超过水泥质量 8%且符合本标准第 5.2.5 条的窑灰代替。掺矿渣时混合材料掺量不得与矿渣硅酸盐水泥重复。

5.2　材料

5.2.1　硅酸盐水泥熟料

由主要含 CaO、SiO_2、Al_2O_3、Fe_2O_3的原料，按适当比例磨成细粉烧至部分熔融所得以硅酸钙为主要矿物成分的水硬性胶凝物质。其中硅酸钙矿物不小于66%，氧化钙和氧化硅质量比不小于2.0。

5.2.2　石膏

5.2.2.1　天然石膏：应符合GB/T 5483中规定的G类或M类二级(含)以上的石膏或混合石膏。

5.2.2.2　工业副产石膏：以硫酸钙为主要成分的工业副产物。采用前应经过试验证明对水泥性能无害。

5.2.3　活性混合材料

符合GB/T 203、GB/T 18046、GB/T 1596、GB/T 2847标准要求的粒化高炉矿渣、粒化高炉矿渣粉、粉煤灰、火山灰质混合材料。

5.2.4　非活性混合材料

活性指标分别低于GB/T 203、GB/T 18046、GB/T 1596、GB/T 2847标准要求的粒化高炉矿渣、粒化高炉矿渣粉、粉煤灰、火山灰质混合材料；石灰石和砂岩，其中石灰石中的三氧化二铝含量应不大于2.5%。

5.2.5　窑灰

符合JC/T 742的规定。

5.2.6　助磨剂

水泥粉磨时允许加入助磨剂，其加入量应不大于水泥质量的0.5%，助磨剂应符合JC/T 667的规定。

6　强度等级

6.1　硅酸盐水泥的强度等级分为42.5、42.5R、52.5、52.5R、62.5、62.5R六个等级。

6.2　普通硅酸盐水泥的强度等级分为42.5、42.5R、52.5、52.5R四个等级。

6.3　矿渣硅酸盐水泥、火山灰质硅酸盐水泥、粉煤灰硅酸盐水泥、复合硅酸盐水泥的强度等级分为32.5、32.5R、42.5、42.5R、52.5、52.5R六个等级。

7　技术要求

7.1　化学指标

化学指标应符合表2规定。

表 2

%

<table>
<tr><th>品种</th><th>代号</th><th>不溶物
(质量分数)</th><th>烧失量
(质量分数)</th><th>三氧化硫
(质量分数)</th><th>氧化镁
(质量分数)</th><th>氯离子
(质量分数)</th></tr>
<tr><td rowspan="2">硅酸盐水泥</td><td>P·I</td><td>≤0.75</td><td>≤3.0</td><td rowspan="3">≤3.5</td><td rowspan="3">≤5.0[a]</td><td rowspan="8">≤0.06[c]</td></tr>
<tr><td>P·Ⅱ</td><td>≤1.50</td><td>≤3.5</td></tr>
<tr><td>普通硅酸盐水泥</td><td>P·O</td><td>—</td><td>≤5.0</td></tr>
<tr><td rowspan="2">矿渣硅酸盐水泥</td><td>P·S·A</td><td>—</td><td>—</td><td rowspan="2">≤4.0</td><td>≤6.0[b]</td></tr>
<tr><td>P·S·B</td><td>—</td><td>—</td><td>—</td></tr>
<tr><td>火山灰质硅酸盐水泥</td><td>P·P</td><td>—</td><td>—</td><td rowspan="3">≤3.5</td><td rowspan="3">≤6.0[b]</td></tr>
<tr><td>粉煤灰硅酸盐水泥</td><td>P·F</td><td>—</td><td>—</td></tr>
<tr><td>复合硅酸盐水泥</td><td>P·C</td><td>—</td><td>—</td></tr>
<tr><td colspan="7">[a]如果水泥压蒸试验合格,则水泥中氧化镁的含量(质量分数)允许放宽至6.0%。
[b]如果水泥中氧化镁的含量(质量分数)大于6.0%时,需进行水泥压蒸安定性试验并合格。
[c]当有更低要求时,该指标由买卖双方协商确定。</td></tr>
</table>

7.2　碱含量(选择性指标)

水泥中碱含量按 $Na_2O+0.658K_2O$ 计算值表示。若使用活性骨料,用户要求提供低碱水泥时,水泥中的碱含量应不大于0.60%或由买卖双方协商确定。

7.3　物理指标

7.3.1　凝结时间

硅酸盐水泥初凝不小于45 min,终凝不大于390 min;

普通硅酸盐水泥、矿渣硅酸盐水泥、火山灰质硅酸盐水泥、粉煤灰硅酸盐水泥和复合硅酸盐水泥初凝不小于45 min,终凝不大于600 min。

7.3.2　安定性

沸煮法合格。

7.3.3 强度

不同品种不同强度等级的通用硅酸盐水泥,其不同各龄期的强度应符合表3的规定。

7.3.4　细度(选择性指标)

硅酸盐水泥和普通硅酸盐水泥以比表面积表示,不小于300 m^2/kg;矿渣硅酸盐水泥、火山灰质硅酸盐水泥、粉煤灰硅酸盐水泥和复合硅酸盐水泥以筛余表示,80 μm方孔筛筛余不大于10%或45 μm方孔筛筛余不大于30%。

表 3

MPa

品　种	强度等级	抗压强度		抗折强度	
		3 d	28 d	3 d	28 d
硅酸盐水泥	42.5	≥17.0	≥42.5	≥3.5	≥6.5
	42.5R	≥22.0		≥4.0	
	52.5	≥23.0	≥52.5	≥4.0	≥7.0
	52.5R	≥27.0		≥5.0	
	62.5	≥28.0	≥62.5	≥5.0	≥8.0
	62.5R	≥32.0		≥5.5	
普通硅酸盐水泥	42.5	≥17.0	≥42.5	≥3.5	≥6.5
	42.5R	≥22.0		≥4.0	
	52.5	≥23.0	≥52.5	≥4.0	≥7.0
	52.5R	≥27.0		≥5.0	
矿渣硅酸盐水泥 火山灰硅酸盐水泥 粉煤灰硅酸盐水泥 复合硅酸盐水泥	32.5	≥10.0	≥32.5	≥2.5	≥5.5
	32.5R	≥15.0		≥3.5	
	42.5	≥15.0	≥42.5	≥3.5	≥6.5
	42.5R	≥19.0		≥4.0	
	52.5	≥21.0	≥52.5	≥4.0	≥7.0
	52.5R	≥23.0		≥4.5	

8　试验方法

8.1　组分

由生产者按 GB/T 12960 或选择准确度更高的方法进行。在正常生产情况下，生产者应至少每月对水泥组分进行校核，年平均值应符合本标准第 5.1 条的规定，单次检验值应不超过本标准规定最大限量的 2%。

为保证组分测定结果的准确性，生产者应采用适当的生产程序和适宜的方法对所选方法的可靠性进行验证，并将经验证的方法形成文件。

8.2　不溶物、烧失量、氧化镁、三氧化硫和碱含量

按 GB/T 176 进行试验。

8.3　压蒸安定性

按 GB/T 750 进行试验。

8.4 氯离子

按 JC/T 420 进行试验。

8.5 标准稠度用水量、凝结时间和安定性

按 GB/T 1346 进行试验。

8.6 强度

按 GB/T 17671 进行试验。但火山灰质硅酸盐水泥、粉煤灰硅酸盐水泥、复合硅酸盐水泥和掺火山灰质混合材料的普通硅酸盐水泥在进行胶砂强度检验时，其用水量按 0.50 水灰比和胶砂流动度不小于 180 mm 来确定。当流动度小于 180 mm 时，须以 0.01 的整倍数递增的方法将水灰比调整至胶砂流动度不小于 180 mm。

胶砂流动度试验按 GB/T 2419 进行，其中胶砂制备按 GB/T 17671 进行。

8.7 比表面积

按 GB/T 8074 进行试验。

8.8 80 μm 和 45 μm 筛余

按 GB/T 1345 进行试验。

9 检验规则

9.1 编号及取样

水泥出厂前按同品种、同强度等级编号和取样。袋装水泥和散装水泥应分别进行编号和取样。每一编号为一取样单位。水泥出厂编号按年生产能力规定为：

200×10^4 t 以上，不超过 4 000 t 为一编号；

$120\times10^4\sim200\times10^4$ t，不超过 2 400 t 为一编号；

$60\times10^4\sim120\times10^4$ t，不超过 1 000 t 为一编号；

$30\times10^4\sim60\times10^4$ t，不超过 600 t 为一编号；

$10\times10^4\sim30\times10^4$ t，不超过 400 t 为一编号；

10×10^4 t 以下，不超过 200 t 为一编号。

取样方法按 GB 12573 进行。可连续取，亦可从 20 个以上不同部位取等量样品，总量至少 12 kg。当散装水泥运输工具的容量超过该厂规定出厂编号吨数时，允许该编号的数量超过取样规定吨数。

9.2 水泥出厂

经确认水泥各项技术指标及包装质量符合要求时方可出厂。

9.3 出厂检验

出厂检验项目为 7.1、7.3.1、7.3.2、7.3.3 条。

9.4 判定规则

9.4.1 检验结果符合本标准 7.1、7.3.1、7.3.2、7.3.3 条为合格品。

9.4.2　检验结果不符合本标准7.1、7.3.1、7.3.2、7.3.3条中的任何一项技术要求为不合格品。

9.5　检验报告

检验报告内容应包括出厂检验项目、细度、混合材料品种和掺加量、石膏和助磨剂的品种及掺加量、属旋窑或立窑生产及合同约定的其他技术要求。当用户需要时，生产者应在水泥发出之日起7 d内寄发除28 d强度以外的各项检验结果，32 d内补报28 d强度的检验结果。

9.6　交货与验收

9.6.1　交货时水泥的质量验收可抽取实物试样以其检验结果为依据，也可以生产者同编号水泥的检验报告为依据。采取何种方法验收由买卖双方商定，并在合同或协议中注明。卖方有告知买方验收方法的责任。当无书面合同或协议，或未在合同、协议中注明验收方法的，卖方应在发货票上注明"以本厂同编号水泥的检验报告为验收依据"字样。

9.6.2　以抽取实物试样的检验结果为验收依据时，买卖双方应在发货前或交货地共同取样和签封。取样方法按GB 12573进行，取样数量为20 kg，缩分为二等份。一份由卖方保存40 d，一份由买方按本标准规定的项目和方法进行检验。

在40 d以内，买方检验认为产品质量不符合本标准要求，而卖方又有异议时，则双方应将卖方保存的另一份试样送省级或省级以上国家认可的水泥质量监督检验机构进行仲裁检验。水泥安定性仲裁检验时，应在取样之日起10 d以内完成。

9.6.3　以生产者同编号水泥的检验报告为验收依据时，在发货前或交货时买方在同编号水泥中取样，双方共同签封后由卖方保存90 d，或认可卖方自行取样、签封并保存90 d的同编号水泥的封存样。

在90 d内，买方对水泥质量有疑问时，则买卖双方应将共同认可的试样送省级或省级以上国家认可的水泥质量监督检验机构进行仲裁检验。

10　包装、标志、运输与贮存

10.1　包装

水泥可以散装或袋装，袋装水泥每袋净含量为50 kg，且应不少于标志质量的99%；随机抽取20袋总质量(含包装袋)应不少于1 000 kg。其他包装形式由供需双方协商确定，但有关袋装质量要求，应符合上述规定。水泥包装袋应符合GB 9774的规定。

10.2　标志

水泥包装袋上应清楚标明：执行标准、水泥品种、代号、强度等级、生产者名称、生产许可证标志(QS)及编号、出厂编号、包装日期、净含量。包装袋两侧应根据水泥的品种采用不同的颜色印刷水泥名称和强度等级，硅酸盐水泥和普通硅酸盐水泥采用红色，矿渣硅酸盐水泥采用绿色，火山灰质硅酸盐水泥、粉煤灰硅酸盐水泥和复合硅酸盐水泥采用黑色或蓝色。

散装发运时应提交与袋装标志相同内容的卡片。

10.3　运输与贮存

水泥在运输与贮存时不得受潮和混入杂物，不同品种和强度等级的水泥在贮运中避免混杂。

二、工业硫酸国家标准(GB/T 534-2002)

1　范围

本标准规定了工业硫酸的要求、试验规则、包装、标志、运输、贮存和安全要求。

本标准适用于由硫铁矿、硫黄、冶炼烟气制取的工业硫酸。

2　规范性引用文件

下列文件中的条款通过本标准的引用而成为本标准的条款。凡是注日期的引用文件，其随后所有的修改单（不包括勘误的内容）或修订版均不适用于本标准，然而，鼓励根据本标准达成协议的各方研究是否可使用这些文件的最新版本。凡是不注日期的引用文件，其最新版本适用于本标准。

GB 190—1990　危险货物包装标志

GB/T 601—2002　化学试剂 标准滴定溶液的制备

GB/T 603—2002　化学试剂 试验方法中所用制剂及制品的制备（neq ISO 6353—1：1982）

GB/T 610.1—1988　化学试剂 砷测定通用方法（砷斑法）

GB/T 1250—1989　极限数值的表示方法和判定方法

GB/T 6680—1986　液体化工产品采样通则

GB/T 6682—1992　分析实验室用水规格和试验方法（neq ISO 3696：1987）

《产品质量仲裁检验和质量鉴定管理办法》国家质量技术监督局第 4 号令（1999 年 4 月 1 日）

3　产品分类

工业硫酸分浓硫酸和发烟硫酸两类。

4　要求

工业硫酸应符合下表的规定。

项目	指标					
	浓硫酸			发烟硫酸		
	优等品	一等品	合格品	优等品	一等品	合格品
硫酸(H_2SO_4)的质量分数/% ≥	92.5 或 98.0	92.5 或 98.0	92.5 或 98.0	—	—	—
游离三氧化硫(SO_3)的质量分数/% ≥	—	—	—	20.0 或 25.0	20.0 或 25.0	20.0 或 25.0
灰分的质量分数/% ≤	0.02	0.03	0.10	0.02	0.03	0.10
铁(Fe)的质量分数/% ≤	0.005	0.010	—	0.005	0.010	0.030
砷(As)的质量分数/% ≤	0.000 1	0.005	—	0.000 1	0.000 1	—
汞(Hg)的质量分数/% ≤	0.001	0.01	—	—	—	—
铅(Pb)的质量分数/% ≤	0.005	0.02	—	0.005	—	—
透明度/mm ≥	80	50	—	—	—	—
色度/mL ≤	2.0	2.0	—	—	—	—

注：指标中的"—"表示该类别产品的技术要求中没有此项目。

三、天然石膏国家标准(GB/T 5483—2008)

1　范围

本标准规定了天然石膏产品的术语和定义、分类与等级、要求、试验方法、检验规则、标志、包装、运输与贮存。

本标准适用于自然界产出的天然石膏矿产品。

2　规范性引用文件

下列文件中的条款通过本标准的引用而成为本标准的条款。凡是注日期的引用文件，其随后所有的修改单(不包括勘误的内容)或修订版均不适用于本标准，然而，鼓励根据本标准达成协议的各方研究是否可使用这些文件的最新版本。凡是不注日期的引用文件，其最新版本适用于本标准。

GB/T 2007.2—1987　散装矿产品取样、制样通则　手工制样方法

GB/T 5484　石膏化学分析方法

3　术语和定义

下列术语和定义适用于本标准。

3.1　品位　grade

指单位体积或单位质量矿石中有用组分或有用矿物的含量。

3.2　附着水(H_2O^-) free water

物质吸附空气中的水分。

3.3　结晶水(H_2O^+) combined water

在结晶物质中,以化学键与离子或分子相结合的、数量一定的水分子。

3.4　石膏　gypsum

在形式上主要以二水硫酸钙($CaSO_4 \cdot 2H_2O$)存在的叫做石膏。

3.5　硬石膏　anhydrite

在形式上主要以无水硫酸钙($CaSO_4$)存在的,且无水硫酸钙($CaSO_4$)的质量分数与二水硫酸钙($CaSO_4 \cdot 2H_2O$)和无水硫酸钙($CaSO_4$)的质量分数之和的比不小于80%叫做硬石膏。

3.6　混合石膏　mixed gypsum

在形式上主要以二水硫酸钙($CaSO_4 \cdot 2H_2O$)和无水硫酸钙($CaSO_4$)存在的,且无水硫酸钙($CaSO_4$)的质量分数与二水硫酸钙($CaSO_4 \cdot 2H_2O$)和无水硫酸钙($CaSO_4$)的质量分数之和的比小于80%叫做混合石膏。

4　分类与等级

4.1　分类

天然石膏产品按矿物组分分为:石膏(代号G)、硬石膏(代号A)、混合石膏(代号M)三类。

4.2　等级

各类天然石膏按品位分为特级、一级、二级、三级、四级等五个级别。

4.3　规格

产品的块度不大于400 mm。如有特殊要求,由供需双方商定。

5　要求

5.1　天然石膏产品的附着水含量(质量分数)不大于4%。

5.2　各天然石膏产品的品味应符合表1要求。

表1

级别	品位(质量分数)/%		
	石膏(G)	硬石膏(A)	混合石膏(M)
特级	≥95	—	≥95
一级	≥85		
二级	≥75		
三级	≥65		
四级	≥55		

6　试验方法

6.1　附着水的测定

附着水的测定按 GB/T 5484 进行。

6.2　品位测定

6.2.1　结晶水的测定按 GB/T 5484 进行。

6.2.2　三氧化硫的测定按 GB/T 5484 进行。

6.2.3　品位的计算：

$$G_1 = 4.7785W \tag{1}$$

$$G_2 = 1.7005S + W \tag{2}$$

$$X_2 = 1.7005S - 4.7785W \tag{3}$$

式中：G_1——G 类产品的品位，%；

G_2——A 类和 M 类产品的品位，%；

X_1——$CaSO_4$ 质量分数，%；

W——结晶水质量分数，%；

S——三氧化硫质量分数，%。

7　检验规则

7.1　组批原则

天然石膏产品的验收和供货按批量进行。天然石膏以同一次交货的同类别同等级产品 300 t 为一批，不足 300 t 时亦按一批计。

7.2　抽样方法及制样

7.2.1　采用方格法。根据矿石质量、块度均匀性和矿堆体积大小确定方格间距。取样时应在不同深度取样，每次取样量大致相等。

7.2.2　散装交货时，每批量抽取点数不得少于 10 kg，由此组成总样品；包装交货时，每批量抽取袋数不得少于 20 袋，每次取样量不应少于 5 kg，由此组成总样品。

7.2.3　制样

按 GB/T 2007.2—1987 中 4.3“制样程序”规定进行。

7.3　检验

基本分析项目为附着水、结晶水和三氧化硫三项。其他分析项目由供需双方商定。

7.4　判定规则

7.4.1　按本标准 5.2 规定判定产品类别。按本标准 6.2 计算产品的品位。

7.4.2　检验结果中凡有一项指标不符合本标准 5.1～5.2 规定时，应对该项指标进行复检。以复检结果作为最终测定结果。

8 标志、包装、运输与贮存

8.1 标志

每个包装上应有产品名称、执行标准编号、净含量、生产厂厂名、厂址、生产日期。

8.2 包装

8.2.1 天然石膏产品采用内衬塑料薄膜的塑料编织袋或牛皮纸袋包装，包装要坚固、整洁，并附有产品质量合格证。

8.2.2 散装天然石膏产品应随车提供产品的合格证。

8.3 运输与贮存

运输贮存中应防雨、防潮、防破包，严禁与农药、化肥、化学药品等混放、混运。

四、磷石膏的国家标准(GB/T 23456—2009)

1 范围

本标准规定了磷石膏的分类和标记、要求、试验方法、检验规则及包装、标志、运输和贮存。

本标准适用于以磷矿石为原料，湿法制取磷酸时所得的，主要成分为二水硫酸钙($CaSO_4 \cdot 2H_2O$)的磷石膏。

2 规范性引用文件

下列文件中的条款通过本标准的引用而成为本标准的条款。凡是注日期的引用文件，其随后所有的修改单(不包括勘误的内容)或修改版均不适用于本标准，然而，鼓励根据本标准达成协议的各方研究是否可使用这些文件的最新版本。凡是不注日期的引用文件，其最新版本适用于本标准。

GB/T 5484—2000 石膏化学分析方法

GB 6566 建筑材料放射性核素限量

GB/T 6682 分析实验用水规格和试验方法

3 分类和标记

3.1 分类

按二水硫酸钙的含量分为一级、二级、三级三个级别。

3.2 标记

按产品名称、级别及标准编号的顺序标记。

示例：级别为一级的磷石膏标记如下：磷石膏一级 GB/T 23456—2009

4 要求

4.1　基本要求

磷石膏的基本要求应符合表 1 的规定。

表 1　基本要求

项　　目	指　　标		
	一级	二级	三级
附着水(H_2O)质量分数(%)	≤25		
二水硫酸钙($CaSO_4 \cdot 2H_2O$)质量分数(%)	≥85	≥75	≥65
水溶性五氧化二磷[a](P_2O_5)质量分数(%)	≤0.80		
水溶性氟[a](F)质量分数(%)	≤0.50		

a. 用作石膏建材时应测试该项目

4.2　放射性核素限量

放射性核素限量应符合 GB 6566 的要求。

5　试验方法

5.1　附着水的测定

按 GB/T 5484—2000 第 7 章测定附着水。但烘干条件为：在(40±2)℃的恒温干燥箱内烘干，首次烘干时间为 2 h。

5.2　二水硫酸钙($CaSO_4 \cdot 2H_2O$)的测定

采用测定结晶水含量换算确定二水硫酸钙($CaSO_4 \cdot 2H_2O$)含量的方法进行。

5.2.1　结晶水含量测定

5.2.1.1　分析步骤

称取 1 g 除去附着水的干基试样(m_1)，精确至 0.000 1 g，放入已烘干至恒量的带磨口塞的称量瓶中，在(230±5)℃的恒温干燥箱中加热 1 h(加热过程中称量瓶应敞开盖)，用坩埚钳将称量瓶取出，盖上磨口塞(但不应盖得太紧)，放入干燥器中冷却至室温。将磨口塞紧密盖好、称量。再将称量瓶敞开盖放入恒温干燥箱中，在同样温度下加热 30 min，如此反复加热、冷却、称量，直至恒量 m_2。

5.2.1.2　结果计算

结晶水含量按式(1)计算，计算结果精确至 0.01%。

$$H = \frac{m_1 - m_2}{m_2} \times 100 \qquad (1)$$

式中：H——结晶水含量(质量分数)，%；

m_1——加热前干基试料质量，单位为克(g)；

m_2——加热后试料质量，单位为克(g)。

5.2.1.3　允许差

同一实验室允许差为0.15%;不同实验室允许差为0.20%。

5.2.2 二水硫酸钙($CaSO_4 \cdot 2H_2O$)含量计算

二水硫酸钙($CaSO_4 \cdot 2H_2O$)含量按式(2)计算,计算结果精确至0.01%。

$$G = 4.7785 \times H \tag{2}$$

式中:G——二水硫酸钙($CaSO_4 \cdot 2H_2O$)含量(质量分数),%;

4.778 5——以结晶水含量换算为二水硫酸钙($CaSO_4 \cdot 2H_2O$)含量的系数;

H——结晶水含量(质量分数),%。

5.3 水溶性五氧化二磷(P_2O_5)及水溶性氟(F)的测定

按附录A进行测定。

5.4 放射性核素限量的测定

按GB 6566规定的方法测定。

6 检验规则

6.1 检验分类

产品检验分出厂检验与型式检验。

6.1.1 出厂检验

产品出厂前应进行出厂检验。出厂检验项目为4.1中的项目。

6.1.2 型式检验

型式检验项目为4.1、4.2中的项目。有下列情况之一时,应进行型式检验。

a)原材料、工艺、设备有较大改变时;

b)产品停产半年以上恢复生产时;

c)正常生产满一年时。

6.2 批量和抽样

6.2.1 批量

对于年产量小于90万t的生产厂,以不超过3 000 t产品为一批;对于年产量等于或大于90万t的生产厂,以不超过5 000 t产品为一批。产品不足一批时以一批计。

6.2.2 抽样

从堆场抽样时,应将外层去除约150~200 mm,然后从20个以上不同部位抽取试样共约10 kg,混合后用四分法进行缩分至2 kg,密封并防止水分挥发,以供检验用。

6.3 判定

抽取做实验的试样分为三等份,以其中一份试样按第5章进行试验。检验结果若均符合第4章相应的要求时,则判为该批产品合格。若有一项以上指标不符合要求，即判该批产品不合格。若只有一项指标不合格，则可用其他两份试样对不合格指标进行重新检验。重新检验结果，若两份试样均合格，则判该批产品合格；若仍有一份试样不合格，则判该批产品不合格。

7　包装、标志、运输和贮存

7.1　包装

磷石膏一般采用散装供应。

7.2　标志

磷石膏出厂应附有产品检验合格证。合格证上应标明标记、生产厂名、厂址、批量编号、出厂日期。

7.3　运输

磷石膏在运输时不得与其他材料混装，运输工具应保持清洁，以免混入杂质。

7.4　贮存

磷石膏在露天贮存时，宜对堆放场地进行必要的防渗等技术处理。

五、环境标志产品技术要求　化学石膏制品行业标准(HJ/T 211—2005)

1　范围

本标准规定了化学石膏制品类环境标志产品的术语、基本要求、技术内容和检验方法。

本标准适用于以工业生产中的废料石膏——磷石膏和脱硫石膏为主要原料生产的各类石膏产品，但不包括石膏砌块和石膏板。

2　规范性引用文件

下列文件中的条款通过本标准的引用而成为本标准的条款。凡是注日期的引用文件，其随后所有的修改单(不包括勘误的内容)或修改版均不适用于本标准，然而，鼓励根据本标准达成协议的各方研究是否可使用这些文件的最新版本。凡是不注日期的引用文件，其最新版本适用于本标准。

GB 5086—1997　固体废物浸出毒性浸出方法

GB 6566—2001　建筑材料放射性核素限量

GB 9776　建筑石膏

GB 11897—89　水质 游离氯和总氯的测定 N，N-二乙基-1，4-苯二胺滴定法

GB/T 15555.11—1995　固定废物 氟化物的测定 离子选择电极法

3　术语和定义

下列术语和定义适用于本标准。

3.1　化学石膏(Chemical Gypsum)

工业生产过程中,化学反应生产的二水硫酸钙的总称。

3.2　磷石膏(Phosphogypsum)

在磷酸生产中用硫酸处理磷矿时产生的固体废渣,其主要成分为硫酸钙。

3.3　脱硫石膏(Desulfurization Gypsum)

火力发电烟气脱硫的附加固体产品,主要成分为硫酸钙。

3.4　磷石膏制品(Phosphogypsum Products)

是指以磷石膏为主要原料生产的各种石膏制品。

3.5　脱硫石膏制品(Desulfurization Gypsum Products)

是指以脱硫石膏为主要原料生产的各种石膏制品。

4　基本要求

4.1　产品质量应符合 GB9776 和相应产品质量标准的要求;

4.2　生产企业污染物排放应符合国家或地方规定的污染物排放标准。

5　技术内容

5.1　产品的放射性指标应符合 GB 6566—2001 要求。

5.2　磷石膏制品

5.2.1　产品生产过程中使用的石膏原料须全部为磷石膏,其含量应占产品重量的 70%以上;

5.2.2　产品浸出液中氟离子浓度应小于 0.5 mg/L;

5.3　脱硫石膏制品

5.3.1　产品生产过程中使用的石膏原料须全部为脱硫石膏,其含量应占产品重量的 70%以上;

5.3.2　产品浸出液中氯含量浓度应小于 100 mg/kg;

6　检验方法

6.1　技术内容 5.1 的要求按 GB 6566—2001 中的规定进行检测;

6.2　技术内容 5.2.2 的要求按 GB 5086—1997 和 GB/T15555.11—1995 中的规定进行检测;

6.3　技术内容 5.3.2 的要求按 GB 5086—1997 和 GB 11897—89 中的规定进行检测;

6.4　技术内容 5.2.1、5.3.1 的要求通过文件审查结合现场检查的方式来验证。

参考文献

[1] 曾广海. 东德、奥地利石膏制水泥和硫酸的概况. 硫酸工业,1980(1):57-65.

[2] 全国磷肥、硫酸行业第十七届年会资料汇编. 2009.

[3] 第29届全国硫酸工业技术交流会论文集. 2009.

[4] 汤桂华. 窑气杂质对制硫酸的影响. 硫酸工业,1992(2):10.

[5] 吕天宝. 石膏法制硫酸与水泥对生料的要求. 磷肥与复肥,2009(2):58-60.

[6] 化工部."三四六"工程考核考评报告. 1991.

[7] 尹伟,他盛华. 石膏制硫酸联产水泥的窑气净化工艺. 硫磷设计与粉体工程,1996(2):12.

[8] 吕天宝. 脱硫石膏制硫酸与水泥技术. 中国水泥,2009(3-4):9.

[9] 吕天宝. 大型磷铵、磷石膏制硫酸联产水泥三废治理与应用. 化工环保,1995(5):302.

[10] 化工部. 国外石膏制硫酸联产水泥技术资料汇编. 1976.

[11] 鲁北化工厂. 磷石膏制硫酸联产水泥装置考核情况. 硫酸工业,1992(6):12-19.

[12] 赵增泰. 奥地利用磷石膏制水泥和硫酸的技术. 硫酸工业,1983(4):42.

[13] 宋海武. 磷石膏制酸联产水泥的烧成工艺与热耗分析. 磷肥与复肥,1996(5):68-73.

[14] 侯兴远. 低压损旋风筒工作机理的研究. 水泥技术,1992(5):11.

[15] 李建锡,舒艺周,唐霜露,等. 新型干法预分解磷石膏制硫酸联产水泥可行性分析. 硅酸盐通报,2009(3):563-567.

[16] 黄新,王海帆. 我国磷石膏制硫酸联产水泥现状. 硫酸工业,2000(3):10-14.

[17] 郝继斌,庞仁杰. 磷石膏制酸联产水泥的生产与操作. 磷肥与复肥,1998(6):57-63.

[18] 许志希. 磷石膏制硫酸和水泥可行性探讨. 硫酸工业,1987(2):35-38.

[19] 能怀. 硫的新资源——石膏制硫酸水泥. 硫酸工业,1977(S2):29-35.

[20] 张少明,彭新战,周勇敏,等. 磷石膏流化床分解技术的研究. 化肥工业,1994(3):28-31.

[21] 对太原市建立石膏法联产硫酸和水泥工厂经济效果的探讨. 太原工学院学

报,1963(4):109-116.

[22] 建筑材料科学研究院. 石膏制硫酸与水泥专题文摘. 1966:1-3.

[23] 赵增泰,冯怡生. 石膏制硫酸示范装置的操作. 硫酸工业,1991(4):14-18,66.

[24] 吴秀俊. 用磷石膏生产水泥熟料的试验研究与技术探讨. 水泥,2010(1):1-7.

[25] Wen F, Murray I. Engineering Properties and Applications of Phosphogypsum. Florida Institute of Phosphate Research,1990.

[26] International Fertilizer Industry Association. Processed Phosphates Statistics 2000. Paris, France. July 2001.

[27] Tabikh A, Miller F M . The Nature of Phosphogypsum Impurities and Their Influence on Cement Hydration. Cement and Concrete Research, 1991 (1):663-667.

[28] 中国硫酸协会,中国磷肥协会. 磷石膏制硫酸联产水泥. 成都:成都科技大学出版社,1991.

[29] 缪天成,蔡承嘉. 采用循环流化床开发石膏法生产硫酸和水泥的技术. 硫酸工业,1991(4).

[30] 郭泰民. 工业副产石膏应用技术. 北京:中国建材工业出版社,2010.

[31] 张益都. 硫酸法钛白粉生产技术创新. 北京:化学工业出版社,2010.

[32] 山东鲁北企业集团. 年产 15 万 t 磷铵、20 万 t 磷石膏制硫酸、30 万 t 水泥示范工程验收报告,2007,10.